Christine Wolfinger

Keine Angst vor UNIX

Springer

*Berlin
Heidelberg
New York
Barcelona
Hongkong
London
Mailand
Paris
Singapur
Tokio*

Christine Wolfinger

Keine Angst vor UNIX

Ein Lehrbuch für Einsteiger in UNIX, Linux, Solaris, HP-UX, AIX und andere UNIX-Derivate

9., korrigierte Auflage

Mit 268 Abbildungen

 Springer

Christine Wolfinger
Ortlindestraße 6
81927 München

ChristineWolfinger@Compuserve.com
http://ourworld.compuserve.com/Homepages/ChristineWolfinger

ISBN-13: 978-3-540-67153-4   e-ISBN-13: 978-3-642-98096-1
DOI: 10.1007/978-3-642-98096-1

Die Deutsche Bibliothek – CIP-Einheitsaufnahme
Wolfinger, Christine: Keine Angst vor UNIX / C. Wolfinger. – 9., korr. Aufl. – Berlin ; Heidelberg ; New
York ; Barcelona ; Hongkong ; London ; Mailand ; Paris ; Singapur ; Tokio : Springer, 2000

Springer-Verlag ist ein Unternehmen der Fachverlagsgruppe BertelsmannSpringer
© Springer-Verlag Berlin Heidelberg 2000

Einbandgestaltung: Künkel + Lobka
Satz: Reprodultionsfertige Vorlage der Autorin
Gedruckt auf säurefreiem Papier   SPIN: 10725539   68/3020 – 5 4 3 2 1 0

Vorwort

Wir haben uns daran gewöhnt, sehr viel Technik in unserem Leben wie selbstverständlich zu verwenden – dazu zählen z.B. Fernseher, Küchenmaschinen und Autos. Bei allen haben wir mehr oder weniger lange die Bedienung erlernen müssen. Der Lernaufwand ist um so größer, je komplexer die Technik und je jünger die Technologie ist. Nun dringt auch der Computer mit seiner Technologie sehr massiv – freiwillig oder unfreiwillig – in das Leben vieler Menschen. Die Technik ist noch relativ jung, gemessen an der Komplexität, den an sie gestellten Ansprüchen und an der Entwicklungszeit. Entsprechend ist der heute notwendige Aufwand, um die Bedienung eines Rechners zu erlernen, etwas höher – jedoch wie beim Erlernen des Autofahrens mit etwas Schwung, gutem Willen und Selbstvertrauen durchaus möglich. Wie beim Autofahren hilft es, wenn man technisches Verständnis hat – dies ist jedoch keine absolute Voraussetzung.

UNIX ist eines der Systeme, das auf vielen der neuen in Technik, im kommerziellen Bereich und im Büro sich ausbreitenden Rechnern läuft. Bei vielen Rechnern wird der Benutzer dabei recht wenig vom Betriebssystem und UNIX zu sehen bekommen; die Kenntnisse von UNIX, seinen Prinzipien und seiner Arbeitsweise können jedoch das Verständnis für das Rechnersystem und seine Arbeitsweise erleichtern, seine Bedienung und effiziente Nutzung einfacher gestalten. Der Vorteil von UNIX liegt darin, daß es auf sehr vielen Rechnern läuft, d.h. hat man einmal gelernt es zu bedienen, so hilft dies wahrscheinlich auch beim Rechner der anderen Abteilung oder der nächsten Generation.

Wieviel Sie wirklich von dem System lernen müssen, hängt sehr stark davon ab, wie oft und wie intensiv Sie mit einem UNIX-Rechner arbeiten müssen, welche Aufgaben Sie damit erledigen wollen und wieviel Spaß Ihnen der Umgang und die Beherrschung dieser Technik macht.

Das vorliegende Buch jedenfalls soll Ihnen den Einstieg dazu ermöglichen, den Umgang mit einem solchen System erleichtern und Ihnen aus dem Spektrum der Möglichkeiten einen Ausschnitt zeigen. Haben Sie also keine Angst vor UNIX und zähmen Sie den *Drachen* – möge er Ihnen Glück bringen!

Dezember 1986 und erneut März 2000   Jürgen Gulbins

Geleitwort

Ein neues UNIX-Lehrbuch vorzulegen, ist ein großes Unterfangen – vor allem, wenn man es mit dem Anliegen tut, diesen komplexen Stoff so aufzubereiten, daß auch der Laie ihn versteht. Ich muß Frau Wolfinger das Kompliment machen, daß ihr das ausgezeichnet gelungen ist: Zweifellos wird sie mit ihrem Buch eine gewichtige Lücke in der UNIX-Literatur schließen.

Unix ist ein großes, umfassendes Betriebssystem, vergleichbar mit Großrechnersystemen wie MVS oder BS2000. Dem Versuch, UNIX ohne intensive Vorbereitung zu benutzen, folgt unweigerlich Frustration und Resignation. Um die zu befürchtende Unzufriedenheit bei einer stark steigenden Zahl von neuen UNIX-Anwendern zu vermeiden, muß der Zugang zu diesem umfangreichen Stoff erleichtert werden.

Frau Wolfinger hat es mit diesem Buch unternommen, sozusagen einen ›Do it yourself‹-Kurs zu gestalten – mit wirklich beachtlichem Erfolg, und selbst der hohe Anspruch ›auch für den Laien‹ scheint mir hervorragend erfüllt. Frau Wolfinger konnte auf ihre langjährige Erfahrung als Seminarleiterin der Firma PCS und Referentin zahlreicher UNIX-Kurse zurückgreifen – weit mehr als 1000 Kursteilnehmer sind von ihr in die UNIX-Geheimnisse eingeweiht worden. Man merkt dem Buch an, daß sie dabei ihrerseits gelernt hat, welche Fragen besondere Schwierigkeiten bereiten und welche gedanklichen Stolpersteine zu überwinden sind. Seine auf umfangreicher praktischer Lehr-Erfahrung basierende, gute didaktische Gestaltung ist die besondere Stärke dieses Buchs.

UNIX befindet sich auf dem besten Weg, das Standard-Betriebssystem für immer mehr Anwendergebiete und für zukünftige Rechnergenerationen zu werden – vielleicht gehören UNIX-Kenntnisse schon in wenigen Jahren ebenso zum Grundwissen von Ingenieuren und Informatikern wie heute die höheren Programmiersprachen. Frau Wolfinger hat mit ihrem Buch eine wichtige Vorleistung erbracht.

Als Leser haben Sie mit diesem Buch eine gute Wahl getroffen. Ich wünsche Ihnen eine angenehme, erfolgreiche Lektüre und - Keine Angst vor UNIX!

Januar 1987

Prof. Dr. Georg Färber
Lehrstuhl für Prozeßrechner
TU München

Hinweis zur 9. Auflage

Dank der großen Nachfrage konnten in kurzen Zeitspannen jeweils neue Auflagen dieses Buches erscheinen, die stets aktualisiert wurden. Hierbei habe ich eine ganze Reihe von Anregungen meiner Leser mit aufgenommen. Durch Recherchen bei den namhaften UNIX-Anbietern sind auch die neuesten Entwicklungen unter UNIX und darauf aufbauender Software berücksichtigt.

Nochmals herzlichen Dank an all jene Leser, die mir geschrieben haben. Besonderer Dank gilt auch der Firma Sun Microsystems, die mir Rechner zur Verfügung stellte, an denen ich Konvertierungen und Grafikdateien zu diesem Buch erstellen konnte. Das Buch, ursprünglich mit Interleaf geschrieben, habe ich zur achten Auflage auf FrameMaker umgestellt. Mit Applix Graphics wurden Schnappschüsse von Bildschirmausschnitten und verschiedene Zeichnungen eingebunden. Auch der Firma SuSe danke ich, daß ich an Ihren Schulungsrechner die hier im Buch aufgeführten Kommandos und Beispiele testen konnte - schon vorab: es gab keine Probleme, alle Kommandos und Beispiele sind einwandfrei gelaufen.

Mein ganz besonderer Dank gilt Jürgen Gulbins, der mir bei meinen ersten Schritten mit UNIX und vorallem bei der Entstehung dieses Buches sehr geholfen hat und auch all die Jahre hinweg immer wieder mit Rat und Tat zur Seite stand. Bei der vollständig neu überarbeiteten achten Auflage hat Carsten Hammer wesentlich zum Gelingen beigetragen - herzlichen Dank.

Für die wichtigen Korrekturarbeiten danke ich Astrid von Borcke-Gulbins, Gisela Pohnke, Monika Jahn, meiner Schwester Karin Winderl, Rita Luger und natürlich auch meinen Lesern. Für die Revidierung der Kurzreferenzkarte danke ich besonders Wolfgang Lechner. Viele gute Anregungen bekam ich auch durch meine ehemaligen Kolleginnen und Kollegen bei PCS. Hier möchte ich mich besonders bei Michael Uhlenberg und Wolfgang Denk bedanken.

Dieses Lehrbuch zeigt UNIX in seiner ursprünglichen Form mit Befehlseingaben, wie sie auch unter UNIX V.4 Gültigkeit haben. Da jedoch fast alle UNIX-Rechner heute zusätzlich mit einer grafischen Benutzeroberfläche ausgerüstet sind, wird zu Beginn kurz gezeigt, wie man damit umgeht. In einem eigenen Kapitel CDE (Common Desktop Environment – der inzwischen vereinheitlichten grafischen Benutzeroberfläche von UNIX) gehe ich auf die Handhabung detailliert ein.

Ich wünsche Ihnen viel Erfolg mit UNIX.

März 2000   Christine Wolfinger

Was ist LINUX?

LINUX ist UNIX,

d.h. ein weiteres UNIX-Derivat, das weitgehendst den Standardrichtlinien von POSIX *(siehe Seite 19)* entspricht und als Open-Source-UNIX erhältlich ist und somit inklusive aller Quelltexte frei kopiert und verteilt werden darf.

Der Name LINUX wurde abgeleitet von Linus Benedict Torvalds, Helsiniki, der 1991 ein eigenes Betriebssystem, aufbauend auf dem UNIX-Modell, für den Intel 386-Prozessor entwickelte. Von Anfang an waren die Quelltexte an den Universitäten frei verfügbar, jeder konnte sie bekommen und daran mitarbeiten. Über die ganze Welt verstreut halfen Entwickler per E-Mail, Newsgroups und über WWW (World Wide Web) mit, daß LINUX ein UNIX-Derivat wurde, das nicht nur von Studenten und Entwicklern eingesetzt wird, sondern mehr und mehr auch von kommerziellen Anwendern. Auch Fachmessen und Kongresse trugen dazu bei, LINUX eine offensichtliche Konkurrenz zu Microsoft werden zu lassen. Viele Software-Firmen bieten bereits ihre Produkte für LINUX an. Erwähnen möchte ich hier besonders alternative Software zu dem Microsoft Office-Paket: Applixware/Anyware und StarOffice. Der Marktanteil von LINUX soll laut den Prognosen von April 1999 der IDC *(International Data Corporation)* in den kommenden fünf Jahren 25% steigen und im Jahre 2003 den zweiten Rang hinter Windows NT belegen.

Um LINUX einzusetzen braucht man jedoch eine Menge Fachwissen.

Distributoren wie Debian, RedHat, SuSE und Slackware u.a. helfen hier mit entsprechenden Paketen, in denen Installationsskripte und -anleitungen für LINUX, die gängigsten Treiber und verschiedene Software-Lösungen zusammengestellt sind. Doch auch dann muß der Anwender bereits grundlegende Systemverwalterkenntnisse mitbringen, um die Installationen durchzuführen. Einige Distributoren bieten zwischenzeitlich auch Rechner mit bereits vorinstalliertem LINUX-Betriebssystem an.

Es gibt eine Reihe von guten Büchern, von denen ich einige im Literaturverzeichnis erwähne, die gute Anleitungen geben, das LINUX-Basissystem zu konfigurieren. Doch gehen die meisten davon aus, daß der Anwender Fertigkeiten im Umgang mit Computern besitzt. Ich helfe Ihnen gerne, mit Hilfe dieses Buches grundlegende Kenntnisse und die praktische Anwendung von UNIX zu erlernen. Der Titel dieses Buches könnte deshalb genauso gut lauten:

‹Keine Angst vor LINUX›.

Keine Angst vor UNIX

Ein Lehrbuch für Einsteiger

Inhaltsverzeichnis

Sie haben sich ein UNIX-Buch ausgesucht, das keine EDV-Kenntnisse voraussetzt. Ein Lehrbuch, mit dem Sie Ihr eigenes Seminar gestalten können. In diesem Buch habe ich viele Erfahrungen aus meinen Seminaren einfließen lassen, um Ihnen das Lernen zu erleichtern.

In einem Seminar können die einzelnen Themen jeweils dem Wissensstand der Teilnehmer angepaßt werden. Haben sie etwas nicht verstanden, so können sie sofort fragen. In diesem Buch bemühe ich mich deshalb, viele der eventuell auftretenden Fragen zu beantworten. Aus diesem Grund mag zuweilen ein Thema eher zu ausführlich als zu knapp behandelt sein. Alle erstmals auftretenden Fachausdrücke werden kurz erklärt.

So weit es klar verständlich bleibt, habe ich deutsche Ausdrücke verwendet. Wo aber die Verbindung zu UNIX-spezifischen Kommandos besteht oder wo ein englischer Ausdruck fester Bestandteil der deutschen Fachsprache geworden ist, wird dieser Ausdruck beibehalten. Bei englischen Fachausdrücken steht die deutsche Übersetzung, und wenn nötig, eine kurze Erläuterung in Klammern, wenn sie das erste Mal verwendet werden. Im anhängenden Glossar sind die in diesem Buch verwendeten Fachausdrücke und englischen Begriffe zusammengefaßt.

Dieses Buch soll Ihnen eine Einführung in UNIX geben, Ihnen das Wichtigste von UNIX vermitteln. Deshalb werden nicht alle Kommandos *(Befehle, Programmaufrufe)* und deren Optionen *(zusätzliche Angaben, die eine unterschiedliche Ausführung des Programmes bewirken)* behandelt, sondern es sind nur die wichtigsten ausgewählt, die Sie zu Beginn benötigen und die Ihnen die UNIX-typische Vorgehensweise näherbringt. Mit weitergehender Literatur, z.B. der jeweiligen Dokumentation (SOLARIS,LINUX,HP_UX,AIX) können Sie dann selbst nach und nach in die Geheimnisse und Mächtigkeit von UNIX vordringen.

Was erwartet Sie, wenn Sie UNIX lernen? UNIX kann in etwa mit der englischen Sprache verglichen werden. Mit etwas Grammatik und einigen Wörtern können

Sie sich bereits verständigen. Um gut Englisch zu sprechen, bleibt Ihnen nichts anderes übrig, als die Sprache zu lernen und sie ständig in der Praxis anzuwenden *(zu üben)*, allein um all die Idiome und differenzierten Wörter richtig einzusetzen. Bei UNIX ist es ähnlich. Doch erschrecken Sie nicht! UNIX hat nur ca. 300 bis 1 500 Kommandos (von denen Sie auch nur einen kleinen Teil benötigen), die englische Sprache dagegen mehr als 500 000 Wörter. Mit der grafischen Oberfläche (CDE) werden Sie sich auf jeden Fall schnell zurechtkommen.

Also: **Keine Angst vor UNIX!**

Wie nutzen Sie dieses Lehrbuch am besten? Jeder von uns hat seine eigene Lernmethode. Doch wir alle werden kaum vom einmaligen Hören oder Lesen neue Begriffe oder Funktionen aufnehmen können. Eine sichere Methode ist (wie der Titel eines sehr interessanten Buches von *Frederik Vester* über die verschiedenen Lernmethoden aussagt):

Denken,	**Lernen,**	**Vergessen**
Mitdenken, an nichts anderes denken, sich auf das Gelesene konzentrieren.	Visuell – das wichtigste unterstreichen, sich Notizen machen, wirken lassen, wiederholen, am Rechner üben	Darüber schlafen, eine Entspannungspause einlegen, umsetzen.

In diesem Lehrbuch finden Sie den Lehrstoff eines etwa 5-tägigen Intensivkurses. Nutzen Sie die Übungen, auch dann, wenn Sie glauben, den Stoff gut verstanden zu haben. Was sonst in Vortrag, Fragen und Antworten vermittelt wird, ist für Sie in diesem Buch konserviert. Je nach Lust, Aufnahmefähigkeit und Appetit können Sie den Stoff in einzelne Portionen aufteilen.

Ich wünsche Ihnen guten Appetit und viel Spaß mit UNIX.

Christine Wolfinger

1 Allgemeine Einführung

Dieses Kapitel gibt Ihnen einen allgemeinen Überblick über Rechner, Dateien und Programme, und zeigt Ihnen die wesentlichen Merkmale von UNIX auf. Wenn Ihnen Grundbegriffe der Datenverarbeitung bereits geläufig sind, können Sie die Abschnitte 1.1 bis 1.4 überspringen.

Die einzelnen Themen:

1.1 Hardware und Software – Rechner und Betriebssystem

Was ist ein Rechner, und welche Funktionen hat ein Betriebssystem? Unter
›Rechner‹ sollen hier alle Geräte und Komponenten verstanden sein, die einen
funktionstüchtigen Computer ausmachen. Was gehört alles zu einem Rechner?
Was muß in Gang gesetzt, verwaltet, koordiniert, kontrolliert werden? Sehen Sie
sich die schematische Darstellung eines Rechners an:

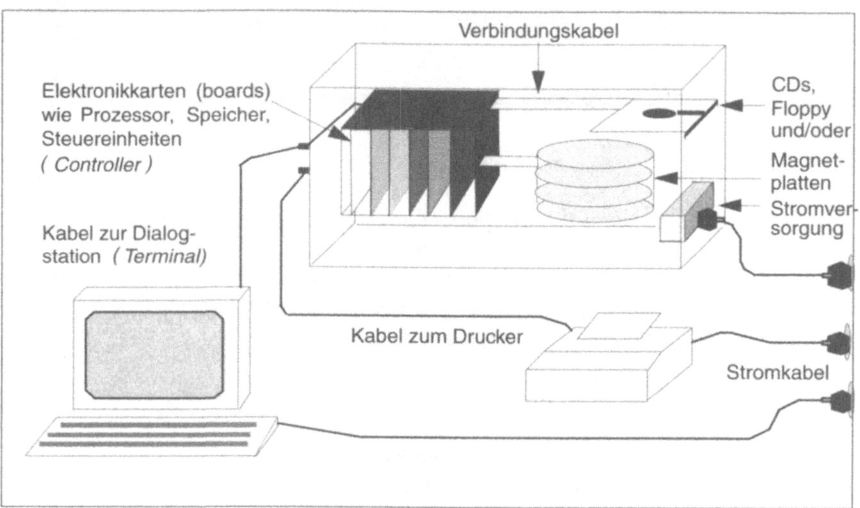

Bild 1-1 Schematische Darstellung eines Rechners

Die oben gezeigten Hauptbestandteile eines Rechners sind:

❏ **Elektronikkarten**, auch *Boards* genannt. Zu ihnen gehören Speicher *(memory)*, der Prozessor *(oder die CPU)* und Steuereinheiten *(controller)*, die
  dafür sorgen, daß die einzelnen Geräte, wie Terminal, Drucker, Floppy (auch
  Floppy Disk oder *Diskette* genannt) und die Magnetplatten richtig *betrieben*
  und gesteuert werden.

❏ **Magnetplatten, CDs** oder **Floppies**. Sie sehen ähnlich aus wie Schallplat-
  ten, doch werden auf ihnen Daten gespeichert. In etwa vergleichbar mit der
  Ablage in einem Büro, wo man jederzeit geschriebene Briefe, Formulare,
  Notizen u.ä. nach einem bestimmten System wiederfinden kann (soll).

❏ **Stromversorgung**. Da Rechner intern nicht mit 220 Volt arbeiten, wird hier
  die Spannung über eine Stromversorgung *(power supply)* geregelt.

❏ **Kabel**. Sie stellen die Verbindung zu Ein-/ und Ausgabegeräten her, wie zu
  Terminal und Drucker und dienen zur Übertragung von Dateninformationen
  und Steuerungssignalen.

Alle aufgeführten Teile werden als **Hardware** *(harte Ware)* bezeichnet. Sie können sie sehen und anfassen, und wenn sie herunterfallen, klappert und klirrt es.

Nur mit der Hardware allein werden Sie nicht viel Freude an Ihrem Rechner haben. Er kann nämlich fast gar nichts. Einige Techniker behaupten, daß *gegenüber dem menschlichen Gehirn ein Rechner ein Vollidiot mit Spezialbegabung ist.* Und die Spezialbegabung erhält er durch die **Software** *(weiche Ware)*. Diese ›sagt‹ der Hardware, was sie tun soll. Unter ›Software‹ versteht man die Menge von Programmen, die zum Betrieb eines Rechners notwendig sind.

Wenn Sie einen Rechner starten *(hochfahren)* wollen, so wird bei den meisten Rechnern über ein fest eingebautes **Programm** eine *Mini-Betriebssoftware* geladen, die den Rechner befähigt, von der Platte und der Systemkonsole *(Terminal, das für die Systemnachrichten ausgewählt wurde)* zu lesen und auf diese zu schreiben. Erst dann wird das eigentliche **Betriebssystem** *(Programm)* von der Platte in den Speicher geladen. Ein Rechner benötigt also immer ein Programm, in dem genau beschrieben ist, was und wie er etwas zu tun hat. Programme können in verschiedenen **Programmiersprachen** geschrieben werden und müssen dann so übersetzt werden, daß der Rechner sie lesen und ausführen kann. Das Umsetzen und Erkennen von Befehlen erfolgt durch den Prozessor, auch CPU *(Central Processing Unit)* genannt.

Im nachfolgendem Bild sehen Sie das Innenleben eines Rechners mit einem **Prozessorboard**. Bei den vielen kleinen, meist bunten Zylindern handelt es sich um Kondensatoren und Widerstände. Die viereckigen Kästen sind Mikroprozessoren, Speicherbausteine und sonstige Chips. Generell sind Chips kleine Bausteine, auf denen viele elektronische Komponenten dicht gepackt *(in Kunststoff oder Keramik verpackt)* untergebracht sind.

Bild 1-2 Innenleben eines Rechners mit Prozessorboard

Welche Aufgaben hat ein Betriebssystem zu erfüllen?

Die Aufgabe eines Betriebssystems ist die Organisation für den Betrieb eines Rechnersystems. Mit Rechnersystem ist die Summe der wesentlichen Bestandteile eines Rechners gemeint. Hierzu zählen:

❑ die eigentliche Verarbeitungszentrale,
die man **CPU** (Central Processing Unit*)* nennt;

❑ ein daran angeschlossener schneller Speicherbereich,
den man **Hauptspeicher** oder englisch **Main Memory** nennt;

❑ Speichergeräte wie **Platten, CDs, Floppies** und **Magnetbandgeräte**

❑ und Einheiten, die Daten transportieren *(Interface, Controller).*

Mit ›Daten transportieren‹ ist gemeint, daß Daten, die Sie verarbeiten möchten, von ›*außen*‹ in den Hauptspeicher gelangen, und Ergebnisse nach außen geschafft werden. Mit ›*außen*‹ sind hier entweder Bildschirme oder Drucker gemeint oder Geräte, auf denen größere Datenmengen gespeichert werden. Die Speicherung erfolgt in einer Form, die es dem Rechner erlaubt, einfach und schnell darauf zurückzugreifen. Dies sind für recht schnelle Zugriffe Magnetplatten oder Floppy-Disketten *(disk – Platte),* für langsamere Zugriffe auch Magnetbänder oder Streamer-Kassetten *(Magnetband-Kassetten).* All diese Geräte werden nicht direkt an den Hauptspeicher angeschlossen, sondern sie werden über ein sogenanntes **Interface** *(oder auch Controller genannt)* mit dem Rechner verbunden.

Ein Betriebssystem kann mit den Aufgaben einer Stadtverwaltung verglichen werden. Die Aufgabe einer Stadtverwaltung ist es, die Dienste und Einrichtungen einer Stadt (wie Bürgermeisteramt, Einwohnermeldeamt, Polizei, Feuerwehr, Sportplätze,...) zu verwalten und zu betreiben. Die Funktion eines Rechner-Betriebssystems ist es, die oben aufgeführten Einheiten zu verwalten und zu betreiben. Hierzu gehört z.B., die Benutzung eines Druckers so zu regeln, daß die unterschiedlichen Ausgaben mehrerer Benutzer nicht wild durcheinander gedruckt werden, oder zu verhindern, daß Benutzer sich ›*nicht rechtmäßig*‹ verhalten *(z.B. Daten anderer Benutzer löschen, wenn diese solches nicht erlauben).*

Eine Stadtverwaltung stellt dem Einwohner eine Reihe von Diensten zur Verfügung (oder sollte sie zur Verfügung stellen). Viele dieser Dienste sehen nach außen einfach aus, z.B. das Anmelden einer Geburt, erfordern jedoch intern viele einzelne Schritte und viel Koordination: Bei der Geburt wird der Name in das Melderegister eingetragen, das Statistische Amt verständigt, der zuständige Pfarrer informiert, das Gesundheitsamt benachrichtigt, usw.

Ähnlich bietet auch das Betriebssystem dem Benutzer eine Reihe von Diensten an, die intern viele einzelne Verarbeitungsschritte erfordern und komplexe Abläufe anstoßen. Ein wesentlicher Dienst besteht z.B. darin, dem Benutzer die

Verwendung der unterschiedlichen Geräte in einer weitgehend einheitlichen Art anzubieten.

Diese Geräte haben jedoch recht unterschiedliche Eigenschaften. So kann ein Benutzer dem System in gleicher Art sagen: ›*Gib das Rechenergebnis auf dem Drucker aus*‹ oder ›*Gib das Rechenergebnis auf das Terminal (Dialogstation) aus*‹. Das Betriebssystem versteckt in diesem Fall die Unterschiede der einzelnen Geräte vor dem Benutzer und stellt statt dessen den Dienst ›*Gib aus auf Gerät...*‹ zur Verfügung.

Bei der Verwaltung bzw. der Regierung eines Landes gibt es eine Reihe unterschiedlicher Regierungsformen (z.B. Demokratie, Diktatur, Monarchie), die festlegen, wie regiert wird und nach welchen Kriterien die vorhandenen Mittel vergeben werden. Für die einzelnen Bereiche haben dabei die verschiedenen Formen Vor- und Nachteile.

Ebenso gibt es **verschiedene Arten von Betriebssystemen**, die sich in der Art der Zuteilung der vorhandenen Betriebsmittel eines Rechners unterscheiden. Eines der wesentlichen Betriebsmittel eines Rechners ist die eigentliche Verarbeitungseinheit *(die CPU)* und der Hauptspeicher.

Gibt man jedem Programm eine permanente Priorität *(analog zum Privileg in einem autoritären System)* und vergibt die wichtigen Betriebsmittel immer an das Programm mit der höchsten Priorität, solange bis das Programm sie nicht mehr benötigt, so nennt man dies ein **Realzeitsystem**. Ein solches System mag etwas ungerecht erscheinen, erlaubt aber, daß wichtige Aufgaben vorrangig durchgeführt werden. Z.B. wird das Abschalten einer Maschine in kritischen Situationen vorrangig durchgeführt, während z.B. die Berechnung von einer Statistik, wieviele Mitarbeiter in diesem Monat krank waren, zurückgestellt wird.

Bei einer anderen Betriebssystemform werden die Betriebsmittel gleichmäßig auf alle Programme oder alle Benutzer verteilt – d.h., jedem steht die CPU eine kurze Zeit zur Verfügung, dieser wird dann unterbrochen, und der nächste Benutzer wird bearbeitet usw., bis jeder einmal dran war. Dann wird wieder von vorne begonnen. Dies geschieht wegen der hohen Arbeitsgeschwindigkeit der heutigen Rechner jedoch in der Regel so schnell, daß der Benutzer den Eindruck hat, ihm stände der Rechner alleine zur Verfügung. Solche Systeme nennt man **Time Sharing Systeme**, da sie die Rechnerzeit zwischen den einzelnen Benutzern bzw. den einzelnen Programmen weitgehend gerecht aufteilen. Das Betriebssystem UNIX ist ein solches *Time Sharing System*.

In der Vergangenheit war es so, daß jeder Hersteller für seine Maschine ein eigenes Betriebssystem erstellt hat, welches die Eigenschaften seiner Maschine optimal zu nutzen versuchte. Auf diese Weise entstanden recht viele verschiedene Betriebssysteme. Hatte ein Hersteller dabei mehrere im Aufbau unterschiedliche Maschinen, so hatte sogar der gleiche Hersteller unterschiedliche Betriebssysteme. Weitere Betriebssystemvarianten kamen einfach durch die lange Jahre laufende Weiterentwicklung hinzu. Auf diese Weise entstand eine große Anzahl sehr unterschiedlicher und **untereinander nicht austauschbarer Betriebssysteme**. Will ein Benutzer in dieser Situation von einem System auf ein anderes wechseln, so muß er auch zumindest die Grundbedienung des neuen Systems erlernen. In der Regel müssen auch die Programme, die er für seine Anwendung benutzt hat, mit großem Aufwand auf das neue Betriebssystem umgestellt werden.

Der Einsatz von unterschiedlichen Betriebssystemen war trotz des Umlernens und des dabei oft notwendigen Umschreibens eingesetzter Programme solange sinnvoll, wie damit die bestmögliche Ausnutzung der Maschine und somit eine Senkung der CPU-Kosten erreicht wurde.

Dies hat sich inzwischen aus folgenden Gründen geändert:

❏   heute verwenden viele Hersteller die gleichen CPU-Komponenten,

❏   die CPU-Leistung ist sehr viel billiger geworden
     (etwa um den Faktor 32 in 10 Jahren!),

❏   die Rechnergenerationen wechseln heute aufgrund des technischen Fortschritts so schnell (etwa alle 3 Jahre), daß auch große Hersteller es sich nicht mehr leisten können, jedesmal ein neues Betriebssystem zu entwickeln,

❏   die Benutzer möchten sich nicht mehr so fest wie früher an einen Hersteller und sein System binden und möchten bei der Umstellung auf ein neues Rechnersystem möglichst wenig neu erlernen müssen.

All dies verlangt nach einem Betriebssystem, das sowohl auf den verschiedenen Rechnern eines Herstellers als auch auf den unterschiedlichen Rechnern der verschiedenen Hersteller in gleicher Weise läuft. Es gibt heute mehrere solcher Betriebssysteme. Die Systeme **CP/M** und **MS/DOS** laufen auf den unterschiedlichsten Rechnern, jedoch jeweils nur für einen CPU-Typ (CP/M für Intel 8080 und Z80-CPU (Zilog), MS/DOS für die 8086-, 80XXX- und Pentium-CPUs von Intel).

UNIX ist eines der wenigen Systeme, welches auf unterschiedlichen Rechnern mit sehr verschiedenen CPU-Typen läuft. Es bietet damit für eine Reihe der oben genannten Probleme eine annähernd ideale Lösung und ist somit in der Lage, viele andere Betriebssysteme zu ersetzen. Allerdings kann es nicht alle Betriebssysteme ablösen, denn es gibt immer noch unterschiedliche Anforderungen bzw. Einsatzgebiete (z.B. die Realzeitverarbeitung, die eben doch in vielen Punkten von der eines Time-Sharing-Systems abweicht). Es gibt auch bei Betriebssystemen noch kein ›eierlegendes Woll-Milch-Schwein‹.

Zusammenfassung
der wesentlichen Aufgaben eines Betriebssystems.

Wenn Sie über Terminal einen Auftrag, einen Befehl *(Anweisung)* eingeben, so muß das Betriebssystem:

①   Ihre Eingabe erkennen und weiterleiten;

②   das Programm für diesen Befehl, Ihre Eingabe und evtl. weitere Daten in den Speicher laden;

③   das Programm starten, den ordnungsgemäßen Ablauf kontrollieren und es beenden;

④   Systemzeiten festhalten, die Zeit zuordnen, kontrollieren;

⑤   falls Sie als Ausgabe Informationen auf die Platte schreiben wollen, so muß dort eine Datei angelegt werden, die auch jederzeit wiedergefunden werden soll;

⑥   die zum Ablauf erforderlichen Betriebsmittel zur Verfügung stellen.

Mit der folgenden Grafik werden wesentliche Aufgaben eines Betriebssystems dargestellt:

Bild 1-3 Hauptaufgaben eines Betriebssystems

Wenn Sie sich ein Betriebssystem als *das Gehirn eines Rechners* vorstellen, so mögen Ihnen nachstehende Impressionen zeigen, was in so einem Kopf vorgehen könnte:

Damit müssen aber nicht wir unseren Kopf belasten, denn diese Aufgaben nimmt uns das Betriebssystem ab, zumindest was UNIX betrifft.

1.2 Unterschied zwischen Datei und Dateisystem

Bisher haben wir uns mit den allgemeinen Abläufen eines Betriebssystems beschäftigt. Das Wesentliche für den Anwender ist, daß der Rechner Aufgaben für ihn durchführt. Die Informationen, die der Rechner dafür benötigt, können diesem z. B. über ein Terminal mitgeteilt werden. Sollen Informationen *(in der DV-Welt nennt man dies auch Daten)* **gespeichert** *(aufbewahrt)* werden, so werden sie als logische Einheit auf Platte, Floppy, Magnetband oder einem anderen Medium **abgelegt**. Diese logische Einheit wird als **Datei** bezeichnet. Die Information kann aus einer Folge von Ziffern, Buchstaben und Sonderzeichen bestehen. Der Inhalt einer Datei kann z. B. Ihre Adresse mit Telefonnummer oder der Text dieses Kapitels sein.

Je nachdem, wie die Informationen aufgezeichnet sind, unterscheidet man z. B. Dateien,

❑ die **für uns lesbar** sind, z. B. unter UNIX im **ASCII-Code** gespeichert *(American Standard Code for Information Interchange – Amerikanischer Standardcode für Informationsaustausch)*,

❑ oder **binäre** Dateien, z. B. die ausführbaren Programme, die im Binärformat gespeichert sind *(binär – aus 2 Einheiten bestehend, z. B. 0 und 1)*.
Darstellung von Zahlen in Binärform:

    1 = 00001,   2 = 00010,   3 = 00011,   4 = 00100   usw.

Um eine Datei ansprechen zu können, erhält sie einen **Namen** und eine Art Adresse, aus der hervorgeht, wo auf der Platte oder Floppy die Datei abgelegt wurde. Uns braucht zunächst nur der Name zu interessieren. Sie können sich eine Datei bildlich wie ein Dokument oder einen Artikel vorstellen. Ein solches Dokument bildet eine Einheit. Es kann z. B. zusammengeheftet und abgelegt werden. Es besteht in sich aus Sätzen, diese sind aus Wörtern zusammengesetzt und die Wörter aus Zeichen. Analog spricht man beim Inhalt einer Datei von Sätzen, Satzelementen oder Feldern (statt Wörter) und Zeichen.

Ein **Dateisystem** ist eine nach bestimmten Regeln angeordnete Menge von Dateien, eine Art **Ablagesystem** der Dateien, damit sie jederzeit schnell und sicher wiedergefunden werden können. Bildlich können Sie sich ein Ablagesystem wie einen großen Schrank mit vielen Schuhschachteln vorstellen. Sie können kleinere in größere Schachteln packen – doch die Anzahl der Schachteln ist auf die Größe des Schranks begrenzt. In einem Rechner können Sie Dateien unter einem *Directory (ähnlich einer Schachtel)* ablegen, unter diesem Directory weitere Directories anlegen und so fort. So können viele Directories *ineinandergeschachtelt* werden. Man spricht hierbei auch von einem **hierarchischen Dateisystem**. Diese immer weitergehende Verzweigung finden Sie auch in der Natur, z. B. bei einem Baum: Wurzel – Stamm – Äste – Zweige – Blätter.

Das **UNIX-Dateisystem** beginnt mit einer Wurzel und verzweigt sich wie ein Baum. Deshalb wird auch von einer Baumstruktur gesprochen. Die Dateien werden bestimmten Zweigen zugeordnet. Die **Knotenpunkte** dieser Zweige werden als **Directories** bezeichnet. Die Directories sind mehr oder weniger ein **Inhaltsverzeichnis der Dateien** und weiteren Directories, die sich unter diesem Zweig befinden.

Jede Datei erhält einen Namen, ebenso die Directories. Der Weg von der **Wurzel des Baumes** bis hin zu der Datei wird als Pfad bezeichnet. Mit dem Pfad und dem Namen der Datei kann eindeutig die jeweilige Datei wiedergefunden werden. Der Name des ersten Directories ist der Schrägstrich › / ‹ und wird als ›root‹ (Wurzel) bezeichnet.

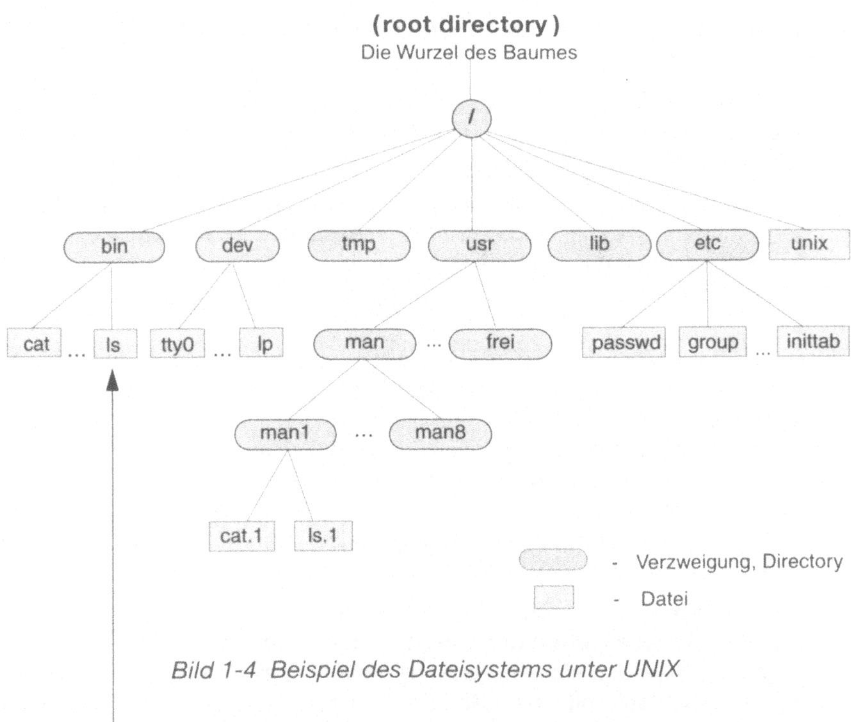

Bild 1-4 Beispiel des Dateisystems unter UNIX

Die Programm-Datei ls ist eindeutig definiert mit /bin/ls. Der erste Schrägstrich bezeichnet das 1. Directory: die root. Die weiteren Schrägstriche kennzeichnen die Trennung von einem Directory zum anderen bzw. zur Datei.

1.3 Was ist ein Programm?

Ein *Programm,* sei es ein Programm für den heutigen Abend, ein Kino- oder Theaterprogramm oder ein Computerprogramm, bedeutet immer: nach einem bestimmten Plan etwas durchführen. In der elektronischen Datenverarbeitung werden in einem Programm alle Anweisungen in einer dem Rechner verständlichen Form aufgeführt, die zur Lösung einer Aufgabe notwendig sind. Dabei gibt es unterschiedliche Arten von Anweisungen:

Arithmetische Anweisungen	Hierzu gehören die Grundrechenarten Addieren, Subtrahieren, Multiplizieren und Dividieren, z. B.: $c = a + b$
Logische Vergleiche	Das sind Vergleiche auf **größer** oder **kleiner**, und Verknüpfungen mit **und, oder,** und die **Negation** davon (nicht). Wird z. B. mit ›und‹ verknüpft, müssen beide angegeben Bedingungen erfüllt sein. ›Alle Firmen, die mehr als 1000 Mitarbeiter haben ›und‹ in München ihren Sitz haben … sollen aus einer Adreßdatei herausgefunden werden.‹
Programmverzweigungen	**Wenn** eine bestimme Bedingung erfüllt ist, **dann** soll die nächste Anweisung durchgeführt werden, **sonst** eine andere. Beispiel: In einem Programm wird der Benutzer gefragt: ›Soll die Datei xy angezeigt werden?‹ Antwortet er mit ja, dann wird der Inhalt der Datei angezeigt, antwortet er mit nein, dann wird folgende Nachricht am Bildschirm ausgegeben: ›Soll die Datei xy gelöscht werden?‹ z. B.: *if … then … else*
Sprunganweisung	Im **Falle, daß** ein vorgegebenes Muster zutrifft, sollen bestimme Anweisungen durchgeführt werden. Z. B.: Ist die Option[*] -l, dann drucke die Liste im Langformat; ist die Option -F, dann gib die Liste in Kurzform aus; ist die Option -x, dann gib die Nachricht ›Falsche Option‹ aus und beende das Programm.

---

[*] Option – wahlweise zusätzliche Angabe, mit der eine unterschiedliche Ausführung des Programmes erfolgen kann

Schleifen	Es soll **solange** eine Folge von Anweisungen durchgeführt werden, bis eine bestimmte Bedingung erfüllt ist. Z. B. ›Solange kein Endezeichen eingegeben ist, lies die nächste Eingabe!‹
Ein- und Ausgabe	Eingaben und Ausgaben sind unter der UNIX-Benutzerschnittstelle (Shell) standardmäßig dem Terminal zugeordnet. Mit der Aufforderung lese (**read**) wird z. B. das, was Sie am Terminal eintippen, übernommen; mit dem Kommando schreibe (**write**), wird eine Nachricht auf den Bildschirm ausgegeben.

Welche Arbeitsschritte sind notwendig, um ein Programm zu erstellen?

Um eine bestimmte Aufgabe dem Rechner zu übertragen (z. B. eine Lohnabrechnung durchzuführen), muß die Aufgabe in Einzelschritte zerlegt und in eine geordnete Folge von einzelnen Anweisungen gebracht werden. Eine Folge von Anweisungen, die zusammen ein Problem (oder ein Teilproblem) löst, nennt man **Programm**.

Die Anweisungen werden dem Rechner in einer formalen, zumeist an die englische Sprache angelehnten Sprache eingegeben. Diese Sprache nennt man entsprechend **Programmiersprache**. Die Programmiersprache muß deshalb sehr formal sein, weil bei einem Programm Mehrdeutigkeiten also auch Zweideutigkeiten, wie sie in der natürlichen Sprache vorkommen, nicht erlaubt sind. Der Rechner ist eben bei Mehrdeutigkeiten zu dumm, um zu entscheiden, welche der möglichen Bedeutungen gemeint ist.

Da Programme sehr klar und Schritt für Schritt beschrieben die Lösung einer Aufgabe vorgeben müssen, erfordert das Programmieren Sorgfalt und klare Überlegung. Komplexe Aufgaben müssen dabei in einfache Schritte zerlegt und alle denkbaren Fälle bedacht werden. Dabei helfen Strukturpläne wie z. B. ein **Ablaufdiagramm** *(auch Flußdiagramm genannt).* Für die verschiedenen Anweisungstypen werden unterschiedliche Symbole verwendet. Einige dieser Symbole sind:

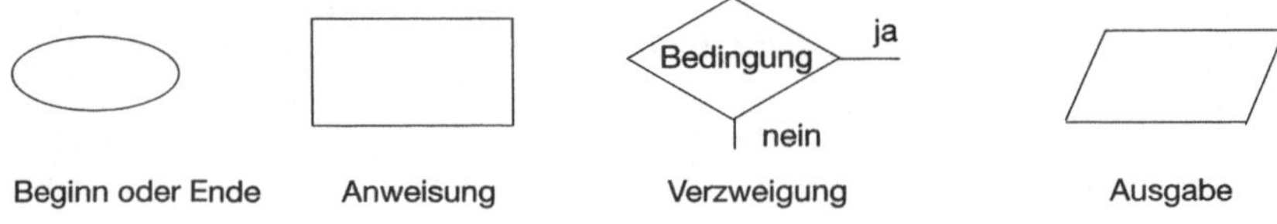

In dem folgenden Bild ist ein Beispiel eines möglichen Ablaufdiagramms dargestellt. Es beschreibt ein kleines Programm, mit dem Sie Telefonnummern abfragen können.

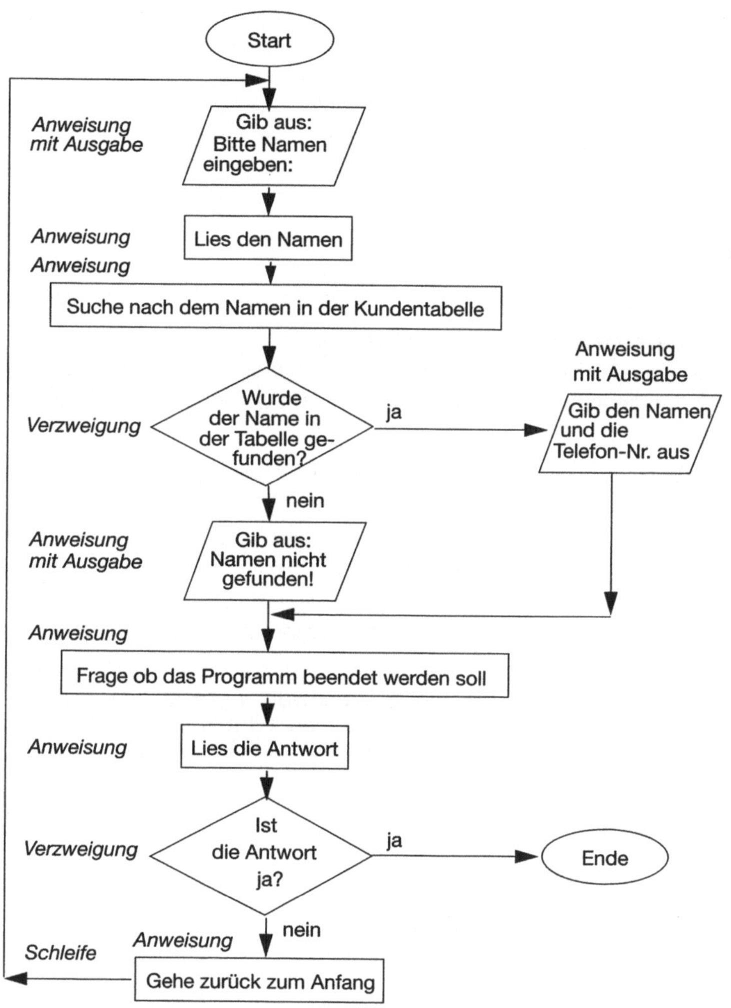

Bild 1-5 Beispiel eines Flußdiagrammes

Sie sehen, zur Erstellung eines Ablaufdiagrammes braucht man noch nicht programmieren zu können, sondern nur klar und präzise zu denken und zu formu-
lieren!

1.4 Programmiersprachen

Jeder Rechner erkennt nur seinen eigenen, vorgegebenen Maschinencode *(in Binärform)*. Wie die Sprachen unterschiedlicher Nationen voneinander abweichend sind, so können auch Maschinencodes unterschiedlicher Prozessoren verschieden sein. Alle Anweisungen und Vereinbarungen müssen in diesen Code, der nur aus 0 und 1 besteht, *übersetzt* werden. Es wäre eine fürchterliche Aufgabe, wenn die Programmierer alle Anweisungen in 0 und 1 schreiben müßten. Deshalb gibt es sogenannte ›höhere‹ Programmiersprachen, die das Schreiben von Programmen erleichtern. Ein in einer Programmiersprache erstelltes Programm wird als *Quellprogramm* bezeichnet. Erst das übersetzte *(compilierte)* Programm *(Objektprogramm)* kann ausgeführt werden. Man unterscheidet:

❑ Maschinenorientierte Sprachen: Assembler
   Dies sind prozessorbezogene Programmiersprachen wie z.B. der Assembler für IBM-Prozessoren, oder für den Motorola- oder den Intel-Prozessor.

❑ Problemorientierte Programmiersprachen:
   Sprachen, die unabhängig von der Rechenanlage so aufgebaut wurden, daß sie für bestimmte Anwendungsbereiche geeignet sind. Zu Ihnen gehören z.B.:

COBOL	**CO**mmercial **B**usiness **O**riented **L**anguage für kommerzielle Problemlösungen;
BASIC	**B**eginners **A**ll purpose **S**ymbolic **I**nstruction Code eine einfache höhere Programmiersprache;
FORTRAN	**FOR**mula **TRAN**slation für technisch wissenschaftliche Anwendungen;
C	Die unter UNIX verwendete höhere Programmiersprache, die sowohl für technisch wissenschaftliche als auch für kommerzielle Anwendungen geeignet ist und unter UNIX besonders schnelle Verarbeitung gewährleistet.

```
/*
    Nachricht auf Bildschirm ausgeben
*/
main ()      /* Hauptprogramm */
{
        printf ("hallo, ein kleiner Gruss von UNIX");
}
```

Bild 1-6 Beispiel eines ›Mini‹-C-Quell-Programmes

Bei jeder Programmiersprache sind bestimmte Regeln zu beachten, ähnlich der Grammatik und der Orthographie einer Sprache. Bei den meisten Programmiersprachen ist es besonders wichtig, auf die richtige Reihenfolge von Sonderzeichen wie Semikolon, Punkte und Klammerungen zu achten. Doch das ist zunächst nicht unser Problem. Damit haben sich die Programmierer herumzuschlagen.

Das in einer Programmiersprache entwickelte Programm *(Quellcode)* muß dann von speziellen Übersetzungsprogrammen *(Compiler)* in das Maschinenprogramm *(Objectcode)* umgewandelt werden, damit es vom jeweiligen Rechner *(Prozessor)* richtig interpretiert wird. Bei den Übersetzungsprogrammen wird das Quellprogramm auf etwaige formale Fehler *(Syntaxfehler)* untersucht und eine entsprechende Fehlerliste ausgegeben. Erst nach erfolgreichem, fehlerfreiem Übersetzen kann ein Programm *(im Objectcode)* gestartet werden.

Ein gestartetes und gerade arbeitendes Programm wird auch als *Prozeß* bezeichnet.

1.5 Woher kommt UNIX?

UNIX kommt aus Amerika von ›Ma Bell‹, wie die **Bell Laboratories** von Insidern mit dem Kosenamen genannt werden. Der korrekte Name ist **Bell Laboratories** der Firma **AT&T** *(American Telephone and Telegraph)*. Die ›Bell Laboratories‹ sind ein riesiges Zentrum für Forschung und Entwicklung.

Und wer waren die Väter von UNIX? Eine Gruppe von Programmierern, deren eigentliche Aufgabe darin bestand, große Softwareprojekte zu entwickeln. Um bessere Voraussetzungen hierfür zu schaffen, entwarfen Ken Thompson und Dennis Ritchie ein eigenes Betriebssystem, mit dem sie interaktiv, im Dialog, arbeiten konnten. Ferner wirkten mit: S. Bourne *(nach dem die gleichnamige Shell benannt wurde, S.* Johnson, B. Kernighan, D. Mc Ilroy, J. Ossana, um nur einige zu nennen, die zusätzliche Hilfsprogramme *(Utilities und Tools = Werkzeuge)* entwickelten, um immer wiederkehrende Teilaufgaben schnell und einheitlich zu lösen.

Die wesentlichen Stadien und Versionen der UNIX-Entwicklung waren:

1969-1971 Auf einer PDP-7* wurde die 1. Version von UNIX in Assembler *(maschinennahe Programmiersprache)* geschrieben.

1973 wurde UNIX umgeschrieben (ca. 10.000 Quellcode-Zeilen) in die höhere Programmiersprache C, die von Dennis Ritchie entwickelt worden war. Nur ein geringer Teil von ca. 1.000 Zeilen blieb in Assembler. UNIX wurde auf eine PDP11* übertragen.

UNIX konnte nun mit verhältnismäßig geringem Aufwand auf all jene Rechner portiert *(übertragen)* werden, die über einen C-Compiler verfügten. (Ein Compiler ist ein Übersetzungsprogramm, das den Quellcode einer höheren Programmiersprache in den jeweiligen maschineninterpretierbaren Code umsetzt).

1974-1976 entstand die Version UNIX/V6.

1976-1982 Ab hier spaltete sich die Weiterentwicklung von UNIX:

❑ auf VAX*/Interdata die Version UNIX/V32 und UNIX/V7

❑ und UNIX für PWB *(Programmer's Workbench);*

❑ parallel wurde an der Berkeley-Universität (Kalifornien) UNIX unter dem Namen BSD weiterentwickelt.

❑ Aufbauend auf der Version UNIX/V7 haben auch eine Reihe von Firmen, wie Microsoft (XENIX), DEC (ULTRIX), Amdahl (UTS), Hewlett Packard (HP-UX), PCS (MUNIX) u.a. UNIX portiert und auf ihren Rechnern eingesetzt. Alle Portierungen, die nicht von AT&T vorgenommen wurden, mußten vertraglich einen anderen Namen tragen.

1979 wurden die unter AT&T unterschiedlichen Entwicklungen der UNIX-Versionen UNIX/V7 und UNIX für PWB in UNIX System III

---

    * PDP-7, PDP-11, VAX sind Rechner der Firma DEC (Digital Equipment Corporation)

	zusammengeführt. Diese Version wies jedoch noch einige Mängel und Schwächen auf.
1983	kam dann die verbesserte Version System V.0 auf den Markt. Gründung der Gruppe BISON*, die 1985 in X/OPEN umbenannt wurde. Sie vertritt die Interessen der UNIX-Anwender aus nicht-englischsprachigen Ländern (Internationalisierung, erweiterter Zeichensatz, Spezifikationen von Standards). Die Erarbeitung der Richtlinien wird im X/OPEN Portability Guide (XPG) veröffentlicht. In USA werden die Interessen der UNIX-Anwender von einer Arbeitsgruppe innerhalb von IEEE vertreten, die 1985 die dort erarbeiteten Standards in dem sog. POSIX dokumentierten.
1984	erscheint UNIX System V Version 2 (V.2).
1986	erscheint UNIX System V Version 3 (V.3).
1987	UNIX auf Intel 386: SCO-UNIX, basierend auf der XENIX-Version von Microsoft, das von SCO übernommen wurde.
1990	UNIX System V.4 entwickelt von USL (*Unix Software Laboratories* von AT&T) in enger Zusammenarbeit mit Sun. Hierbei wurden die wichtigsten UNIX-Systeme zusammengefaßt, um ein *vereintes* UNIX zu schaffen.
1990	Wegen der engen Zusammenarbeit von SUN und AT&T wurde als Gegenpol die OSF (*Open Software Foundation*) von IBM, DEC und HP gegründet. Zahlreiche weitere Firmen traten als Mitglieder bei. OSF entwickelte u.a. die graphische Oberfläche Motif und ein neues UNIX: OSF/1.
1992	UNIX System V.4.2 kommt auf den Markt.
1993	Um dem starken Konkurrenzkampf von Microsoft (Windows-NT) entgegenzuwirken, vereinbaren die führenden UNIX-Anbieter einheitliche Schnittstellen, die unter dem Namen COSE (*Common Open System Environment*) zusammengestellt werden. DEC übernimmt OSF/1 als Nachfolgeversion zu ULTRIX. Novell übernimmt die AT&T Tochterfirma USL und bringt ein auf PC lauffähiges UNIX heraus: Unixware.
1994	Novell/USL übergibt das Warenzeichen UNIX an X/OPEN. Ergänzung von XPG um eine weitere Vereinheitlichung von UNIX durch die sog. 1170-Spezifikation (Spec1170) und der CDE (*Common Desktop Environment*), einer gemeinschaftlichen grafischen Benutzeroberfläche.
1995	SCO erhält von Novell die Source-Lizenzen für UnixWare
1998	SCO und IBM entwickeln gemeinsam ein UNIX-System für IA-64 DEC und Compaq fusionieren

---

* ***Bull, ICL, Siemens, Olivetti, Nixdorf***   19

1999	Monterey/64 (UNIX-System von SCO/IBM) läuft auf Intel's Merced Chip
1999	Sun übernimmt StarOffice

1.6 Die UNIX-Portierungen verschiedener Firmen

UNIX gibt es unter verschiedenen Namen. In der nachstehenden Aufstellung sind nur einige UNIX-Portierungen aufgeführt. Falls Sie bereits mit Internet arbeiten, finden Sie unter den angegebenen Adressen, dort meist unter Produkte - Software - Betriebssysteme (OS Operating Systems), Informationen zur aktuellen Version und auf welchen Rechnern/Prozessoren die UNIX-Derivate laufen.

UNIX-Derivat	Hersteller, Systemhaus oder Distributor*	Adresse im Web **http://**
AIX	IBM	www.ibm.de
BSD/OS	Berkeley Software Design University of California, Berkeley	www.bsd.com
HP_UX	Hewlett Packard	www.hp.com
IRIX	Silicon Graphics SGI	www.sgi.com
LINUX	GNU (FSF Free Software Foundation) Debian * RedHat * Slackware * SuSe * u.a.	www.gnu.org www.debian.com www.redhat.com www.slackware.com www.suse.de
Monterey/64	IBM,SCO,Sequent,Intel	www.sco.com/monterey
UnixWare	SCO	www.sco.com
SINIX	Siemens	www.siemens.de
SOLARIS	Sun Microsystems	www.sun.de
ULTRIX, OSF/1 Digital UNIX True 64 UNIX	COMPAC - DEC	www.dec.com www.compaq.com

Bild 1-7 UNIX-Portierungen verschiedener Firmen

LINUX kann auch über Fachbuchhandlungen bestellt werden,
z. B. JF Lehmanns, Tel. 0221/42 81 53, Adresse im Web http://www.jfl.de

1.7 Was ist das Besondere an UNIX?

Eine der wesentlichen und hervorstechenden Eigenschaften von UNIX ist die Portierbarkeit, die es zu einem weitverbreiteten, rechnerunabhängigen Betriebssystem werden ließ. Was bedeutet Portierbarkeit? Man bezeichnet ein Programm dann als ›gut portierbar‹, wenn es mit geringem Aufwand von einem Rechnersystem auf einen fremden Rechner übertragen werden kann. Wir Anwender können natürlich kein Betriebssystem auf einen anderen Rechner übertragen; dies ist eine Aufgabe für Systemanbieter. Für uns ist es wichtig, wenn wir bereits mit einem UNIX-Rechner arbeiten, daß wir Programmablauffolgen und Quelltextprogramme ohne großen Aufwand übernehmen können. Die Kompatibilität zu den meisten UNIX-Versionen ist weitestgehend unter System V erreicht. Ab Version System V.4 ist auch eine Binärkompatibilität (d.h. ausführbare, kompilierte Programme) für Rechner mit gleichem Prozessor (z.B. für Intel oder MIPS) möglich.

Weitere wichtige Eigenschaften von UNIX sind:

❑ **Multi-User-Betrieb** (Mehrbenutzerbetrieb)
   Mehrere Benutzer können gleichzeitig am System arbeiten. Jeder Benutzer meldet sich mit einer eigenen Namenskennung und einem Paßwort an.

❑ **Multi-Tasking**
   Jeder Benutzer kann mehrere Programme parallel ablaufen lassen, z.B. Editieren und gleichzeitig Texte ausdrucken. Im Gegensatz zu MS-Windows laufen diese Prozesse gleichzeitig, d.h. sollte ein Prozeß abstürzen, bleiben trotzdem die anderen Prozesse erhalten und der Rechnerbetrieb als solcher läuft weiter.

❑ **Timesharing**
   Wenn mehrere Prozesse quasi gleichzeitig laufen, wird der Platz im Hauptspeicher oder im Prozessor abwechselnd den einzelnen Prozessen nach einem Prioritätsschema zugewiesen.

❑ **Dialogverarbeitung**
   Jeder Benutzer kann von seinem Terminal dialogorientierte Programme aufrufen, Daten eingeben und erhält die Ergebnisse am Bildschirm angezeigt. Er muß also nicht die Anweisungen erst in eine Datei schreiben.

❑ **Individuelle Zugriffsrechte für Dateien**
   Über Zugriffsrechte wird festgelegt, wer die Dateien, Geräte oder Directories ansehen (lesen – *read*), verändern (schreiben – *write*) und ausführen (*execute*) darf. Hierbei unterscheidet man nach dem Benutzer (*user*), der die Datei angelegt hat, der gleichen Gruppe (*group*) und den anderen (*others*).

❑ **Shell – Benutzerschnittstelle und Kommandointerpreter**
   Die Shell interpretiert und kontrolliert in einer alphanumerischen Umgebung die vom Benutzer eingegebenen Kommandos. Über die Shell-Steuersprache, die ähnliche Funktionalität wie eine höhere Programmiersprache hat, kann der Ablauf von Programmen gesteuert werden. Sie enthält Vergleiche,

Verzweigungen, bedingte Ausführungen, Schleifen, Zuweisung von Parametern und Variablen.

❏ **Verfügbarkeit zahlreicher Sprachen**
Welche Programmiersprachen auf Ihrem Rechner zur Verfügung stehen, hängt von der jeweiligen Portierung der Compiler ab. Fragen Sie Ihren Systemanbieter, welche Compiler verfügbar sind. Unter UNIX laufen z.B.: C, C++, BASIC, FORTRAN, COBOL, Pascal, LISP, PROLOG, Ada, APL, Modula-2, Smalltalk, Java u.v.a. mehr.

❏ **Eine Vielzahl von Dienstprogrammen (Software-Tools)**
Zwischen 300 und 1500 Kommandos stehen dem UNIX-Anwender bereits mit der Grundsoftware zur Verfügung.

❏ **Netzwerkfähigkeit – Kommunikation**
Im Client-Server-Umfeld hat sich UNIX deshalb so bewährt, weil es hierfür ausgezeichnete Voraussetzungen bietet. Sowohl für LAN als auch für WAN gibt es entsprechende Hard- und Software. (LAN: Local Area Network, d.h. Rechner, die in der Regel auf einem Grundstück miteinander verbunden sind. WAN: *Wide Area Network,* Rechner oder Netze, die über öffentliche Vermittlungssysteme wie Telefon, DatexP u.a. kommunizieren.) An Software gibt es z.B.:

uucp *(unix to unix copy).* Die einfachste (und billigste) Verbindung zwischen UNIX-Rechnern. Es war u.a. ursprünglich die Grundlage von mail und kann auch heute noch hierfür verwendet werden.

TCP/IP *(Transmission Control Protocol-Internet Protocol),* die bedeutendste Protokollfamilie, mit der die meisten Anbindungen zwischen UNIX-Rechnern und zahlreichen anderen Systemen in einem LAN oder z.B. über Internet verbunden sind. Auf diesem Protokoll basieren eine Reihe von Diensten, wie mail, telnet und rlogin.

❏ **Grafische Benutzeroberfläche** – GUI *(Graphical User Interface)*
Auf den meisten UNIX-Systemen wird als grafische Oberfläche X-Window und Motif angeboten. Diese Software ermöglicht auf einem grafischen Bildschirm mehrere Fenster einzurichten und unterschiedliche Anwendungen innerhalb dieser Fenster aufzurufen. Aufbauend auf X-Window und Motif kann zusätzlich eine Desktop-Umgebung genutzt werden (z.B. *VUE von HP,* Open-Win von Sun). Directories und Dateien werden z.B. in Symbolen angezeigt und können über Mausfunktionen geöffnet oder anderweitig bearbeitet werden. Für viele Befehle, die sie in diesem Buch noch ›zu Fuß‹ lernen, benötigen Sie dann nur noch ein Mausklicken. Seit 1995 wird von den führenden UNIX-Anbietern CDE (*Common Desktop Environment*) eingesetzt, das die bisher unterschiedlichen Desktop-Programme ablöst bzw. erweitert.

1.8 Wer setzt UNIX ein?

Aus der Historie von UNIX geht hervor, daß UNIX ursprünglich zur Bearbeitung von Softwareprojekten konzipiert und in der ersten Zeit auch hauptsächlich von Universitäten in Forschung und Lehre eingesetzt wurde.

Heute wird UNIX nicht nur zur Softwareentwicklung und Weiterentwicklung von Sprachen und Compilern verwendet, sondern das Spektrum der unter UNIX ablaufenden Software reicht von technisch-wissenschaftlichen Anwendungen und im CAD/CAM-Bereich (*Computer Aided Design* – computerunterstütztes Konstruieren, *Computer Aided Machinery* – computerunterstütztes Produzieren) über Desktop-Publishing (DTP), Büroautomation, kommerzielle Software, Datenbanken und Informationssysteme, bis hin zum Bereich der Künstlichen Intelligenz. Hier einige Beispiele der Anwendungsbereiche:

❑ **technisch-wissenschaftliche Anwendung und CAD/CAM**
Z. B. Manipulation von mathematischen Formeln, Statikprogramme, Diagnoseprogramme, Simulation, CAD für Elektrotechnik, Programme für Architektur und Maschinenbau. Beispiele sind hier u. a. die Pakete *Mathematica**, *CATIA**, *EUCLID**, *IDEAS**, *ProEngineer**.

❑ **DTP – Desktop Publishing**
Professionelle Text- und Bildverarbeitungssysteme sowie Zeichenprogramme zur Erstellung von technischer Dokumentation, Broschüren, Präsentationen etc. Beispiele sind hier u. a. die Pakete *Interleaf**, *FrameMaker**, *CorelDraw**, *Adobe Photoshop**.

❑ **Büroautomation**
Integrierte Textverarbeitungssysteme (Serienbriefe, Dokumentationserstellung), Zeichenprogramme, Tabellenkalkulation mit Datenbanken, Mail-Anbindungen und Makroprogrammierung für automatische Abläufe. Beispiele sind hier u. a. *Applixware**, *Uniplex onGo**, *Lotus Notes**, *StarOffice*.

❑ **Datenbanken**
Hiermit können z. B. Adressen von Kunden, Lieferanten, Artikel, Preise, Farben in Sekundenschnelle abgefragt werden, wobei mit Hilfe von wenigen Angaben Querverbindungen angegeben werden können. Wird z. B. bei einem Autohersteller ein bestimmtes Modell zum Austausch eines Teiles zurückgerufen, können die betroffenen Kunden durch eine gezielte Datenbankabfrage schnell ermittelt werden. Aber auch wissenschaftliche Daten werden auf diese Weise abgelegt und können nach verschiedenen Suchkriterien zusammengestellt werden. Zu den führenden Datenbankanbietern gehören *Oracle**, *Informix**, *Sybase* und Progres**.

❏ **Kommerzielle Software**
Lagerverwaltung, Finanzbuchhaltung, Warenstatistik, Fakturierung, Lohn- und Gehaltsabrechnung, Produktionsplanung und Produktionssteuerung sowie Software für eine Reihe branchenbezogener Lösungen (Ärzte, Verlage, Druckereien Speditionsbetriebe usw.), Beispiele sind hier u.a. die Pakete *SAP-R/3*, OS-(FIBU, LOHN/GEHALT) Orgasoft*.*

❏ **Künstliche Intelligenz**
Expertensysteme für Diagnose (z.B. Motoren- und Getriebediagnose, Blut- bildanalyse) usw. Hierfür werden u.a. die Programmiersprachen PROLOG und LISP eingesetzt.

In UNIX-Seminaren treffen sich Personen aus den unterschiedlichsten Bran- chen. So ergab sich bei einem meiner Seminare ein sehr illustrer Kreis aus fol- genden Berufszweigen:

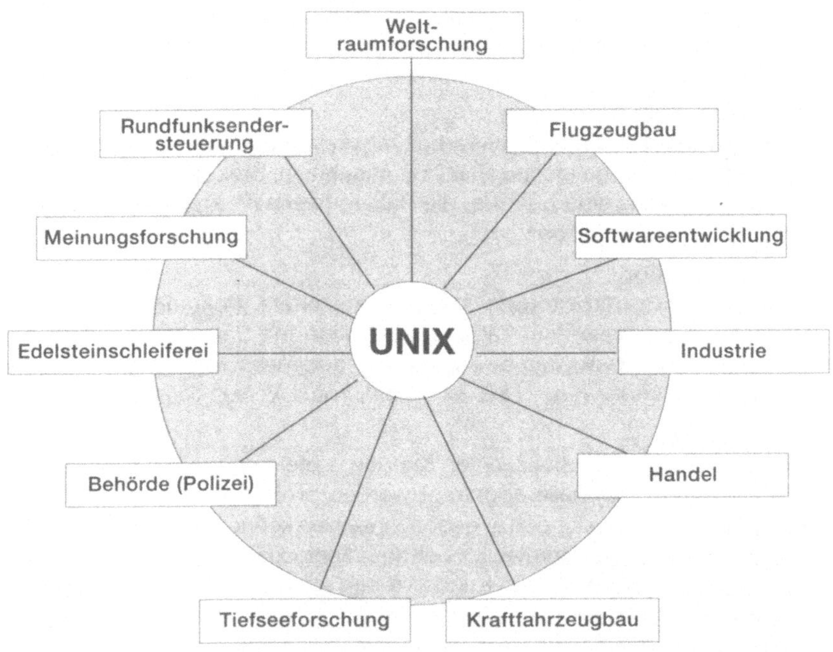

Die obigen Beispiele sind nur eine kleine Auswahl an der zur Verfügung stehen- der Software. Die Hersteller, Systemhäuser und Distributoren der UNIX-Derviate bieten in der Regel Kataloge/Webseiten an, die meist nach Branchen gegliedert verfügbare Software meist von Fremdfirmen (Third Party Software) enthalten.

---

   * Handelsnamen und Warenzeichen der jeweiligen Hersteller

2 Konventionen und Begriffe zu diesem Buch

Dieses Kapitel gibt Ihnen einige Hinweise, wie das Lehrbuch aufbereitet ist, was die einzelnen Darstellungen aussagen und was Sie vorab wissen sollten, um mit UNIX zu arbeiten.

Die einzelnen Themen:

2.1   Hinweise zum besseren Verständnis

2.2   Tastatureingabe am Terminal

2.1 Hinweise zum besseren Verständnis

Vorab einige Erläuterungen zu den einzelnen Darstellungen in diesem Lehrbuch, und welche Konventionen *(Vereinbarungen, Regeln)* benutzt werden:

Alle neuen Kommandos *(Befehle)*, die für diesen Kurs ausgesucht wurden, sind das erste Mal in einem Kästchen herausgehoben. Hier wird dargestellt, wie und nach welchen Regeln das Kommando aufgerufen wird *(Syntax)*:

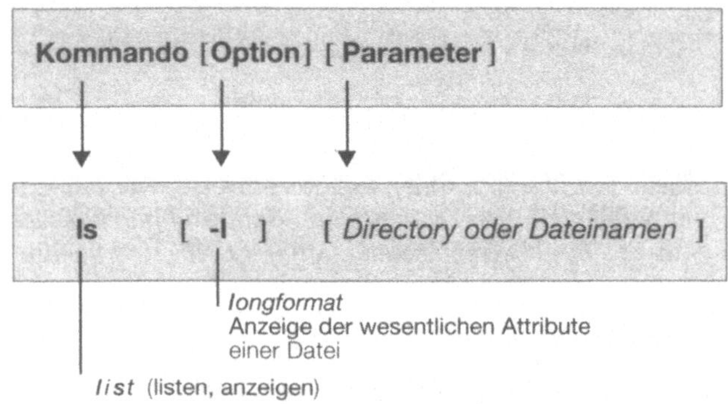

Bild 2-1 Syntax der Kommandos

In dieser Darstellung ist das **Kommando** und die möglichen **Optionen** in **Fettschrift** dargestellt, zusätzliche Angaben *(Parameter)*, die durch einen anderen Namen ersetzt werden müssen, in *Kursivschrift*. In dem obigen Beispiel würde das Kommando ls *(listen von Dateinnamen und Directories)* z.B. von einem Directory mit dem Namen ›/usr/kurs‹ wie folgt aufgerufen werden können:

ls -l /usr/kurs

In diesem Lehrbuch werden nur die am häufigsten verwendeten Optionen der einzelnen Kommandos aufgeführt, also nicht alle unter UNIX verfügbaren. Sind Parameter optional, d.h., sie dürfen weggelassen werden, so sind sie in eckige Klammern [ ] gesetzt. Unterhalb der Kommandozeile werden die meist von englischen Begriffen abgeleiteten Kurznamen erläutert, die gewählt wurden, um die Mnemonik *(die Hilfe zum Einprägen)* zu nutzen.

Die Klammern [ ] dienen nur als Hinweis, daß das Kommando mit oder ohne Optionen und/oder weitere Parameter aufgerufen werden kann. Wenn Sie das Kommando eingeben, wird diese Klammer nicht geschrieben. Das oben angegebene Kommando könnte auch aufgerufen werden mit:

ls oder **ls -l** oder **ls /usr/kurs**

So wie Sie eine Sprache nur durch Sprechen erlernen, so ist es notwendig, auch an einem UNIX-Rechner zu arbeiten, um mit UNIX umgehen zu können. Versuchen Sie deshalb, die Beispiele an einem UNIX-Rechner nachzuvollziehen. Hierbei sind rechnerbedingt Abweichungen möglich. Sämtliche in diesem Buch aufgeführten Beispiele und Übungen wurden ursprünglich auf einem CADMUS-Rechnersystem (MUNIX System V) der Firma PCS getestet. Für die weiteren Auflagen wurden die Übungen u.a. auf Rechnern von IBM mit AIX, auf DEC-Workstation mit Ultrix und Digital UNIX, auf Rechner von HP mit HP-UX und auf verschiedenen Workstations von Sun mit Solaris getestet.

Beispiele von Dialogen mit dem Rechner erkennen Sie an einem symbolisierten Bildschirm. Die **Eingabe** des Benutzers ist durch **Fettdruck** hervorgehoben, **Nachrichten** *(Ausgaben)* des Rechners werden *kursiv* dargestellt und **Erläuterungen** *(meist außerhalb des Bildschirms oder in weißen Kästchen hervorgehoben)* sind in – Normalschrift – gesetzt. Hierzu ein Beispiel:

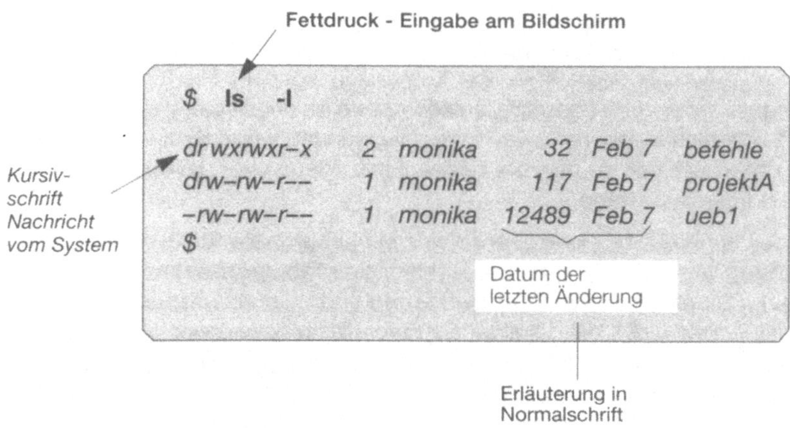

Bild 2-2   Beispiel eines Dialoges mit dem Rechner

Die unterschiedlichen Schriftarten dienen dabei nur der Verdeutlichung zwischen der Eingabe des Benutzers und Ausgabe des Rechners. Bei der wirklichen Eingabe des Kommandos ›**ls -l**‹ erscheinen dabei Eingabe und Ausgabe auf dem Bildschirm in der gleichen Schriftart. Im fortlaufenden Text sind Kommandos und Dateinamen in Kursiv-Schrift dargestellt.

▷ Auf besondere Hinweise macht Sie dieses Symbol aufmerksam.

2.2 Eingabe an der Tastatur

Wenn Sie mit einem UNIX-Rechner arbeiten, geben Sie an einem Terminal *(Dialogstation)* über die Tastatur die Befehle *(Kommandos)* ein. Am Bildschirm erhalten Sie dann eine Ausgabe vom Rechner als Ergebnis. Es gibt eine ganze Reihe von unterschiedlichen Terminals. Abgesehen von Farbe und Größe des Bildschirms sind auch die Tastaturen unterschiedlich ausgelegt und mit unterschiedlichen Zeichensätzen versehen.

So gibt es Zeichensätze, die mit ›United States‹, ›United Kingdom‹, ›Spanish‹, ›French‹ oder ›German‹ benannt werden. Sie entsprechen den jeweiligen Normen der in diesen Ländern verwendeten Schreibmaschinen.

Sollten Sie im Zehnfingersystem auf einer deutschen Schreibmaschine geübt sein und Ihr Terminal hat, wie die meisten Terminals, die Anordnung für den United States Zeichensatz, so werden Sie sich oft bei Wörtern mit **z** oder **y** vertippen. Diese beiden Tasten sind gegenüber einer Tastatur mit deutschem Zeichensatz vertauscht. Doch auch Sie werden sich schnell umgewöhnen und genauso fließend an Ihrem Terminal schreiben, wie bisher auf der Schreibmaschine. Vielleicht sogar noch besser, da Sie jederzeit Geschriebenes leicht und ohne Radiergummi oder ›Tipp Ex‹ korrigieren können. Hierfür gibt es eine **Löschtaste**. Aber auch ganze Zeilen können sie für ungültig erklären. Dafür werden oft Kombinationen von zwei Tasten verwendet, wie z.B. eine mit ›Control‹ **(CTRL)** bzw. auf der deutschen Tastatur mit ›Steuerung‹ **(STRG)** bezeichnete Taste und der Buchstabe x.

Sie haben an Ihrem Terminal ebenso eine **Umschalttaste für Groß- und Kleinschreibung** wie an einer Schreibmaschine, eine **Tabulatortaste**, einen **Wagenrücklauf** *(Return oder CR – Carriage Return)* und/oder eine Taste für eine **neue Zeile** *(NL – New Line)*, die oft auch als *Enter-Taste* bezeichnet wird. Außerdem gibt es an den meisten Terminals sogenannte **Cursortasten. Der Cursor** ist meist ein *blinkendes, kleines Rechteck*, das Ihnen auf dem Bildschirm die Position anzeigt, an der Text geschrieben wird. Mit den Cursortasten können Sie mit dem Cursor nach oben, unten, rechts oder links wandern. Diese Tasten benötigen Sie meist bei bildschirmorientierten Editoren. Bei diesen Editoren nützen Sie den Bildschirm wie ein Blatt Papier, das an jeder beliebigen Stelle beschrieben werden kann.

Ein Rechnersystem braucht noch einige **zusätzliche Funktionen:** Um z.B. ein bereits gestartetes **Programm abzubrechen (canceln)**, um Nachrichten vom System, den Text, am Bildschirm anzuhalten und wieder weiterlaufen zu lassen **(Noscroll** und **Scroll)** und um mitzuteilen, daß eine Eingabe beendet ist **(Endezeichen).**

Das nachfolgende Bild gibt eine mögliche Belegung einer englischen/amerikanischen Tastatur wieder. Auch die einzelnen Funktionen an einem Terminal können unterschiedlich bei verschiedenen Rechnerherstellern und der jeweiligen UNIX-Konfigurierung sein.

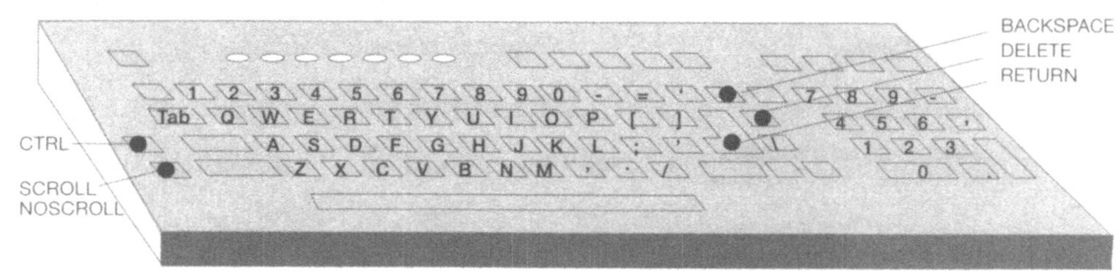

Bild 2-3 Beispiel einer englischen/amerikanischen Tastatur

Mit der **RETURN-Taste** *(Wagenrücklauf-Taste)* wird eine Eingabezeile abgeschlossen und an den Rechner weitergeleitet. In den Übungs-Beispielen wird die Betätigung dieser Taste in der Regel nicht angezeigt, da normalerweise jede Eingabe am Bildschirm mit der Returntaste abgeschlossen wird. Haben Sie die Returntaste noch nicht gedrückt, kann innerhalb der eingegebenen Zeile, die am Bildschirm angezeigt wird, noch korrigiert werden.

Werden bestimmte Funktionen das erste Mal erklärt, so werden die Tasten grafisch dargestellt, wie z.B.:

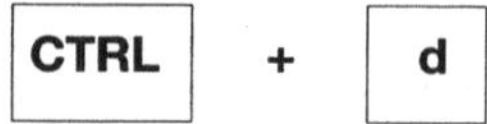

Im obigen Beispiel werden diese Tasten gemeinsam gedrückt. Im Text wird eine solche Kombination von Tasten in spitze Klammern gesetzt. Die Funktion für das Endezeichen wird mit <CTRL + d> beschrieben.

Mit der Funktion **Lösche Zeichen** *(z.B. die BACKSPACE- oder DELETE-Taste)* kann dann zeichenweise nach links korrigiert werden, oder mit der Funktion **Lösche Zeile** *(z.B. durch <CTRL + d> oder <CTRL + x> je nach System)* die gesamte Zeile annulliert werden. Die **SCROLL-** und **NOSCROLL-Taste** sind häufig identisch und wirken dann wie ein Schalter. Einige der wesentlichen Funktionen sind in der folgenden Tabelle aufgeführt:

Funktion:	Taste (bzw. Kombination von Tasten):			
	Standard-UNIX	Berkeley UNIX	CADMUS-Systeme	Ihr System:
Ende der Zeile	RETURN	RETURN	RETURN	....
Lösche Zeichen	#	BACKSPACE	BACKSPACE	....
Lösche Zeile	@	CTRL + u	CTRL + x	....
Unterbrechung (cancel) eines laufenden Programms	DELETE	CTRL + c	CTRL + c	....
Dateiende/Ende der Eingabe (EOF – end of file)	CTRL + d	CTRL + d	CTRL + z	....
Ausgabe anhalten (stop)	CTRL + s (NOSCROLL)	CTRL + s (NOSCROLL)	CTRL + s (NOSCROLL)	
Ausgabe fortsetzen (quitt)	CTRL + q (SCROLL)	CTRL + q (SCROLL)	CTRL + q (SCROLL)	....

Bild 2-4 Belegung der Funktionstasten

Wenn die CTRL-Taste gleichzeitig mit den angegebenen Buchstaben gedrückt werden soll, bedeutet dies, die CTRL-Taste drücken und so lange gedrückt lassen bis der zweite Buchstabe eingegeben wurde. Dann erst beide Tasten loslassen. Das gleichzeitige Drücken der Tasten ist mit dem Pluszeichen + dargestellt.

Am besten stellen Sie fest, welche Tasten an Ihrem Terminal für die oben genannten Funktionen belegt sind und tragen sie in die dafür vorgesehene Rubrik im obigem Bild ein.

UNIX gibt es auf einigen Systemen bereits in deutscher Sprache. In diesem Buch soll natürlich allen die bestmögliche Hilfe geboten werden, deshalb habe ich bewußt bei den Beispielen die englische (bisher noch am meisten verbreitete Anwendung) zugrundegelegt und dann deutsch erläutert.

Schauen Sie sich Ihr System einmal an – doch wie? Wie Sie einen Rechner starten oder besser, starten lassen, erfahren Sie im Kapitel 3.1. Hier wird auch gezeigt, wie Sie, falls Sie mit einer grafischen Oberfläche arbeiten, mit der Maus umgehen und sich auf dem ›gedachten Schreibtisch‹ zurechtfinden.

Viel Spaß bei Ihren ersten Schritten unter UNIX!

3 UNIX - praktisch angewandt

In diesem Kapitel erfahren Sie, wie Sie einen UNIX-Rechner starten und welche Voraussetzungen erfüllt sein müssen, um mit dem Rechner zu arbeiten. Sie lernen, ihm Anweisungen zu erteilen, und lernen, welche Arbeiten Sie ihm übertragen können.

Das Ziel ist es, daß Sie UNIX sinnvoll nutzen können, daß Sie sich Zeit und Ärger sparen und daß Sie sogar Freude und Spaß an Ihrem UNIX-System haben.

Die Haupt-Themen:

3.1 Auf los geht's los ...

*Wagen Sie Ihre ersten Schritte! Schon nach diesem Unterka-
pitel werden Sie erfahren, wie schnell und leicht Sie mit UNIX
arbeiten können.*

Die einzelnen Themen:

3.1.1 Wie wird ein UNIX-Rechner gestartet?

Nun, wie starten Sie ein Auto? Sie vergewissern sich, ob alles startklar ist, drehen den Schlüssel herum und fahren los. Bei einem Rechner ist dies sehr ähnlich. Statt Gas zu geben, versorgen Sie ihn mit Strom. Einige Rechner werden statt mit einem Schlüssel mit einer **INIT-Taste** gestartet (*Init von initialisieren*).

Wer darf einen Rechner starten? Eigentlich sollte nur der Systemverantwortliche, der **Systemverwalter**, auch **Superuser** genannt, den Rechner in Gang setzen. Autofahren darf ja auch nur derjenige, der auch einen Führerschein besitzt.

Deshalb sollten Sie zu Beginn den Rechner starten lassen. Was geschieht beim Starten, beim Hochfahren eines Rechners? Über ein sogenanntes Bootstrap-Programm (*dies ist ein im Rechner festgeladenes Programm*) werden am Bildschirm Fragen ausgegeben und Ihre Anworten, die Sie über die Tastatur eingeben, gelesen. Hierfür ist meistens ein bestimmtes Terminal auserwählt, die sog. **Systemkonsole**. Dieses Terminal sollte deshalb bereits vor dem Rechner eingeschaltet werden.

Falls der Rechner nicht automatisch durch einen Knopfdruck oder Drehen eines Schlüssels gestartet wird, muß der Systemverwalter einen Boot-Befehl, meist **boot**, an der Systemkonsole eingeben.

Über entsprechend andere Boot-Befehle kann entschieden werden, ob der Rechner in den **Multi-User-Modus** oder in den **Single-User-Modus** gefahren werden soll.

Was heißt *Multi-User-Modus*? Mehrere Benutzer können an einem System arbeiten, d.h. an den Rechner sind mehrere Terminals angeschlossen, an denen jeweils ein Benutzer arbeiten kann. Unter UNIX kann jeder dieser Benutzer wiederum gleichzeitig mehrere Programme starten, also Aufgaben dem Rechner übertragen.

Single-User-Modus bedeutet Ein-Benutzer-Betrieb. Entscheiden Sie sich für den Single-User-Modus, nimmt UNIX an, daß nur der Systemverwalter bestimmte Arbeiten am Rechner durchführen möchte. Bei den meisten Rechnern wird dann zunächst nur ein bestimmter Bereich von Dateien zur Verfügung gestellt (z.B. nur das root-Dateisystem).

Bei einigen Systemen werden beim Hochfahren des Systems entsprechende Fragen gestellt, die im Normalfall dann mit **y** (für yes) beantwortet werden. Hierzu gehören z.B.:

Soll in den Multi-User-Modus gefahren werden?

Ist das Datum korrekt? Das Datum wird zunächst von einer rechnerinternen Uhr ausgegeben. Achten Sie darauf, daß dieses Datum richtig gesetzt ist, denn unter UNIX wird sorgfältig buchgeführt, wann z.B. eine Datei angelegt, verändert oder nur angesprochen wurde. Sie lernen später, daß man auch im laufenden Betrieb das Datum jederzeit mit **date** abrufen kann.

Warum ist das so wichtig? Nun, bei einer Reihe von Programmen können Sie auf dieses Datum hin abfragen und abhängig davon weitere Programme starten. Sie sichern z.B. Ihre Dateien, indem Sie diese auf ein Magnetband kopieren. Wenn Sie zu einem späteren Zeitpunkt von diesem Magnetband die Dateien auf die Platte zurückkopieren wollen, können Sie angeben, daß nur Dateien kopiert werden sollen, die nicht zwischenzeitlich verändert wurden, d.h., auf der Platte weisen diese Dateien ein neueres Datum auf, als auf dem Magnetband.

Stimmen das Datum oder die Uhrzeit nicht, so kann es nur der Systemverwalter ändern.

Im Normalfall wird der Rechner in den **Multi-User-Modus** hochgefahren. UNIX startet dann einen Initialisierungsprozeß, der den Rechner so vorbereitet, daß mehrere Benutzer gleichzeitig mit ihm arbeiten können.

Dieser Prozeß stellt u.a. fest, wieviele Terminals am Rechner angeschlossen sind, und auf jedem der eingeschalteten Bildschirme erscheint eine Nachricht, die so aussehen könnte *(von Rechner und Installation abhängig)*:

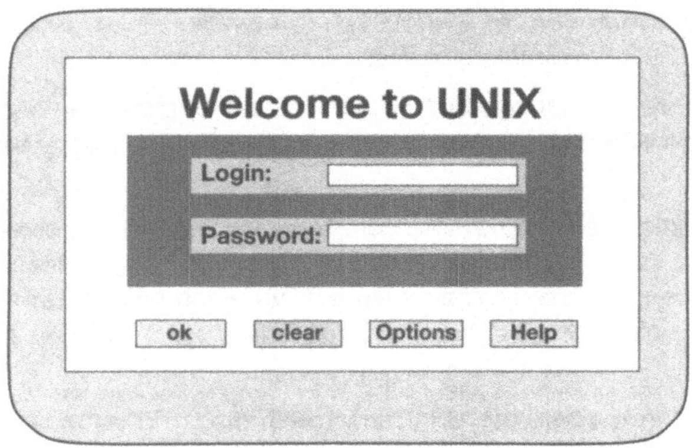

Bild 3-1: Beispiel einer Nachricht des Systems nach dem Hochfahren in den Multi-User-Modus

Diese Art von Anmeldung ist auf den meisten grafischen Benutzeroberflächen ähnlich, wie z.B. beim **CDE** (*Common Desktop Environment*) oder **xdm** (DEC), **mwm** (IBM), **openwin** (sun) und HP VUE (HP) bzw. **KDE** bei LINUX.

Ist keine grafische Oberfläche installiert, wird nur eine einfache Login-Meldung ausgegeben z.B.:

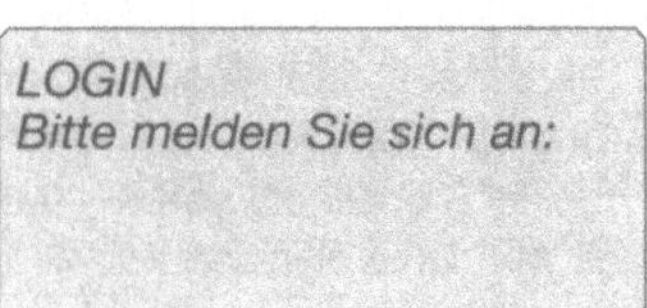

Egal, ob Sie sich über eine grafische Benutzeroberfläche oder über eine sog. ASCII-Eingabe anmelden, der Rechner muß Sie kennen. Wie erfährt er Ihren Namen, und wer darf unter UNIX arbeiten? Im nächsten Abschnitt erfahren Sie dazu mehr.

3.1.2 Wie melden Sie sich an einem UNIX-System an?

Um sich anmelden zu können, benötigen Sie ein Terminal, d.h. **eine Tastatur und einen Bildschirm.** Dieses Eingabegerät kann **direkt** oder **über Netz** mit dem Rechner verbunden sein. Hierbei können **ASCII-Terminals** (nur Zeichen, keine Grafik) oder komfortable **Grafik-Terminals** oder sog. **X-Terminals** angeschlossen sein, ja sogar PCs, die mit einer entsprechenden Software ein X-Terminal simulieren. X-Terminals haben einen eigenen Prozessor, der die Bildaufbereitung basierend auf **X-Window**[*] steuert, also Teilaufgaben selbständig durchführt, ein kleiner Rechner für sich. Das X-Terminal wird deshalb auch ähnlich wie ein eigener Rechner im Netz verwaltet. Deshalb muß, bevor Sie sich auf einem X-Terminal an einem UNIX-Rechner anmelden, zuerst die Verbindung zu diesem Rechner hergestellt sein. Dies erfolgt meist über ein zusätzliches Auswahlmenü, das Ihnen die möglichen Rechnerverbindungen anzeigt.

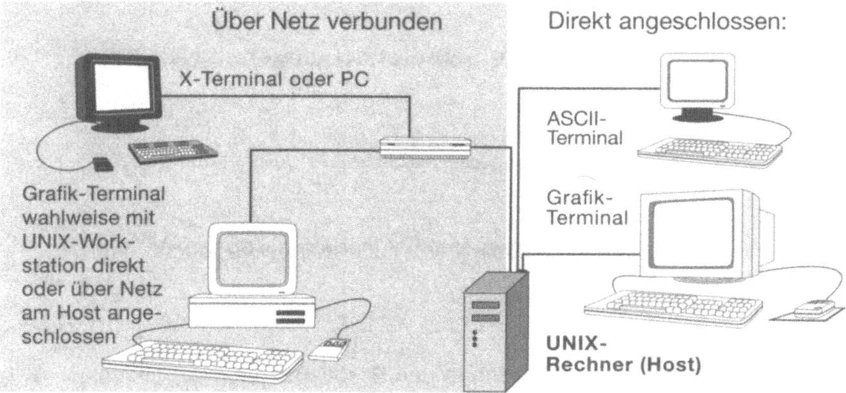

Bild 3-2: Mögliche Terminalverbindungen

Arbeiten Sie ein an einem Terminal, das über Netz angeschlossen ist, lassen Sie sich am besten von Ihrem Systemverwalter zeigen, wie Sie die Verbindung zu einem UNIX-Rechner herstellen können. Meist wird vorab nach dem Namen des betreffenden UNIX-Rechners gefragt. Die Verbindung zu einem bestimmten UNIX-Rechner könnte auch automatisch erfolgen.

---

[*] grafische Benutzeroberfläche, die am MIT, Massachusetts Institute of Technology, entwickelt wurde (siehe auch Seite 19)

Auf den meisten UNIX-Rechnern ist heute eine grafische Oberfläche (basierend auf X-Window mit OSF/Motif*) installiert und wird beim Anmelden jedem Benutzer automatisch bereitgestellt.

Deshalb ganz kurz das Wichtigste über grafische Oberflächen unter UNIX, damit Sie sich an jedem UNIX-Rechner zurechtfinden. Mehr Informationen über die grafische Oberfläche finden Sie im Kapitel 4 CDE (*Common Desktop Environment*).

3.1.3 Wie arbeiten Sie mit einer grafischen Oberfläche

Wenn Sie MS-Windows vom PC her kennen, wird es Ihnen sicher leicht fallen, auch unter UNIX mit X-Window/Motif bzw. dem CDE zu arbeiten. Aber auch alle anderen werden sich bestimmt schnell daran gewöhnen, mit Maus und Fenstern zu arbeiten. Hier eine kurze Einführung:

Was kennzeichnet eine grafische Oberfläche?

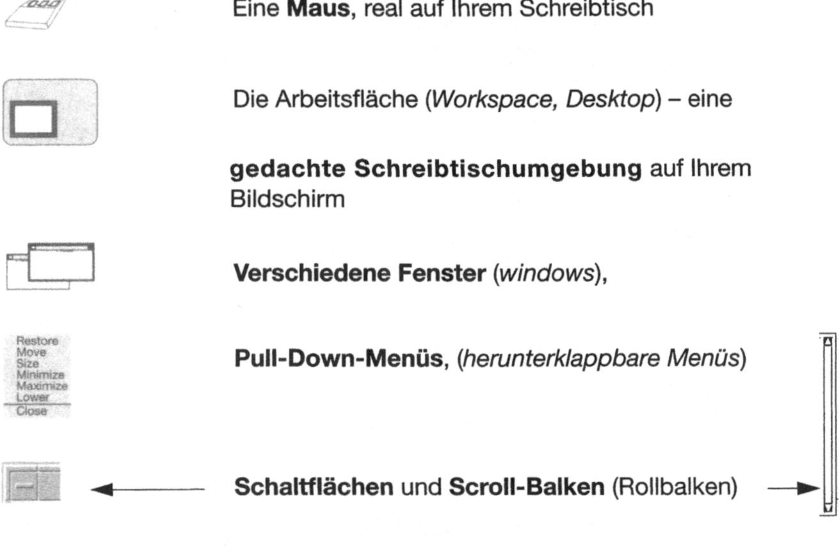

Eine **Maus**, real auf Ihrem Schreibtisch

Die Arbeitsfläche (*Workspace, Desktop*) – eine

gedachte Schreibtischumgebung auf Ihrem Bildschirm

Verschiedene Fenster (*windows*),

Pull-Down-Menüs, (*herunterklappbare Menüs*)

Schaltflächen und **Scroll-Balken** (Rollbalken)

und sog. **Icons** (*kleine Bildchen – erlauben Sie mir, daß ich den englischen Ausdruck beibehalte, denn Ikone ist eben das Heiligenbild der Ostkirche*)

Eine Reihe neuer Begriffe. Die Bedeutung und was hierbei zu beachten ist, läßt sich schnell erlernen. Denn, das ist das Gute an einer grafischen Oberfläche, es wird Ihnen grafisch und in Menüs gezeigt, was Sie tun können. Sie müssen also nichts auswendig lernen! Wichtig ist nur, daß Sie Ruhe bewahren, die Mausta-

---

     * OSF/Motif wurde von OSF, Open Software Foundation entwickelt (siehe auch Seite 19)

sten nicht zu schnell loslassen, sondern erst mal schauen, was z.B. bei den sog. Pull-Down-Menüs angeboten wird.

Nun zu den einzelnen Begriffen:

Die **Maus** (*Hier kommt die Maus ...*). Sie hat unter UNIX drei Tasten. Die einzelnen Benutzeroberflächen der verschiedenen UNIX-Anbieter hatten bisher hier leider nicht immer gleiche Bedeutungen. Im CDE gilt einheitlich:

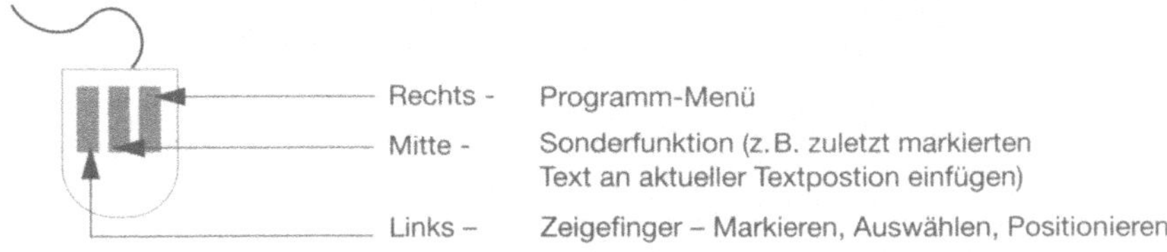

Bild 3-3: Maus-Funktionen

Wenn Sie die Maus bewegen, sehen Sie auf dem Bildschirm, wie sich ein kleines Symbol bewegt, der **Maus-Cursor**. Am Anfang ist es sicher ungewohnt, mit einer Hand die Maus zu bedienen und auf dem Bildschirm ein Objekt damit auszuwählen. Üben Sie einfach ein bißchen. Sie werden feststellen, daß sich die Form des Maus-Cursors, meist ein kleiner Pfeil, verändert, je nach dem wo er sich befindet. So bedeuten:

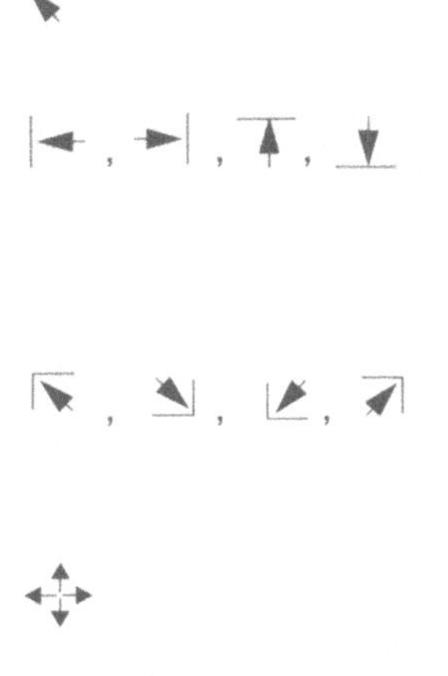

Normale Anzeige des Cursors (Das Symbol kann durch Voreinstellung verändert werden)

Jeweils am Rand eines Fensters verändert sich der Cursor in eines dieser Symbole und zeigt an, daß an dieser Stelle das Fenster mit gedrückter linker Taste nach links, rechts, oben oder nach unten vergrößert oder verkleinert werden kann.

Jeweils an den Ecken eines Fensters zeigt dieses Symbol an, daß mit gedrückter linker Taste das Fenster jeweils diagonal verkleinert oder vergrößert werden kann

Jeweils am äußersten Rand eines Fensters oder in der sog. Titelzeile können Sie mit diesem Symbol ein Fenster verschieben.

In vielen Anwendungsprogrammen verwandelt sich der Maus-Cursor, sobald Sie sich im Bereich von Texteingabe befinden, in einen Strich $\mathcal{I}$. Man nennt dieses Symbol Text-Cursor.

Die Arbeitsfläche oder Schreibtischumgebung. Die Arbeitsfläche ist Ihr Bildschirm, auf dem sich verschiedene Objekte befinden können; Objekte wie Ordner, Notizblätter oder ein symbolisierter Bildschirm (Terminal). Man spricht deshalb auch von einer Schreibtischumgebung. Wenn nichts anderes voreingestellt wurde, wird der Schreibtisch so dargestellt, wie Sie ihn beim Abmelden am Rechner verlassen haben (fast wie im richtigen Leben). Das nachfolgende Beispiel zeigt z.B. meinen Arbeitsbereich unter CDE. Zuletzt hatte ich mit den Programmen FrameMaker und Applixware an diesem Buch gearbeitet.

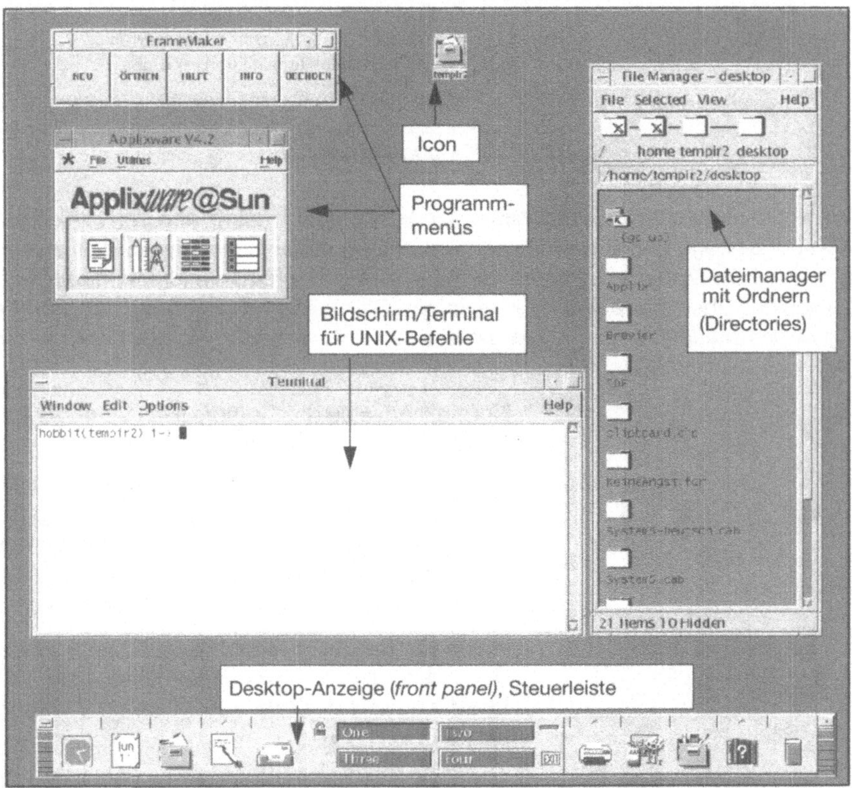

Bild 3-4: Beispiel einer Schreibtischumgebung unter CDE

Wenn Sie sich das erste Mal anmelden, erscheint auf jeden Fall die Desktop-Anzeige (*das front panel*), und je nach Voreinstellung bei der Konfigurierung des Rechners/des CDEs wird evtl. gleich der Dateimanager und ein Terminal mit geöffnet.

Verschiedene Fenster (Windows). Unter X-Window/Motif bzw. dem CDE können Sie mehrere Arbeiten gleichzeitig in unterschiedlichen Fenstern erledigen. Hier wird als Fenster (Window) z. B. das symbolisierte Terminal bezeichnet. Auf Ihrer Bildschirmschirmoberfläche können Sie z. B. vier Bildschirm-Fenster erstellen und in jedem dieser Bildschirme eine andere Aufgabe starten, z. B.

im 1. Fenster: Ihre Dateien sichern

im 2. Fenster: Text eingeben über ein entsprechendes Programm

im 3. Fenster: Sich die Manual-Seite eines bestimmten Kommandos ansehen

im 4. Fenster: Einige UNIX-Kommandos eingeben

Alle Prozesse laufen dann parallel und Sie können jeweils in dem einen oder anderen Fenster weiterarbeiten.

Die einzelnen Fenster (Bildschirme oder andere Objekte) können Sie verschieben, vergrößern oder verkleinern, wie wir es eben beim Arbeiten mit der Maus gesehen haben. Fenster/Objekte können sich hierbei überlappen oder ganz überdecken.

Um in einem Fenster zu arbeiten, wählen Sie dies mit der Maus an und drücken kurz die linke Maustaste. Der Rahmen von dem aktuellen Fenster/dem Objekt wird meist in einer kräftigeren Farbe deutlich hervorgehoben und kennzeichnet somit das **aktuelle Fenster.** Durch Voreinstellung kann allerdings auch eingestellt werden, daß, sobald die Maus ein Objekt berührt, dieses zum aktuellen Fenster wird. Unter CDE können Sie die Farbzusammenstellungen selbst definieren. Näheres dazu im Kapitel 4 CDE.

Alternativ können Sie, um **jeweils das nächste Fenster** zu aktivieren, die Tastenkombination

drücken.

▷ Achten Sie darauf, daß Sie nicht versehentlich ein anderes Fenster aktiviert haben, z. B. daß die Maus verschoben wurde. Dann könnte passieren, daß Ihr Text plötzlich in einem anderen Dokument oder in einem anderem Menü eingesetzt wird und zu Fehlern führt.

Ein **neues Terminal** erhalten Sie unter dem CDE, wenn Sie in der Desktop-Anzeige *(front panel)* das entsprechende Menü auswählen und das Terminal-Symbol kurz mit der linken Maustaste anklicken:

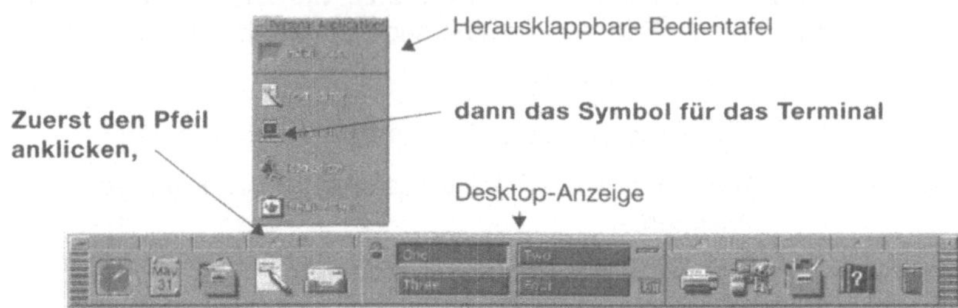

Bild 3-5: Neues Terminal-Fenster unter CDE

Unter den verschiedenen Grafikoberflächen werden neue Fenster meist über ein **Pull-Down-Menü** aufgerufen. Hierzu wird auf dem freiem Arbeitsbereich (Workspace) die rechte Maustaste gedrückt. Oft sind Untermenüs anzuwählen, unter denen dann das gewünschte Programm zu finden ist. Als Beispiel sei hier Openwin von Sun angeführt:

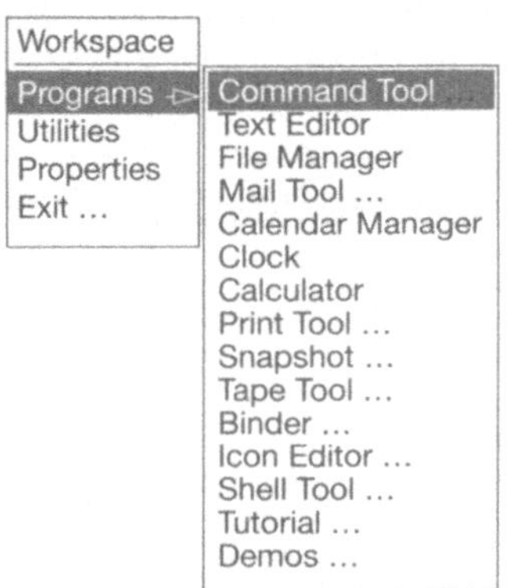

Nachdem das Menü mit der rechten Maustaste eingeblendet wurde, bewegen Sie die Maus auf *Programs*, gehen dem Pfeil nach und ein Untermenü öffnet sich. Bewegen Sie den Mauscursor auf das gewünschte Programm, für ein neues Terminal *Command Tool*, klicken nochmals die rechte Maustaste.

Schneller können Sie auswählen, wenn Sie die rechte Maustaste gedrückt lassen. Die von Ihnen angesteuerten Programme werden dann mit einem Balken markiert. Sobald Sie die rechte Taste loslassen, wird das markierte Programm gestartet.

Bild 3-6: Beispiel Pull-Down-Menü

Die Bedienung von **Pull-Down-Menüs**, manchmal auch Pop-up-Menüs genannt, ist überall gleich. Die Inhalte der einzelnen Menüs der Benutzeroberflächen sind jedoch unterschiedlich. Manche bieten eine Menüzeile am oberen Rand des Arbeitsbereiches an. Sie bewegen dann den Mauscursor auf die Menüzeile und wählen dort den entsprechenden Menüpunkt aus. Manchmal müssen Sie allerdings die linke statt der rechten Taste drücken, um die Untermenüs zu bekommen.

▷ Sehen Sie sich ruhig die Menüs an. Achten Sie jedoch darauf, daß Sie, wenn
Sie kein Programm daraus starten wollen, die Maus einfach aus dem Bereich
des Menüs ziehen.

Kopieren und Löschen innerhalb verschiedener Fenster mit CDE. Innerhalb
der einzelnen Fenster können Sie z.B. Textbereiche mit der Maus markieren,
d.h., Sie gehen mit dem Mauscursor vor den ersten Buchstaben, drücken die
linke Taste und lassen Sie gedrückt und ziehen dabei über die gewünschte Flä-
che. Hierbei wird der Text schwarz unterlegt und erscheint in weißer Schrift.
Lassen Sie linke Taste los und drücken Sie nun die rechte Maustaste. Es erscheint ein Pull-Down-Menü. In diesem Menü wird Ihnen u.a. angeboten zu löschen oder zu kopieren (*cut* oder *copy*). So kopierten oder gelöschten Text können Sie in ein anderes Fenster (z.B. in ein Text-Dokument) übertragen. Um den
Text dort einzusetzen, rufen Sie wieder das Menü auf (rechte Maustaste) und
wählen dann Einsetzen (bzw. *paste*). Unter CDE gibt es hierfür auch noch eine
schnellere Methode. Sie markieren den Text wie beschrieben, gehen an die gewünschte Stelle im gleichen oder in einem anderen Fenster und drücken nur die
mittlere Maustaste. Damit wird der zuletzt markierte Text an der Cursorposition
eingesetzt.

Unter dem CDE sind die Funktionen der Pull-Down-Menü bei allen Rechnern
gleich. Die Menüs werden angezeigt, wenn Sie die rechte Maustaste drücken
oder **Schaltflächen** mit der linken Taste anklicken (im Bild links oben):

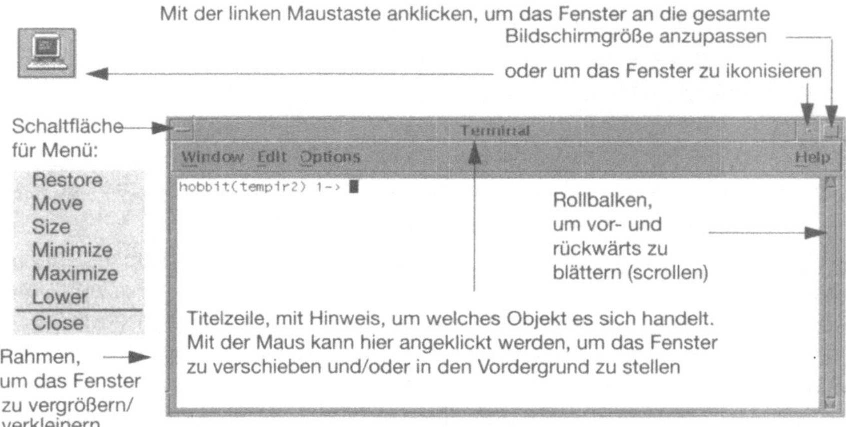

Bild 3-7: Wesentliche Funktionen eines Fensters

Damit Sie nicht die Übersicht verlieren, sollten nicht zu viele Fenster geöffnet
sein. Anwenderprogramme, wie z.B. FrameMaker oder Applix benötigen für Ihre
Dialogboxen und Menüs auch noch erheblichen Platz – so daß ziemlich schnell
ein Chaos auf Ihrer Arbeitsfläche herrschen könnte und Sie, wie auf einem rich-

tigen Schreibtisch, alles hin und herschieben müssen um ein bestimmtes Dokument/Objekt wieder zu finden.

Um dies zu vermeiden, können Sie geöffnete Objekte über die **Schaltfläche** mit dem kleinen Punkt 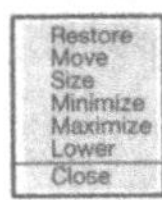 (an der rechten oberen Ecke) als kleines **Icon** (*icon*) an den Rand Ihres Bildschirms legen. Um ein Fenster, das zu einem Icon verkleinert wurde, wieder in voller Größe zu erhalten, klicken Sie kurz zweimal hintereinander (mit sog. Doppelklick) auf das Icon. Sie können auch mit der Maus auf das Icon gehen, drücken die rechte Maustaste und erhalten ein Menü, unter dem Sie **Maximize** (*volle Größe*) auswählen (siehe weiter unten bei Fenster schließen).

Mit der Schaltfläche neben dem Ikonisierungs-Punkt 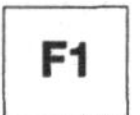 werden Fenster auf die volle Bildschirmgröße angepaßt.

Beinhaltet ein Fenster mehr als eine Seite Inhalt, können Sie mit dem **Rollbalken** zurück und wieder vorwärts blättern (scrollen). Beim Terminal kann voreingestellt werden, wieviel Zeilen der Eingabe gespeichert werden, um sie über den Scroll-Mechanismus nochmals anzusehen. Mit den Pfeilen können Sie zeilenweise blättern. Lassen Sie die Maustaste auf dem Pfeil gedrückt, wandert der Text automatisch je nach Pfeil vorwärts oder rückwärts. Mit dem Schiebebalken können Sie ganze Bereiche schnell verschieben.

Um ein **Fenster zu schließen**, wählen Sie die Schaltfläche auf der linken oberen Ecke. Es wird ein Menü angezeigt, in dem Sie das Programm **Close** (*schließen*) anwählen. Über dieses Menü können Sie ebenfalls das Fenster ikonisieren mit **Minimize** bzw. auf die gesamte Bildschirmfläche vergrößern mit **Maximixe**.

Unter dem CDE werden Sie kennenlernen, daß Sie sogar auf verschiedenen Ebenen arbeiten können – sozusagen, sich für jede Arbeit an einen eigenen Schreibtisch setzen können – doch wie schon erwähnt, davon später.

Wenn Sie zwischendrin **Hilfe** benötigen, drücken Sie einfach die Taste, die Ihnen für die aktuelle Situation (je nachdem wo Sie mit der Maus stehen) Hilfe-Menüs anbietet. Mehr über Hilfe im Kapitel 4.

In diesem Buch lernen Sie erstmal UNIX pur. Erst am Ende des Buches erfahren Sie mehr über angenehme Vereinfachungen mit dem CDE, u.a. über den Dateimanager (*file manager*), wie Sie Ihre Arbeitsumgebung anpassen und wie Sie gezielt Informationen abrufen können. Aber vielleicht gehören Sie dann schon zu den Insidern, die nach wie vor lieber Befehle über die Tastatur eingeben, da sie so schneller ans Ziel kommen. Wir arbeiten vorerst mit dem meist gebrauchten Tool unter der grafischen Oberfläche, dem Bildschirm bzw. dem Terminal.

Bevor Sie nun alles selbst ausprobieren können, noch ein paar Information zum Paßwort, ohne das Sie nicht ins System kommen.

3.1.4 Wer kann unter UNIX arbeiten?

Unter UNIX gibt es (in der Regel einen) **Systemverwalter oder Superuser** und (normale) **Benutzer.** Es herrscht eine strenge Ordnung. Es kann niemand am System arbeiten, der nicht gemeldet ist. Sie müssen also zu einer Art Einwohnermeldestelle gehen, um eine Namenskennung und eine Arbeitserlaubnis zu erhalten. Diese Aufgaben obliegen dem Systemverwalter.

Der Systemverwalter selbst ist ebenfalls registriert. Er wird unter der internen Kennummer ›0‹ geführt und trägt den Namen **root** *(von Wurzel)*. Mit dem Namen root meldet sich der Systemverwalter am System an. Er hat **übergeordnete Rechte**. Nur er kann weitere Benutzer eintragen. Der Eintrag erfolgt normalerweise in der Datei **/etc/passwd.**

In dieser Datei werden alle Benutzer des Systems eingetragen. Für jeden Benutzer ist eine Zeile angelegt, in der getrennt durch Doppelpunkte folgende Informationen vorgesehen sind:

❏ der Name des Benutzers,

❏ ein verschlüsseltes Paßwort *(Geheimwort, Code)*, das allerdings nur über ein spezielles Programm eingetragen und verändert werden kann,

❏ eine Kenn-Nummer *(fortlaufende Numerierung)*,

❏ eine Gruppennummer,

❏ ein Kommentarfeld, in dem der vollständige Name des Benutzers, seine Adresse, Telefonnummer u.a. vermerkt werden könnte,

❏ die Angabe, unter welchem Zweig er im Dateisystem arbeitet, wo er zu Hause ist (dieses Directory wird als sein *Home-Directory* bezeichnet),

❏ Angabe des Programms, das nach dem Anmelden gestartet wird.

Werden die Benutzer netzweit geführt und/oder sind zusätzliche Sicherheitsmaßnahmen eingerichtet, so sind die Benutzerkennungen meist nur auf einem zentralen Rechner.

Das Paßwort wird beim ersten Anmelden vom System angefordert. Der Benutzer oder der Systemverwalter können es danach nur mit dem Kommando **passwd** ändern. Sollten Sie also Ihr Paßwort vergessen, kann nur der Systemverwalter Ihnen ein neues zuordnen, bzw. Ihr Paßwort aus der Datei /etc/passwd löschen. Erst danach können Sie ein neues Paßwort eingeben.

Wie könnte so eine Datei, die ›Geheimakte der Benutzer‹, aussehen?

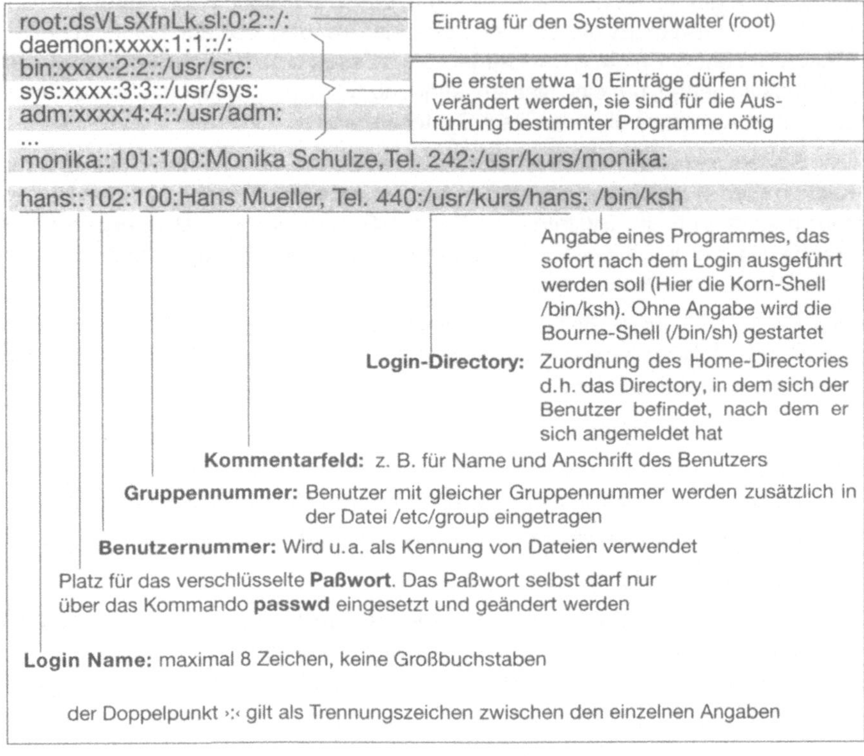

Bild 3-8: Beispiel der Datei /etc/passwd

Gehen wir also davon aus, daß Ihr Systemverwalter Sie als Benutzer eingetragen und Ihnen ein Directory zugeordnet und eingerichtet hat. Zusätzlich hat er Sie einer bestimmten Gruppe zugewiesen. Was es mit der Gruppenzugehörigkeit auf sich hat, erfahren Sie unter ›Zugriffsrechte‹ im Kapitel 3.4 (Dateiverwaltung und -pflege).

3.1.5 Anmeldung und Eintrag des Paßwortes

Wurde der Rechner in den Multi-User-Modus hochgefahren, erscheint auf allen angeschlossenen Terminals eine Meldung. Wie Sie sich das erste Mal anmelden, sehen Sie auf dem nachfolgenden Bildschirmdialog. In unserem Beispiel meldet sich ›Monika‹ an, die im Rechner als Benutzer ›monika‹ *(also mit Kleinbuchstaben)* eingetragen wurde.

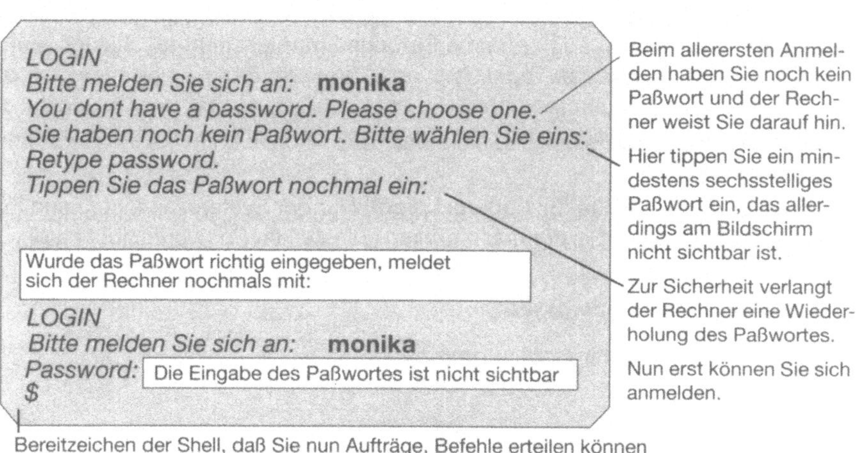

Bereitzeichen der Shell, daß Sie nun Aufträge, Befehle erteilen können

Bild 3-9: Erstes Anmelden

Unter der grafischen Oberfläche wird die erste Eingabe des Paßwortes über eine Dialogbox angefordert. Im Grunde sind es die gleichen Eingaben, wie oben im ASCII-Terminal dargestellt, allerdings etwas komfortabler aufbereitet. Sie werden nach dem Eingeben aufgefordert, sich noch einmal anzumelden. Es könnte auch vorkommen, daß der Systemverwalter Ihnen schon von vornherein ein Paßwort zugewiesen hat, das er Ihnen dann vorgibt. Dieses Paßwort können Sie später ändern. Wie erfahren Sie gleich.

Das **Paßwort** sollte mindestens aus sechs Buchstaben oder einer sechsstelligen Kombination von Buchstaben und Ziffern bestehen. Geben Sie nur Ziffern oder ein zu kurzes Paßwort ein, beschwert sich der Rechner. Aus Sicherheitsgründen sollte das Paßwort auch kein Name einer Person (wie z. B. der Freundin, des Freundes) sein, und wenn man ganz sicher gehen will auch kein Begriff, der in einem Lexikon steht. Solche Paßwörter lassen sich mit Programmen leicht knacken.Im Gegensatz zum Normalbetrieb erfolgt bei der Eingabe des Paßwortes kein Echo auf dem Bildschirm – jemand, der Ihnen über die Schulter schaut, kann somit das Paßwort nicht lesen. Der ganze Ablauf sieht am Bildschirm etwa wie folgt aus *(Das Paßwort ist hier in Fettschrift als Eingabe dargestellt, wenngleich es auf dem Bildschirm nicht sichtbar ist)*:

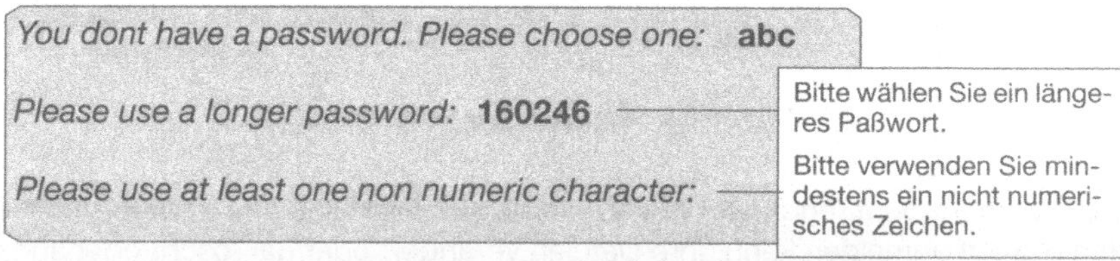

Bild 3-10: Beispiel Erste Eingabe des Paßworts

Abhängig vom System und der Rechnerkonfiguration können an dieser Stelle einige Informationen oder auch dumme Sprüche am Bildschirm erscheinen. Zum Beispiel eine Nachricht des Tages *(aus der Datei /etc/motd – eine message of the day)* oder die berühmtberüchtigten cookies *(Kekse)* von der University of California in Berkeley (leider sind sie zwischenzeitlich auf den meisten Systemen verschwunden).

Übrigens, vergessen Sie Ihr Paßwort nicht! Nur der Systemverwalter kann Ihnen dann weiterhelfen. Sie können natürlich jederzeit Ihr Paßwort selbst ändern:

3.1.6 Ändern des Paßwortes

Nun lernen Sie bereits Ihr erstes Kommando:

passwd

password Paßwort (Geheimwort, Geheimcode)
passwd – Kommando, um das Paßwort zu ändern

Und wie sieht die Eingabe am Bildschirm aus?

Haben Sie übrigens schon bemerkt, wann UNIX bereit ist, Kommandos entgegenzunehmen? Erscheint das Bereitzeichen (hier $), so können Sie das nächste Kommando eingeben. In unserem Fall ist dies der Befehl *passwd*. Nun fragt Sie der Rechner zur Sicherheit nach dem alten Paßwort. Wenn Sie es korrekt eingegeben haben, werden Sie aufgefordert, das neue Paßwort einzugeben. Damit Sie sich das neue Paßwort merken und sich auch nicht bei der ersten Eingabe vertippt haben, müssen Sie es ein zweites Mal eingeben.

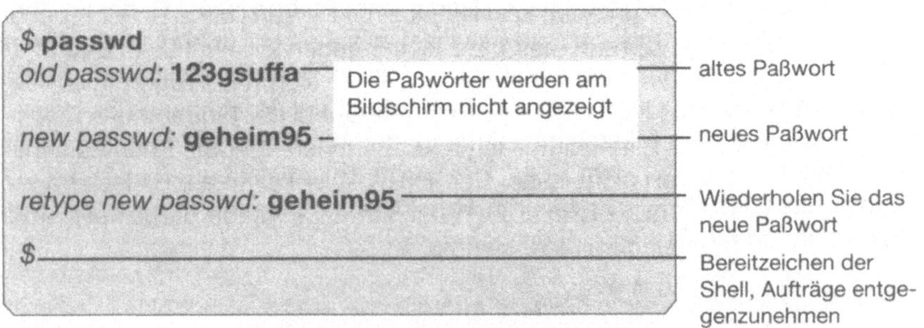

Bild 3-11: Ändern des Paßwortes

Das Paßwort dient Ihnen als Schutz, damit sich nicht jemand anderer unter Ihrem Namen anmelden kann, Ihre Dateien verändert oder gar löscht oder sonstigen Unfug treibt. Auch aus Gründen des Datenschutzes und der Sicherheit ist es besonders wichtig, die Daten vor fremdem Zugriff zu schützen. Falls Sie für Rechnerzeit bezahlen müssen oder gar jemand auf Ihre Kosten im Internet surft, könnte durch Unachtsamkeit sogar finanzieller Schaden entstehen. Achten Sie also darauf, daß Ihr Paßwort auch geheim bleibt. Damit Sie aber selbst Ihr Paßwort nicht vergessen, üben Sie am besten gleich noch einmal das Anmelden. Aber wie kommen Sie aus dem System wieder heraus?

3.1.7 Abmelden vom System

Im Kapitel 2 wurde die Tastaturbelegung erklärt. Erinnern Sie sich noch an die Tastenkombination, um ein Ende zu setzen (EOF end of file)?

Geben Sie ein Endezeichen ein, so bedeutet dies für das System das ›Ende der Sitzung‹. Als Sitzung bezeichnet man die Zeit während der Sie am System angemeldet sind, sozusagen vor dem Bildschirm sitzen. Mit der Kombination aus den Tasten (beide Tasten werden gleichzeitig gedrückt)

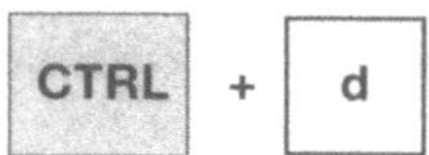

melden Sie sich somit ab. Sie können stattdessen auch ein Kommando eingeben:

exit, logout – Kommandos, um eine Terminalsitzung zu beenden

Am Bildschirm wird sofort wieder ein neues *Login:* angezeigt, und das Terminal ist für die nächste Sitzung bereit.

Arbeiten Sie mit dem **CDE,** wird mit *exit* nur das geöffnete Terminal geschlossen. Um sich vollständig abzumelden, klicken Sie in der Hauptanzeige auf die Schaltfläche EXIT. Wenn Sie nur kurz Ihren Arbeitsplatz verlassen, sollten Sie stets den Bildschirm vor unbefugten Zutritt schützen. Hierfür ist das kleine Schloß gedacht. Nur mit Ihrem Paßwort kann dann der Bildschirm wieder geöffnet werden.

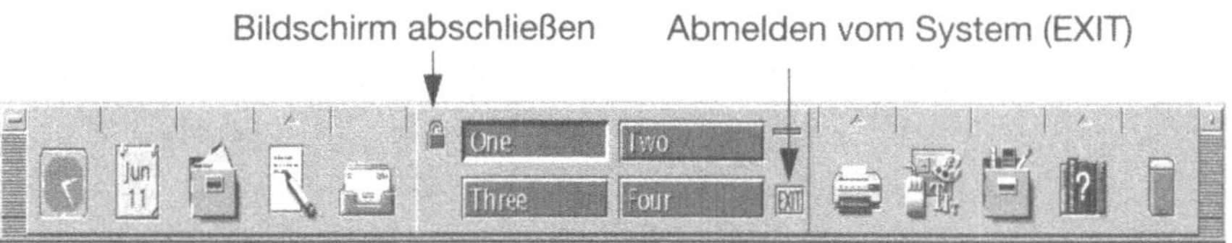

Bild 3-12: Abmelden vom System unter CDE

Für LINUX-Anwender hier zum Vergleich das Panell der KDE-Oberfläche, das in seinen Funktionen dem Panell vom CDE sehr ählich ist.

Abmelden vom System (EXIT)

Bildschirm abschließen

Für das Ein- und Ausschalten des **gesamten** Systems ist der Systemverwalter zuständig. Wie UNIX-Rechner ›runtergefahren‹ und ausgeschaltet werden, erfahren Sie am Ende dieses Kapitels.

Kurze Zusammenfassung – Wiederholung An- und Abmelden:

❑ Folgende Voraussetzungen müssen erfüllt sein, um an einem UNIX-Rechner zu arbeiten:

- Der Rechner ist in den *Multi-User-Mode* hochgefahren.

- Für Sie ist ein Benutzername in der Datei */etc/passwd* (und evtl. in */etc/group)* eingetragen.

- Ihr *Login-Directory* ist im Dateisystem eingerichtet.

- Auf Ihrem Terminal erscheint die *Login-Anzeige.* Ist diese nicht da, so versuchen Sie zunächst nur die Return-Taste zu drücken. Danach sollte *LOGIN* erscheinen.

❑ Was geben Sie ein?

- Benutzernamen,

- Paßwort (es wird nicht am Bildschirm angezeigt).

❑ Wie erkennen Sie, ob das System bereit ist, Befehle entgegenzunehmen?

- Auf dem Bildschirm erscheint das Bereitzeichen: $

Also auf ein Neues. Melden Sie sich nochmals an. Den ersten Schritt haben Sie bereits getan. Lernen Sie nun, sich unter UNIX zu bewegen. Die Abenteuerreise kann beginnen. Wagen Sie sich vor in die UNIX-Welt!

3.1.8 Informationen zum Dateisystem

Stellen Sie sich vor, Sie sind in einer fremden Stadt. Was tun Sie, um sich zurechtzufinden? Sie kaufen sich einen Stadtplan. Hat man einen Stadtplan, so findet man sich erst zurecht, wenn man weiß, wo man sich befindet. Genauso ist es in unserem UNIX-System. Das System hat uns nach dem Anmelden irgendwo in dem Dateibaum unseres Systems plaziert – und zwar in unser sog. ›Home-Directory‹. Wo wir uns gerade in dem großen Dateibaum des Systems befinden, verrät das Kommando **pwd**.

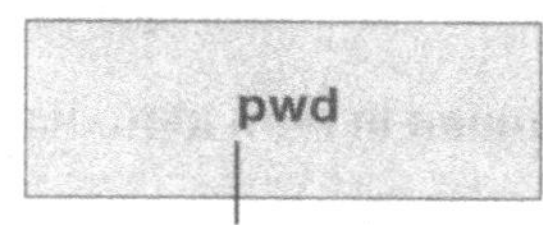

print working directory
zeigt das aktuelle Arbeits-Directory an

pwd – Kommando, um das aktuelle Arbeits-Directory anzuzeigen

In dem bisher beschriebenen Beispiel würde der Benutzer Monika sich nach dem Anmelden in dem Directory /usr/kurs/monika befinden (siehe Pfeil im Bild des Dateibaumes).

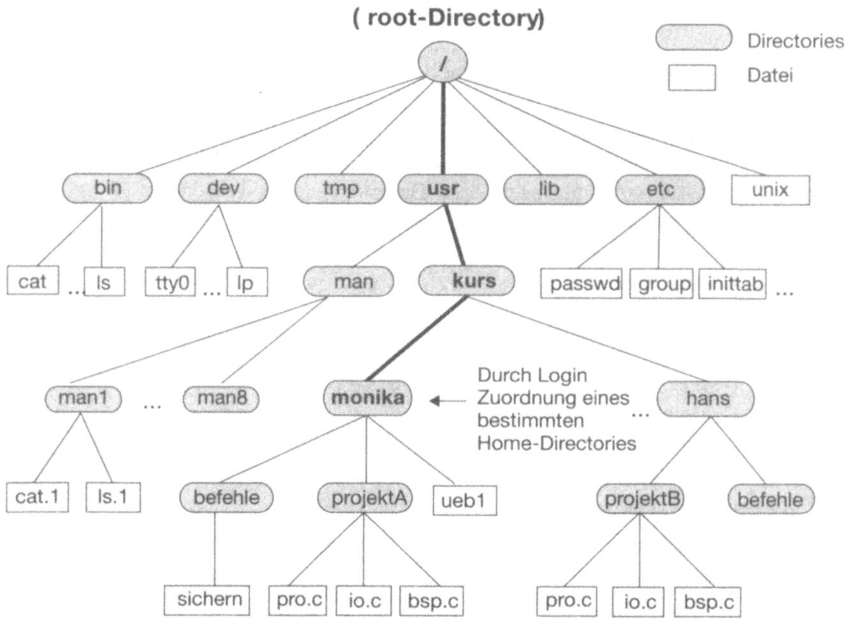

Bild 3-13: Beispiel eines Dateibaumes mit Benutzerdateien

Das Dateisystem Ihres Rechners dürfte etwas anders aussehen – die Struktur wird jedoch ähnlich sein.

Nun schauen wir uns die nächste Umgebung an. Dabei hilft uns das Kommando **ls**, das in der einfachsten Form den Aufbau hat:

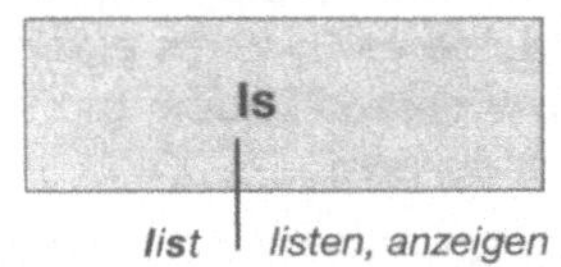

ls – Kommando, um Dateien in dem aktuellen Directory anzuzeigen

Ohne weitere Angaben liefert uns das Kommando *ls* die Dateien unserer nächsten Umgebung. In unserem Beispiel wären dies:

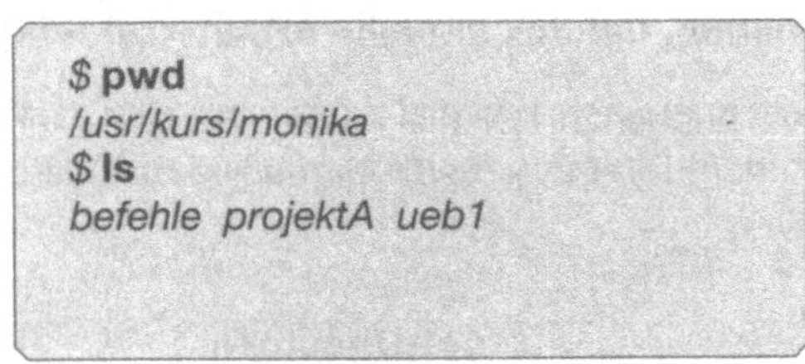

Das *ls*-Kommando zeigt uns dabei nicht den Inhalt der Dateien, *(der Inhalt ist das, was in der Datei steht)*, sondern listet nur die Namen der Dateien auf. Unter diesen Namen können die Dateien angesprochen werden. Dateien können mit ihrem vollständigen Pfadnamen angesprochen werden, dem sog. **absoluten Pfadnamen** (beginnend ab dem root-Directory) oder vom jeweils aktuellen Directory mit dem **relativen Namen**. Das *ls*-Kommando gibt dabei in der oben beschriebenen Form den *relativen* Namen der Dateien aus. Die Datei *ueb1* kann also angesprochen werden mit:

        /usr/kurs/monika/ueb1   **absolut**   (gesamter Pfadname):

oder   **ueb1**   **relativ**   (ab Directory *monika*):

Bei dem absoluten Pfadnamen bezeichnet der **erste Schrägstrich / das root-Directory,** die weiteren Schrägstriche trennen jeweils die einzelnen Directory- und Dateinamen voneinander.

Die **Directories** sind Inhaltsverzeichnisse, die Verweise auf Dateien und weitere Directories enthalten können. Sie wirken im Dateibaum wie Kreuzungen oder Knotenpunkte. Letztlich sind für uns aber nur die Dateien interessant. Wozu also Directories?

Mit Hilfe der Directories können Sie Ihre Dateien ordnen, strukturieren. Ihre Privatunterlagen haben Sie sicher auch geordnet, z.B. Ihre Versicherungsunterlagen in einem Ordner abgelegt, unterteilt nach Unfall, Haftpflicht und Krankenversicherung; einen weiteren Ordner evtl. für Ihre Mietangelegenheiten, unterteilt nach Verträgen, Heizkostenabrechnung usw. Die Ordner und Register entsprechen in etwa den Directories, die einzelnen Dokumente (Verträge, Briefe, Abrechnungen) den Dateien.

Wenn Sie nun einen bestimmten Haftpflicht-Versicherungsvertrag nachsehen wollen, wissen Sie genau, wo dieser Ordner steht, und welches Register Sie aufschlagen müssen. Ihr Weg dahin: Arbeitszimmer, Versicherungsordner, Register Haftpflicht. Überträgt man dies auf ein UNIX-Dateisystem, so könnte dies so aussehen:

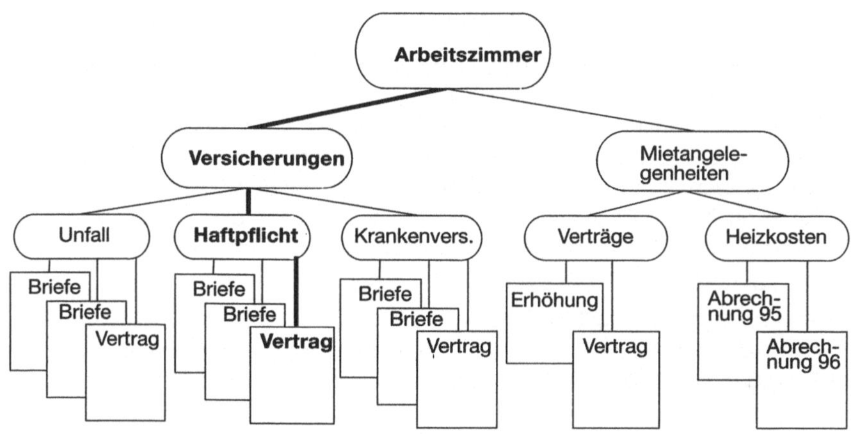

Bild 3-14: Beispiel Hierarchie – Vergleich Arbeitszimmer

Unser Weg im UNIX-Dateisystem über die einzelnen Directories zu der gewünschten Datei wird als Pfad bezeichnet. Er beginnt mit der **root**. Die root hat als Directory den Namen **/**.

 **Der Schrägstrich am Anfang eines Pfadnamens bedeutet also immer, daß der Pfad im root-Directory beginnt.** Zwischen den weiteren Directories wird der Schrägstrich als Trennungszeichen verwendet.

Nehmen wir als Beispiel wieder unseren Benutzer Monika. Das Login-Directory ist */usr/kurs/monika*. Hier sind bereits einige Dateien und Unterdirectories angelegt. Um ein Inhaltsverzeichnis der Dateien eines Directories zu erhalten, haben wir **ls** kennengelernt. Etwas erweitert hat es die Form:

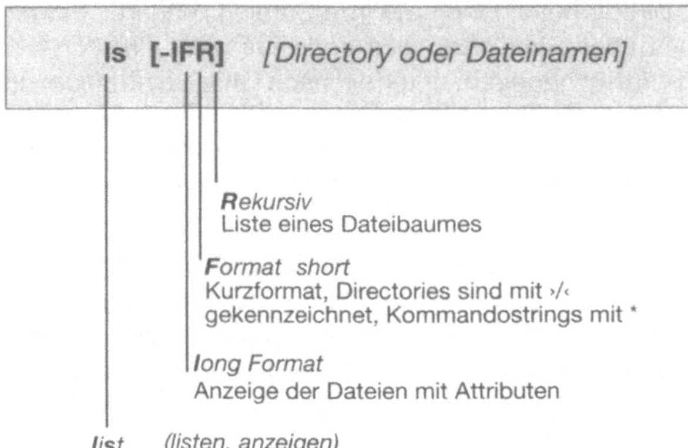

ls – Kommando, um Dateien mit zusätzlichen Merkmalen anzuzeigen

Die Optionen *-l, -F, -R* oder in den Kombinationen *-lR* oder *-FR* steuern dabei, welche Angaben das *ls-*Kommando zu den Dateien machen soll (eine Kombination *-lF* wäre unsinnig, denn entweder soll das Kommando im Kurz- oder Langformat ausgegeben werden). Vorläufig reichen uns die Optionen *-lFR*. Geben Sie beim Aufruf keinen Namen *(Directory oder Datei)* an, so wird ein Inhaltsverzeichnis vom aktuellen Directory, in dem Sie sich gerade befinden, ausgegeben. Das Kommando *ls* wird nochmals im Kapitel 3.4 (Dateiverwaltung und -pflege) ausführlicher behandelt.

Sehen wir uns die unterschiedlichen Aufrufe von *ls* für unser obiges Beispiel an: *ls -l* vom aktuellen Directory */usr/kurs/monika*: Für uns sind vorerst nur die in Fettschrift hervorgehobenen Informationen von Bedeutung.

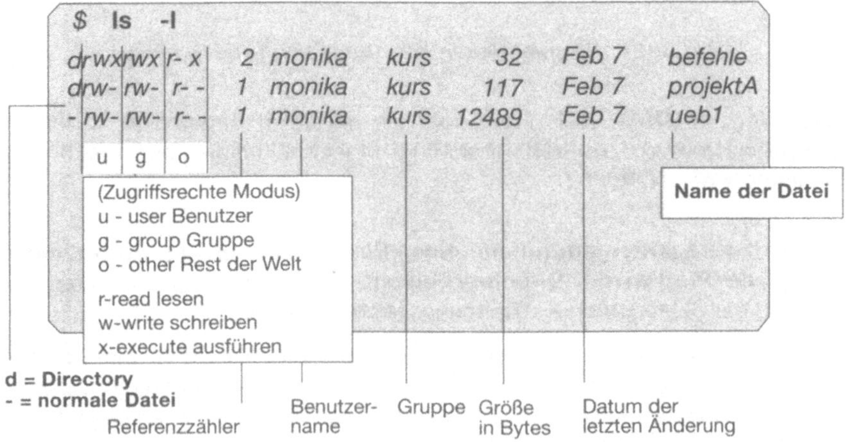

Bild 3-15: Beispiel listen, anzeigen von Directories/Dateien (ls -l)

Die erste Spalte der Ausgabe von *ls -l* zeigt an, ob es sich um eine **normale Da-tei** *(Anzeige ›-‹)* oder um ein **Directory** *(Anzeige ›d‹)* handelt. Unter UNIX wird al-les als ›Datei‹ bezeichnet, nur durch die Kennzeichnung wird unterschieden nach Directories, Geräte und die sog. normalen Dateien. Die Inhalte von norma-len Dateien können Sie sich z.B. ansehen oder verändern. Directories können Sie dagegen nicht direkt verändern, sondern in den Directories nur weitere Da-teien oder Unterdirectories anlegen, kopieren oder löschen. Die Kommandos hierfür werden wir später lernen *(Kapitel 3.3 und 3.4)*.

Mit dem Kurzformat *ls -FR* sieht die Liste des gesamten Dateibaumes von */usr/kurs/monika* wie folgt aus:

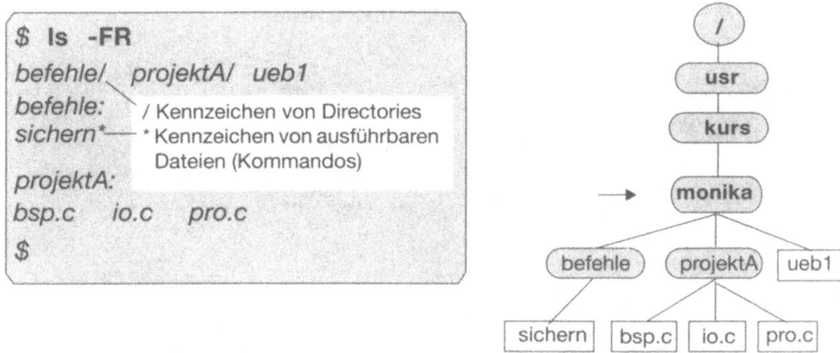

Bild 3-16: Beispiel listen, anzeigen vom aktuellen Directory mit ls -FR

Wenn Sie sich andere Dateien oder Directories auflisten wollen, so geben Sie das *ls*-Kommando mit Namen an. Möchte z.B. Monika wissen, welche Dateien Hans hat, so kann sie aufrufen:

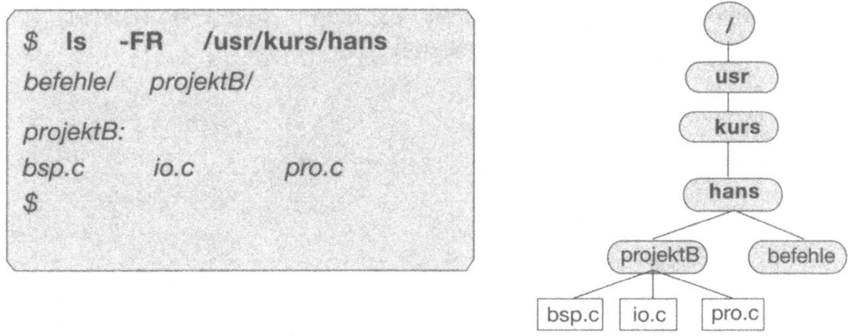

Bild 3-17: Beispiel listen, anzeigen von Directories/Dateien (ls -FR)

Bei langen Pfadnamen kann man sich leicht vertippen und muß recht viel schreiben. Deshalb stehen unter der Shell folgende Sonderzeichen zur Verfügung, um vom **aktuellen Directory** die umliegenden Dateien und Directories **relativ** ansprechen zu können:

Ein Punkt   .   bedeutet das **aktuelle Directory**, in unserem Fall
                         /usr/kurs/monika

Zwei Punkte   ..   bedeuten das **darüberliegende Directory**,
                         hier /usr/kurs, also die nächst höhere Generation,
                         das ›Eltern-Directory‹

Um sich den Inhalt des Directories **/usr/kurs/hans** anzuzeigen, kann Monika das Kommando mit dem **relativen Pfadnamen** aufrufen:

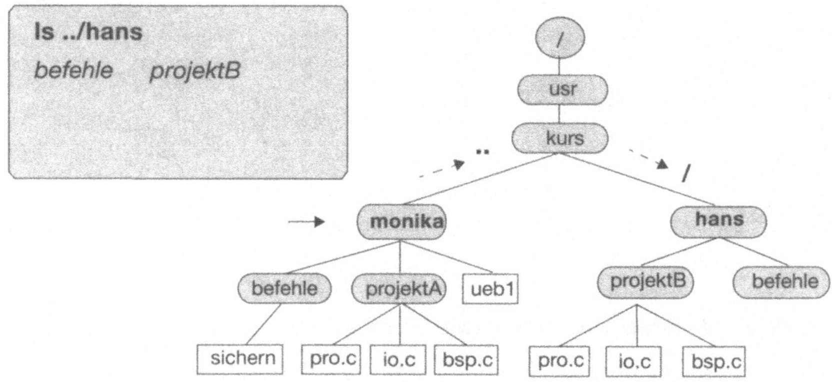

Bild 3-18: Beispiel listen, anzeigen mit relativem Pfadnamen (..)

Mit zwei Punkten kommen Sie jeweils um ein Directory höher. Will Monika sich z.B. das Inhaltsverzeichnis vom Directory /usr/man ansehen (sie befindet sich immer noch in /usr/kurs/monika), ruft sie auf:

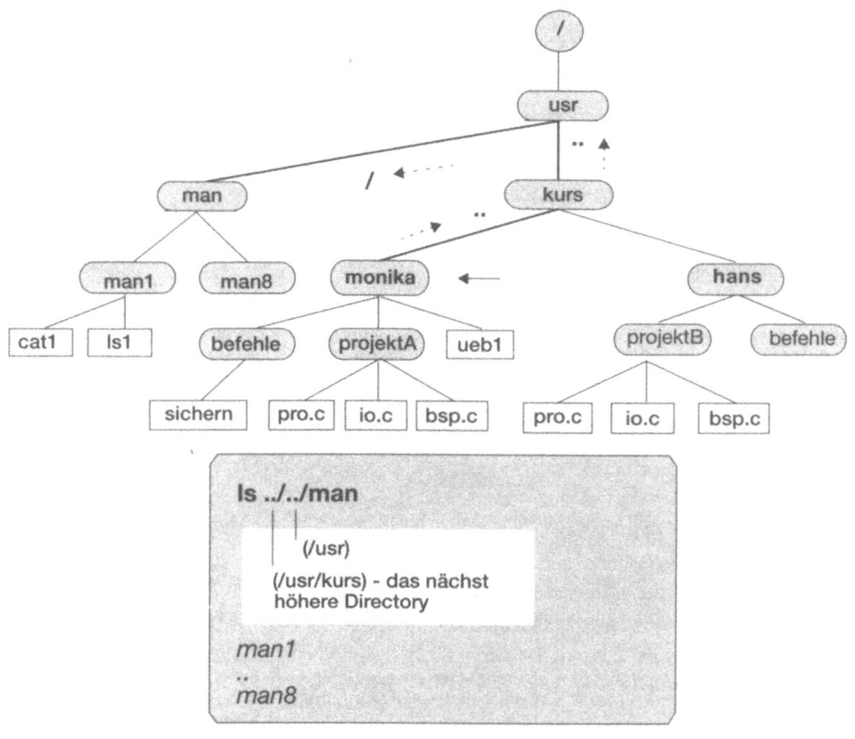

Bild 3-19: Beispiel relative Pfadangabe (../../)

Mit der Option **-R** erhalten Sie ein rekursives Inhaltsverzeichnis von einem gesamten Teilbaum, ausgehend vom jeweiligen Directory. Wenn Sie das Kommando

ls -lR /

aufrufen (**/** bedeutet ab dem **root-Directory**), erhalten Sie damit eine Liste, die alle Dateien und Directories Ihres Systems aufweist. Nach dieser Liste könnten Sie sich Ihren Dateibaum zeichnen, einen Plan für Ihr UNIX-System.

Unter UNIX sind einige Directories und Dateien fest zugeordnet. Was unter den einzelnen Directories aufbewahrt wird, zeigt Ihnen die nachfolgende Grafik:

UNIX-Dateibaum
mit einigen Directories und Dateien

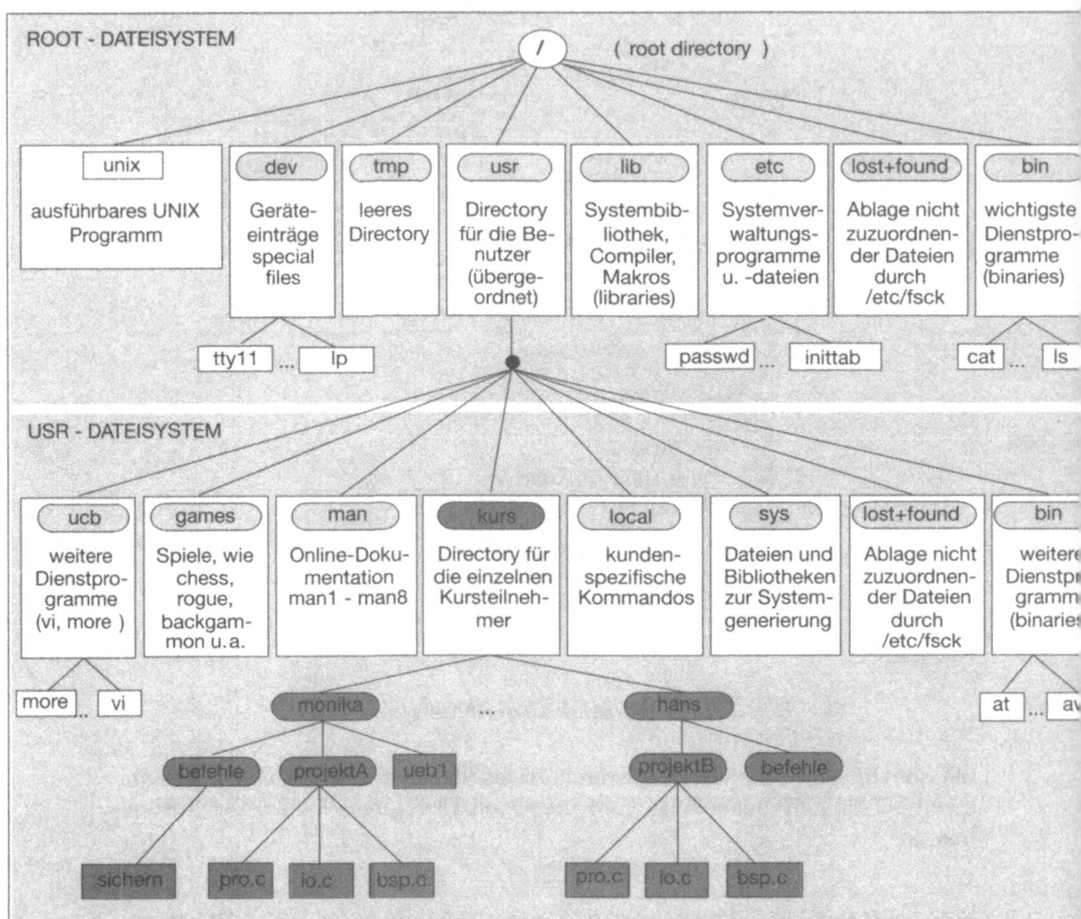

Die Dateien und Directories, die mit dieser [ ] Schraffur gekennzeichnet sind, wurden hier als Beispiel verwendet, d.h., diese Dateien und Directories sind nicht im Original-UNIX AT&T enthalten. Auch können je Rechnerkonfiguration auch andere Directories und Dateien enthalten sein.

Bild 3-20: Dateibaum des Seminarrechners

Ein kurzer Blick in den Dateimanager im CDE und KDE

Hier wird sehr schön als Orientierung angezeigt, wo man sich im Dateibaum befindet. Durch Anklicken der Ordner (Directories) werden im darunter liegenden Bereich die Inhalte des Ordners angezeigt. Weitere Details über den Dateimanager finden Sie im Kapitel 4.

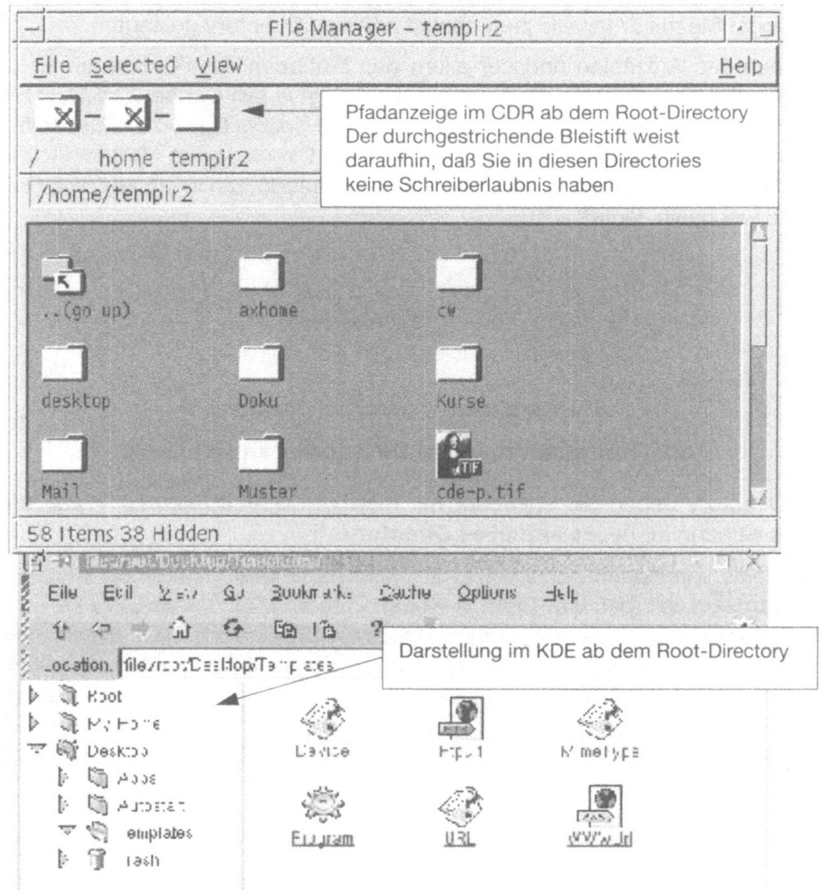

Bild 3-21: Darstellung der Baumstruktur im Dateimanager

Vorab wenden wir uns erst mal wieder der direkten Eingabe von UNIX-Befehlen unter ASCII-Terminals zu. So einfach es ist, nur mit Maus-Klick ein Directory zu wechseln, so haben auch die Kommandos, die wir bei der ASCII-Eingabe kennenlernen werden, einige Vorteile. Wenn Sie sich die wichtigsten Kommandos mit ein paar Optionen merken, werden Sie gezielt und somit schneller bestimmte Informationen abrufen können.

Wie arbeiten Sie mit Directories unter ASCII-Terminals?

Wollen Sie sich die einzelnen Inhaltsverzeichnisse der in unserem Beispiel aufgeführten Directories anzeigen lassen, so haben Sie bisher zwei Möglichkeiten kennengelernt, das *ls*-Kommando aufzurufen:

❑   Mit Angabe des absoluten Pfadnamens (beginnend ab der root) /

❑   oder mit dem relativen Pfadnamen (beginnend ab Ihrem aktuellen Directory) wobei Sie mit ../ jeweils zum nächst höheren Directory gelangten.

Ist Ihnen das Aufzählen und vor allem das Eintippen der Pfadnamen zu umständlich? *(Das Aufzählen der Generationen klingt ja fast wie bei Karl May: Hadschi Halef Omar Ben Hadschi Abdul Abbas Ibn Hadschi Dawud al Gossarah ...)* Dann wechseln Sie am besten in das jeweilige Directory und können sich von dort die nähere Umgebung ansehen. Das Kommando, um in ein anderes Directory zu wechseln, lautet:

change directory (wechsel Directory)

cd – Kommando, um in Directories zu wechseln

Das Directory geben Sie entweder mit **relativen** oder **absoluten Pfadnamen** an. Es ist dann Ihr neues **aktuelles Directory**.

Eine Reihe von Kommandos setzt, falls kein Parameter angegeben wird, einen Standardwert ein *(default)*. Beim *ls*-Kommando ist dies das aktuelle Directory. Ob Sie allerdings in diesem ›neuem Directory‹ Dateien ansehen, *(lesen – read)* oder neu anlegen *(schreiben – write)* oder Kommandos ausführen *(execute)* dürfen, richtet sich nach den vorgegebenen Zugriffsrechten. Mit dem Kommando *ls -l* werden die Zugriffsrechte anzeigt (siehe auch Bild 3-15 auf Seite 52). Dabei gilt:

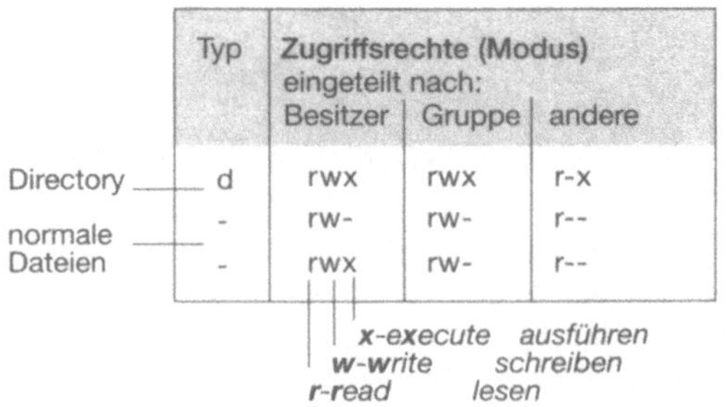

Bild 3-22: Zugriffsrechte - Anzeige mit ls -l

Die Zugriffsrechte werden detailliert im Kapitel 3.4.6 auf Seite 176 behandelt. Vorab ist für Sie wichtig zu wissen, daß Sie nur dann in ein Directory wechseln können, wenn die für Sie geltenden Zugriffsrechte *(je nachdem ob Sie Besitzer sind, der gleichen Gruppe angehören, oder zu den anderen zählen)* mit einem x versehen sind.

Ohne Angabe eines Directories kommen Sie mit dem Kommando *cd* immer in Ihr Login- bzw. in Ihr **Home-Directory** zurück. Das ist eine sehr schöne, sichere Funktion.

Um sicherzugehen, wo Sie gelandet sind, gibt Ihnen das bereits bekannte Kommando *pwd (print working directory)* Auskunft, wo Sie sich befinden.

Wechselt Monika z. B. in das Directory von Hans, so gibt sie ein:

absolute Pfadangabe: *oder*   **relative Pfadangabe:**

```
$   cd /usr/kurs/hans
$   pwd
/usr/kurs/hans
$
```

```
$   cd ../hans
$   pwd
/usr/kurs/hans
$
```

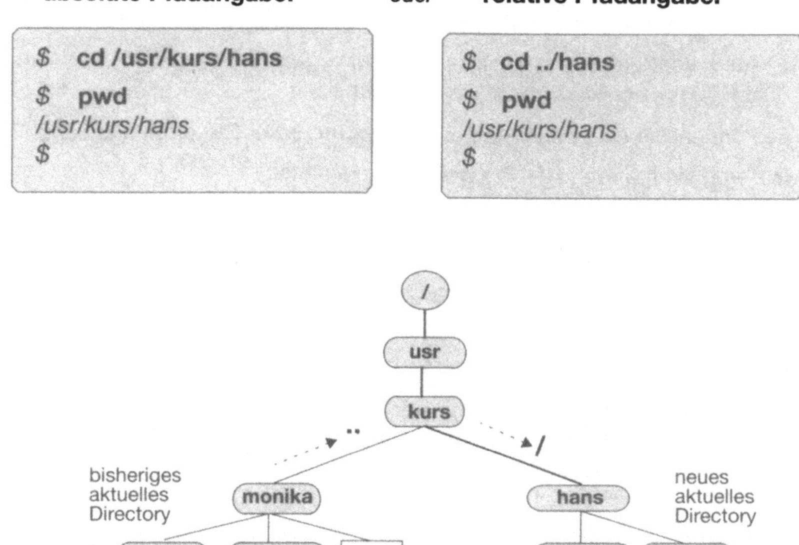

Bild 3-23: Beispiel cd Directory / pwd

Monika wechselt zwar in das Directory *hans*, erhält damit jedoch keine neuen Zugriffsrechte und kann dort nur dann Dateien ansehen oder verändern, wenn Hans es ihr erlaubt hat, also die Zugriffsrechte entsprechend gesetzt hat. Mit dem **Wechsel** des **Directories** werden **nicht** die **Besitzerrechte** geändert!

Kurze Zusammenfassung
Relative und absolute Pfadnamen, Kommandos: ls, cd, pwd

❑ Welche Pfadbezeichnungen und Kennzeichen kennen Sie?

/   Absolute Pfadnamen **beginnen immer** mit dem Schrägstrich der **root** z.B.: */usr/kurs/monika*

Der Schrägstrich zwischen den Directories/Dateien gilt als Trennungszeichen, z.B. ist ›*monika*‹ im obigen Beispiel ein Unterdirectory vom Directory ›*kurs*‹, dieses wiederum ein Unterdirectory vom Directory ›*usr*‹.

.   Bei relativen Pfadnamen als Kennzeichnung für das aktuelle Directory z.B.: **ls -l .**
(Ohne Angabe des Punktes, wird bei beim ls-Kommando das aktuelle Directory angenommen – Default Wert).

.. Als Kennzeichnung für das darüberliegende Directory
z.B. von /usr/kurs/monika: **ls ../hans**

❑ Wie können Sie sich den Inhalt eines oder mehrerer Directories ansehen?

Mit dem Kommando **ls [-lF]** [*Directories, Dateien*]

❑ Wo befinden Sie sich nach dem Anmelden?

In Ihrem Home-Directory.
Mit dem Kommando **pwd** können Sie sich den Pfadnamen Ihres aktuellen Directories anzeigen lassen.

❑ Wie können Sie in einen anderen Zweig des Dateibaumes gelangen?

Mit dem Kommando **cd**
[relative oder absolute Pfadangabe des Directories]
z.B. **cd /usr/kurs/hans**

Sind Sie bereits in den Bann des Rechners geraten? Haben Sie gar die Zeit vergessen? Wie spät ist es? – Fragen Sie Ihren Rechner! Doch bevor Sie nun einige nützliche Kommandos kennenlernen, gönnen Sie sich zwischendurch eine Kaffee- oder Teepause.

3.1.9 Einige nützliche Kommandos

Datumsanzeige

Zu Beginn wurde schon darauf hingewiesen, wie wichtig es unter UNIX ist, mit dem richtigen Datum zu arbeiten. Jedes System hat eine Uhr und unter UNIX können Sie Datum und Uhrzeit mit dem Kommando *date* abfragen. **Nur** der **Systemverwalter** kann das Datum **ändern.**

Wie spät ist es?

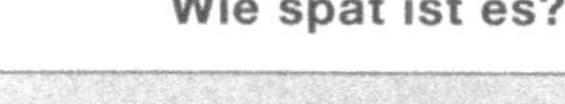
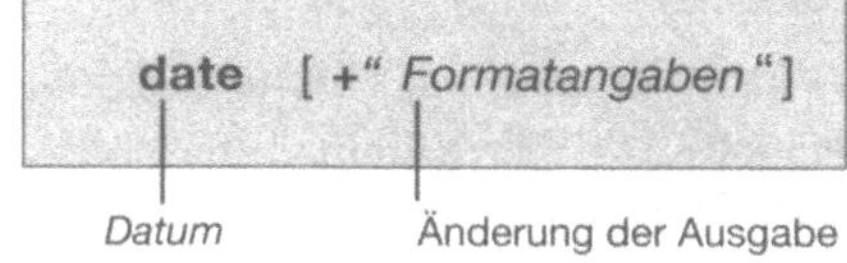

date – Kommando, um Datum und Uhrzeit anzuzeigen

Geben Sie das Kommando ohne Parameter *(zusätzliche Angaben)* ein, wird Ihnen das Datum in der Standardform (meist amerikanische Art) angezeigt, z.B. ›*Tue Mar 27 13:48:21 MET 1996*‹. Wünschen Sie eine individuelle Datumsanzeige, so können Sie das Format ändern.

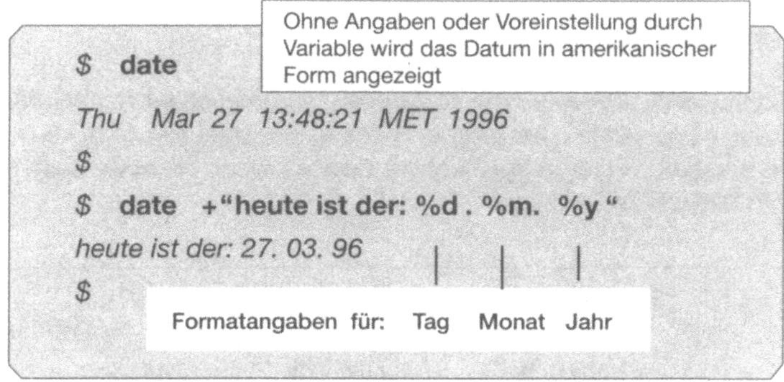

Bild 3-24: Beispiel von date (Datumsanzeige)

Ab Version V.3 kann über die Variable *LANG* die nationale Sprache eingestellt werden. Soweit entsprechende Software und entsprechende Dateien (wie z.B. das Online-Manual) zur Verfügung stehen, werden dann Informationen in der zugeordneten Sprache ausgegeben und die jeweilige nationale Schreibweise für bestimmte Kommandos, wie z.B. auch für *date,* zugrundegelegt (näheres über Variablen in Kapitel 3.6).

Im CDE haben Sie natürlich Uhrzeit und Datum immer griffbereit. In der Desktop-Anzeige finden Sie links eine kleine Uhr und daneben das Kalenderblatt.

Trotzdem werden Sie bald erkennen, daß sogar das Kommando *date* nach wie vor benötigt wird, nämlich dann, wenn Sie es z.B. in Dateien umleiten wollen (das lernen Sie im nächsten Kapitel). Die eigene Aufbereitung der Ausgabe kann hierbei dann wichtig sein.

Möchten Sie weitere Formatangaben kennenlernen, so können Sie mit Hilfe des *Online-Manuals* die genaue Beschreibung des Kommandos *date* am Bildschirm lesen. Das Online-Manual ist eine auf dem Rechnersystem vorhandene Beschreibung der verfügbaren Kommandos.

Lesen des Online-Manuals

Unter dem Directory /usr/man sind nach Kapiteln getrennt (man1 - man8) die Beschreibungen *(Manualseiten)* der Kommandos abgelegt. Die einzelnen Dateien enthalten neben dem beschreibenden Text Formatierungsanweisungen für das UNIX-Textverarbeitungspaket nroff/troff. Mit dem Kommando **man** können Sie sich diese Seiten am Bildschirm ansehen.

manual

man – Kommando, um die Beschreibung von Kommandos (Manualseiten) anzusehen

Das Formatieren *(Erstellen von Kopfzeilen, automatischer Seitenumbruch, Seitenzahlen, eingerückte oder zentrierte Texte)* der Manualseite(n) kann einige Zeit dauern. Deshalb verlieren Sie nicht die Geduld, wenn die erste Seite nicht sofort auf dem Bildschirm erscheint.

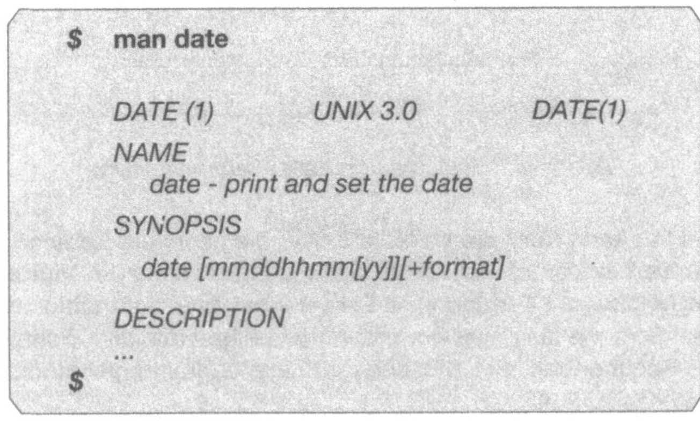

Bild 3-25: Beispiel von man (Anzeige von Manualseiten – date)

Die Manualseiten werden seitenweise ausgegeben. Dabei wartet das Programm nach der Anzeige einer Seite, bis Sie diese gelesen haben. Um jeweils die nächste Seite am Bildschirm zu lesen, drücken Sie die

Leertaste

Wie sind die Manualseiten gegliedert?

KOPFZEILE: Name des Kommandos mit Kapitel-Nr.
Die Kommandos sind hier in Großbuchstaben geschrieben und stehen jeweils am linken und rechten Rand der Kopfzeile, damit bei den ausgedruckten Seiten die alphabetisch sortierten Kommandos innerhalb der Kapitel leicht auffindbar sind.

NAME: Name des Kommandos *(richtige Schreibweise groß/klein)*. Anschließend wird kurz die Funktion des Kommandos erklärt.

SYNOPSIS: *(knappe Zusammenfassung)* Das Kommando wird so angezeigt, wie es eingegeben wird, wobei alle möglichen Optionen und Parameter aufgeführt sind *(Syntaxregel)*. Alle zusätzlichen Angaben, die nicht zwingend sind, sondern wahlweise verwendet werden können, sind in eckige Klammern gesetzt [ ].

DESCRIPTION: *(Beschreibung)* Hier wird ausführlich beschrieben, wie Sie das Kommando verwenden können, welche Parameter, Optionen bestehen und was sie bewirken.

FILES: Die angegebenen Dateien werden benötigt, um das Kommando auszuführen.

DIAGNOSTICS: An dieser Stelle stehen besondere Hinweise, z. B. ›*use help for explanations‹ (für Erklärungen verwende help)* und evtl. auftretende Fehlermeldungen.

WARNING: Hinweise auf mögliche Fehlermeldungen.

EXAMPLE: *(Beispiel)* Leider werden hier nur selten Beispiele der Kommandoaufrufe angeführt *(nur von einigen Firmen ergänzt)*.

SEE ALSO: Existieren Kommandos mit ähnlicher Funktion, so wird hier darauf verwiesen.

Sehen Sie zwei weitere Ausschnitte der am Bildschirm angezeigten Manualseiten für das Kommando *date*:

```
$    man date
...
DESCRIPTION
...
     Field Descriptors.

     n    insert a new line character
     t    insert a tab character
     m    month of year - 01 to12
     d    day of month - 01 to 31
     y    last two digits of year- 00 to 99
     D    date as mm/dd/yy
     H    hour - 00 to 23
     M    minute - 00 to 59
     S    second - 00 to 59
     T    time as HH:MM:SS
     j    day of year - 001 to 366
     w    day of week - Sunday =0
     a    abbreviated weekday - Sun to Sat

     r    abbreviated month - Jan to Dec
     h    time in AM/PM notation
...
```

Feldangabe

füge das Zeichen ›NeueZeile‹ ein
füge ein Tabulator-Zeichen ein
Monat in Ziffern 01 - 12
Tag des Monats 01 - 31
letzte 2 Ziffern des Jahres
Datum in Form MM/TT/JJ
Stunde 00 - 23
Minute 00 - 59
Sekunde 00 - 59
Zeitangabe hh:mm:ss
Tag des Jahres 001 - 366
Tag der Woche Sonntag =0
abgekürzter Wochentag

abgekürzter Monatsname
Zeitangabe in 12 Stunden
  Kennung   AM - vormittag
             PM - nachmitag

```
DIAGNOSTICS
     No permission          if you aren't the super-user and you
                            try to change the date;

     bad conversion         if the date set is syntactically
                            incorrect;

     bad format character   if the field descripter is not
                            recognizable
FILES
     /dev/kmem

WARNING

     It is a bad practice to change the date while the system is
     running multi user.
```

DIAGNOSE
     Keine Erlaubnis   wenn Sie nicht Systemverwalter sind und
                                versuchen, das Datum zuändern;

     Falsche Umwandlung   wenn das Datum falsch eingegeben wurde
                                (nicht den Regeln entsprechend);

     Falsches Format-   wenn das Zeichen für die Feldangabe
     Zeichen   unbekannt ist.
DATEIEN
     /dev/kmem   Dateien, die das Kommando benutzt.

Warnung
     Es empfiehlt sich nicht, das Datum zu ändern, während das System im
     multi-user Modus arbeitet.

Bild 3-26:   Beispiel von man (Anzeige von Manualseiten) Fortsetzung

Die ausführliche Beschreibung von *date* soll hier nur als Beispiel für das Kommando *man* dienen. Gleichzeitig soll es Sie ermuntern, nach diesem Einführungskurs mit Hilfe der UNIX-Dokumentation die eine oder andere interessante Option und weitere Kommandos allein kennenzulernen.

Wenn Sie nur wissen wollen, für was ein bestimmtes Kommando genutzt werden kann, geben Sie ein:

whatis – Kommando, um eine Kurzinformation über ein Kommando zu erhalten

Welche Dokumentation AT&T zu UNIX System V liefert, ist u.a. im Literaturverzeichnis enthalten. Mit Hilfe der UNIX-Dokumentation könnten Sie sich nun Tage und Nächte beschäftigen, doch gerade das wollten Sie ja sicherlich nicht. In diesem Buch werden, wie in der Einleitung schon gesagt, nur die wesentlichen Optionen besprochen, die in der Praxis am meisten benötigt werden, um Ihnen den Einstieg in UNIX zu erleichtern.

Sie wissen bereits, wo Sie sich befinden (*pwd*), wie Ihre nähere Umgebung aussieht (**ls -l**), Sie können sich im gesamten Dateibaum bewegen (*cd*), aber Sie wollen sicher auch wissen, welche Informationen in den Dateien verborgen sind.

Anzeige eines Datei-Inhaltes

Bisher haben wir uns mit dem Kommando *ls* nur die Namen und einige Merkmale von Dateien angesehen. Um zu sehen, welchen Inhalt eine Datei hat, gibt es das Kommando *cat*.

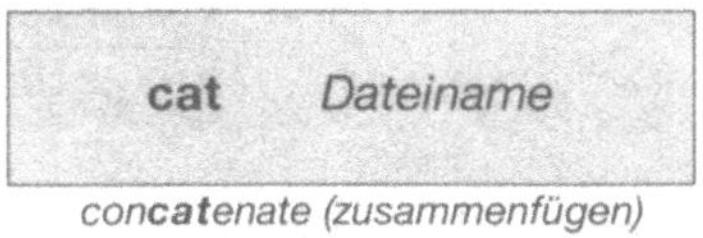

concatenate (zusammenfügen)

cat – Kommando, um sich einen Dateiinhalt anzusehen

Warum ›*concatenate – zusammenfügen*‹? Sie werden später bei dem Kapitel Shell-Einführung lernen, wie Sie dieses Kommando verwenden können, um eine Datei an eine andere anzuhängen. Hier erst einmal die Grundfunktion des Kommandos: die Ausgabe eines Dateiinhaltes. Allerdings können Sie sich nur Dateiinhalte ansehen, wenn sie in **ASCII** (*American Standard Code for Information Interchange – Amerikanischer Standardcode für Informationsaustausch*) abgespeichert sind. Ausführbare Programme[*] sind in **Binärformat**[°] abgespei-

---

[*] Ein Programm wird in einer Programmiersprache geschrieben *(Source oder Quelldatei)* und in die vom Rechner interpretierbare Maschinensprache umgewandelt – *(compiliert)*

[°] Ziffern werden in Binärform nur mit 0 und 1 dargestellt: 1 =00001, 2=00010, 3=00011 usw.

chert und **nicht lesbar**. Ebenso können **Inhalte von Directories nicht gelesen** werden, sondern nur mit dem ls-Kommando angezeigt werden.

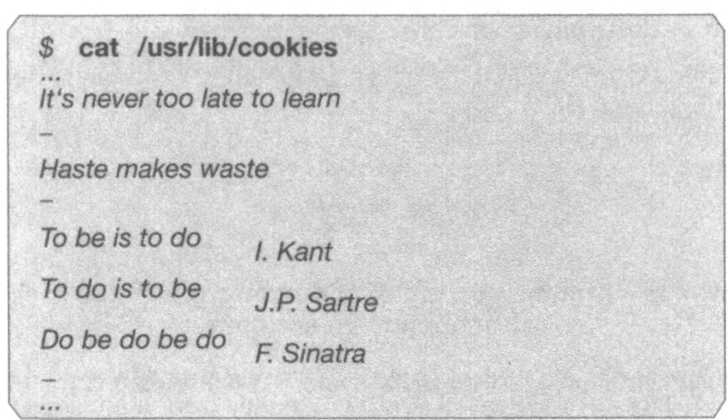

Bild 3-27: Beispiel von cat (Anzeige des Inhalts einer Datei)

Wenn die Datei /usr/lib/cookies auch auf Ihrem Rechner vorhanden ist, so hatten Sie vielleicht nach dem Kommando *cat /usr/lib/cookies* Schwierigkeiten, den Text so schnell zu lesen; denn mit cat rauscht der Text, wie im Kino oder Fernsehen der Vorspann, viel zu schnell über den Bildschirm. Sicher, Sie wissen bereits, wie Sie ihn stoppen und wieder zum Laufen bringen können:

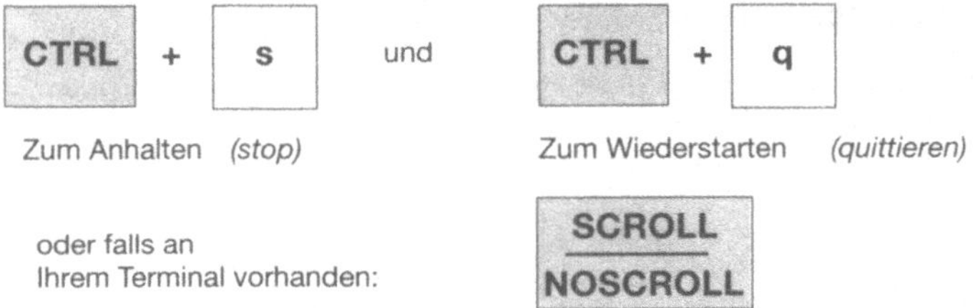

Doch ist dies etwas lästig. Lernen Sie deshalb ein komfortableres Kommando:

Blättern im Inhalt einer Datei

Um einen Dateiinhalt seitenweise am Bildschirm anzusehen, gibt es zwei sehr ähnliche Kommandos: **more** und **pg**. Sehen wir uns zuerst das Kommando **more** an:

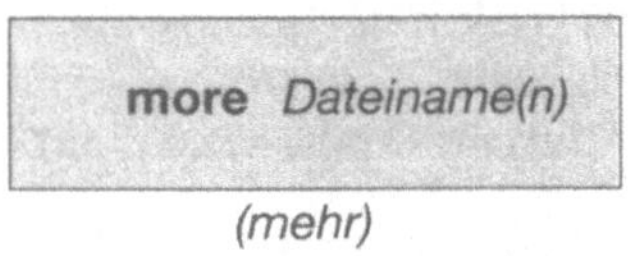

(mehr)

more – Kommando, um einen Dateiinhalt seitenweise anzuzeigen

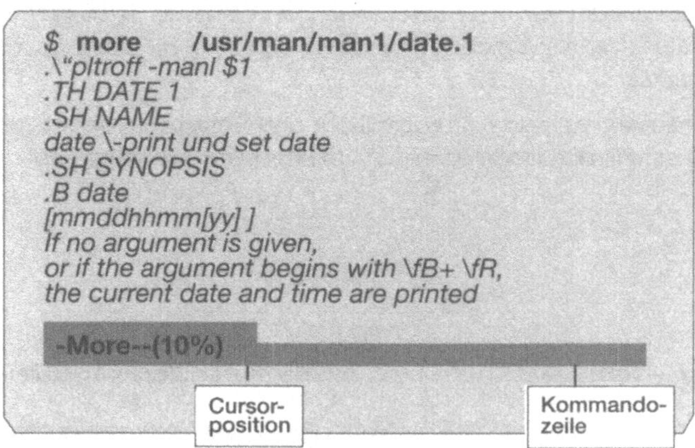

Bild 3-28: Beispiel von more (Blättern in Dateien)
mit Teilanzeige der Manualseite ›date.1‹

Dies ist der Originaltext der Manualseite, wie sie auf dem Rechner abgespeichert ist. Sie sehen, der Text ist mit sog. Makros für die Formatbearbeitung mit dem Programm nroff versehen, z.B. *.TH* für Title Header (Titel der Kopfzeile), *.SH* Section Header (Abschnittsüberschrift), *.B* für bold (Fettschrift). Auf vielen Rechnern werden allerdings die Manualseiten nicht mehr in dieser Form abgespeichert, sondern sind bereits vorformatiert (damit geht das Laden der Seiten wesentlich schneller). Ähnliche Formatangaben finden Sie aber auch in den ASCII-Texten vieler Textprogramme oder auch bei den HTML-Dateien (***Hypertext Markup Language***) für die WWW-Seiten (***World Wide Web***), nur daß Sie dort meist nicht mehr direkt eingetippt werden müssen, sondern komfortabel über entsprechende Programme mit Menüleisten, Buttons (*Schaltflächen*) und/oder Funktionstasten (Tasten, denen bestimmte Funktionen zugeordnet sind) erstellt werden (wie mit Applixware, FrameMaker u.v.a.).

Doch zurück zu unserem Programm ***more***. Drücken Sie z.B. die Leertaste, so können Sie seitenweise in der Datei vorwärts blättern. Hier die wichtigsten Funktionen:

Leertaste	Seitenweise vorwärts blättern
Returntaste	Zeilenweise vorwärts gehen
h	Aufruf eines Hilfsmenüs *(help)*
q	Beenden des Programmes *(quit)*

In der Kommandozeile von *more* sehen Sie übrigens, wieviel Prozent der gesamten Datei bereits angezeigt wurde. An dieser Stelle steht auch der Cursor *(Schreibmarke).*

Ein ähnliches Kommando mit mehr Such- und Positionierungsmöglichkeiten ist **pg**, das ebenfalls den Inhalt einer ASCII-Datei seitenweise ausgibt.

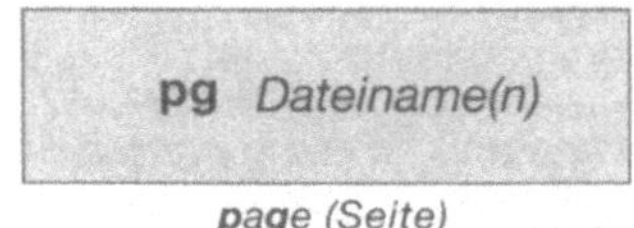

page (Seite)

pg – Kommando, um Dateiinhalte seitenweise anzuzeigen

Das *pg*-Kommando ist etwas komfortabler als das Kommando *more*. Sie können mit *pg* z.B. auch auf die 1. Zeile einer Datei zurückgehen, indem Sie als Funktion die ›1‹ eingeben *(für: gehe zur Zeilennummer 1).* Die verschiedenen Funktionen können Sie sich anzeigen lassen, wenn Sie den Buchstaben h *(help)* tippen.

h	Hilfsmenü aufrufen

Sehen wir uns hierzu ein Beispiel an:

```
$  pg  text1
Herzlich Willkommen zum UNIX-Einfuehrungskurs
...
h
-------------------------------------------------
```

		Hilfsfunktion
h	help	
q or Q	quit	Beenden des Programms
<blank> or \n	next page	nächste Seite (Leertaste/Return)
l	next line	nächste Zeile
d or ^D	display half a page more	nächste halbe Seite
. or ^L	redisplay current page	aktuelle Seite nochmal
f	skip the next page forward	überspringe nächste Seite
n	next file	nächste Datei
p	previous file	vorhergehende Datei
$	last page	letzte Seite
s savelist	save current file in savelist	sichere aktuelle Datei in savelist
|pattern|	search forward for pattern	suche nach dem Muster vorwärts
?pattern? or ^pattern^	search backward for pattern	suche nach dem Muster rückwärts
!command	execute command	führe das Kommando aus
number	linenumber	gehe nach Zeile n (n für Zahl)

Bild 3-29: Beispiel von pg (page - Blättern in Dateien)

Die wichtigsten Funktionen, die Sie benötigen werden, sind:

Leertaste oder **Returntaste**	Seitenweise vorwärts blättern
$	Anzeige der letzten Seite *(Ende des Textes)*
1	Zurück zur Zeile 1
n	Gehe zur Zeile n *(z. B. für n=21: zur Zeile 21)*
q	Beenden des Programmes *(quit)*

Wer arbeitet am System?

Arbeiten Sie allein an dem Rechner oder leisten Ihnen einige Kollegen Gesellschaft?

Mit dem Kommando **who** erfahren Sie, wer außer Ihnen noch am System arbeitet. Sie sehen, mit welchem Namen er im System angemeldet ist, an welchem Terminal er arbeitet und um wieviel Uhr er sich angemeldet hat.

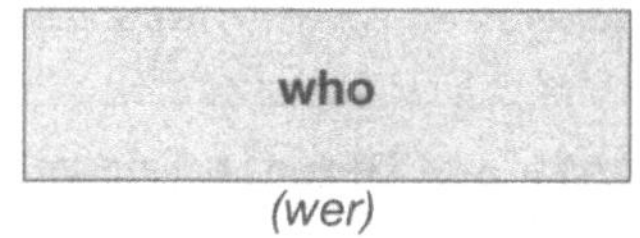

(wer)

who – Kommando, um zu sehen, wer noch am System arbeitet

Auch hierzu gleich ein Beispiel:

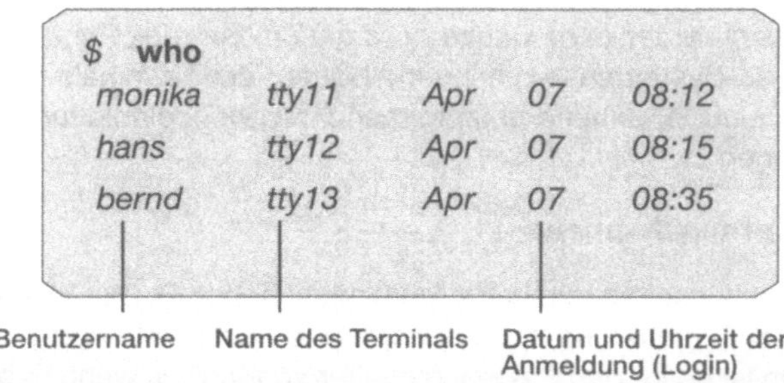

Bild 3-30: Beispiel von who (Wer arbeitet am System)

Sollten Sie nach all dem bisher Gelernten nicht mehr wissen, wer Sie sind, UNIX gibt Ihnen gerne Auskunft. Fragen Sie:

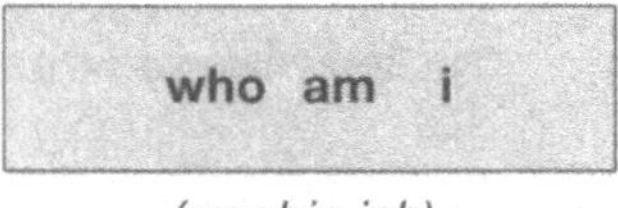

(wer bin ich)

Wie Sie an dem folgenden Beispiel sehen, kann UNIX keine psychologische Analyse durchführen, sondern sagt Ihnen nur, was es von Ihnen weiß: Ihre Benutzerkennung *(Namen, mit dem Sie sich angemeldet haben)*, den Namen des Terminals, an dem Sie arbeiten und das Datum und die Uhrzeit Ihrer Anmeldung:

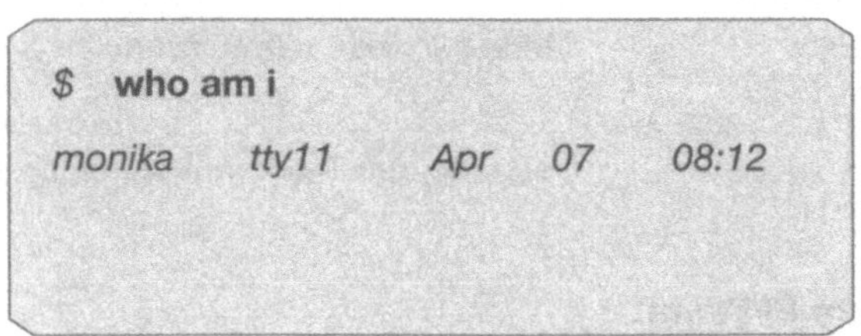

Bild 3-31: Beispiel von who am i (wer bin ich)

Um netzweit Informationen über Benutzer zu erfragen, gibt es das Kommando

finger – Kommando, um Benutzerinformation zu erhalten

Dieses Kommando zeigt Ihnen wie *who* Namen Terminalnamen, Anmeldezeit und noch einige zusätzliche Informationen.

Wie Sie bei den letzten Kommandos gesehen haben, werden auch Terminals unter eigenem Namen geführt. Unter UNIX werden Geräte ähnlich wie Dateien behandelt. Sie sind unter dem Directory */dev (für device – Gerät)* eingetragen. Unter vielen UNIX-Systemen beginnen die Namen der Terminals mit *tty (für terminal type)* und sind fortlaufend entsprechend der Steckplätze für die Terminalleitungen numeriert.

Anzeige des Terminalnamens

Sollten Sie Schwierigkeiten mit Ihrem Terminal haben, z. B., Sie können plötzlich keine weiteren Eingaben mehr machen oder erhalten kein *Login*, um sich anzumelden, dann ist es für den Systemverwalter von Vorteil, wenn er den *Namen* Ihres Terminals weiß. Solange Ihr Terminal noch funktionsfähig ist, zeigt Ihnen das Kommando *tty* den Namen Ihres Terminals an:

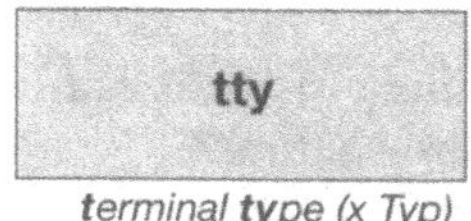

terminal type (x Typ)

tty – Kommando, um den Terminalnamen *(Typ)* anzuzeigen

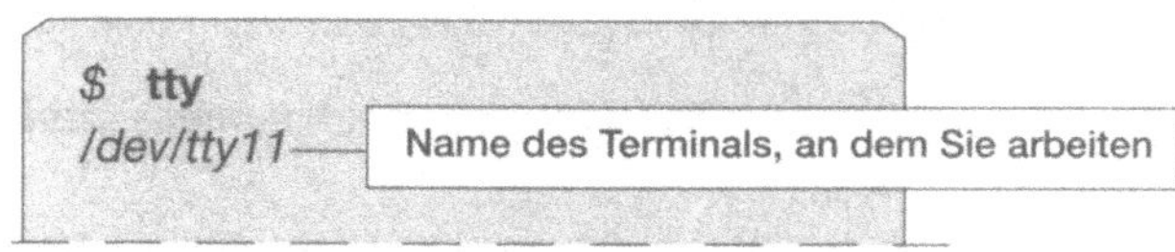

Bild 3-32: Beispiel von tty (Terminal-Typ)

Arbeiten Sie mit einer graphischen Oberfläche, wird jedem geöffneten Fenster (Terminal) ein eigener Name zugewiesen. Meist wird es als Pseudo-Terminal mit */dev/pts/n* bezeichnet (*n* steht für die Nummer, 1 für das erste geöffnete Fensters, 2 für das zweite usw.).

UNIX kommt von AT&T *(American Telephon and Telegraph)* und deshalb ist es nicht verwunderlich, daß unter UNIX ein eigenes Kommunikationsnetz besteht. So können Sie statt zu telefonieren Ihrer Kollegin (Ihrem Kollegen) eine Nachricht schicken, die dann auf ihrem (seinem) Bildschirm erscheint. Allerdings muß die Kollegin, der Kollege am System angemeldet sein. Sollten sie an mehreren Terminals arbeiten (dies ist immer der Fall, wenn mit einer grafischen Oberfläche gearbeitet wird) benötigen Sie zusätzlich auch den Namen des Terminals, an dem sie/er arbeitet.

Senden von Nachrichten an angemeldete Benutzer

Mit dem Kommando *write* schicken Sie an Benutzer, die am gleichen System oder im Netzverbund angemeldet sind, eine Nachricht *(message)*.

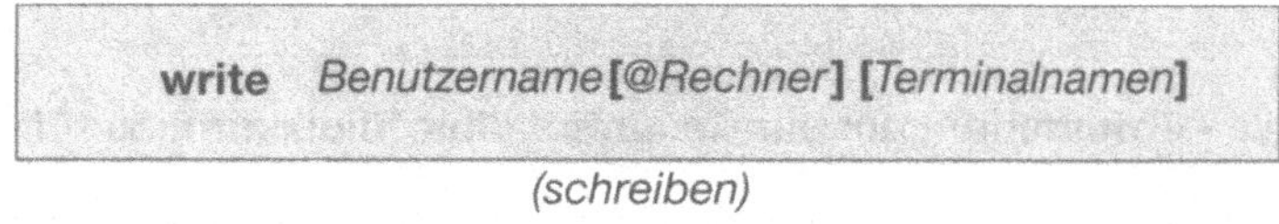

(schreiben)

write – Kommando, um Benutzern, die am System angemeldet sind, eine Nachricht zu senden

So kann Monika Hans fragen:

```
$  write  hans
Treffen wir uns um 10:30 zum
Kaffee in  der Kantine?
<CTRL + d>
   $
```

Um die Nachricht abzuschließen, wird das Zeichen für Dateiende eingegeben

Bild 3-33: Beispiel write (Nachrichten senden)

▷ Achten Sie darauf, daß Sie das Endezeichen in einer neuen Zeile beginnen,
sonst wird der Text der gleichen Zeile nicht übermittelt. Auf dem Bildschirm
von Hans erscheint (oft verbunden mit einem Klingelton):

```
$
Message from monika tty11 [Mon Apr 7 10:07:00]
Treffen wir uns um 10.30 beim
Kaffee in der Kantine?
$
```

Bild 3-34: Beispiel write (Nachrichten empfangen)

Hans kann, sobald er die Nachricht erhält, ebenfalls das Kommando **write** *monika* aufrufen. Damit können abwechselnd Nachrichten ausgetauscht werden.

Ein etwas komfortableres Kommando als write ist das Kommando

```
talk Benutzername [@Rechner] [Terminalnamen]
```

talk – Kommando, um ein Gespräch über Bildschirm zu führen

Hier werden auf dem Bildschirm zwei Bereiche markiert. In einem werden die
Nachrichten des Partners aufgezeichnet, in dem anderen die eigenen Mitteilun-
gen. (In der Praxis hat sich sowohl *write* als auch *talk* wenig bewährt; hier greift
man doch lieber zum Telefon oder schreibt eine e-mail.)

Denn solche Nachrichten über Bildschirm können oft störend sein. Falls Ihnen
doch jemand eine Nachricht schicken will und Sie ungestört arbeiten wollen,

verschließen Sie Ihr Terminal anderen Benutzern gegenüber. Das Kommando
hierzu lautet:

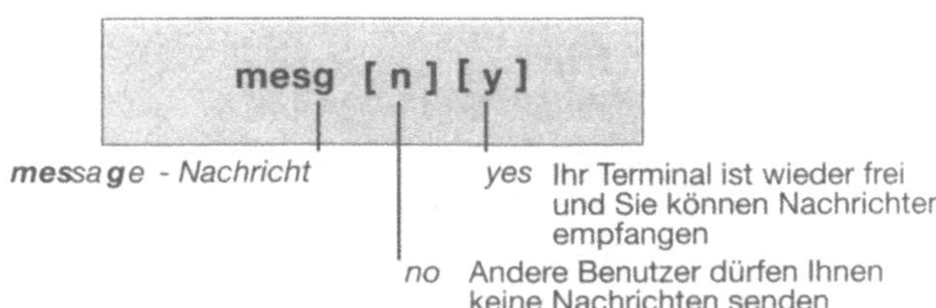

**mesg – Kommando, um den Bildschirm für Nachrichten zu sperren bzw.
wieder zu öffnen**

Dagegen wird das nächste Kommando, um Nachrichten (Post) zu versenden,
sehr häufig genutzt. Nicht nur an Rechnern innerhalb einer Firma, sondern weltweit über sog. **Provider**. Dies sind Firmen, die Dienste im Internet oder anderen
Netzen anbieten. Zu diesen Diensten gehört u. a., die elektronische Post weiter-
zuleiten und für Sie zu empfangen. Provider sind z.B. im Internet EUnet,
NTG/Xlink oder für andere Netze CompuServe, T-Online, America Online u.v.a.
Die verschiedenen Netze sind wiederum miteinander verknüpft. Doch davon
mehr im Kapitel 3.6 (Wissenswertes über Netze).

Die elektronische Mail

Um Benutzern eines Systems *(oder z.B. über Modem weltweit)* eine Nachricht
zu versenden, gibt es das Kommando

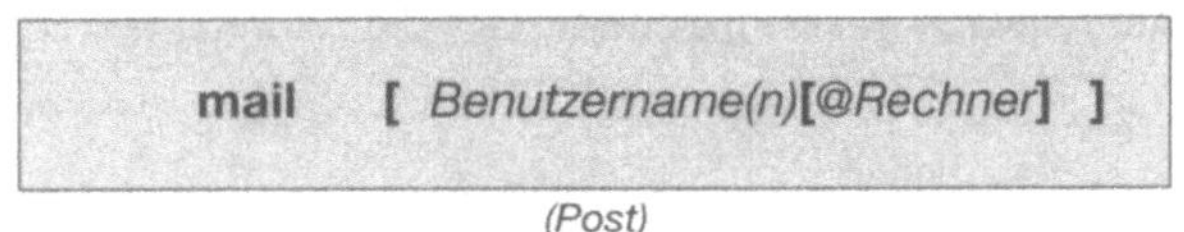

(Post)

mail – Kommando, um Nachrichten *(Post)* elektronisch zu senden

Statt über herkömmliche Art Aktennotizen zu schreiben, die evtl. nicht mehr rechtzeitig mit der Hauspost ausgetragen werden, kann z. B. Monika eine ›elektronische Aktennotiz‹ senden:

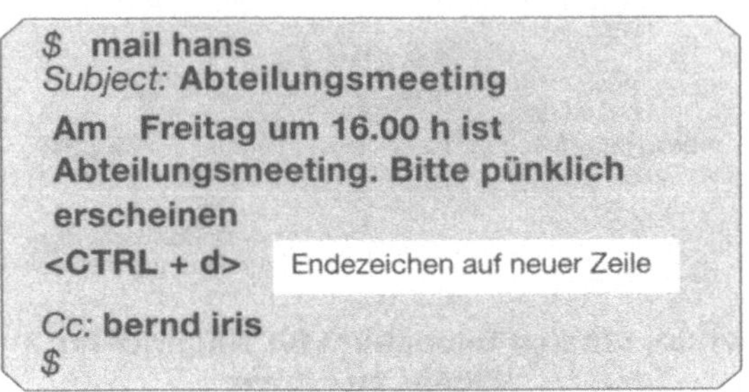

Bild 3-35: Beispiel von mail – versenden

In obigem Beispiel wird die Aktennotiz an den Benutzer *hans* geschickt. Als *Subject* (Betreff) wird kurz angegeben, um was es sich handelt. Dieser Betreff wird später im sog. *Header* (Kopfzeile) angezeigt. Nachdem mit <Ctrl + d> (End of File) die Nachricht beendet wird, erscheint die Anzeige *Cc:* Hier kann noch angegeben werden, wer alles eine Kopie erhalten soll. In diesem Fall *bernd* und *iris*.

Alle Benutzer, die eine Mitteilung mit *mail* geschickt bekamen, erhalten automatisch vom System den Hinweis ›*You have mail*‹, sobald sie sich anmelden[*]. Um die Post zu lesen oder selbst nachsehen, ob im *UNIX-Briefkasten* Post da ist, rufen Sie das Kommando **mail ohne weitere Angaben** auf.

Es erscheint dann eine Liste mit allen Briefen, die eingegangen sind. Neue Nachrichten sind mit *N* (*New*) gekennzeichnet. Um die Nachrichten zu lesen, geben Sie ein:

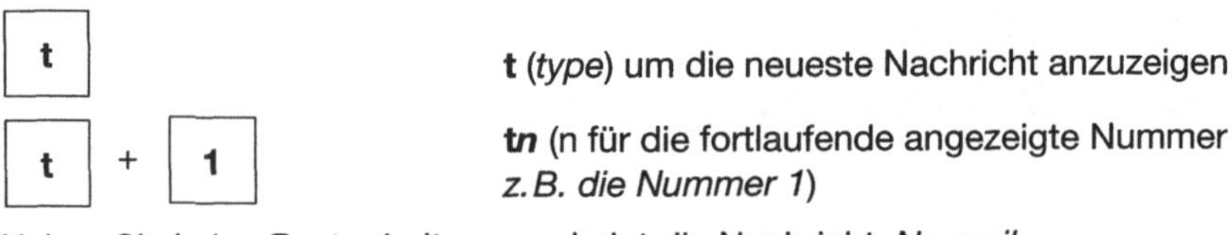

t   **t** (*type*) um die neueste Nachricht anzuzeigen

t + **1**   **tn** (n für die fortlaufende angezeigte Nummer z. B. die Nummer 1)

Haben Sie keine Post erhalten, erscheint die Nachricht ›*No mail*‹ .

Bild 3-36: Beispiel von mail (Briefe empfangen)

Was soll mit der Post geschehen? Diese Frage drückt das Fragezeichen aus, das nach der Anzeige eines Briefes gezeigt wird. ähnlich wie bei more und pg können Sie über bestimmte Tasten weitere Funktionen auslösen.

---

[*] Es kann z. B. in der Datei *.profile* voreingestellt werden, daß Sie immer benachrichtigt werden sollen, sobald neue Post eintrifft (Kommando **biff**)

Die wichtigsten **Funktionstasten von *mail*** sind:

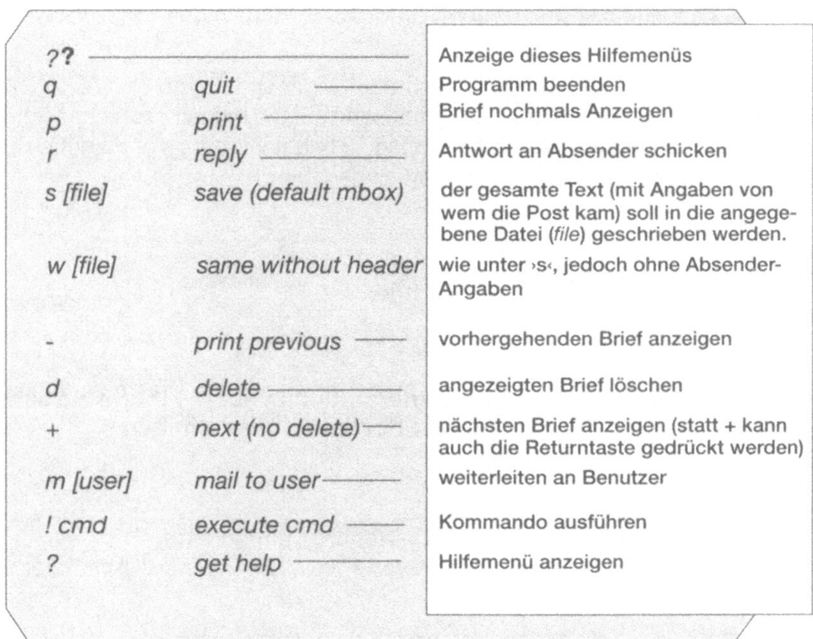

| d | *(delete)* – löschen, ab in den Papierkorb | + | nächster Brief |
| q | Beenden des Programmes | - | nochmalige Anzeige des vorherigen Briefes |

Geben Sie selbst ein **?** ein, dann erhalten Sie ein Hilfsmenü, das Ihnen die möglichen Funktionen anzeigt:

Bild 3-37: Beispiel des Hilfsmenü von mail

Mit ***mail*** können Sie, wie schon erwähnt, mit weltweit entfernten Rechnern Informationen austauschen, wenn Sie an dem UNIX-Rechnernetz EUnet *(European User Network)* oder Internet angeschlossen sind. Wenden Sie sich für weitere Informationen an die EuNet Deutschland GmbH, Emil-Figge-Str. 80, 44227 Dortmund, Telefon 0231/9720-0 oder an die GUUG *(German UNIX User Group, Elsenheimerstr 43, 80687 München, Tel. 089/5 70 76 97, Fax 089/5 70 76 07).*

3.1.10 Ausschalten eines UNIX-Rechners

In diesem Kapitel haben Sie bereits gelernt, wie Sie sich an- und abmelden und welche Voraussetzungen erfüllt sein müssen, um mit einem UNIX-Rechner zu arbeiten. Für den Start des Rechners ist der Systemverwalter zuständig und ebenso für das Herunterfahren und Ausschalten des Systems.

Wurde ein Rechner in den Multi-User-Betrieb hochgefahren, wird ein höflicher Systemverwalter vor dem Ausschalten erst allen Benutzern die Nachricht senden, daß sie sich z.B. alle innerhalb von einer Minute abmelden sollen. Mit einem speziellen Kommando *(z.B. shutdown)*, das er an der Systemkonsole eingibt, werden nach Ablauf dieser Frist alle noch laufenden Prozesse abgebrochen *(gekillt* – so hart sind hier die Bräuche!) und das System in den *Single-User-Modus* zurückgefahren.

Der Systemverwalter gibt dann noch das Kommando **sync** ein. Damit werden alle noch gespeicherten Datei-Informationen auf die Platte(n) zurückgeschrieben – und erst dann kann der Rechner ausgeschaltet werden. Auf manchen Systemen wird hierfür das Kommando **halt** eingegeben.

(synchronisieren) und ausschalten

sync – Kommando, um Datei-Informationen auf die Platte zurückzuschreiben und den Rechner auszuschalten

▷ Wichtig für Sie ist zu wissen:
Schalten Sie niemals den UNIX-Rechner einfach aus!
Es können Inkonsistenzen *(Unbeständigkeit, Ungleichheiten)* im Dateisystem auftreten.

Sollte es doch einmal passieren bzw. einmal notwendig werden (z.B. an einer Workstation, an der Ihr Eingabe-Terminal auch gleichzeitig die Systemkonsole ist und durch einen Programmabsturz nichts mehr geht), dann **informieren Sie den Systemverwalter**, damit er den dann unbedingt notwendigen **Plattencheck** (fsck) durchführt!

3.1.11 Zusammenfassung der ersten Kommandos

Um den Umsteigern von DOS auf UNIX eine kleine Lernhilfe zu geben, ist unter
Kommandoeingabe auf ähnliche Kommandos unter DOS hingewiesen.

Kommandoeingabe	Funktion
passwd [*Benutzername*]	**Ändert das Paßwort** Das Paßwort wird nicht angezeigt und sollte mindestens 6 Zeichen enthalten.
ls [-FlR] Unter DOS: dir, tree	*list* **Zeigt den Inhalt von Directories bzw. Attribute von Dateien** **-F** *Format short* Directories sind mit "/" gekennzeichnet, ausführbare Kommandos/Programme mit ›*‹ **-l** *long format* Anzeige mit Attributen **-R** *Rekursiv* Der Dateibaum mit sämtlichen Unterdirectories wird angezeigt
cd [*Directory*] Beispiele: **cd** **cd ..** Unter DOS: cd	*change directory* **Wechsel in das Home- oder angegebene Directory** Ohne Angabe kehrt man immer ins Home-Directory zurück wechselt in ein Directory nach oben
pwd	*print working directory* **Zeigt das aktuelle Directory mit absolutem Pfadnamen an**
date [+"*Formatangaben*"] *Beispiel:* **date +"%d.%m. %y"** Unter DOS: date/time	**Zeigt das Datum an** + Kennzeichen für eigene Formatierung %y für Jahr YY %m für Monat MM %d für Tag TT %H - hour 00 - 23 %M - minute 00 - 59 %S - second 00 - 59 %T - time HH:MM:SS %w - day of week - (Sunday=0) %h - abgek. Monat - z.B. Jan - Dec

Kommandoeingabe	Funktion
man [*Kapitel-Nr*] *Kommando* Unter DOS: **befehl /?**	*manual* **Gibt eine Beschreibung des angegebenen Kommandos in Verbindung mit more aus**
whatis *Kommando*	*was ist das Kommando* **Gibt eine Kurzinformation des angegebenen Kommandos aus**
cat *Dateiname(n)* Unter DOS: **type**	*concatenate - zusammenfügen* **Zeigt den Inhalt von Dateien**
more *datei(en)* **h** **/Muster** **?Muster** **Leertaste** **q** Unter DOS: **more**	*mehr* **Zeigt den Inhalt von Dateien seitenweise an** **h** *help* zeigt die möglichen Kommandos, u.a.: sucht vorwärts nach Muster sucht rückwärts nach Muster zeigt die nächste Seite an *quit* beendet more
pg *Dateiname* Unter DOS: **more**	*page* **Zeigt den Inhalt von Dateien** oder einer Ausgabe seitenweise an Etwas komfortabler als more; z.B. Angabe der Zeilennummer 1 um zur 1. Zeile zurückzugehen. Returntaste - nächste Seite
who **who am i**	*Wer arbeitet am System?* **Zeigt die angemeldeten Benutzer und Terminals** Es wird der Benutzernamen, die Terminalbezeichnung und die Anmeldezeit angezeigt
finger [*Benutzer*]	**Zeigt Benutzerinformation an** mit Namen@Rechner, Terminal und Anmeldezeit
tty	*terminal type* **Zeigt den aktuellen Terminalnamen**

Kommandoeingabe	Funktion
write *Benutzername@Rechner*	*schreiben* **Einem anderen Benutzer Mitteilungen auf den Bildschirm schicken**
talk *Benutzername*	*sprechen* **Mit einem anderen Benutzer Mitteilungen über Bildschirm austauschen, Verbindung eröffnen bzw. sich dazuschalten**
mesg [y] [n]	*messages* **Verhindert oder erlaubt Mitteilungen von anderen Benutzern mit write** (Schreibrecht für Terminal) *n* keine Schreiberlaubnis (*no*) *y* wieder freigeben (*yes*) Ohne Angabe wird der jeweilige Berechtigungszustand angezeigt *(is y,n)*
mail *[benutzer[@rechner]]* **benutzer...]** *Subject:* Beenden mit **CTRL+d** *Cc:* **mail** **Befehle innerhalb von mail:** **?** **t** [*n*] **d** **h** **r** **m** *benutzer* **s** *dateiname* **w** *dateiname*	*Post versenden* **Verschickt an einen oder mehrere Benutzer Post (mail)** *(elektronische Post – e-mail)* Betreff eintragen, der in den Headerzeilen erscheint Eingabe der Nachricht über Tastatur - *copy* - an: z.B. den eigenen Namen als Sicherungskopie Ohne Angabe wird die eingegangene Post angezeigt oder "no mail" **Auswahl:** **?** zeigt die möglichen Befehle von mail *t*ype zeigt die aktuelle/*n-te* Nachricht *d*elete löscht die aktuelle Nachricht *h*eader zeigt eine Liste aller eingegangener Mail *r*eply erstellt eine Antwort an den Absender *m*ail leitet die Nachricht an den angegebenen Benutzer weiter *s*ave sichert die Nachricht mit Kopfzeilen in die angegebene Datei *w*rite schreibt die Nachricht ohne Kopfzeilen in die angegebene Datei

Kommandoeingabe	Funktion
Kommandos nur für Systemverwalter:	
boot	**Hochfahren des Rechners**
shutdown	**Herunterfahren des Rechners** An der Systemkonsole und als Benutzer root einzugeben
sync	**synchronisieren**
halt	**anhalten - ausschalten**

3.2 Es ›shellt‹

In diesem Kapitel lernen Sie, daß Sie zwar unter UNIX arbeiten, aber Ihr direkter ›Ansprechpartner‹ nicht UNIX, sondern die Shell ist. Sie ist das Programm, das Ihre Kommandos entgegennimmt, vorverarbeitet und danach weiterleitet. Zusätzlich bietet die Shell Ihnen eine Reihe von Hilfen an. Vertrauen Sie Ihre Wünsche der Shell an!

Die einzelnen Themen:

3.2.1   Aufruf von Kommandos und die Aufgaben der Shell

3.2.2   Ein- und Ausgabe der Shell

3.2.3   Verkettung von Kommandos

3.2.4   Der Pipe-Mechanismus unter der Shell

3.2.5   Metazeichen zur Expansion von Dateinamen

3.2.6   Ersetzungsmechanismus der Shell

3.2.7   Vordergrund- und Hintergrundprozesse

3.2.8   Zusammenfassung der in diesem Kapitel verwendeten Kommandos

3.2.9   Übersicht der bisher kennengelernten Sonderzeichen

Es ›shellt‹ – eine Einführung in die Shell

›Shell‹ hat nichts mit schellen oder klingeln zu tun, sondern Shell kommt aus dem Englischen und bedeutet Muschel oder Schale. Sie legt sich wie eine Schale um den Betriebssystemkern und ermöglicht dem Benutzer, im Dialog seine Anweisungen an UNIX zu geben.

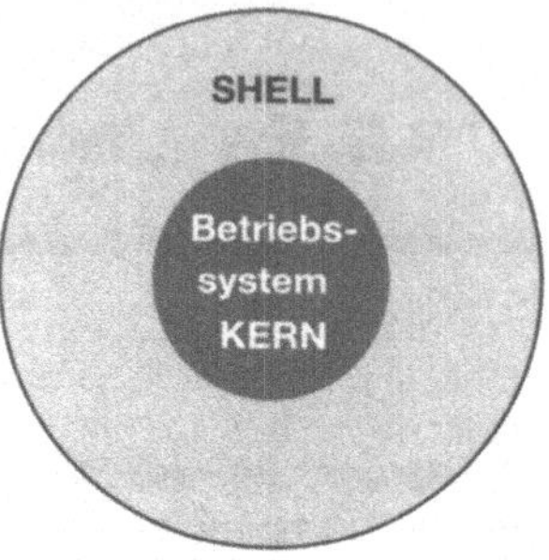

Welche Aufgaben erfüllt die Shell?

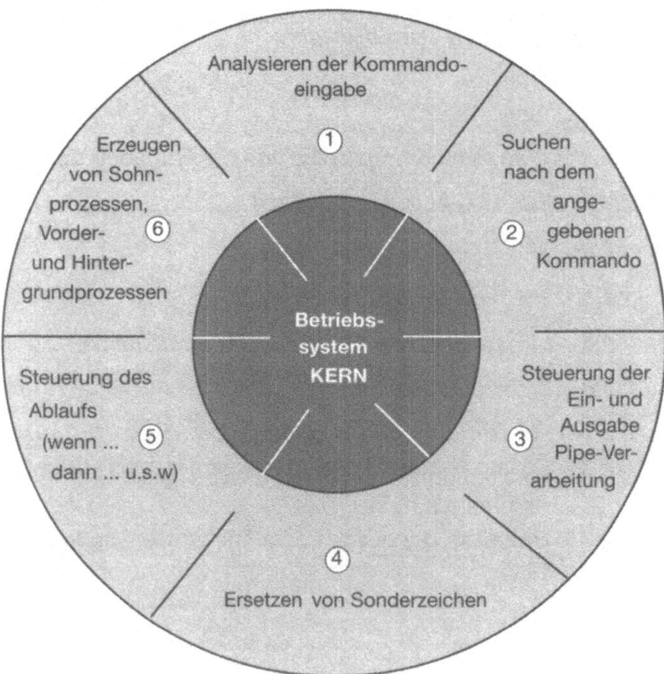

Bild 3-38: Shell als Schale des Betriebssystemkerns

3.2.1 Aufruf von Kommandos und die Aufgaben der Shell

Als Sie Ihre ersten Kommandos aufgerufen haben, waren Sie sicher erfreut, daß sie so prompt ausgeführt wurden. Wo wird man denn heute noch so schnell bedient? Das Team, bestehend aus der Shell und UNIX, haben dafür gesorgt. Welche Vermittlerrolle zu UNIX hat hierbei die Shell gespielt? Verfolgen wir einen Kommandoaufruf.

①   Was wurde eingegeben?
      Die Shell analysiert Ihre Eingabe wie folgt:

Was soll getan werden?   *Wie?*   *Was soll bearbeitet werden?*
     ls   **-l**   **../hans**

1.Wort = Kommando	Option	Parameter

Die Shell nimmt das 1. Wort der eingegebenen Zeile als Kommando und sucht das dazugehörige Programm. Diesem übergibt es den Rest der Zeile als Anweisung. Im obigen Beispiel wird *ls* gesucht und das gefundene *ls*-Programm mit den Parametern *-l ../hans* aufgerufen. An dem vorangestellten – bei *-l* erkennt das *ls*-Programm, daß der erste Parameter eine Option ist. Alle nicht mit – beginnenden Parameter werden von *ls* als Dateiname oder Directory betrachtet.

Zwischen dem Kommando, der Option und dem Parameter müssen als **Trennung mindestens 1 Leerzeichen oder Tabulatorzeichen** stehen.

②   Wo findet nun die Shell das *ls*-Programm? Gibt es das Kommando überhaupt? Die Shell sucht in bestimmten Directories nach ›ausführbaren‹ Dateien mit dem angegebenen Namen. Für jeden Benutzer ist ein PATH *(ein Suchpfad)* eingerichtet, der die Namen der Directories enthält, die dabei durchsucht werden sollen.

Die zumeist unter PATH vorgegebenen Directories sind:

/bin   /usr/bin   /usr/ucb   /usr/local

Unter diesen Directories sind die Kommandos für den ›normalen‹ Benutzer abgelegt. Dieser Suchpfad kann für jeden Benutzer abgeändert werden. Sie hören mehr darüber im Abschnitt 3.7.3 (Vordefinierte Shell-Variable).

③   Das UNIX-System ist als Dialogsystem konzipiert, d.h., jeder Benutzer kann direkt von seinem Arbeitsplatz (dem Terminal) Kommandos aufrufen, und das Ergebnis wird in der Regel auf seinem Bildschirm angezeigt.

Die Standardein- und -ausgabe ist das Benutzerterminal

Durch einfache Steuerzeichen in der Shell kann die Ein- und Ausgabe umgeleitet werden. So bedeutet das Größer-Zeichen > ›Umleitung nach‹, das Kleiner-Zeichen < ›Umleitung von‹. Soll die Liste der Dateien von */usr/kurs/hans* nicht am Bildschirm angezeigt werden, sondern in eine Datei auf der Platte mit dem Namen *inhalt* geschrieben werden, heißt der Aufruf: **ls -l ../hans > inhalt**

④ Die Shell erleichtert Ihnen die Zusammenarbeit mit dem Rechner. So gibt es eine Reihe von Sonderzeichen, die u.a. verwendet werden, um lange Datei- und Pfadnamen abzukürzen. Sie können der Shell z.B. sagen: ›Ich meine alle Dateien, deren Namen mit a oder b oder c anfangen.‹ Das * steht z.B. für eine beliebige Zeichenfolge. Gibt es unter */usr/kurs/monika* kein anderes Directory beginnend mit ›b‹ kann der Aufruf

statt **ls -l befehle** auch mit **ls -l b*** erfolgen

⑤ Im Kapitel 3.7/3.8 und werden Sie weitere Funktionen der Shell kennenlernen. Als eine der wesentlichen Aufgaben sei hier nur erwähnt, daß sie ähnliche Funktionen wie eine höhere Programmiersprache aufweist. Sie können die Ausführung eines oder mehrerer Kommandos davon abhängig machen, ob vorab bestimmte Bedingungen erfüllt wurden. Z.B. könnten Sie vorab prüfen *(test),* ob überhaupt ein Directory */urs/kurs/hans* vorhanden ist; wenn ja, soll das Inhaltsverzeichnis, das Sie mit *ls* bekommen, in eine Datei mit dem Namen *inhalt* geschrieben werden.

⑥ Das aufgerufene Kommando wird als eigenes Programm gestartet. Hierbei gibt die Shell alles Wissenswerte *(u.a. unter welchem Namen hat sich der Benutzer angemeldet? Wo ist sein Home-Directory?)* an das nächste Programm weiter. Die Programme/Prozesse[*] sind hierarchisch geordnet. Man spricht hierbei von Vater/Sohnprozessen (oder – um nicht die Mütter und Töchter zu vernachlässigen – von *Eltern/Kindprozessen).*

Sobald die Shell Ihre Aufgaben ordnungsgemäß erfüllt hat, meldet sie sofort wieder an Ihrem Bildschirm, daß sie bereit ist, weitere Aufträge entgegenzunehmen. Auf dem Bildschirm erscheint dann ein **Bereitzeichen** (auch *Prompt* genannt), abhängig vom Programm und Benutzer:

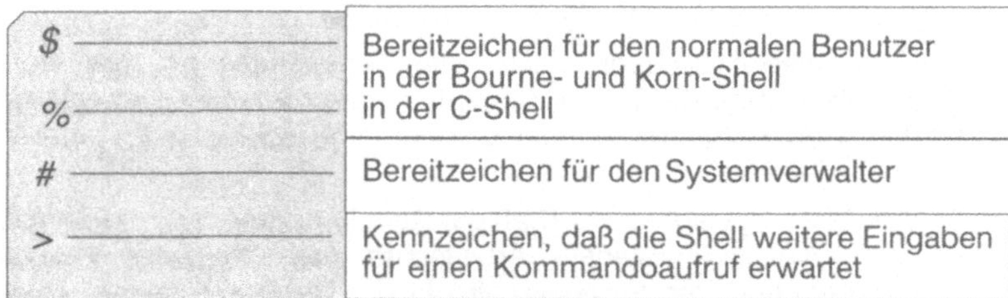

Bild 3-39: Bereitzeichen der Shell

Später lernen Sie, daß Sie diese Bereitzeichen ändern können.

Die Shell ist ein Vermittler zwischen dem Betriebssystem und dem Benutzer, ein Programm, das für jeden Benutzer beim Anmelden gestartet wird. Es gibt zwi-

---

    *   ein gestartetes Programm wird als Prozeß bezeichnet

schenzeitlich eine Reihe von Shell-Programmen, die hierfür genutzt werden können. Die ursprüngliche Shell, die auf allen UNIX-Rechnern verfügbar ist und in der auch meist die systemspezifischen Abläufe angepaßt sind, ist die sog. Bourne-Shell (abgeleitet von Bourne, der UNIX mit entwickelt hat, hier u.a. die Shell). Hier kurz ein Überblick der drei am meisten eingesetzten Shell-Programme:

Name der Shell	Aufruf Prompt	Kurze Beschreibung	Charakteristisch
Bourne-Shell	/bin/sh $	ursprüngliche Shell auf allen Rechnern verfügbar Grundlage für systemspezifische Abläufe	nicht sehr benutzerfreundlich
Korn-Shell	/bin/ksh $	kompatibel zur Bourne-Shell mit wesentlichen Ergänzungen u.a. Historie-Mechanismus, Alias, Befehlszeileneditor	komfortabel und mächtig wird mehr und mehr eingesetzt
C-Shell	/bin/csh %	Ähnlichkeit zur Programmiersprache C – ebenso Historie-Mechanismus, Alias, Befehlszeileneditor – aber **nicht kompatibel zur Bourne-Shell**	wird gerne von Entwicklern genutzt

Im Kapitel 3.8 werden die wesentlichen Ergänzungen der Korn-Shell zur Bourne-Shell behandelt und die Unterschiede zur C-Shell. Zu Beginn lernen Sie, mit der Bourne-Shell umzugehen.

3.2.2 Ein- und Ausgabe der Shell

Ein typisches Programm liest Daten *(z.B. die Gehälter der Mitarbeiter einer Firma)*, bearbeitet sie *(z.B. addiert die einzelnen Gehälter auf)* und gibt das Endergebnis *(hier die Summe aller Gehälter)* aus. Bei den meisten UNIX-Programmen liest das Programm von ›*der Standardeingabe*‹ und schreibt das Ergebnis auf ›*die Standardausgabe*‹.

Die Standardein- und Standardausgabe sind das Terminal des jeweiligen Benutzers. Fehlermeldungen, die die Ausführung des Kommandos betreffen, werden ebenfalls am Bildschirm angezeigt. Zu diesen Fehlermeldungen gehören z.B. Hinweise, daß eine Datei nicht vorhanden ist. Wenn Sie versehentlich ›*sl*‹ statt *ls* aufrufen, werden Sie die Fehlermeldung erhalten ›*sl not found*‹ *(sl nicht gefunden)*. Die Ein- und Ausgabe ist numeriert (0, 1, 2). Man nennt diese numerische Zuordnung auch Dateideskriptor. Später, bei der Umleitung der Fehlerausgabe auf Seite 92 werden wir nocheinmal darauf zurückkommen.

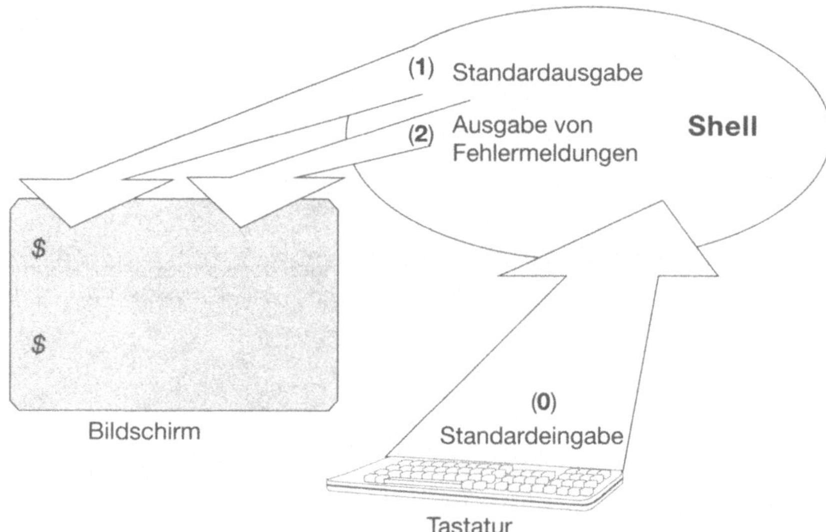

Bild 3-40: Standardein- und Standardausgabe der Shell

Wie und wann leiten Sie die Standardausgabe um?

Bei den Kommandos, die Sie bisher kennengelernt haben, hatte es ausgereicht, die erhaltene Information am Bildschirm zu lesen. Viele Ergebnisse wollen Sie vielleicht aufbewahren und zu einem späteren Zeitpunkt wieder verwenden; sei es, daß Sie die Daten noch verändern wollen, z.B. mit Überschriften versehen und ausdrucken, oder sammeln und die Werte später für Statistiken oder andere Zwecke verwenden.

Unter der Shell wird diese Umleitung in eine Datei dadurch erreicht, daß nach dem Kommando das Umleitungszeichen ›>‹ eingegeben wird. Zwischen den einzelnen Angaben muß jeweils ein Leerzeichen oder Tabulatorzeichen stehen.

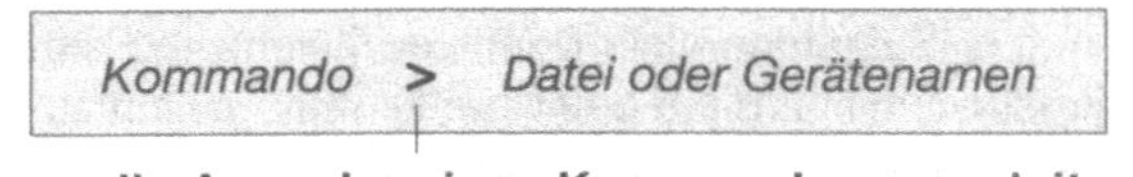

>, um die Ausgabe eines Kommandos umzuleiten

Nachfolgende Grafik soll Ihnen verdeutlichen, daß bei der Eingabe von

ls > inhalt

die Ausgabe *(das Inhaltsverzeichnis des aktuellen Directories)* nicht auf den Bildschirm, sondern in eine Datei auf der Platte geschrieben wird. Die Datei wird, da kein zusätzlicher Pfadname angegeben ist, in dem aktuellen Directory angelegt.

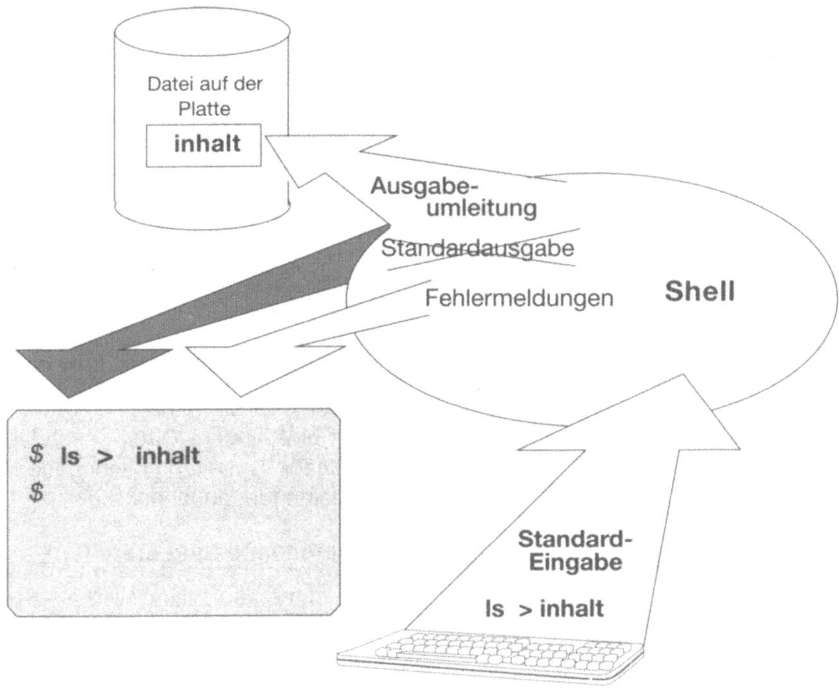

Bild 3-41: Umleitung der Standardausgabe

Ähnlich wie das Terminal hat auch der Drucker einen Namen, z. B. *lp (für lineprinter – Zeilendrucker)*. Wie Sie schon gehört haben, sind alle Geräte unter dem Directory /dev abgelegt. Sie könnten z. B. die Liste Ihrer Dateien ausdrucken mit *ls > /dev/lp*.

Da bei Mehrbenutzer-Systemen viele Benutzer gleichzeitig drucken wollen, ist allerdings die direkte Umleitung auf den Drucker (mit >) nicht zu empfehlen. Unter UNIX werden die Programme abwechselnd von jedem Benutzer durch den Rechner bearbeitet, damit niemand zu lange warten muß. Die Druckausgabe ergibt dann ein ganz schönes Kauderwelsch, ähnlich der Telegrammaufnahme des schweizer Kabarettisten Emil. Deshalb wird in der Regel hier ein sog. ›Spooler‹ eingesetzt, ein Programm, das die Druckaufträge sammelt und sie der Reihe nach ausgibt.

Erinnern Sie sich noch an das Kommando *cat (concatenate – zusammenhängen oder verketten)*? Die Grundfunktion des Kommandos ist es, einen Dateiinhalt anzuzeigen. Prüfen Sie mit *cat*, ob in der Datei *inhalt* tatsächlich die Liste Ihres aktuellen Directories enthalten ist! Bei Monika ergibt sich folgende Ausgabe:

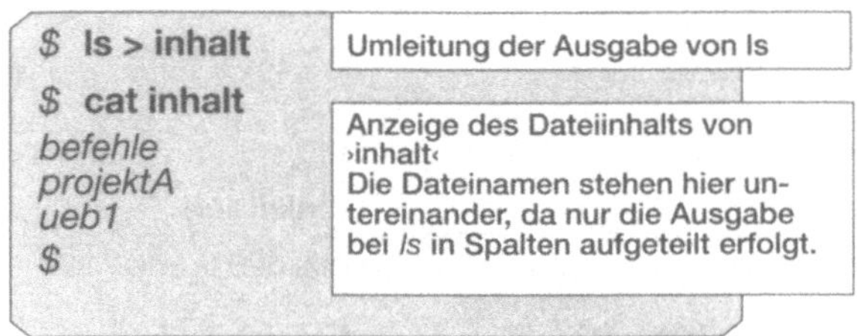

Bild 3-42: Umleitung der Standardausgabe

Mit *cat* können Sie auch die Ausgabe umleiten, d.h., der Inhalt der Datei soll nicht am Terminal angezeigt, sondern z. B. in eine andere Datei geschrieben werden. Mit dem Kommando *cat* und einer Ausgabe-Umleitung können Sie also Dateien kopieren, neu erstellen und Dateien aneinander anhängen!

Wie können Sie Dateien mit Hilfe der Ausgabeumleitung erstellen?

Sie rufen das Kommando *cat* dazu ohne Dateinamen auf, dann wird als **Standardeingabe das Terminal** angenommen. Gleichzeitig geben Sie an, daß die Ausgabe auf eine Datei umgeleitet werden soll:

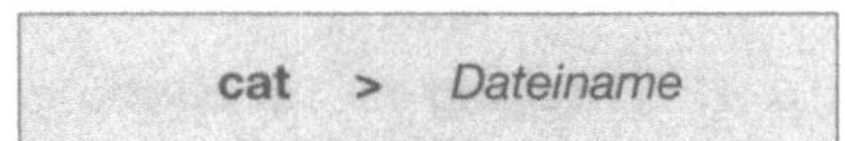

cat > – Kommando, um schnell eine Datei zu erstellen

Ein Beispiel hierzu:

```
$ cat  >  neu

Alle Zeilen, die Sie eintippen
werden in die Datei neu geschrieben.
So auch dieser Text.
Um den Text abzuschliessen, geben
Sie das Zeichen für Dateiende ein.
Wie bei dem Kommando mail muss das
Zeichen für Dateiende in einer eigenen
Zeile stehen
Ende der Eingabe <CTRL + d>
$
```

Bild 3-43: Beispiel Erstellen einer Datei

Im ersten Beispiel der Umleitung (Bild 3-41 auf Seite 87) wurde das Ergebnis von *ls* (Liste des aktuellen Directories) in die Datei *inhalt* geschrieben. Genauso kann jedes andere Kommando umgeleitet werden, so z.B. die Ausgabe von **date** in die Datei Datum:

date > Datum

Die Umleitung ist sehr einfach, sie kann allerdings unangenehme Auswirkungen haben, wenn Sie einen Dateinamen angeben, der bereits vorhanden ist. Wenn Sie das Kommando ›**date > neu**‹ aufrufen, würde der im Bild 3-43 eingegebene Text, der bereits in der Datei *neu* steht, überschrieben werden, ohne daß das System Sie warnt.

 **Deshalb Vorsicht bei Umleitungen:**
Bereits vorhandene Dateien werden überschrieben!
Und bei dieser Gelegenheit gleich eine generelle Warnung: dies ist typisch für UNIX! UNIX *(bzw. die Shell)* fragt nicht lang, ob Sie wirklich Dateien löschen oder überschreiben wollen; es führt aus, was Sie ihm auftragen zu tun. UNIX betrachtet Sie als ›mündigen Anwender‹ – und nimmt an, daß Sie schon wissen, was Sie tun.

Doch wie heißt der Titel dieses Lehrbuches? **Keine Angst vor UNIX**. Sie werden lernen, sich eigene Hilfen zu schaffen. Wollen Sie ›auf Nummer sicher gehen‹ und bei evtl. bereits bestehenden Dateien neue Informationen anhängen, so gibt es hierfür ein eigenes Umleitungszeichen.

Bei der Korn- und der C-Shell kann durch eine Option verhindert werden, daß Dateien bei der Ausgabeumleitung überschrieben werden (mehr darüber im Kapitel 3.8.7, Zusätzliche Optionen).

Wie können Sie eine Datei ergänzen?

Um das Ergebnis eines Kommandos an eine bestehende Datei anzuhängen, werden **zwei Größer-Zeichen als Umleitung** verwendet:

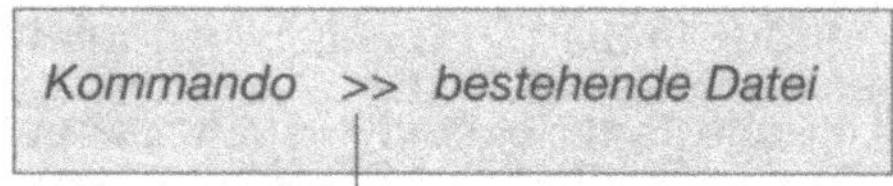

>>, um die Ausgabe eines Kommandos an eine Datei anzuhängen

An die mit *ls > inhalt* erstellte Datei kann z. B. mit dem Kommando *date* das Datum angehängt werden:

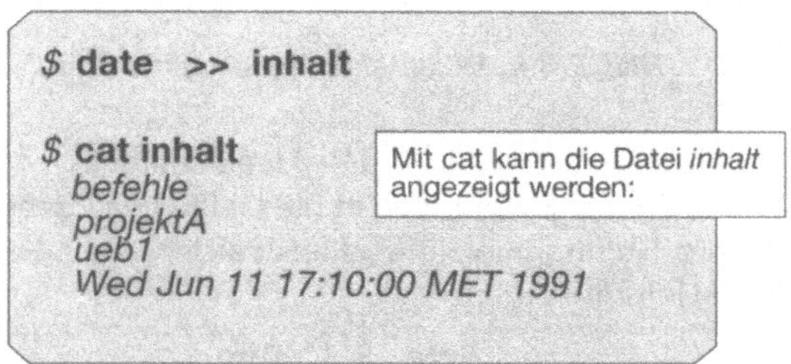

Bild 3-44: Beispiel Umleitung der Standardausgabe (Ergänzung)

Und nun wird Ihnen auch die Bedeutung von **cat** *(concatenate – zusammenhängen)* klar werden:

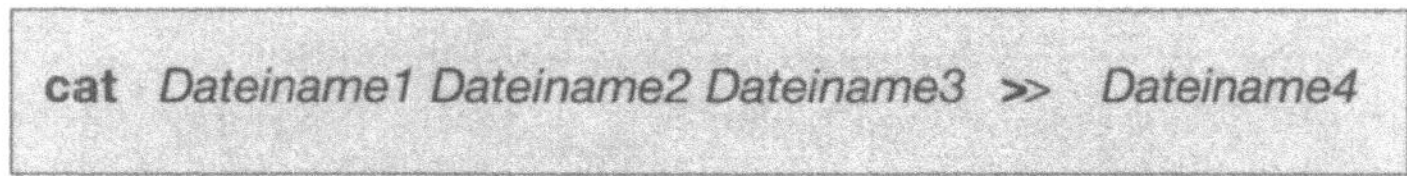

cat – Kommando, um Dateien aneinanderzuhängen

Die Dateien *Dateiname1, Dateiname2, Dateiname3* werden an das Ende der Datei *Dateiname4* gehängt. Achten Sie darauf, daß jeweils die zuerst genannten Dateinamen an das Ende der zuletzt genannten Datei angehängt werden. In unserem Beispiel können wir an die vorhin erstellte Datei *neu* die zwischenzeitlich erweiterte Datei *inhalt* anhängen:

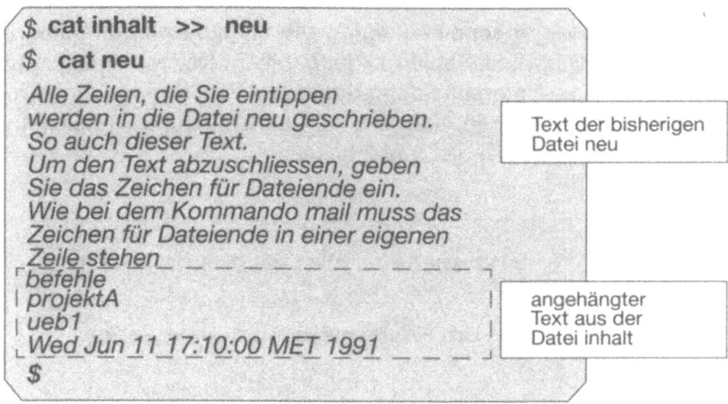

Bild 3-45: Beispiel Zusammenhängen von Dateien mit cat

Wie ist es Ihnen bisher ergangen? Haben Sie schon einige gute Seiten an UNIX kennengelernt? – In der allgemeinen Einführung wurden die besonderen Merkmale von UNIX aufgeführt. Eine weitere gute Eigenschaft von UNIX sei hier noch ergänzt: UNIX ist sehr umweltfreundlich. – Es gibt einen eigenen Mülleimer. Sie finden ihn unter dem Directory */dev (devices – Geräte).* In diesen Mülleimer können Sie hineinwerfen, so viel Sie wollen, er wird immer wieder leer sein! Er hat den passenden Namen ›*null*‹ *(wertlos, leer).*

Wie werfen Sie die Ausgabe weg?

Wird das Umleitungszeichen (>) für die Ausgabe zusammen mit **/dev/null** verwendet, so wird das Kommando zwar ausgeführt, das Ergebnis jedoch nicht angezeigt, sondern ›verschluckt‹. Die Datei */dev/null* ist ein Pseudo-Gerät, das etwa die Funktion eines Mülleimers besitzt (sogar sehr umweltfreundlich - der Inhalt löst sich in ›Nichts‹ auf).

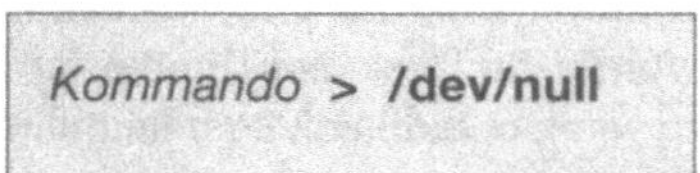

> /dev/null/, um die Ausgabe eines Kommandos ›wegzuwerfen‹

Diese Anweisung wird gerne verwendet, um Programme zu testen, d.h. Fehlermeldungen auf den Bildschirm zu bekommen, während die eigentliche Ausgabe gleich in den ›Mülleimer‹ wandert.

Wie können Sie die Fehlermeldungen umleiten?

Zu Beginn dieses Abschnittes wurde die Eingabe mit (0) gekennzeichnet, die Ausgabe mit (1) und die Fehlermeldung mit (2). Bei der Umleitung von Ein- und Ausgabe wird die Unterscheidung durch das Größer- › > ‹ und Kleiner-Zeichen ›< ‹ ausgedrückt. Soll die Ausgabe der Fehlermeldung umgeleitet werden, wird vor das Größer-Zeichen die Zahl 2 gesetzt:

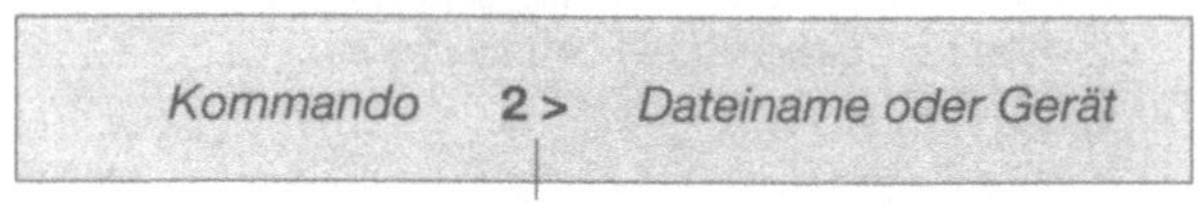

2>, um Fehlermeldungen umzuleiten

Sehen wir uns hierzu ein Beispiel an:

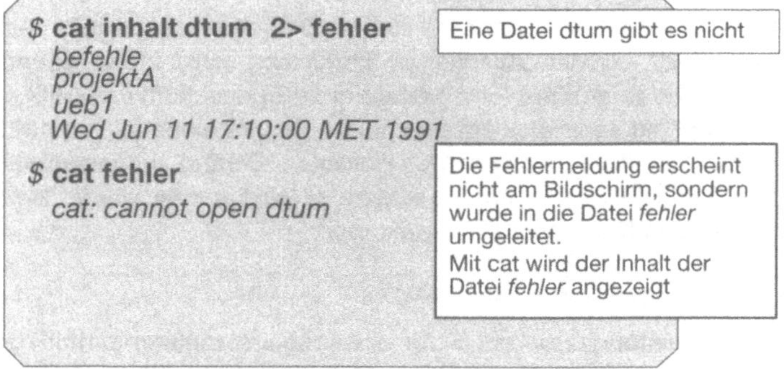

Bild 3-46: Beispiel Fehlerumleitung

Wann kann Ihnen die Umleitung der Eingabe von Nutzen sein?

Bei Ihren ersten Kommandos haben Sie u.a. die Kommandos ›write‹ und ›mail‹ kennengelernt. Hierbei wurde der Text des Briefes am Bildschirm eingegeben. Sie werden aus Erfahrung wissen, daß sich sehr leicht Fehler einschleichen. Eine Aktennotiz oder ein Brief muß oft noch ergänzt oder verändert werden. Hier wäre es z.B. von Vorteil, Sie könnten den Text erst in einer Datei ablegen, dann ausdrucken, korrigieren, und erst danach per UNIX-mail an andere Abteilungen versenden.

Die Umleitung der Eingabe benötigen Sie also immer dann, wenn Text oder andere Informationen bereits in einer Datei gespeichert sind und nicht erst über das Terminal eingegeben werden müssen.

Wie leiten Sie die Standardeingabe um?

Geben Sie bei einem Kommando das Kleiner-Zeichen und dann den Namen einer Datei an, erwartet UNIX keine Eingabe am Terminal, sondern holt sich die Information aus der nach dem Kleiner-Zeichen angegebenen Datei. Diese Umleitung können Sie sich gut merken, wenn Sie sich das Kleiner-Zeichen als Pfeil vorstellen, der von der Datei auf das Kommando zeigt.

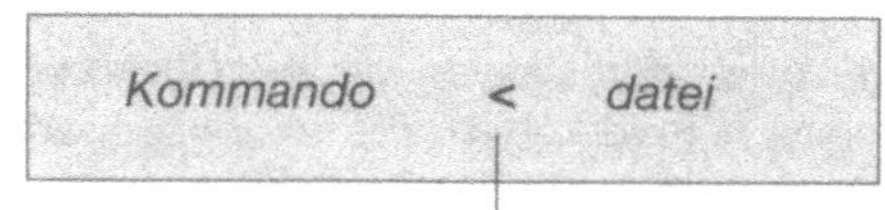

<, um die Standardeingabe umzuleiten

Wie können Sie die Umleitung der Standardeingabe nützen? Wenn Sie z.B. einen Brief an den Benutzer *gisela* über die ›elektronische mail‹ versenden wollen, und Sie haben den Text dazu bereits in einer Datei mit dem Namen *text1* abgelegt, dann können Sie folgendes Kommando verwenden:

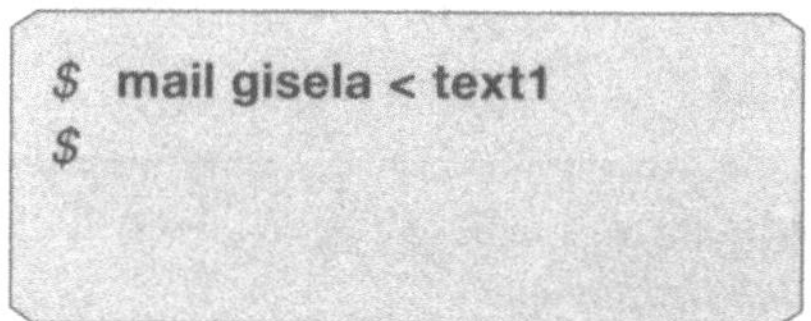

Bild 3-47: Beispiel Umleitung der Eingabe

In dem obigen Beispiel wird die Datei *text1* als Nachricht an *gisela* geschickt. Der Brief wird in diesem Fall nicht am Terminal eingegeben, sondern es wird stattdessen auf die Datei *text1* zurückgegriffen.

Was passiert wohl, wenn Sie als Eingabe /dev/null nehmen?
Sie erinnern sich, */dev/null* ist der Mülleimer unter UNIX. Hiermit erhalten Sie ein **EOF** *(End of File* – also das gleiche Zeichen, wie Sie es mit der Eingabe der Tasten für Dateiende, z.B. *<CTRL + d>,* erhalten).

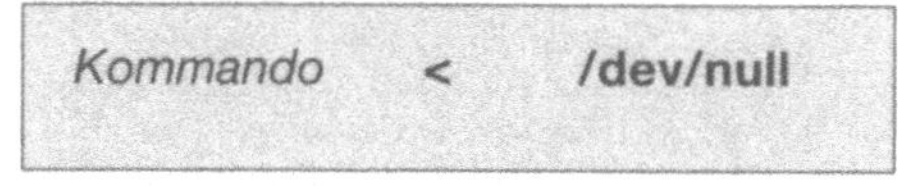

< /dev/null, um ›EOF‹ *(end of file – Zeichen für Dateiende)* **zu erhalten**

Diese Umleitung ist dann sinnvoll, wenn Sie z.B. bei einem Programm testen wollen, ob es richtig geladen wird und ordnungsgemäß endet. Die Dateneingabe wird sofort durch das Endezeichen abgeschlossen.

3.2.3 Verkettung von Kommandos

Bisher haben Sie gelernt, daß Sie der Shell nur dann ein Kommando *(Programm-aufruf)* erteilen können, wenn sie bereit ist, d.h. das Bereitzeichen *($)* am Termi-nal erscheint. Viele Terminals besitzen einen internen Puffer, und Sie können be-reits Kommandos eingeben, während ein vorher gestartetes Programm noch ar-beitet. Sobald die Shell bereit ist, liest sie das vom internen Puffer des Terminals aufgenommene Kommando.

Unabhängig von der Terminalart können Sie auch mehrere Kommandos in einer Zeile durch ein Semikolon ›;‹ verketten. Die so angegebenen Kommandos wer-den nacheinander abgearbeitet; die Shell meldet sich erst dann wieder, wenn sie das letzte Kommando abgearbeitet hat.

; , um Kommandos zu verketten

Ein Beispiel hierzu:

```
$ pwd; date; who; ls
/usr/kurs/monika
Wed Jun 11 17:10:00 MET 1991
monika       tty11   Jun 11  08:10
gisela       tty12   Jun 11  09:00
hans         tty13   Jun 11  07:50
Datum    befehle   inhalt   neu   projektA   ueb1
$
```

Bild 3-48: Beispiel einer Verkettung

3.2.4 Der Pipe-Mechanismus unter der Shell

Was ist eine Pipe? Auch wenn die Köpfe manchmal unter UNIX rauchen, die *Pipe* hat nichts mit einer Tabakpfeife zu tun. Die *Pipe* ist hier eher als *pipeline (Rohrleitungssystem)* zu verstehen. Sukzessive wird etwas weitergeleitet, wie an einem Fließband. Sie können Kommandos mit einem **Pipe-Zeichen** (I) verbinden, wobei jeweils die Ausgabe des vorherigen Kommandos als Eingabe für das nächste Kommando dient.

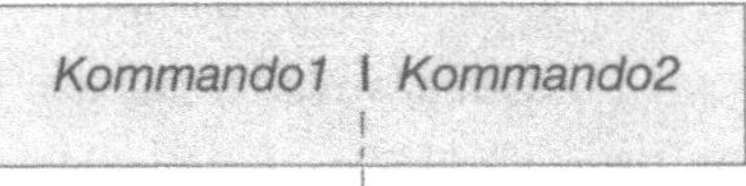

I, um Kommandos über eine Pipe miteinander zu verbinden.
Die Ausgabe des Kommandos1 ist die Eingabe von Kommando2

Bisher konnten wir mit der **Umleitung der Ausgabe** ein Ergebnis eines Kommandos z.B. in eine Datei schreiben. Diese neuerstellte Datei kann dann wiederum als **Eingabe** für ein weiteres Kommando **umgeleitet** werden. Mit einer **Pipe** kann diese etwas umständliche Art mit **einem** Kommandoaufruf erfolgen.

Um den *Pipe*-Mechanismus zu verdeutlichen, wollen wir eine kleine Aufgabe lösen: Es soll das Inhaltsverzeichnis von dem Directory */bin* seitenweise am Bildschirm angezeigt werden. Das Ergebnis können wir erhalten, wenn wir die Ausgabe von **ls** umleiten in eine Datei und diese Datei mit **pg** aufrufen. Das gleiche Ergebnis erhalten wir über eine einzige Kommandozeile mit Hilfe des *Pipe*-Mechanismus:

<table>
<tr><td>Verarbeitung über Umleitung der Ausgabe</td><td>Verarbeitung mit dem Pipe-Mechanismus</td></tr>
<tr><td>ls /bin > hilfsdat
pg hilfsdat</td><td>ls /bin I pg</td></tr>
</table>

Bild 3-49: Beispiel Pipe-Mechanismus

Um die *Pipe an* weiteren Beispielen zu zeigen, verwenden wir das Kommando **wc**. Mit diesem Kommando können Sie zählen, wie viele Zeilen, Wörter und Zeichen in einer Datei enthalten sind.

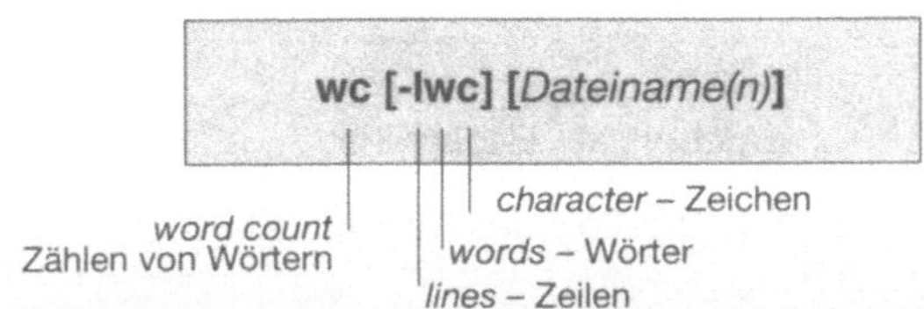

wc – Kommando, um Zeilen, Wörter und Zeichen zu zählen

Geben Sie bei dem Kommando **wc** *(word count)* keine Optionen *(-l oder -w oder -c)* an, so werden als Ergebnis drei Zahlenwerte ausgegeben: die Anzahl der Zeilen, die Anzahl der Wörter und die Anzahl der Zeichen.

Wenn Sie z.B. wissen wollen, wieviele Dateien (bzw. Kommandos) unter dem Directory */bin* enthalten sind, so können Sie mit der **Ein-/Ausgabeumleitung** mit **zwei Kommandoaufrufen** das Ergebnis erhalten:

ls /bin > inhalt-bin   schreibt sämtliche Dateien vom Directory */bin* in die Datei *inhalt-bin*

wc -w < inhalt-bin   zählt alle Wörter aus der Datei *inhalt-bin*

Mit Hilfe der *Pipe* sparen Sie sich die Ein- und Ausgabeumleitung und können mit **einem Kommando** das gleiche Ergebnis erreichen:

ls /bin | wc -w
118

Am Bildschirm wird dann nicht die gesamte Liste aller Dateien angezeigt, sondern nur das Ergebnis *(118)*.

Die nachstehende Grafik zeigt die gleiche Aufgabe für unser aktuelles Directory.

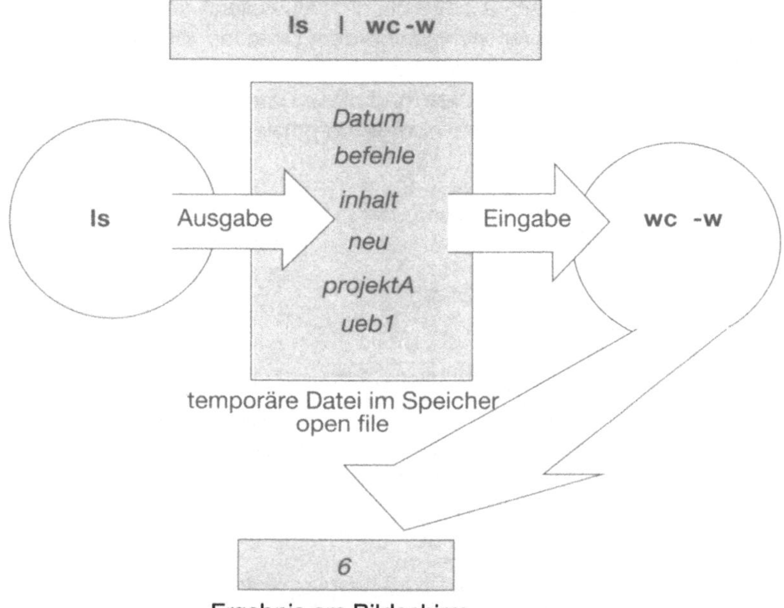

Ergebnis am Bildschirm

Bild 3-50: Beispiel Pipe mit ls | wc

Welche Eigenschaften hat eine Pipe?

❑ Sie verbindet zwei Kommandos über einen temporären Puffer.

❑ Alles was in diesen Puffer geschrieben wird, wird sofort an das zweite Kommando weitergeleitet; er ist somit eine **FIFO-Datei** *(first in first out – was
zuerst hereinkommt, wird zuerst wieder ausgegeben).*

❑ Das Betriebssystem und die Shell übernehmen dabei die **Pufferung** und die
Synchronisation der Weiterleitung der Daten.

❑ Damit können Ergebnisse, wie ein Werkstück auf einem **Fließband,** immer
weiter bearbeitet werden (schnellere Verarbeitung als bei der Ein- und Ausgabeumleitung).

❑ In einer Kommandofolge dürfen beliebig viele *Pipes* vorkommen.

Wie können Sie die Pipe nützen? – Ein paar praktische Beispiele:

Sicher haben Sie schon bemerkt, daß alle Dateien eines Directories mit *ls* standardmäßig alphabetisch sortiert angezeigt werden. Enthält Ihr Directory Dateinamen, die mit Groß- und Kleinbuchstaben beginnen, so werden bei amerikanischer Spracheinstellung zuerst die mit Großbuchstaben beginnenden Dateien
angezeigt, dann erst alle Dateien, deren Namen mit Kleinbuchstaben anfängt.

Verbinden Sie das *ls*-Kommando durch eine *Pipe* mit einem Sortierprogramm,
können Sie sich z. B. die Ausgabe des Inhaltsverzeichnisses so sortieren lassen,
daß Groß- und Kleinbuchstaben gleichwertig alphabetisch sortiert werden.

Ebenso können Sie die Dateien mit Hilfe des Sortierprogramms zeilenweise alphabetisch sortieren – z.B. um fast mühelos ein Telefonverzeichnis anzulegen.
Lernen Sie deshalb ein paar nützliche Kommandos, die Sie als Filter für Textdateien verwenden können:

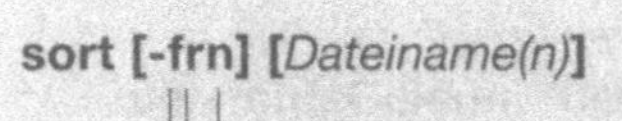

sort – Kommando, um Dateiinhalte zu sortieren

Weitere Optionen und Beispiele von ***sort*** finden Sie im Kapitel 3.9 (Noch ein
paar Befehle) auf Seite 325.

```
$ ls
Datum    befehle    inhalt    neu    projektA    ueb1
$ ls | sort -f
befehle    Datum    inhalt    neu    projektA    ueb1
```

Bild 3-51: Beispiel Pipe mit Sortierprogramm

Bald werden Sie Ihren UNIX-Rechner gerne einsetzen, um z.B. auch Dokumentation jeglicher Art zu erstellen. Sie haben die Texte jederzeit im Zugriff, können sie schnell verändern oder Teile (Textbausteine) davon in Angeboten und Briefen verwenden. Allerdings könnte es dann vorkommen, daß Sie nicht mehr genau wissen, welchen Namen Sie einer bestimmten Datei gegeben haben. Sie erinnern sich aber genau an den Inhalt und wissen, daß Sie z.B. das Wort ›mail‹ benutzt haben. Mit dem Kommando *grep* (als Eselsbrücke: greifen, heraussuchen) können Sie bestimmte Worte oder Zeichenfolgen aus Dateien oder Ergebnissen von Kommandos herausfiltern:

```
grep "Muster" [Dateiname(n)]
```

get regular expression

grep – Kommando, um nach Mustern in Dateiinhalten zu suchen

Alle angegebenen Dateinamen werden nach dem vorgegeben Muster durchsucht. Ist die Suche erfolgreich, werden der Dateiname und die Zeile mit dem gefundenen Muster angezeigt.

```
$ grep "mail" inhalt Datum neu
neu: Wie bei dem Kommando mail muss das

          gefundene Zeile mit dem gesuchten Begriff
Name der Datei, in der der gesuchte Begriff vorkommt
```

Bild 3-52: Beispiel grep Suchen nach einem Muster

Das Kommando *grep* wird auch oft als sog. Filterprogramm bei *Pipes* verwendet. Hier werden dann die übergebenden Zeichenketten *(Strings)* nach dem vorgegebenen Muster durchsucht. Eine sehr oft benötigte Abfrage finden Sie auf Seite 114. Weitere Optionen und Beispiele zu grep finden Sie im Kapitel 3.4.

3.2.5 Metazeichen zur Expansion von Dateinamen

Um beim Suchen nach einem bestimmten Muster (Wort) nicht alle Dateinamen
des aktuellen Directories eintippen zu müssen, können Sie ein weiteres nützliches Werkzeug der Shell einsetzen: **das Ersetzen von Dateinamen durch Metazeichen.** Was sind aber Metazeichen? Metazeichen sind Zeichen, die eine erweiterte Bedeutung haben. Eine solche *erweiterte Bedeutung* kann sein: *›hier darf ein beliebiges Zeichen stehen‹*, *›hier darf eine beliebige Folge von Zeichen stehen‹* oder *›hier darf eines der nachfolgend aufgeführten Zeichen stehen‹*. Die Shell ersetzt Dateinamen, in denen Metazeichen vorkommen, durch alle Dateinamen des betreffenden Directories, auf welche die Vorgabe paßt.

Welche Metazeichen gibt es?

Metazeichen	Ersetzung
*	Das Sternchen steht für eine beliebige Zeichenfolge (oder kein Zeichen)
?	Das Fragezeichen steht für **ein** einzelnes beliebiges Zeichen (aber **nicht** für ein Leerzeichen)
[...]	Die Klammer wird ersetzt durch **ein** in der Klammer angegebenes Zeichen: z.B.: [*abc*] wird ersetzt durch a oder b oder c [*1-3*] wird ersetzt durch 1 oder 2 oder 3
[!...]	Die Klammer mit Ausrufezeichen wird ersetzt durch **ein** beliebiges Zeichen, das **nicht** in der Klammer angegeben ist. z.B.: [*!abc*] wird ersetzt durch ein beliebiges Zeichen, aber **nicht** a oder b oder c [*! 1-3*] wird ersetzt durch ein beliebiges Zeichen, aber **nicht** 1 oder 2 oder 3
\	Dieser Schrägstrich *(backslash)* hebt den Ersetzungsmechanismus für das nachfolgende Metazeichen auf *(Fluchtsymbol)* z.B.: \ *?* Das Fragezeichen wird **nicht** durch ein beliebiges Zeichen ersetzt, sondern als **Fragezeichen** übernommen

Bild 3-53: Dateinamenexpansion durch Metazeichen

▷ **Bei der Umleitung von Ein- und Ausgabe (>, >>, <, 2>) erfolgt keine Dateinamenexpansion durch Metazeichen.** Bei Ausgabe- oder Fehlerumleitung würden die Metazeichen mit als Dateinamen angelegt werden, was zu Fehlern führen würde (siehe Bild 3-57).

Beispiele zur Dateinamenexpansion durch Metazeichen

Um festzustellen, in welcher Datei innerhalb des aktuellen Directories das Wort ›mail‹ vorkommt, können Sie folgendes Kommando geben:

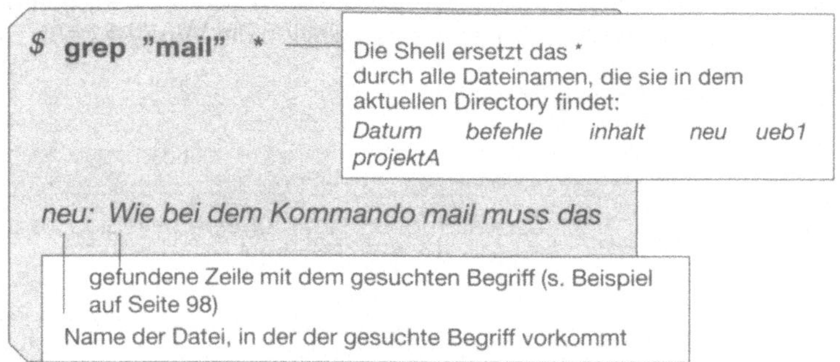

Bild 3-54: Beispiel grep mit Dateinamenexpansion (*)

Oder möchten Sie gerne wissen, welche zweistelligen Kommandos es unter dem Directory /bin gibt, bzw. wieviele es sind?

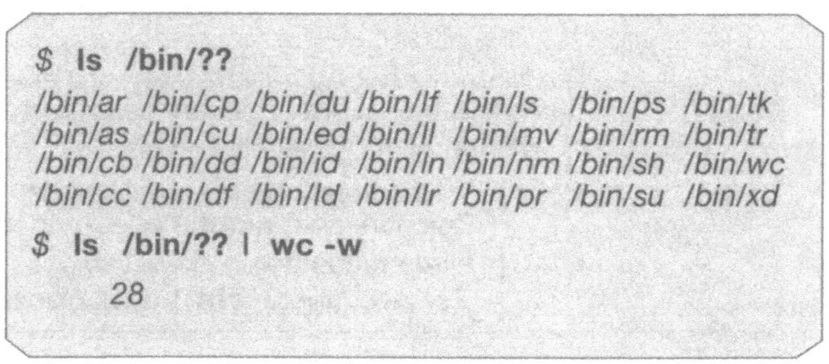

Bild 3-55: Beispiel ls mit Dateinamenexpansion (?)

Gibt es die Terminalbezeichnung *tty11 – tty17* unter dem Directory */dev*? Mit der eckigen Klammer läßt sich dies leicht abfragen. Beachten Sie aber bitte, daß jeweils nur **ein** Zeichen ersetzt werden kann. Bevor Sie umblättern und das Ergebnis sehen, versuchen Sie es einmal.

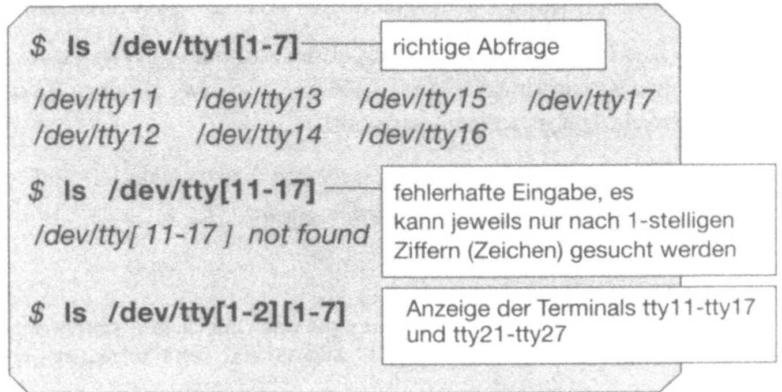

Bild 3-56: Beispiel ls mit Dateinamenexpansion ([ ])

Wie war Ihre Trefferquote?

Sie können sich mit Hilfe von Metazeichen viel Schreibarbeit ersparen. Wenn Sie sich den Inhalt von der Datei *Datum* ansehen wollen, genügt es, nur

cat D*

aufzurufen, vorausgesetzt, es gibt nur eine Datei, deren Namen mit ›D‹ anfängt. Sollten mehrere Dateien mit ›D‹ beginnen, würden sie alle der Reihe nach angezeigt werden.

Was passiert wohl, wenn Sie das Datum an das Ende der Datei ›neu‹ setzen möchten, und Sie geben bei der Umleitung der Ausgabe ebenfalls nur D* an?

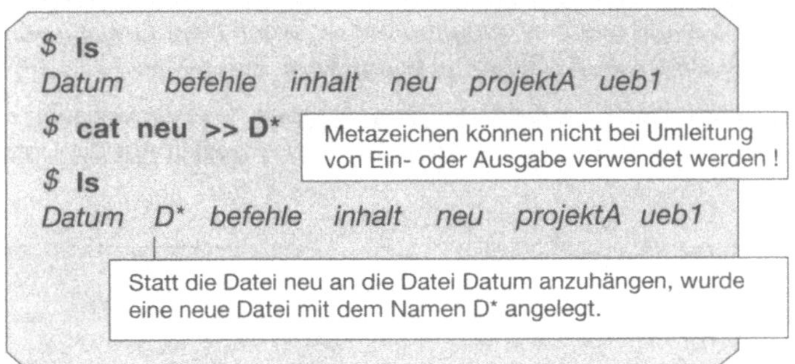

Bild 3-57: Beispiel: Fehler durch Angabe von Metazeichen bei Umleitung von Ein-/Ausgabe

Wie kann die fehlerhaft angelegte Datei wieder gelöscht werden?

Hierzu gibt es das Kommando zum Löschen von Dateien **rm** *(remove)*. Es ist als das gefährlichste Kommando unter UNIX bekannt. Mit diesem Kommando werden Dateien **unwiederbringlich** gelöscht!

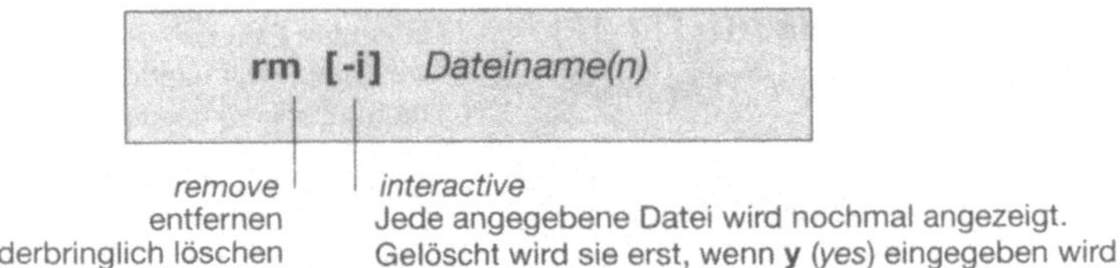

rm – Kommando, um Dateien zu löschen

Verwenden Sie **rm** sicherheitshalber immer mit der Option **-i**, dann sehen Sie nochmals die zu löschenden Dateien und können somit verhindern, daß Ihnen durch einen kleinen Schreibfehler zuviel gelöscht wird, zumal dann, wenn Sie Metazeichen verwenden. Das ›i‹ für interaktiv zeigt die Datei nochmals an und verlangt von Ihnen die Bestätigung mit ›y‹ *(für yes)*, erst dann löscht es die Datei. Bei der Eingabe anderer Zeichen *(also auch nur das Drücken der Returntaste)* bleibt die Datei erhalten. Weitere Optionen und Beispiele in Kapitel 3.4.

Was passiert, wenn, um die in unserem Beispiel irrtümlich angelegte Datei ›D*‹ zu löschen, **rm D*** eingegeben wird? Es wird nicht mal 1 Sekunde dauern, und die Shell meldet sich, als wäre nichts passiert, diensteifrig wieder mit dem Promptzeichen $. In der Zwischenzeit hat sie unseren Auftrag gewissenhaft durchgeführt und **alle** Dateien, die mit ›D‹ beginnen, gelöscht! Mit **rm -i D*** wird jede gefundene Datei erst angezeigt und Sie können entscheiden, ob sie gelöscht werden soll *(wenn ja: Eingabe von ›y‹, wenn nein: Eingabe von ›n‹; statt ›n‹ können Sie auch nur die Returntaste drücken)*.

Um in unserem Beispiel die Datei *D** zu löschen, können wir auch mit Hilfe des Fluchtsymbols (Aufhebung von Metazeichen) ›\‹ gezielt nur die Datei ›D*‹ angeben:

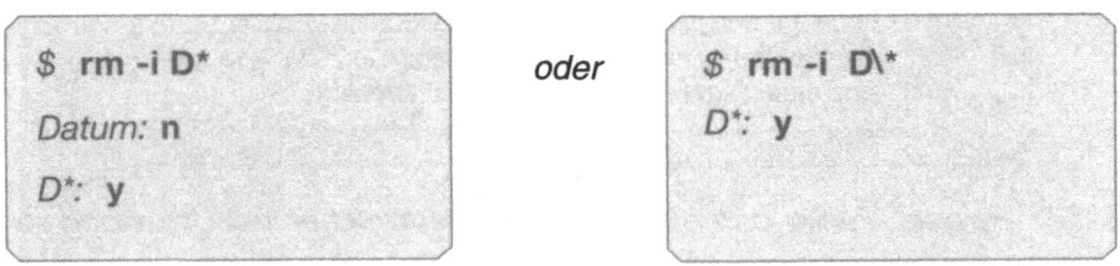

*Bild 3-58: Löschen von Dateien mit Metazeichen – Beispiel Fluchtsymbol *

Bisher hatten Sie die Metazeichen ***** **?** **[ ]** und das Fluchtsymbol \ *(backslash – nach hinten weisenden Schrägstrich)* kennengelernt. Mit dem *backslash* können Sie auch die Bedeutung der Sonderzeichen aufheben. Zu den Sonderzeichen gehören auch . .. ; > < & / \ " $ ´ ` | sowie die nicht sichtbaren Zeichen der Leer- **(blank)** und Returntaste **(newline – nl)**.

\	Fluchtsymbol, Aufhebung des nachfolgenden Sonderzeichens

Wenn Sie z.B. eine Kommandozeile eingeben und der Bildschirm ist nicht groß genug, alle Angaben in einer Zeile zu schreiben, so können Sie mit dem *back-slash* die Bedeutung der Returntaste aufheben und auf der nächsten Zeile weiterschreiben:

```
$  cat Datum inhalt neu \
>  ueb1 | grep  Zeile
Alle Zeilen, die Sie eintippen
Zeile stehen
```

Kennzeichen, daß die Shell weitere Eingaben für einen Kommandoaufruf erwartet (>)

Die Eingabe wird als eine Kommandozeile von der Shell erkannt:

    cat Datum inhalt neu ueb1 | grep Zeile

Die Shell gibt den Inhalt der Dateien *Datum*, *inhalt*, *neu* und *ueb* über den *Pipe*-Mechanismus an das Programm **grep** weiter. Das Programm *grep* sucht alle Inhalte der Dateien nach dem Wort ›Zeile‹ durch und gibt nur die gefundenen Zeilen aus. (In der Datei *neu* sind zwei Zeilen mit dem Wort ›Zeile‹ gefunden worden (siehe auch Seite 98).

Bild 3-59: Beispiel Aufhebung von Sonderzeichen durch Backslash

Um bestimmte Sonderzeichen (*, ? [], Leerzeichen usw.) zu übergeben, werden sie in **Anführungszeichen** gesetzt (d.h., sie sollen nicht von der Shell beim Kommandoaufruf durch Dateinamen ersetzt werden).

" "	Übergabe von bestimmten Sonderzeichen Keine Ersetzung der Metazeichen: * ? [ ]

In dem obigen Beispiel wurde aus dem Inhalt aller angegebener Dateien nach dem Wort (Muster) ›Zeile‹ gesucht. Gefunden wurden ›Zeile‹ und ›Zeilen‹, da als Muster nur die zusammenhängende Zeichenfolge gesucht wurde. Das Leerzeichen dient als Trennzeichen. Soll auch das Leerzeichen als Muster mit übergeben werden, also z.B. nach ›Zeile stehen‹ gesucht werden, muß der Ausdruck in Anführungszeichen gesetzt werden.

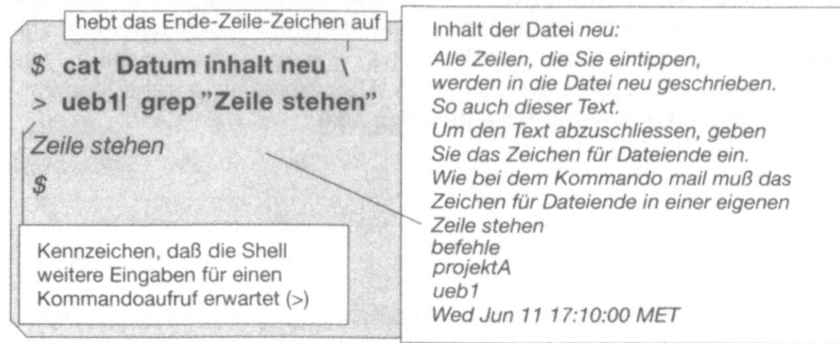

Bild 3-60: Beispiel doppelte Anführungszeichen

Da mit Hilfe der Anführungszeichen wird die Wirkung der Metazeichen *** ? [ ]**
aufgehoben wird, können wir die Datei ›D*‹ auch mit folgender Eingabe löschen:

Bild 3-61: Beispiel: Aufhebung von Metazeichen (doppelte Anführungszeichen)

3.2.6 Ersetzungsmechanismus der Shell

Sie haben bisher schon eine Reihe von Ersetzungsmechanismen kennengelernt:

Zeichen	Bedeutung – Ersetzung durch
.	aktuelles Directory
..	darüberliegendes Directory (Parent-Directory)
* ? [ ]	Metazeichen, Erweiterung der Dateinamen durch ein oder mehrere Zeichen
\	Aufhebung der Bedeutung eines nachfolgenden Sonderzeichens
" "	Übergabe von bestimmten Sonderzeichen Keine Ersetzung von Metazeichen: * ? [ ]

Bild 3-62: Ersetzungsmechanismen 1.Teil

Der Ersetzungsmechanismus der Shell kann mit dem Kommando *echo* gut dargestellt werden. Echo, wie der Widerhall in den Bergen, gibt alle nachfolgenden Wörter, die durch Leerzeichen getrennt sind, als Kopie auf dem Bildschirm wieder. Es wird in erster Linie verwendet, um bei eigenen Shellprozeduren eine Nachricht auf den Bildschirm zu schreiben. (Shellprozeduren sind Anweisungen, z.B. Kommandos, die in einer Datei abgespeichert sind und wie ein eigenständiges Kommando aufgerufen werden – mehr dazu im Kapitel 3.7.2).

Das Kommando *echo* eignet sich auch dazu, auszuprobieren, was die Shell aus einer Eingabezeile macht.

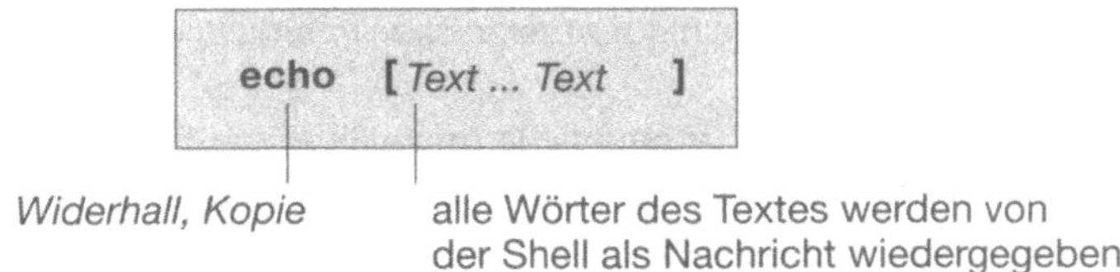

echo – Kommando, um Nachrichten auf den Bildschirm auszugeben

Der Text nach dem Kommando echo bis zum Zeilenende oder bis zum nächsten Semikolon wird als Nachricht auf dem Bildschirm wiedergegeben. Setzen Sie Ihre Texte vorsichtshalber immer in Anführungszeichen, damit Sonderzeichen wie ›?‹, ›*‹ usw. nicht durch Dateinamen von der Shell ersetzt werden!

Sehen Sie im nächsten Beispiel die Wirkung von echo und Sonderzeichen:

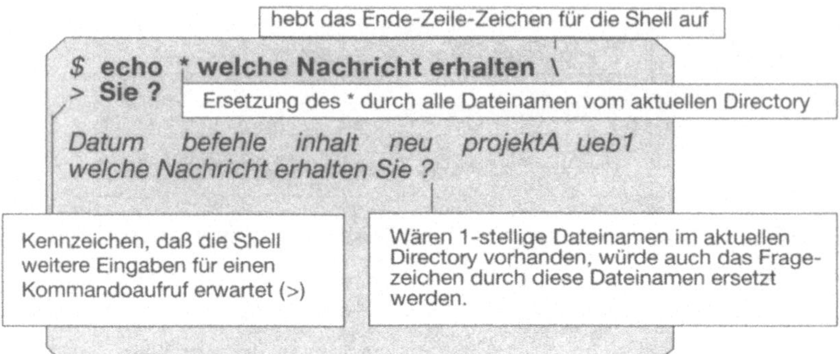

Bild 3-63: Beispiel echo mit Sonderzeichen

Die gleiche Eingabe von *echo*, wobei alle Parameter in Anführungszeichen gesetzt werden, ergibt folgendes Resultat:

Bild 3-64: Beispiel echo mit Sonderzeichen innerhalb von Anführungszeichen "

Unter dem   Kapitel 3.7 erfahren Sie mehr über die Einsatzmöglichkeiten von
echo. Dort werden auch die Shell-Variablen *(veränderliche Größen)* behandelt.
Vorab jedoch einige Grundinformationen über die Variablen:

Was sind Shell-Variablen?

Variablen, wie der Name bereits aussagt, können variabel sein, veränderliche Werte beinhalten. Unter der Shell können Sie Variablen, die durch einen Namen identifiziert angesprochen werden, einen *Wert* zuweisen. Diesen Wert können Sie zu einem späteren Zeitpunkt abfragen.

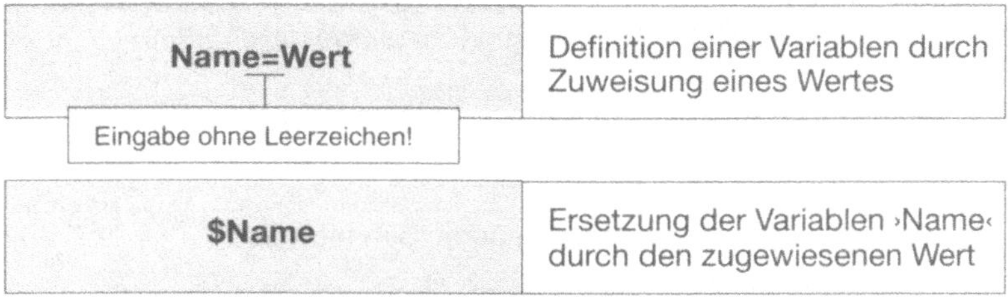

= – Zuweisung von Variablen unter der Bourne-Shell

Ein praktisches Beispiel für die Nutzung von Variablen:
Angenommen, Sie arbeiten oft in verschiedenen Directories. Um nicht jeweils den gesamten Pfadnamen beim Wechsel in die diversen Directories anzugeben oder zu überlegen, wie Sie das Directory relativ ansprechen (../ ...), definieren Sie eine Variable, der sie als Wert den Pfadnamen zuweisen:

k=/usr/kurs

Mit Variablen können Sie sich eine Reihe von Abkürzungen schaffen. Um den Wert einer Variablen zu bekommen, wird als Kennung ein Dollarzeichen ›$‹ vor den Namen gesetzt. Geben Sie ›**cd $k**‹ ein, erkennt die Shell, daß es sich nicht um den Buchstaben ›k‹ handelt, sondern um die Variable ›k‹ und ersetzt ›$k‹ durch dem zugewiesen Wert ›**/usr/kurs**‹.

Variable sind temporär und bleiben solange erhalten, bis die Shell beendet wird *(Beenden der Sitzung – neues Login)*.

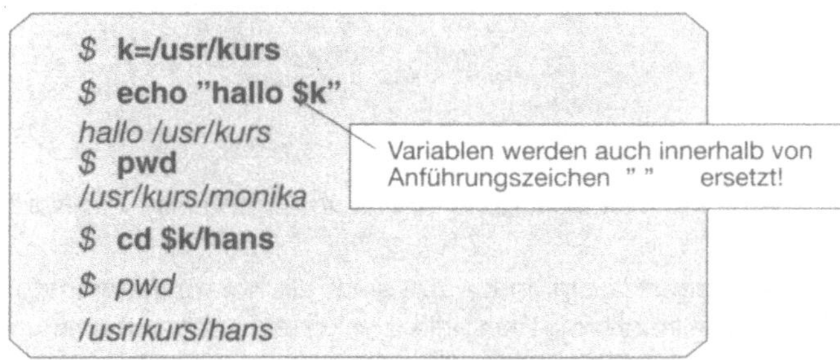

Bild 3-65: Beispiel: Bildung und Nutzung von Variablen

Weitere Nutzungsmöglichkeiten der Shell-Variablen finden Sie in den Kapiteln 3.6 und 3.7 (speziell Korn-/C-Shell: Integer-Variable).

Ersetzung durch das Ergebnis eines Kommandos

Die *Pipe* erlaubt es, die Ausgabe eines Kommandos als Eingabe eines nachfolgenden Kommandos zu verwenden. Ein weiterer Mechanismus erlaubt es, die Ausgabe/Ergebnisse von Kommandos als Parameter weiterer Kommandos zu nutzen.

Mit Hilfe der Sonderzeichen ` ` ` ` (*Accent Grave*) können Sie das **Ergebnis von Kommandos** als Parameter übergeben (*Kommandosubstitution*).

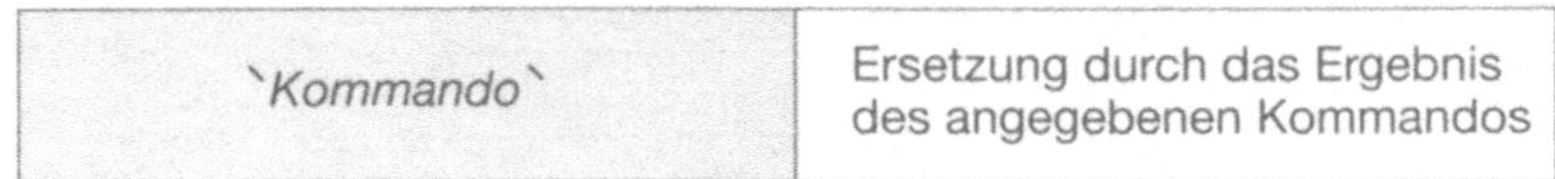

oder in einer neueren Schreibweise:

Unbedingt auf die Leerzeichen nach und vor der Klammerung achten!

$( ) – Ersetzung durch das Ergebnis eines Kommandos

Auch hier zum besseren Verständnis ein Beispiel mit *echo:*

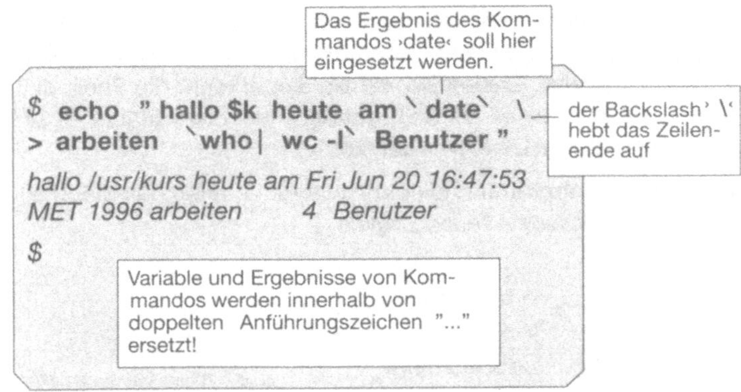

Bild 3-66: Beispiel: Ersetzung durch Ergebnisse von Kommandos

Diese Ersetzungsart zeigt Ihnen u.a. auch die Kombinationsmöglichkeiten unter UNIX! Weitere praktische Beispiele der Ersetzungsmechanismen finden Sie im Kapitel 3.4 und 3.5 (Dateiverwaltung und -pflege und Sicherung von Dateien).

Keinerlei Ersetzung

Wenn sowohl das **$**-Zeichen als auch der *Accent Grave* ` nicht von der Shell ersetzt werden sollen, d.h., keinerlei Substitutionen *(Ersetzungen)* sollen durchgeführt werden, dann wird der Text in *halbe Anführungszeichen* ´ ... ´ gesetzt. Dieses Zeichen (*Accent Aigu*) sieht auf manchen Terminals eher wie ein kleiner gerader Strich aus (l).

´Text, Text´	keinerlei Substitution Metazeichen, Variablen, Ergebnisse von Kommandos werden **nicht** ersetzt

Zum besseren Verständnis ein Beispiel mit *echo*:

```
$ echo ´hallo $k heute am `date`
> arbeiten `who| wc -l` Benutzer´

hallo $k  heute  am  `date`
arbeiten   `who | wc -l`  Benutzer´
$
```

Bild 3-67: Beispiel keinerlei Substitution durch ´ ´

Zusammenfassung der weiteren Ersetzungsmechanismen:

Zeichen	Bedeutung – Ersetzung durch
$ *name*	Ersetzung durch den der Variablen zugewiesenen Wert
" *text ..text* "	Übergabe von bestimmten Sonderzeichen, keine Ersetzung von Metazeichen: * ? [ ] aber Ersetzung von Shellvariablen ›$‹ und Kommandosubstitution › ` ` ‹ bzw. ›$( )‹
`Kommando` $(*Kommando*)	Das Ergebnis/die Ausgabe des Kommandos wird als Parameter übergeben (Kommandosubstitution)
´*text ..text*´	keinerlei Substitution Metazeichen, Variablen, Ergebnisse von Kommandos werden **nicht** ersetzt

Bild 3-68: Ersetzungsmechanismen 2.Teil

3.2.7 Vordergrund- und Hintergrundprozesse

Ein **gestartetes Programm** wird als **Prozeß** bezeichnet, wobei ein gestartetes Programm auch aus einer Folge von Einzelprozessen (Unterprogrammen) bestehen kann. Sie haben bisher schon eine ganze Reihe von Programmen gestartet. Jedes aufgerufene Kommando wird als Programm von der Shell verwaltet. Diese Programme wurden im **Vordergrund** bearbeitet. Was bedeutet Vordergrund? Ihre Shell nimmt das Kommando an, überprüft es, ersetzt evtl. Metazeichen und startet ein Programm, welches das Kommando abarbeitet. Solange dieses Programm nicht beendet ist, können Sie am Terminal kein weiteres Kommando sichtbar aufrufen. Sie können zwar weitere Kommandos eintippen, doch werden diese erst durchgeführt, wenn das zuvor aufgerufene Kommando beendet ist. Dies wird durch das Bereitzeichen der Shell ($) am Bildschirm angezeigt. Der Ablauf dieser Programme wird als Vordergrundprozeß bezeichnet. Sie werden gestartet durch:

Zu Beginn haben Sie gelesen, daß UNIX ein Multi-User- und Multi-Processing-System ist. Dies bedeutet, daß jeder Benutzer gleichzeitig mehrere Programme starten kann. Wie soll das aber möglich sein, wenn jeweils ein Kommando nach dem anderen ausgeführt wird? Es gibt einmal die *Pipe*, die zur gleichen Zeit mehrere Programme startet – zum anderen können Programme im **Hintergrund** ablaufen. Der Unterschied zwischen Hintergrundprozessen und Vordergrundprozessen besteht darin, daß die Shell **nicht** auf die **Beendigung des gestarteten Programmes wartet**, sondern sich sofort mit dem Bereitzeichen meldet. Hintergrundprozesse werden weder schneller noch langsamer abgearbeitet als Vordergrundprozesse.

Wie starten Sie ein Programm, das im Hintergrund ablaufen soll?

Als letzte Eingabe der Kommandozeile wird ein et-Zeichen **&** angefügt.

Kommando   **&**

&, um Programme im Hintergrund ablaufen zu lassen

Wann ist es sinnvoll, Programme im Hintergrund zu verarbeiten? Bei allen Programmen, die zeitaufwendig sind, denn Sie wollen sicher Ihren UNIX-Rechner voll beanspruchen. Zeitaufwendig sind z.B. Übersetzungsprogramme von großen Quelldateien *(Compiler)*, Formatierprogramme von Texten, größere Sortier- oder Suchprogramme oder Sicherungsläufe (Kapitel 3.4).

Die Hintergrundprozesse haben unter der grafischen Oberfläche an Bedeutung verloren. Bei zeitaufwendigen Prozessen öffnen Sie einfach ein neues Fenster und können in diesem dann weiterarbeiten.

Doch bei Arbeiten an einem ASCII-Terminal sind sie sehr wertvoll. Deshalb sehen wir uns ein paar Beispiele dazu an.

Angenommen, wir möchten z.B. die verhältnismäßig große Datei */usr/lib/cookies* alphabetisch sortieren (die Sprüche sind dann noch unverständlicher, da die Zeilen nicht mehr zusammenpassen). Die Ausgabe leiten wir in das Directory */tmp* um, in dem nur temporäre *(zeitlich begrenzte)* Dateien abgelegt werden. Da das Sortieren einer großen Datei zeitaufwendig ist, rufen wir das Kommando als Hintergrundprozeß auf:

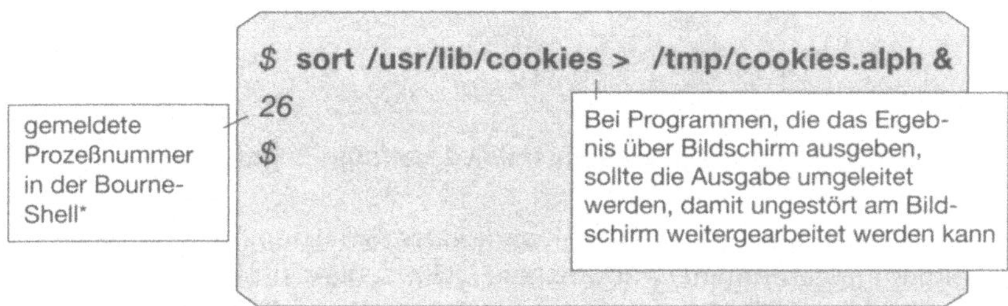

Bild 3-69: Beispiel Aufruf eines Programmes, das im Hintergrund ablaufen soll

Bevor sich die Shell ›wieder bereit‹ ($) meldet, teilt sie die Nummer des von ihr gestarteten Hintergrundprogrammes mit. Warum wohl? Wissen Sie noch, wie Sie ein gestartetes Kommando wieder abbrechen können? Mit der Kombination der Tasten:

CTRL + **c**

(oder eine entsprechende andere Kombination, je nach Rechner)

Ein im Hintergrund gestartetes Programm wird nicht mehr von Ihrer direkten Shell ›betreut‹, und Sie haben über Ihr Terminal keinen Einfluß mehr auf den Ablauf. Um ein Hintergrundprogramm abzubrechen, brauchen wir also eine andere Eingriffsmöglichkeit.

Wie brechen Sie einen Hintergrundprozeß ab?

Um einen Hintergrundprozeß abzubrechen, wird ein eigenes Kommando aufgerufen, das *kill*-Kommando. Für dieses Kommando benötigen Sie die Ihnen vom System beim Start des Programmes mitgeteilte Prozeßnummer.

---

* In der Korn- und C-Shell werden Hintergrundprozesse über eine zusätzliche Prozeßkontrolle gesteuert (weitere Informationen hierzu finden Sie im Kapitel 3.8.8 auf Seite 319)

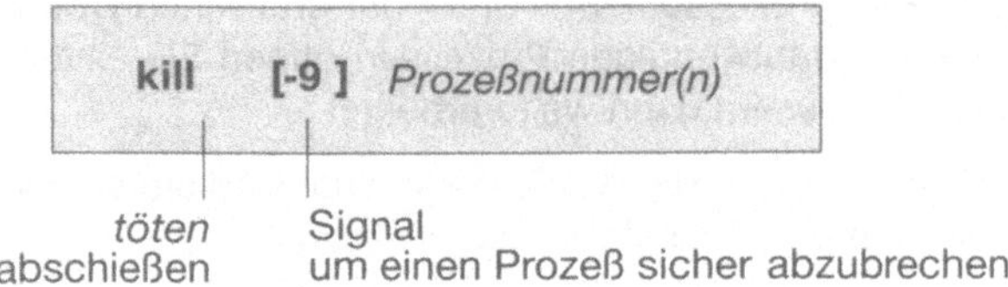

kill – Kommando, um Programme vorzeitig abzubrechen

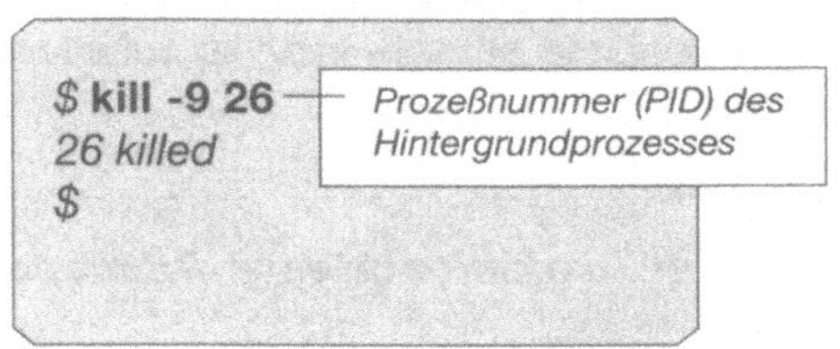

Bild 3-70: Beispiel Abbruch eines Hintergrundprozesses

Mit den Tastenkombination <CTRL + c> können Sie einen Prozeß, den Sie im Vordergrund gestartet hatten, abbrechen. UNIX schickt hierbei an den Prozeß eine entsprechende Meldung – oder genauer gesagt, ein **Signal**[*]. Manche Programme ignorieren ein ›einfaches‹ **kill-Signal**. Schickt man ihnen jedoch **kill -9**, so können sie den ›Abschuß‹ nicht abwenden und werden sicher gekillt. Nun, das klingt fast wie im Wilden Westen. Doch die UNIX-Gesetze sind streng. Benutzer können nur ihre eigenen Prozesse ›killen‹. Nur der Superuser *(der Sheriff unter den Benutzern)* darf auch fremde Prozesse abbrechen.

Welche Programme werden zur Zeit vom Rechner bearbeitet?

Nachdem in der Bourne-Shell bei Hintergrundprozessen keine ›Fertigmeldung‹ ausgegeben wird, wissen Sie nie genau, wann das von Ihnen gestartete Hintergrundprogramm beendet ist.Das Kommando **ps** *(process status)* gibt Ihnen über Ihre eigenen und durch die Option **-e** über alle zur Zeit laufenden Prozesse Auskunft. Das Kommando zeigt Ihnen die Prozeßnummer *(**PID** – **P**rocess **ID**entification **N**umber)* an, den Namen des Terminals, von dem das Programm gestartet wurde, die Zeit, die der Prozeß bisher an Rechnerzeit verbrauchte und den Namen des Kommandos. Mit der Option **-f** erhalten Sie zusätzlich angezeigt: die Nummer des ›Elternprozesses‹ *(**PPID** – **P**arent **P**rocess **ID**entification **N**umber)* und die Startzeit, wann das Programm gestartet wurde.

---

    [*]   Weitere Informationen finden Sie im Bild 3-203 (Tabelle mit einigen Signalen) auf Seite 320

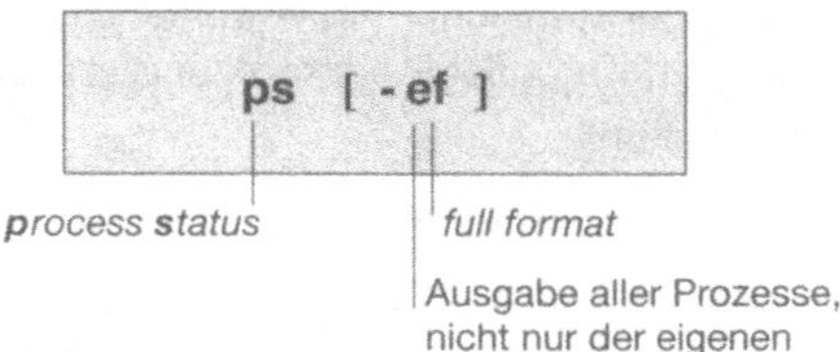

ps – Kommando, um den Status der Programme abzufragen

Wollen wir einen eben gestarteten Hintergrundprozeß sofort wieder abbrechen, haben aber die Nummer des Programmes nicht beachtet *(zwischenzeitlich wurde z.B. der Bildschirm mit anderen Ergebnissen überschrieben)*, erhalten wir durch das Kommando **ps** die wesentlichen Programminformationen:

Sehen wir uns hierzu ein Beispiel an:

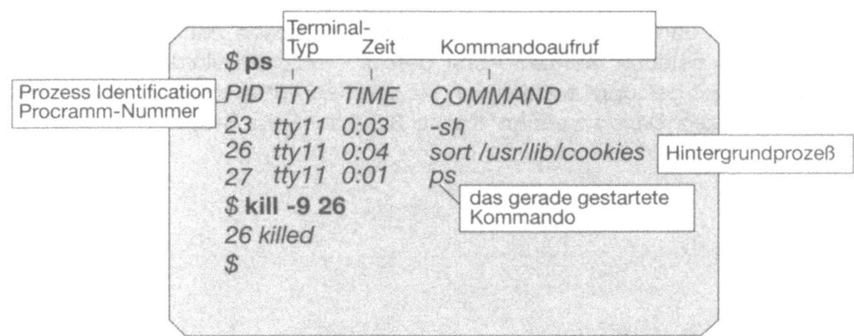

Bild 3-71: Beispiele der Kommandos ps und kill

Diese Kommandos werden sicher öfter von Systemverwaltern aufgerufen als von ›normalen‹ Benutzern. Um z.B. Kollegen weiterzuhelfen, denen durch ein fehlerhaftes Programm oder falschen Aufruf von Kommandos das Terminal blockiert ist (d.h., am Terminal ist keine Ein- oder Ausgabe mehr möglich), kann der Systemverwalter an Hand der durch *ps -ef* erhaltenen Informationen feststellen, welches Programm an welchem Terminal gestartet wurde und den fehlerhaften Prozeß killen.

Sie selbst können sich aber auch bei einer ähnlichen Situation an einem anderen freien Terminal anmelden, bzw. an einem Fenster auf der grafischen Oberfläche, die aktiven Programme mit **ps -ef** anzeigen lassen und den ›hängenden Prozeß‹, dessen Eigner (gleiche Benutzerkennung – User Identification) Sie sind, abschießen (›killen‹). Das *kill*-Kommando können Sie also auch für Vordergrundprozesse verwenden.

Arbeiten Sie unter der einer grafischen Oberfläche, d. h. Sie arbeiten immer mit mehreren ›Terminals‹, dann empfiehlt sich folgendes Kommando, um alle Ihre laufenden Prozesse zu sehen:

ps -ef | grep *Benutzernamen*

Mit dem Kommando **ps -ef** können Sie durch die Angabe des jeweiligen Vater-Programmes *(PPID – Parent Prozess Identification)* auch sehr gut die Programm-struktur unter UNIX erkennen.

Einige UNIX-Systeme haben speziell bei dem Kommando **ps** andere Optionen:

Statt **ps -e** wird dann **ps -a**

angegeben. Zusätzlich können mit der Option **-x** alle Systemprozesse angezeigt werden.

Einen Eindruck, wie die Hierarchie der Prozesse aufgebaut ist, sehen Sie im (Stand der Programme **prozess status** bevor wir die Nummer 26 gekillt hatten):

In der Korn- und C-Shell können Prozesse zusätzlich noch über eine sog. *Jobcontrol* gesteuert werden. Auch bereits gestartete Vordergrundprozesse können hiermit gestoppt werden, um sie dann als Hintergrundprozesse weiter-laufen zu lassen. Davon mehr im Kapitel 3.8.8 auf Seite 319.

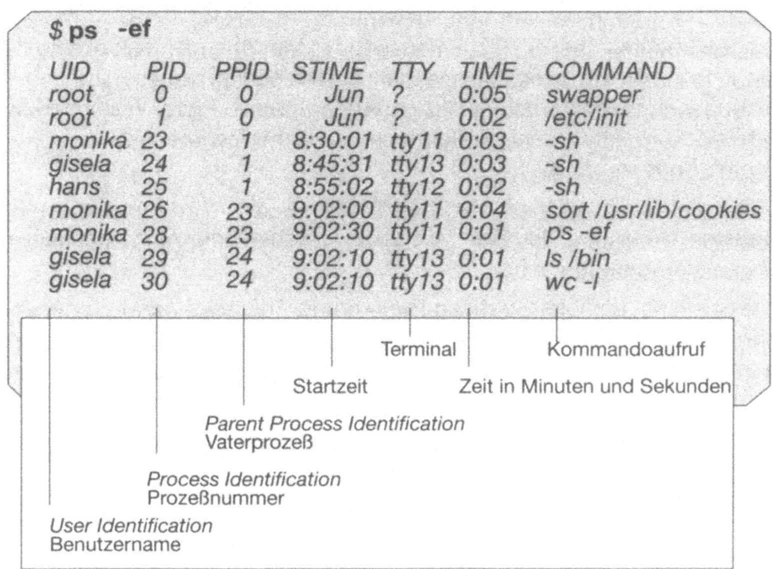

Beispiel Kommando ps -ef

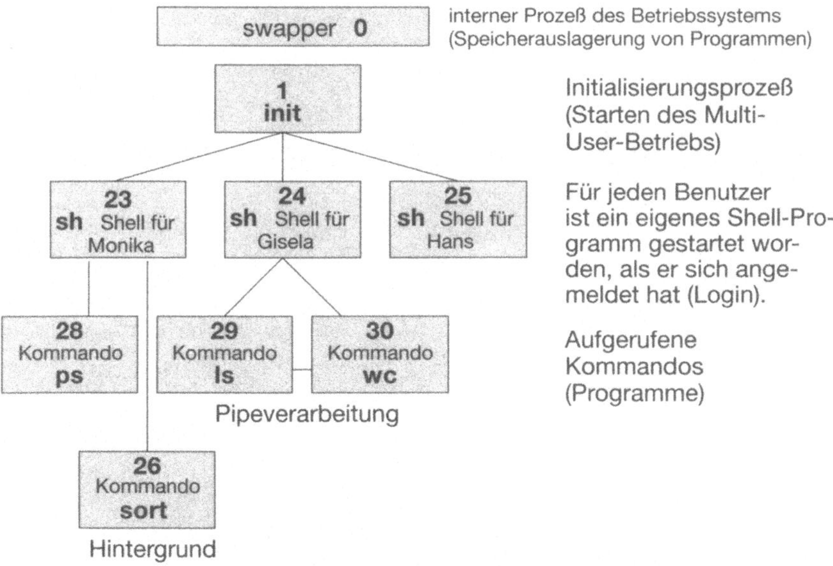

Bild 3-72: Grafische Darstellung der Prozeßstruktur

Zusammenfassung der Eigenschaften von Hintergrundprozessen:

❏ Jedes Programm kann in den Hintergrund geschickt werden. Programme, die Nachrichten über Bildschirmausgabe leiten (Benutzerdialog) sind hierfür nicht geeignet, da der eigentliche Sinn, am Bildschirm weiterzuarbeiten, dann nicht gegeben ist. Vorder-/Hintergrundprogramme   sind   gleichberechtigt, d.h. sie werden weder schneller noch langsamer bearbeitet.
Aufruf: *Kommando* **&**

❏ Das Kommando wird von der Shell ähnlich wie ein Vordergrundprozeß aufbereitet (Umleitung der Ein- /Ausgabe, gleicher Ersetzungsmechanismus, Parameterübergabe usw.).

❏ Die Shell meldet beim Start von Hintergrundprozessen deren Nummer (**PID** – *Process* **ID***entification Number)* und ist sofort bereit für weitere Anweisungen. Sie wartet nicht auf die Beendigung des von ihr gestarteten Hintergrundprozesses.

❏ Hintergrundprozesse können zuverlässig durch das Kommando *kill -9* PID abgebrochen werden.

❏ In der Korn- und C-Shell gibt es eine eigens Jobcontrol, mit der Prozesse im Vorder- und Hintergrund gesteuert werden können.

3.2.8 Zusammenfassung der in diesem Kapitel verwendeten Kommandos

Kommandoeingabe	Funktion
wc [-wcl]	*word count, Wörter zählen* **Zählt Zeilen, Wörter und Buchstaben** **-w** *word* Anzahl der Wörter **-l** *line* Anzahl der Zeilen **-c** *character* Anzahl der Zeichen
sort -fnr *Zeichen*	*sortieren* Sortiert Dateiinhalte oder Zeichenketten nach verschiedenen Kriterien **-f** *fold* Groß- und Kleinbuchstaben werden gleich behandelt **-n** *number* Numerische Werte am Anfang werden numerisch sortiert **-n** *reverse* es wird in umgekehrter Richtung sortiert
grep "*Muster*" *Dateiname(n)* Unter DOS: **find**	*get regular expression* **Durchsucht Dateiinhalte nach bestimmten Zeichenvorgaben/Suchmuster**
rm [-i] *Dateiname(n)* Unter DOS: **del**	*remove - löschen* **Löscht Dateien (unwiederbringlich!)** **-i** interactive die Löschung muß erst mit "y" bestätigt werden
echo Unter DOS: **echo**	**Gibt Zeichenketten auf dem Bildschirm aus**
kill -9 [PID]	*kill (töten)* **Bricht einen Prozeß sicher ab**
ps [-efl] Bei einigen Systemen werden unterschiedliche Optionen verlangt so z. B. **ps -[axl]**	*process status* **Anzeige der aktuellen Prozesse** **-e** *every* Anzeige aller Prozesse **-f** *full* volles Format **-l** *long* mit allen Attributen **-a** *all* alle Prozesse **-x** alle Systemprozesse

3.2.9 Übersicht der bisher kennengelernten Sonderzeichen

Zeichen	Bedeutung - Ersetzung durch
Anzeige $ *am* # *Bildschirm* >	Bereitzeichen der Shell für - normale Benutzer - Systemverwalter (root) - Folgezeile für weitere Kommandoeingaben
> >> 2> <	Umleitung der Ausgabe Umleitung mit Anhängen an eine bestehende Datei Umleitung der Fehlerausgabe Umleitung der Eingabe
;	Verkettung von Kommandos (mehrere Kommandos in einer Zeile)
❘ *oder* ⌃	Pipezeichen
. ..	aktuelles Directory darüberliegendes Directory (Parent-Directory)
* ? [ ] * ? [*abc*] [*a-z*] [!*a-z*]	Metazeichen beliebige Zeichenfolge ein beliebiges Zeichen eines der in Klammern angegebenen Zeichen eines der in Klammern angegebenen Zeichen "von bis" ein beliebiges Zeichen außer einem der in Klammer angegebenen Zeichen
\	Aufhebung der Bedeutung des nachfolgenden Sonderzeichens
"*text .. text*"	Übergabe von bestimmten Sonderzeichen, keine Ersetzung von Metazeichen: * ? [ ] aber Ersetzung von Shellvariablen und Ersetzung durch Ergebnisse von Kommandos
$*name*	Ersetzung durch den der Variablen zugewiesenen Wert
`Kommando` $(*Kommando*)	Das Ergebnis/die Ausgabe von dem Kommando wird als Parameter übergeben (Kommandosubstitution)
'*text .. text* '	keinerlei Substitution Metazeichen, Variable, Ergebnisse von Kommandos werden **nicht** ersetzt
&	Starten von Hintergrundprozessen

3.3 Editoren unter UNIX

Im Duden steht unter ›Editor‹ Herausgeber. Auch wenn Sie keine ›Zeitschriften oder Bücher herausgeben‹ wollen, ist dieses Kapitel für Sie interessant und wichtig. Als Editor wird im EDV-Fachjargon ein Programm bezeichnet, mit dem Texte erstellt, verändert und ergänzt werden.

Die einzelnen Themen:

3.3.1 Erstellung von Texten

Um Informationen jeglicher Art zu speichern, d.h. in einer Datei abzulegen, wie z.B. Adressen, Briefe, eigene Shell-Prozeduren *(Kapitel 3.7 und 3.8)* oder Programm-Quelltexte, muß der Text zunächst einmal eingegeben, erfaßt werden. Im vorherigen Kapitel haben Sie gelernt, wie Sie mit Hilfe von ›Umleitungen‹ Dateien anlegen können. Mit dem Kommando

cat > dateiname

konnten Sie über die Tastatur Ihres Terminals Texte eingeben. Sobald Sie am Anfang einer Zeile das EOF-Zeichen *(End of file, Dateiende z.B. <CTRL + d>)* tippten, wurde der geschriebene Text unter dem angegeben Dateinamen gespeichert. Mit der Umleitung **>>** konnten Sie weitere Zeilen, andere Dateien oder Ergebnisse aus Kommandos anhängen. Bei Fehlern innerhalb einer Zeile konnten Sie mit der ›*backspace oder delete-Taste*‹ zeichenweise löschen und berichtigen. Sobald Sie allerdings eine Zeile abgeschlossen hatten, konnten Sie evtl. Fehler nicht mehr korrigieren. Und wer schreibt schon fehlerfrei? – Dies bedeutet, mit *cat* sollten **nur kurze Texte** erstellt werden. Um nachträglich zu korrigieren, benötigen Sie auf jeden Fall einen **Editor.**

3.3.2 Unterschiede zwischen Editor und Textverarbeitung

❑ Ein **Editor** ist ein Programm zum **Erstellen und Ändern** von **Texten.**

❑ Soll der Text anschließend ausgedruckt werden, evtl. mit **Überschrift** und **Seitennummern** versehen, der **linke und rechte Rand ausgerichtet** werden so wie diese Buchseite hier, wird ein getrenntes Programm verwendet: ein **Druckformatierprogramm.**

❑ Ein **Textverarbeitungsprogramm** stellt die Funktionen des **Editors und** des Programms zur **Druckaufbereitung** gleichzeitig zur Verfügung. Die Texte werden dann mit zusätzlichen Angaben zur Druckaufbereitung abgespeichert. Komfortable Textverarbeitungsprogramme stellen interaktiv, d.h. sofort, am Bildschirm dar, wie später ausgedruckt wird. Diese Programme werden als ›Wysiwyg‹-Programme bezeichnet (***What** you **see** is **what** you **get***). Meist erfolgt hierbei ein automatischer Zeilen- und Seitenumbruch. Sie schreiben z.B. eine Zeile, und sobald genügend Wörter die Zeile gefüllt haben, springt der Cursor sofort automatisch auf die nächste Zeile (sog. wrapping).

Je nach Drucker (Matrix- oder Laserdrucker) können auch unterschiedliche Schriftarten verwendet werden, außerdem Fettdruck, größere Schriftzeichen etc.

Viele Editoren haben inzwischen manche Funktionen mit eingebunden, die unter den Begriff der Textverarbeitung fallen.

Allgemein unterscheidet man **Editoren** nach

❑ **zeilenorientierten** Editoren, d.h., die Zeilen werden einzeln bearbeitet, Änderungen können nur pro Zeile erfolgen

❑ und **bildschirmorientierten** Editoren. Für Eingabe und Änderung steht der gesamte Bildschirm zur Verfügung. Hier können Sie meist mit den Cursor-Funktionstasten

an die fehlerhafte Stelle wandern und dort Text korrigieren, überschreiben, löschen oder einfügen. Bildschirmorientierte Editoren sind somit ausgezeichnete Hilfsmittel zur Erstellung und Bearbeitung von Programmen und Texten, die keine zusätzlichen Druckangaben enthalten sollen. Für die Erstellung von Geschäftsbriefen, Aktennotizen und Dokumentationen (Handbücher etc.) eignen sich komfortable Textverarbeitungsprogramme besser, sie werden meist als optionale Softwarepakete zu UNIX angeboten.

Unter dem **Betriebssystem UNIX von AT&T** gibt es bis zur Version V leider nur den **zeilenorientierten Editor ed,** ab Version V gehört zum Standard auch der **bildschirmorientierte Editor vi**, der bei der University of California, Berkeley, entwickelt wurde. Für die hauptsächlich **technisch-wissenschaftliche Dokumentationsverarbeitung** stehen je nach Druckerausgabe Zusatz- und Formatierprogramme zur Verfügung:

nroff	für Zeilendrucker,
troff	für Fotosatzmaschine,
ditroff	für unterschiedliche Ausgabegeräte.

Für diese Zusatzprogramme werden die Texte mit einem Editor erstellt, wobei zusätzliche Formatanweisungen mit eingegeben werden müssen (ein Beispiel hierzu finden Sie im Bild 3-28 auf Seite 67 (Teil einer Manual-Seite von date) da auch die Online-Manualseiten mit dem Formatierprogramm nroff aufbereitet wurden).

In der Zwischenzeit gibt es jedoch eine Reihe von komfortablen Editor- und Textverarbeitungsprogrammen, die unter UNIX laufen und meist von den Rechnerherstellern mit angeboten werden.

Da auf allen UNIX-Rechnern der **zeilenorientierte Editor *ed*** verfügbar ist, wird er in diesem Lehrbuch mit den wesentlichen Funktionen erklärt. Wer den *vi* zur Verfügung hat, findet im Abschnitt 3.3.5 auf Seite 138 eine Übersicht der wichtigsten Funktionen. Sie werden wahrscheinlich entsetzt sein, so etwas ›veraltetes‹ wie einen Zeileneditor zu lernen. Doch für spezielle Systemverwalter-Aufgaben und für die Shell-Programmierung (eingebunden in Skripts) wird er nach wie vor eingesetzt. Arbeiten Sie bereits mit einer grafischen Oberfläche, steht Ihnen für die laufenden Arbeiten sicher ein intuitiv zu lernender Texteditor zur Verfügung. Vielleicht sehen Sie sich den *ed* trotzdem mal an:

3.3.3 Der ed-Editor

Der **ed** ist ein *sehr ruhiges* Programm. Sie rufen es auf mit **ed**, aber nichts bemerkenswertes geschieht.

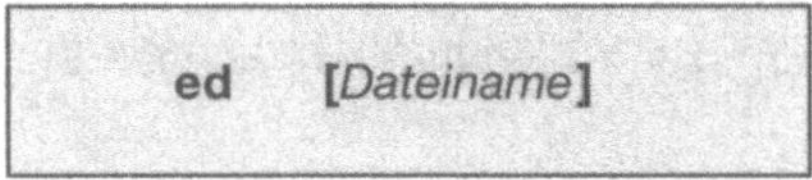

ed – Kommando, um Dateien zeilenweise zu editieren

Rufen wir z. B. die Datei mit den ›*cookies*‹ auf, so bekommen wir nur eine Zahl angezeigt:

Bild 3-73: Beispiel Aufruf des Editors ed

❑ Wird der **ed** mit einer **bestehenden Datei** aufgerufen, gibt er die Größe der Datei aus (**Byte-Anzahl** der Datei, entspricht etwa der Anzahl der Zeichen).

❑ Ist unter dem **angegebenen Namen noch keine Datei** vorhanden, wird ein **Fragezeichen** und der Dateiname angezeigt.

❑ Wurde der **ed ohne Angabe eines Dateinamens** aufgerufen, tut sich gar **nichts**. Aber keine Sorge, Ihr Terminal ist nicht blockiert.

Der **ed** unterscheidet zwei Verarbeitungsmodi:

❑ den **Kommandomodus** und

❑ den **Eingabemodus**.

Um Text einzufügen, muß erst durch ein entsprechendes Kommando in den **Eingabemodus** umgeschaltet werden. Um Text einzugeben, gibt es die Kommandos:

a	*append*	anhängen
i	*insert*	einfügen
c	*change*	ersetzen

Um wieder in den Kommandomodus umzuschalten, muß der **Eingabemodus** mit einem **Punkt am Anfang einer neuen Zeile abgeschlossen werden.**

Nach dem Aufruf von *ed* befinden Sie sich am Ende der Datei, d.h., die Datei wird von der Platte in einen **temporären Puffer** geschrieben (Bereich im Arbeitsspeicher des Rechners). Um sich z.B. den Inhalt der Datei anzuzeigen, muß man erst das Kommando dazu erteilen oder zumindest auf die 1. Zeile zurückgehen. Alle Änderungen und Ergänzungen, die Sie durchführen, werden vorerst nur in diesem temporären Puffer durchgeführt. Erst wenn Sie das **Kommando zum Rückschreiben** erteilen, wird die Datei auf der Platte ebenfalls geändert.

Wie sind Kommandos im Editor ed einzugeben?

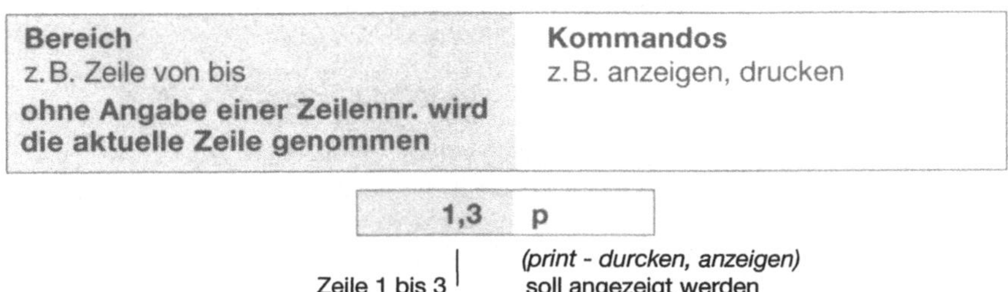

Bild 3-74: Kommandoeingabe im ed

Bei der Eingabe von Kommandos wird zuerst angegeben, für welchen Bereich sie zutreffen, erst dann wird das eigentliche Kommando eingegeben. Obige Zeile bedeutet also, daß die Zeile 1 bis 3 angezeigt werden soll. Wird kein Bereich angegeben, so bezieht sich das Kommando immer auf die aktuelle ›Arbeitszeile‹.

Wie können Sie den Bereich definieren?

Bereich	Beispiel	Bedeutung/Funktion
Zeilennummer	3	dritte Zeile der Datei
Zeilennr., Zeilennr.	1,3	Die Zeilen 1-3 werden bearbeitet
$	$	Steht für die letzte Zeile
.	.	Aktuelle Zeile
.,$	.,$	Von der aktuellen Zeile bis zum Ende der Datei
1,$	1,$	Steht für die gesamte Datei
Zeilennummer $	3,$	Alle Zeilen von Zeilennr. 3 bis zum Dateiende sollen bearbeitet werden
keine Angabe (nur Return-Taste)		die nächste Zeile wird angezeigt (Nach dem Aufruf die letzte Zeile)

Bild 3-75: Bereichsdefinition im ed

Um in einer Datei zu ändern, müssen wir natürlich auch die Berechtigung dazu haben. Sie erinnern sich an die Zugriffsrechte für den Benutzer, die Gruppe und die anderen, die nach *r (read – lesen)*, *w (write – schreiben)* und *x (execute – ausführen)* unterteilt waren. Sehen wir uns die Datei */usr/lib/cookies* mit **ls -l** an:

> *-rw-r--r--1   bin   bin   101699   Feb 8   /usr/lib/cookies*

Der ›normale Benutzer‹ darf diese Datei zwar lesen, aber nicht verändern. Sehen wir uns deshalb nur einige Zeilen an, und beenden das Programm wieder:

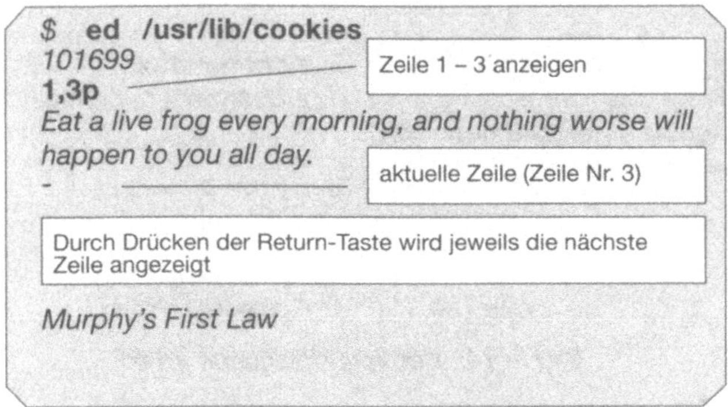

Bild 3-76: Beispiel Anzeige von Zeilen im ed

Um die Zeilennummer zu sehen, können Sie sich die Datei mit der Nummernangabe anzeigen lassen: Das Kommando hierzu lautet **n** *(numerierte Anzeige):*

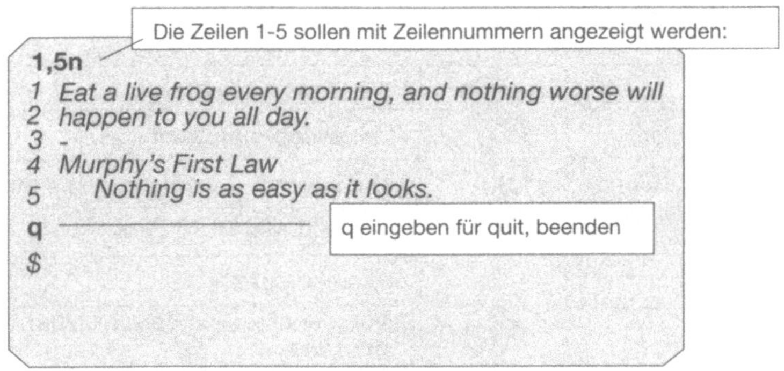

Bild 3-77: Beispiel Editor ed,
numerierte Dateianzeige und Beenden des Programms

Um den Editor zu beenden wird das Kommando **q** (quit) am Anfang einer Zeile eingegeben.

Welche Kommandos benötigen Sie?
(Auswahl von oft gebrauchten Kommandos)

Bisher haben wir nur einige Kommandos kennengelernt. Sie rufen den Editor in der Shell auf und müssen dann eigene Kommandos für den Editor eingeben, z.B. um sich eine Datei anzusehen oder nur bestimmte Zeilen. Die nachstehende Aufstellung gibt Ihnen einen Überblick, welche Kommandos Sie eingeben können.

Den Umgang mit einem Editor erlernen Sie am besten durch die Praxis. Erstellen wir deshalb in unserem Home-Directory eine eigene Sprüchedatei, die die oben enthaltenen Lebensweisheiten in deutsch ausgibt. Vielleicht kennen Sie auch noch ein paar nette Sprüche, die Sie ergänzen können?

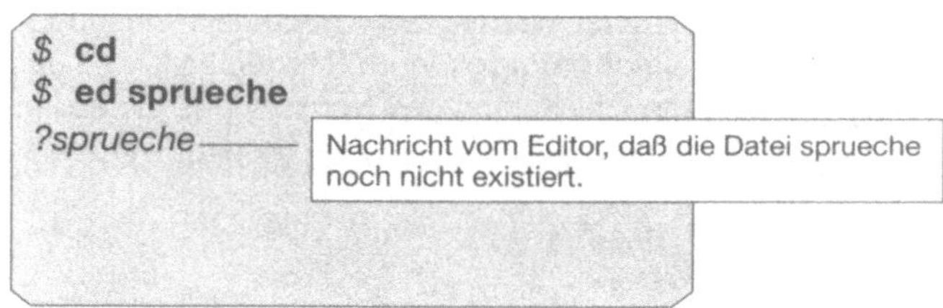

Bild 3-78: Beispiel Editor ed, Warnung nicht existierende Datei

Um Text einzufügen, müssen wir zuerst in den **Eingabemodus** umschalten. Obwohl in unserer Datei noch kein Text eingegeben ist, verwenden wir hier das Kommando **a** für append *(anhängen)*.

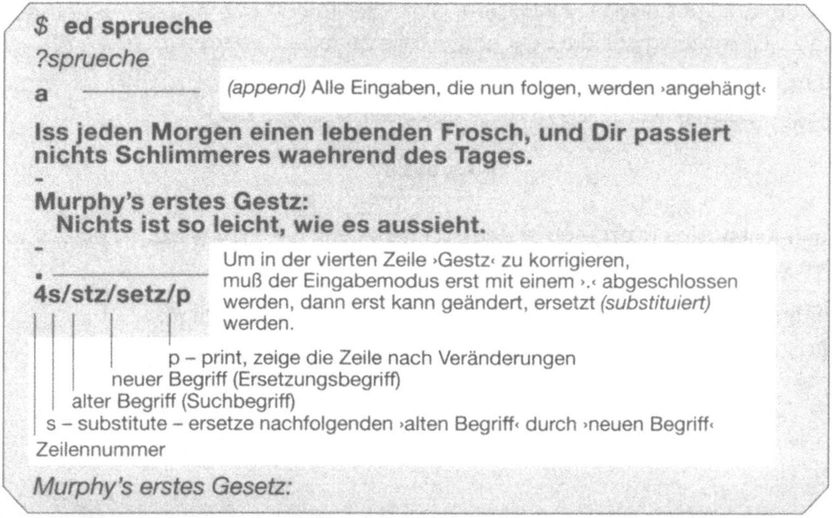

Bild 3-79: Beispiel Editor ed, Eingabe und Ersetzung (substitute)

Anfangs ist es etwas verwirrend zu erkennen, in welchem Modus man sich gerade befindet, im Eingabe- oder Kommandomodus.

▷ Achten Sie also darauf, daß Sie den Eingabemodus immer durch einen Punkt abschließen, bevor Sie das nächste Kommando eingeben!

Wie können Sie im ed korrigieren?

Innerhalb einer noch nicht ›abgesandten Zeile‹ können Sie mit der *Backspace*- und/oder *Delete-Taste* zeichenweise nach links löschen. Wenn Sie erst einmal mit der Return-Taste eine Zeile ›abgesandt‹ haben, ist das Korrigieren etwas umständlicher.

In dem zeilenorientierten Editor *ed* können Sie nur über entsprechende Kommandos **zeilenweise** korrigieren. Sie müssen jeweils die **falsche Zeichenfolge** *(alter Begriff)*, die ersetzt werden soll, nochmals eingeben und im Anschluß daran die **richtige Zeichenfolge** *(neuer Begriff)*. Falls es sich nicht um die aktuelle Zeile handelt, muß zu Beginn des Kommandos die Zeilennummer(n) mitgeteilt werden, die nach dem alten Begriff durchsucht werden soll(en):

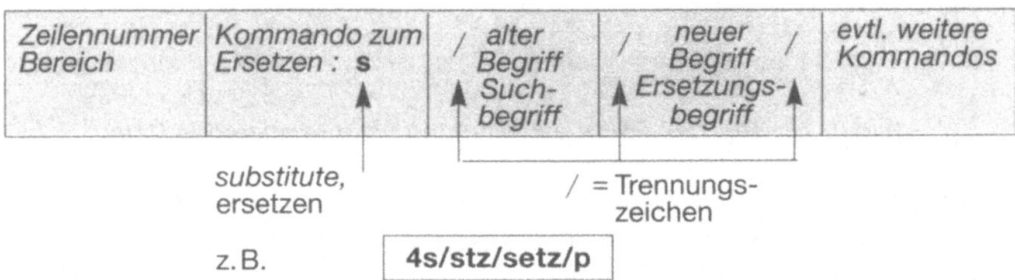

In dem obigen Beispiel soll in der 4. Zeile der Begriff ›stz‹ ersetzt werden durch ›setz‹. Gleichzeitig soll die berichtigte Zeile angezeigt werden *(p für print)*.

Achten Sie darauf, daß die Zeichenfolge eindeutig gekennzeichnet ist. In dem obigen Beispiel würde die Angabe des *alten Begriffes* mit

4s/st/set/

zunächst **erstes** in **ersetes** ändern, da der zuerst gefundene Begriff ersetzt werden würde.

Sehen Sie sich hierzu das Bild 3-79 auf Seite 125 nochmals an.

Um Zeilen **einzufügen**, wird das Kommando **i** *(insert)* verwendet:

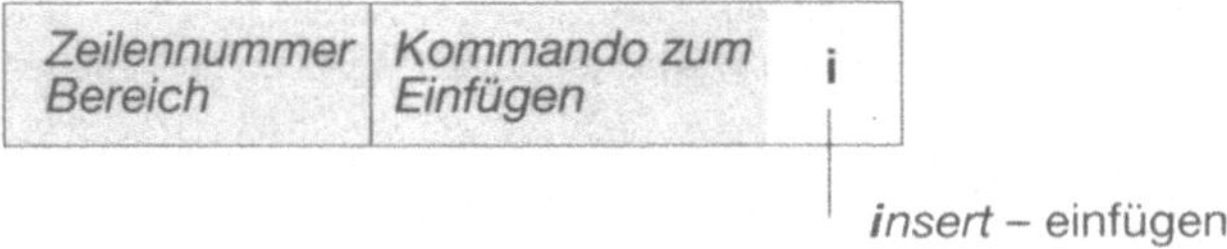

Üben wir an unserem Beispiel, wie Sie Zeilen in einen bereits geschriebenen Text einfügen *(insert)* und anschließend wieder am Ende des gesamten Textes weiterarbeiten können *(anhängen – append)*:

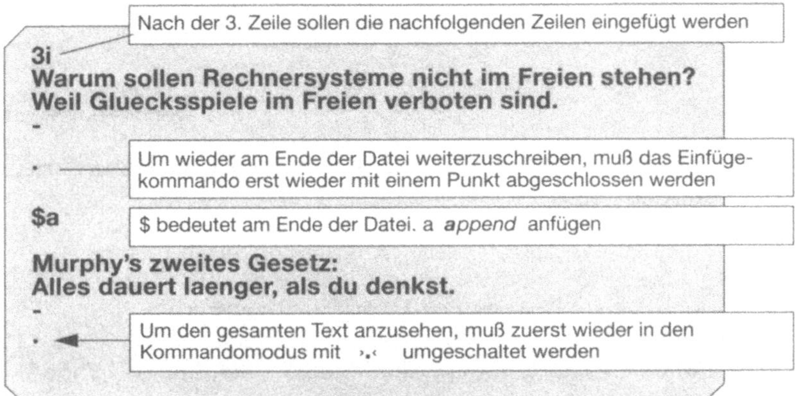

Bild 3-80: Beispiel Editor ed, Einfügen und Anhängen (insert, append)

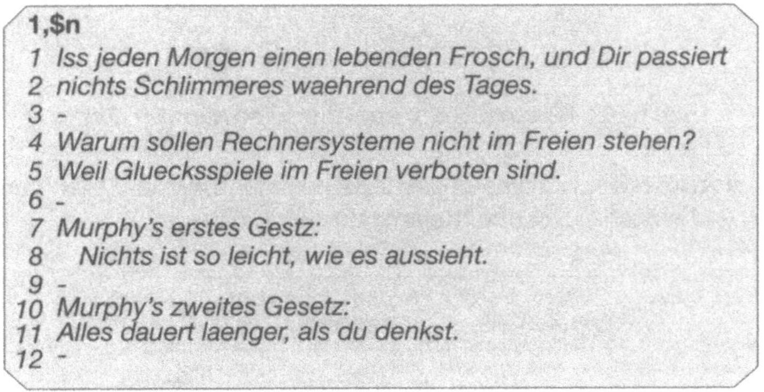

Bild 3-81: Beispiel Editor ed, Anzeige mit Zeilennummer

Um Zeilen zu überschreiben und zu ersetzen, wird das Kommando **c** (*change*) verwendet:

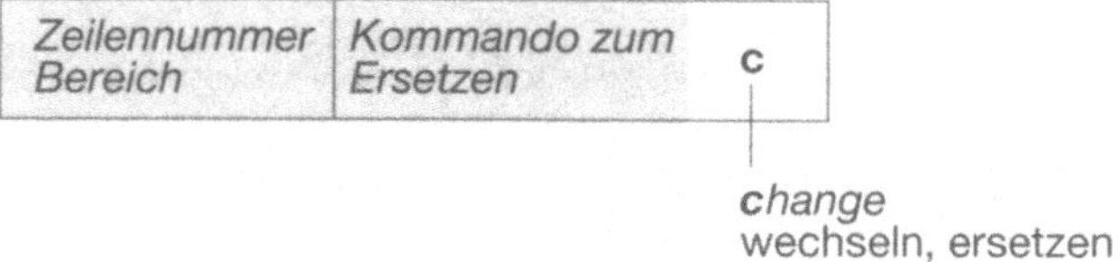

Um die ersten zwei Zeilen der Sprüche-Datei anders aufzubauen, müssen sie neu eingegeben werden:

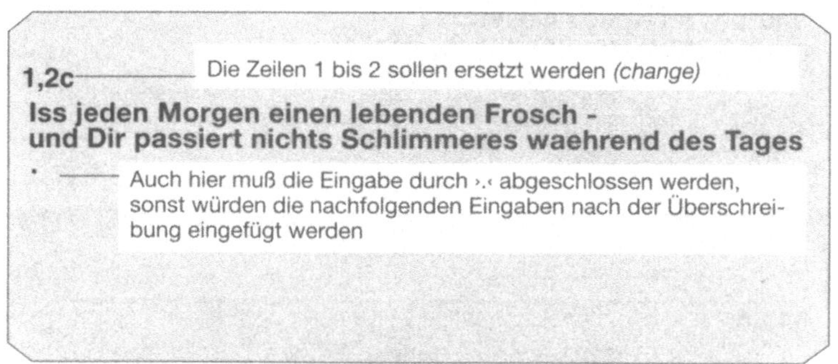

Bild 3-82: Beispiel Editor ed, Überschreiben von Zeilen

Um Zeilen zu löschen, wird zuerst die Zeilennummer bzw. der Zeilenbereich angegeben und anschließend das Kommando zum Löschen:

Um die Zeilen 3-6 zu löschen, wird eingegeben:

3,6d

Wie können Sie Zeilen im ed kopieren?

Bereich	Kommando(s)
z.B. Zeile von , bis	t *nach Zeile*

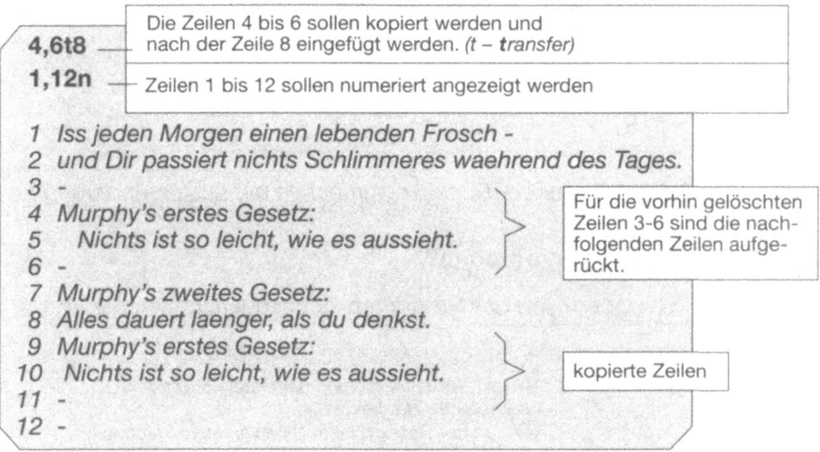

Bild 3-83: Beispiel Editor ed, Kopieren von Zeilen (t – transfer)

Es ist tatsächlich nichts so leicht, wie es aussieht. Nun ist die schöne Ordnung von Text und der Zwischenmarkierung mit dem Bindestrich durcheinander geraten. So unbequem der *ed*-Editor manchmal ist, es gibt dafür auch nützliche Kommandos. Zu ihnen gehört:

undo   **Rückgängigmachen der letzten Änderung.**

Um die **letzte Einfügung** (das Kopieren der Zeilen 4 bis 6 nach 8) rückgängig zu machen, genügt es, ein

u   als Kommando zu tippen:

Vergleichen Sie, ob wirklich die letzte Änderung rückgängig gemacht wurde:

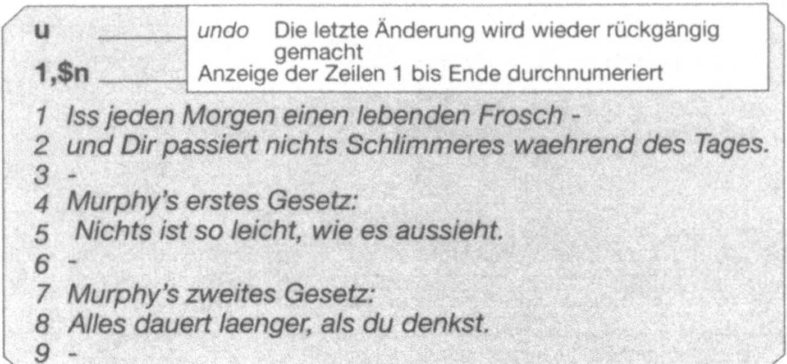

Bild 3-84: Beispiel Editor ed, Rückgängigmachen der letzten Änderung (undo)

Wie beenden Sie das Programm?

Um die Datei zu sichern und das Programm zu beenden, geben Sie ein:

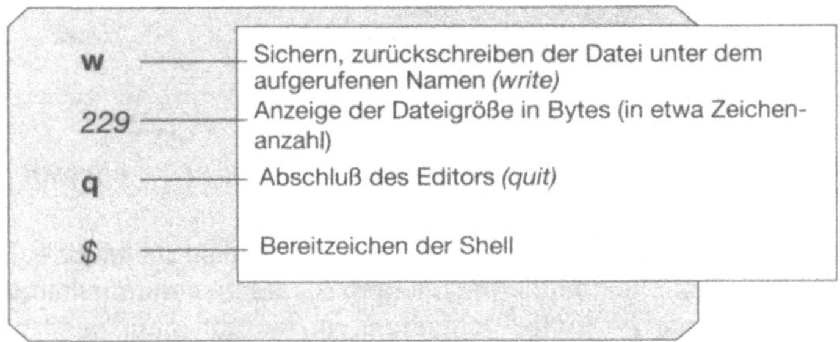

Bild 3-85: Beispiel Editor, Sichern der Datei und Beenden des Programmes

Sollten Sie vergessen haben, das **w** *(write – zurückschreiben, sichern)* einzugeben, können Sie mit **q** *(quit – beenden)* den Editor nicht verlassen. Sie bekommen als Nachricht vom Editor ein Fragezeichen, was so viel bedeuten soll wie:
Was soll das denn?

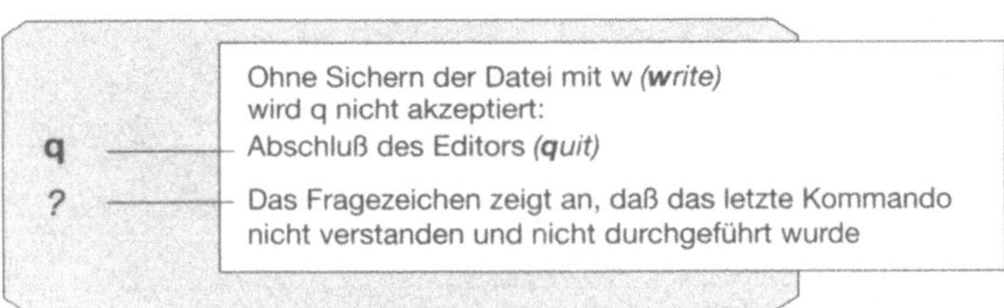

   Bild 3-86: Beispiel Editor ed, Beenden des Programms – fehlerhafte Eingabe

Wollen Sie, ohne die Datei zu sichern, den Editor beenden, so geben Sie ein *q!* ein (bei älteren Systemen mußte *Q* als Großbuchstabe eingegeben werden) oder Sie wiederholen die Eingabe von *q*. Beim zweiten Mal wird ›q‹ akzeptiert. Damit erzwingen Sie den Abbruch des Editors:

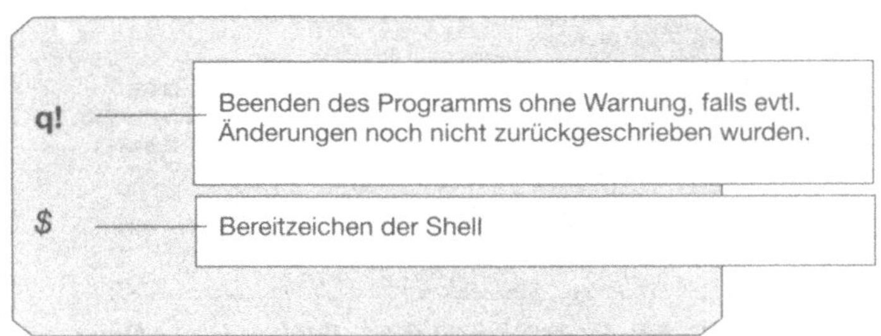

Bild 3-87: Beispiel Editor ed, Beenden des Programms – ohne Warnung bei nicht zurückgeschriebenen Dateien

Suchmechanismen im Editor ed

Wenn der Editor *ed* auch nicht besonders komfortabel ist, so haben Sie gesehen, er ist nicht schwer zu erlernen. Immerhin verwendet er bei den Abkürzungen etwas Mnemonik, angelehnt an englische Vokabeln. Mit etwas Übung werden Sie auch die ›nächsten Schritte‹ leicht aufnehmen, zumal Sie sich damit langwieriges Suchen in Dateien ersparen können.

Wie können Sie im ed nach Begriffen suchen?

Bisher hatten Sie als Bereich die Zeilennummer, bzw. Zeilennummern *von bis* angegeben. Um nach einem bestimmten Muster zu suchen, wird unter dem Bereich ein Suchmuster, begrenzt durch Schrägstriche oder Fragezeichen, eingesetzt. Die Schrägstriche gelten für Vorwärts-, die Fragezeichen für Rückwärts suchen.

Bereich		Kommando
/Suchmuster/ *?Suchmuster?*	Nach dem Suchmuster wird in der Datei vorwärts oder rückwärts gesucht	kann noch zusätzlich eingegeben werden

Soll der Suchvorgang mit dem gleichem Muster wiederholt werden, werden als Kommando nur die beiden Symbole angegeben: **//** für Vorwärts- oder **??** für Rückwärtssuchen.

Suchen wir in unserer kleinen Übung von vorhin nach Murphy:

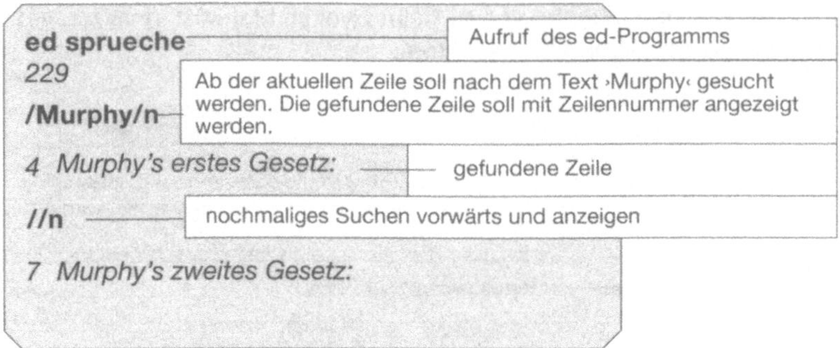

Bild 3-88: Beispiel: Editor ed, Suchen in der Datei mit ›//‹

Sie können also als Bereich ein Suchmuster angeben und anschließend ein Kommando anfügen.

Wie können Sie global in der gesamten Datei suchen und ersetzen?

Im vorherigen Beispiel wurde nach Begriffen gesucht. Das **s**-Kommando *(substitute ersetzen)* sucht ebenfalls nach einem bestimmten Muster. Setzen wir vor dieses Kommando als Bereichsangabe *1,$*, d.h., die gesamte Datei soll bearbeitet werden, so wird das Ersetzen für alle Zeilen erfolgen. Tritt jedoch innerhalb einer Zeile der Suchbegriff zweimal auf, so wird jeweils nur das erste gefundene Muster ersetzt. Sollen innerhalb der einzelnen Zeilen weitere gefundene Muster ersetzt werden, muß das Kennzeichen **g** *(global)* am Ende der Kommandozeile angefügt werden.

Bereich	Kommando
1,$	s/*alter Begriff*/*neuer Begriff*/**g**

Wenn Sie Terminals und Drucker haben, die den deutschen Zeichensatz enthalten, so könnten Sie die Umlaute mit *ae* in *ä* usw. ersetzen. Das Kommando hierfür ist **s** *(substitute)*. Das Kommando **s/ae/ä/g** bewirkt, daß alle ae in ä[*] umgewandelt werden.

 Doch Vorsicht! Wenn Sie global in einer Datei Umlaute wie *ae* in *ä* ändern, würde auch aus Michaela eine *Michäla* werden oder bei *oe* wird aus soeben *söben*. Umlaute sind deshalb besser schrittweise zu ersetzen!

---

[*]   Falls Sie nicht mit dem internationalen Zeichensatz arbeiten, müßte vor das ä ein Fluchtsymbol gesetzt werden, da dieses Zeichen unter dem ASCII-Zeichensatz als ›{‹ existiert und eine Sonderfunktion besitzt.

In unserem Beispiel riskieren wir eine globale Ersetzung:

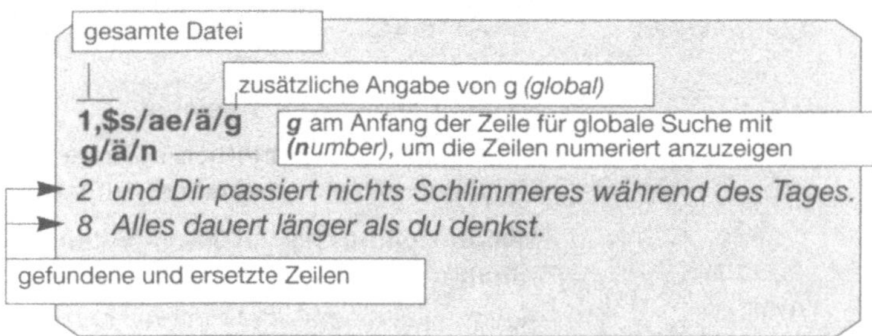

Bild 3-89: Beispiel: Editor ed, Suchen und Ersetzen global

Das **g** (*global*) kann, wie wir im obigen Beispiel sehen, auch als Suchoption vorangestellt werden und bewirkt, daß nicht nach dem ersten gefundenen Wert die Suche beendet ist, sondern die gesamte Datei durchsucht wird. Allerdings dürfen keine weiteren Kommandos außer **n** (numerische Anzeige) folgen.

Welche weiteren Metazeichen können Sie im Editor ed verwenden?

Ähnlich wie Sie es bereits in der Shell kennengelernt haben, gibt es auch im *ed* Metazeichen (Zeichen mit spezieller Bedeutung), mit deren Hilfe Sie nach bestimmten Begriffen suchen können. Allerdings haben unter *ed* einige Zeichen eine andere Bedeutung als unter der Shell.

▷ **Vorsicht – die Bedeutung der Metazeichen im *ed* ist anders als die der Metazeichen in der Shell!**

Verwirrend ist zusätzlich, daß eine Reihe von Sonderzeichen sogar innerhalb des *ed* **unterschiedliche Bedeutung** haben, je nachdem ob sie als **Suchbegriff, Kommando** oder als **Auswahlmenge in einer Klammer** stehen. Der Such- und Ersetzungsmechanismus des *ed* wird ebenfalls vom **sed** (*stream-oriented editor*) verwendet. Sowohl **vi, egrep** und **awk** bauen auf diesen Befehlen auf. Sie vergeuden also nicht Ihre Zeit, wenn Sie sich mit dem *ed* ernsthafter befassen. Zusätzlich erspart er Ihnen durch den mächtigen Ersetzungs- und Suchmechanismus eventuell viel Arbeit.

Bisher haben Sie schon gelernt, daß jeweils das Such- und/oder Ersetzungsmuster zwischen zwei Schrägstriche oder Fragezeichen gesetzt wird. Das Suchmuster kann nun zusätzliche Metazeichen beinhalten. Die gebräuchlichsten sind:

Übersicht einiger im ed (sed, grep und vi) verwendeten Metazeichen

Metazei-chen	Suchbeispiel	Bedeutung
.	/.d/	**Beliebiges einzelnes Zeichen** sucht nach allen Wörtern, die ein beliebiges Zeichen, gefolgt von einem d, enthalten
*	/m*/	**Wiederholung des vorangestellten Zeichens** sucht nach einem oder hintereinander mehrfach auftretenden ›m‹
	/.*m/	sucht nach Zeichenfolgen, in denen ein ›m‹ vorkommt
.*		steht für mehrere beliebige Zeichen
^	/^ */	**Nachfolgender Suchbegriff steht am Anfang einer Zeile** sucht nach einem oder mehreren Leerzeichen am Anfang einer Zeile
$	/DM$/	**Nachfolgender Suchbegriff steht am Ende einer Zeile** sucht nach einer Zeile, die mit DM endet
[ ]	/[a-z]/	**Suchen eines in der Klammer angegebenen Zeichens** sucht nach einem beliebigen Kleinbuchstaben (z. B. a oder b)
	/[137]/	sucht nach Ziffern 1, 3 oder 7
\		**Fluchtsymbol - Aufheben einer evtl. Sonderfunktion des nachfolgenden Zeichens** sucht nach einem ›*‹
	/ */	
&	s/Muster/&../	**Einsetzen des gefundenen Musters als neuen Begriff**
	s/Herr/&n/	ersetzt ›Herr‹ in ›Herrn‹

Bild 3-90: Metazeichen - reguläre Ausdrücke (ed, vi, sed und grep)

Einige Beispiele werden es verdeutlichen:

Wie können Sie die Trennungszeichen zwischen den einzelnen Sprüchen ersetzen durch ›*** Noch'n Gedicht *** ‹? Beachten Sie hierbei, daß evtl. die Minuszeichen auch mitten im Text stehen könnten und dort bestehen bleiben sollen!

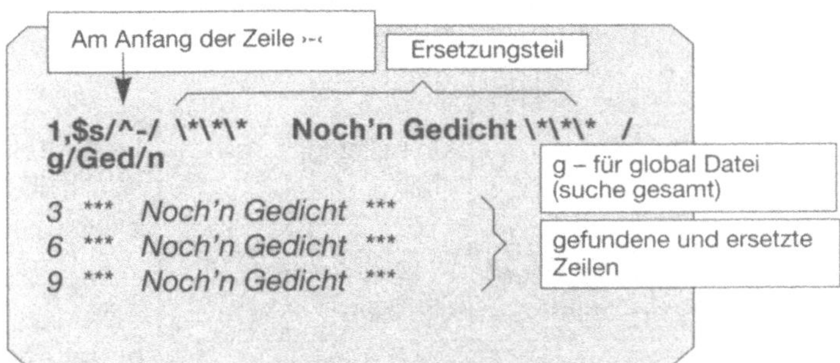

Bild 3-91: Beispiel Editor ed, Suchen und Ersetzen je am Anfang einer Zeile

Als nächstes Beispiel der Austausch von Gesetz in Gesetzestext:

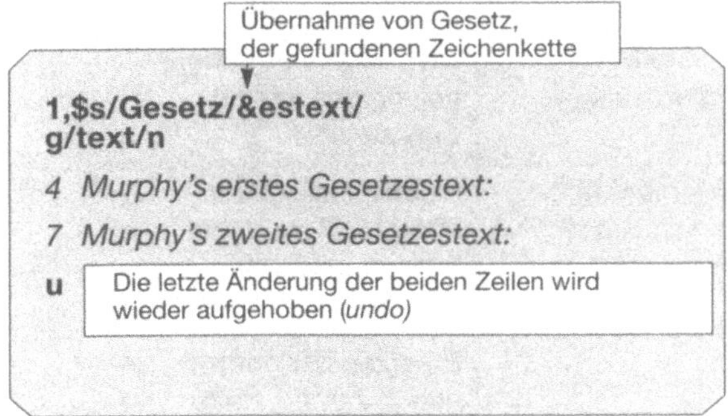

Bild 3-92: Beispiel Editor ed, Suchen und Ersetzen mit Übernahme
der gefundenen Zeichenkette

Wie Sie gesehen haben, ist der *ed* besser als sein Ruf. Ein Softwareentwickler, der auf verschiedenen UNIX-Systemen arbeitet, hat sogar einen wesentlichen Vorteil dieses Editors klar ausgesprochen. *›Der ed arbeitet wenigstens auf allen Systemen gleich gut, und ich muß nicht immer neue Befehle oder Funktionstasten lernen‹.*

3.3.4 Übersicht der Sonderzeichen und Kommandos im ed

Die nachstehende Übersicht soll Ihnen helfen, die unterschiedlichen Bedeutungen der Sonderzeichen zu beachten.

Zei-chen	Bedeutung im		
	Kommandomode (Zeilenbereich)	**Suchbereich und Ersetzungsteil // ??**	**Sonstiges:**
n,n	Zeilenangabe von bis	-	-
.	aktuelle Zeile im Arbeitspuffer	ein beliebiges Zeichen	**Im Eingabemodus:** Abschluß der Eingabe
$	Ende des Arbeitspuffers (letzte Zeile)	Ende der zu suchenden Zeile	
^	-	Anfang der zu suchenden Zeile	**In der Klammerung** [^] als Negation (alle Zeichen außer..)
*****	-	beliebige Wiederholung des vorherigen Zeichens	-
//	Markierung des Such- und Ersetzungsbereichs	vorwärts Suchen ohne Muster, Wiederholung des letzten Suchbefehls	-
??	Markierung des Such- und Ersetzungsbereichs	rückwärts Suchen ohne Muster, Wiederholung des letzten Suchbefehls	-
&	-	Ersetzen der gefundenen Zeichenkette	-
[ ]	-	Markierung einer Zeichenauswahl	-

Bild 3-93: Sonderzeichen im Editor

Zusammenfassung der wichtigsten Kommandos im ed

Verwendung	Befehl/ Beispiel	Bedeutung
Aufruf	ed *Datei*	Von der angegebenen Datei wird eine Kopie in den Arbeitsspeicher geladen
	ed **sprueche**	Es wird nur die Anzahl der Bytes angezeigt
Positionieren bzw. Angabe des Bereichs	*n* 3	Der Arbeitszeiger wird auf die Zeile *n*, im Beispiel Zeile 3, positioniert
	n1,n2 **Kommando** 2,5p	Das Kommando betrifft den Bereich *n1* bis *n2* Die Zeilen 2 bis 5 sollen angezeigt (*print*) werden
	n,$d	Von Zeile *n* bis Ende der Datei löschen (*delete*)
	4,$n	Zeile 4 bis Ende der Datei wird mit der lfd. Nummer angezeigt
	.n	Die aktuelle Zeile wird mit der lfd. Nr. angezeigt
Umschalten in den Eingabe-modus	a	Text wird nach der aktuellen Zeile als neue Zeilen *angehängt (append)*
	n a 3a	Nach Zeile *n*, im Beispiel Zeile 3, Text als neue Zeile anhängen
	i *n*i 1i	*(insert)* Text als neue Zeilen vor der aktuellen Zeile einfügen, bzw. vor Zeile *n* Beispiel vor Zeile 1
	c 5c	(change) Die aktuelle Zeile wird ersetzt bzw. als Beispiel wird die Zeile 5 ersetzt. Wird mehr als eine Zeile Text eingegeben, werden die weiteren Zeilen eingefügt.
Beenden des Eingabemodus	.	Am Anfang einer Zeile beendet er den Eingabemodus.
Suchen	/*Muster*/	Nach dem Begriff/Muster wird in der Datei **vorwärts** gesucht
	?*Muster*?	**rückwärts** gesucht
	// ??	Zuletzt gesuchtes Muster vorwärts suchen bzw. rückwärts suchen
Ersetzen	s/*alt*/*neu*/	*substitute - ersetzen* In der aktuellen Zeile wird das erste Auftreten von *alt* durch *neu* ersetzt
	1,$s/alt/neu/g	In der gesamten Datei (1,$) wird jedes Vorkommen von *alt* durch *neu* ersetzt (**g**lobal – d.h., auch mehrfach in einer Zeile)
Löschen von Zeilen	d	(*delete*) löscht die aktuelle Zeile
	3d	Zeile 3 wird gelöscht
	4,6d	Zeilen 4 bis 6 werden gelöscht
Rückgängig machen	u	(*undo*) Der zuletzt eingegebene Befehl wird *ungeschehen* gemacht
Beenden von ed	w [*Datei*]	(*write*) Zurückschreiben des Arbeitspuffers in die beim Aufruf bzw. in mit **w** angegebene Datei
	q	(*quit*) Beenden. Falls die Datei noch nicht mit w gesichert wurde, wird eine Warnung ausgegeben
	q!	Beenden von ed ohne Sicherung

3.3.5 Übersicht der wesentlichen Eigenschaften des Editors vi

Der *vi* gehören zu den mächtigsten Editoren, die unter UNIX verfügbar sind. Im Kommandoaufbau sind viele Parallelen zum *ed* zu erkennen. Ein wesentlicher Vorteil zum *ed* – Sie sehen den zu bearbeitenden Text auf dem Bildschirm und können mit Hilfe der Cursortasten

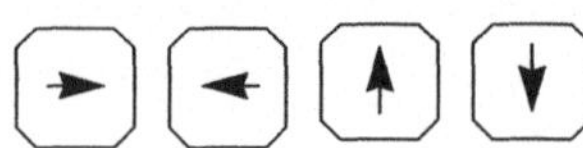

jeweils zu der betreffenden Stelle wandern. Die Cursortasten dürfen allerdings nicht im Eingabemodus verwendet werden.Wie im *ed* gibt es unterschiedliche Modi:

> den Kommandomodus,
> den Eingabemodus
> und einen *ed*-ähnlichen Modus.

Um Text einzufügen, müssen Sie erst durch ein entsprechendes Kommando in den **Eingabemodus** umschalten. Die Texteingabe kann eingeschaltet werden durch die Kommandos:

Kommando	Ableitung von	Bedeutung
A,a	*append*	Anhängen ans Zeilenende bzw. hinter dem Cursor
I,i	*insert*	Einfügen am Zeilenanfang bzw. vor dem Cursor
R	*replace*	Ersetzen ab Cursor
O,o	*open*	Neue Zeile über bzw. unter der aktuellen Zeile einfügen

Der Eingabemodus wird durch die Funktionstaste Escape

abgeschlossen. Fehlt die Escape-Taste auf Ihrer Tastatur, so kann die gleiche Funktion meistens auch durch die Tastenkombination ›ALT-2-7‹ erreicht werden, wobei zuerst die Alt-Taste gedrückt wird und dann nacheinander die Nummern auf der numerischen Tastatur eingegeben werden.

Wie der *ed* arbeitet auch der *vi* auf einem Arbeitspuffer. Alle erfolgten Änderungen müssen durch ein Sicherungskommando in die Originaldatei zurückgeschrieben werden. Die Kommandos zum Sichern und Beenden des *vi* lauten:

Kommando	Ableitung von	Bedeutung/ Funktion
:w	*write*	Rückschreiben des Arbeitspuffers auf die Platte
:q	*quit*	Beenden des *vi* mit Warnung, falls noch nicht zurückgeschrieben wurde
:q!	*quit*	Beenden des *vi* ohne Warnung
ZZ	*Ende des Alphabets*	Zurückschreiben des Arbeitspuffers und Beenden des *vi*

Sehen wir uns eine kurze ›Sitzung‹ im *vi* an:

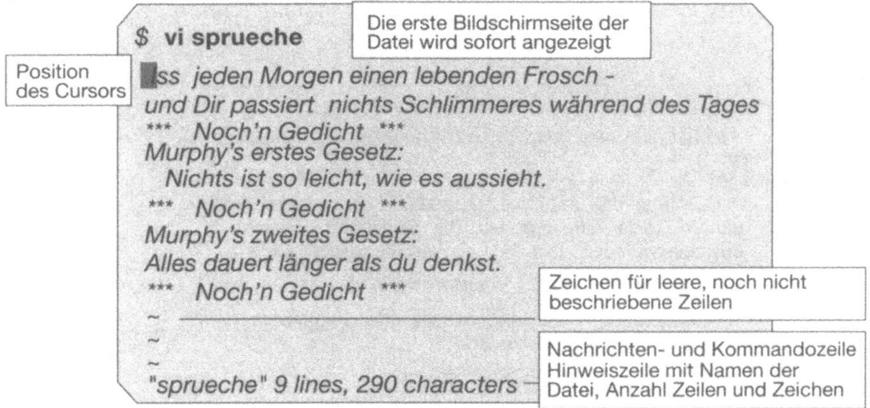

Bild 3-94: Beispiel Aufruf vi

Dieser Text weist ein paar Unschönheiten auf. In der 2. Zeile fehlt am Ende des Satzes ein Punkt. Außerdem handelt es sich hier nicht um Gedichte, sondern um Sprüche. Mit diesen Korrekturen können die Möglichkeiten zur schnellen und einfachen Korrektur im *vi* gut demonstriert werden. Um Ihnen auf unseren Beispiel-Bildschirmen anzuzeigen, daß der Cursor bewegt wurde, ist

die alte Position des Cursors mit []
die neue Position mit ■

dargestellt.

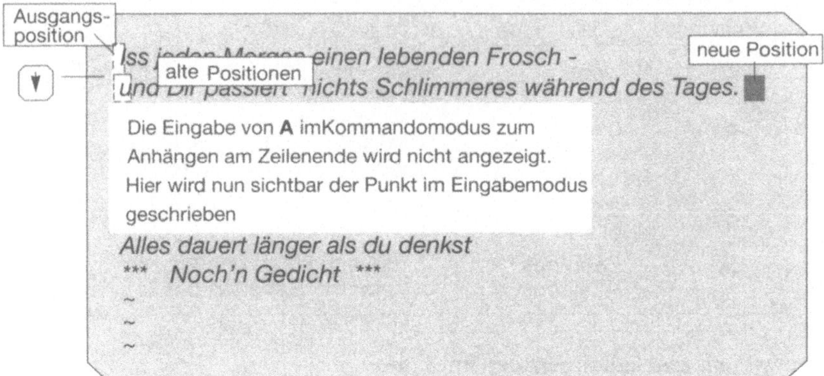

Bild 3-95: Beispiel Korrekturen im vi: Anhängen am Ende der Zeile

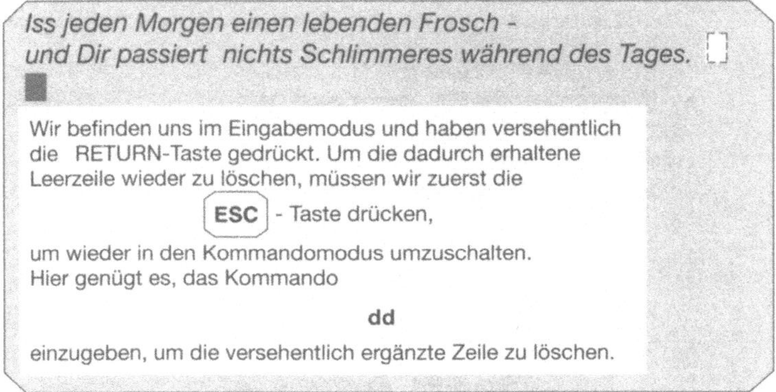

Bild 3-96: Beispiel Korrekturen im vi: Umschalten in den Kommandomodus
Löschen einer Zeile

Um nun ›Gedicht‹ in ›Spruch‹ abzuändern, wollen wir an diesem Beispiel mehrere Möglichkeiten demonstrieren:

1. Ersetzen durch das Kommando **R** *(Replace)*

2. Ersetzen durch das Kommando **cw** *(change word)*

3. Suchen und Ersetzen mit den uns schon bekannten Ersetzungsmechanismen vom *ed*.

Iss jeden Morgen einen lebenden Frosch -
und Dir passiert nichts Schlimmeres während des Tages.
**** Noch'n Gedicht ****

Wichtig ist, daß Sie jeweils erst im Kommandomodus an die zu
ersetzende Stelle wandern, und dann erst in den Eingabe- oder
Ersetzungsmodus umschalten. Mit dem Kommando

R   wird sichtbar der Text überschrieben
             Nach Eingabe von Spruch sieht unsere Zeile
             wie folgt aus:

**** Noch'n Sprucht ****

Mit der   **ESC**   - Taste   schalten wir wieder in den Befehls-
                    modus um.

Bild 3-97: Beispiel Korrekturen im vi: Ersetzen durch Kommando R

Iss jeden Morgen einen lebenden Frosch -
und Dir passiert nichts Schlimmeres während des Tages..
**** Noch'n Spruch ****

Um einzelne Zeichen zu löschen, gibt es das Kommando

x

Hier wird   das in unserem Beispiel übriggebliebene ›t‹ aus ›Gedicht‹
gelöscht. Die Zeile sieht dann wie folgt aus:

**** Noch'n Spruch ****
~
~

Bild 3-98: Beispiel Korrekturen im vi: Löschen eines Zeichens mit x

Sie sehen, im *vi* ist das Korrigieren von Texten wesentlich einfacher und komfortabler als im *ed*. Abgesehen von den Cursortasten, mit denen Sie zu einer beliebigen Stelle in der gesamten Datei wandern können, stehen Ihnen im *vi* **Objekte**
zur Verfügung, wie z.B.:

Zeichen   **Wort**
Zeile   **Satz** (bis zum nächsten Punkt, ! oder ?)
Klammern (auf – zu)

Solche Objekte können Sie suchen, löschen und ersetzen.

Die vorangegangene Änderung läßt sich damit noch einfacher durchführen:

*Iss jeden Morgen einen lebenden Frosch -
und Dir passiert nichts Schlimmeres während des Tages..*
**** Noch'n Gedicht ****

Sie können, um an die zu ändernde Stelle im Text zu gelangen, mit
dem Cursor wandern oder den Befehl

  w für wortweises Vorrücken

verwenden. Das Kommando

  cw ersetzt nur das nachfolgende Wort, das durch ein
     $ am Ende gekennzeichnet ist (statt des letzten
     Buchstabens):

     Gedich$

     weitere Eingaben werden eingefügt.

Überschreiben wir das Wort und schließen die Eingabe mit

  ESC ab.

Unsere Zeile erscheint dann richtig auf dem Bildschirm:
**** Noch'n Spruch   ****

*Bild 3-99: Beispiel Korrekturen im vi: wortweise Vorrücken
Ersetzen (Überschreiben) eines Wortes*

Die Kommandos

c	*(change)*	ersetzen
d	*(delete)*	löschen
y	*(yank)*	speichern

können nur in Verbindung mit unterschiedlichen Objekten kombiniert werden.
Die Objekte werden wie folgt gekennzeichnet *(Auswahl der am meisten benötigten Objekte)*:

Leertaste	*(blank)*	Einzelnes Zeichen
W	*(word)*	Wort mit Sonderzeichen wie ', *, "
w		Wort ohne Sonderzeichen
G	*(global)*	Ab Cursorposition bis zum Ende der Datei (Arbeitspuffer)
^		Anfang der aktuellen Zeile
$		Ende der aktuellen Zeile
(		Anfang des aktuellen Satzes
)		Ende des aktuellen Satzes

Wenn Sie die Objekte ohne Kommando angeben, können Sie damit den Cursor
positionieren. Mit der *Leertaste* bewegen Sie im Kommandomodus den Cursor
zeichenweise vorwärts, mit **w** wortweise. Geben Sie das **$**-Zeichen an, springt

der Cursor an das Ende der Zeile. Mit **(** wird der Cursor an den Anfang des Satzes zurückgesetzt.

Wie können Sie Kommandos im vi mit Objekten kombinieren?

Kommando	Wiederholungsfaktor	Objektart

Zum Beispiel:

dW							Löscht das nachfolgende Wort
d3W oder **3dW**	Löscht die nachfolgenden 3 Wörter
d)							Löscht bis zum Ende des aktuellen Satzes

Wie im *ed* gibt es auch im *vi* das hilfreiche Kommando

u							(*u*ndo – *ungeschehen machen*) was gerade
							bei versehentlichem Löschen beruhigend ist.

Zusätzlich wird im vi das im Text Gelöschte in einen Löschpuffer gespeichert. Mit dem Kommando

p							(*p*aste – *überkleben, einfügen*)
							wird das zuletzt Gelöschte nach der
							Cursorposition eingefügt

Bis zu 9 Löschungen können im vi in unterschiedliche Löschpuffer geschrieben und zurückgeholt werden. Das Kommando wird dann mit

"*n*p						aufgerufen, wobei *n* jeweils die Nummer der
							n-letzten Löschung darstellt, p ohne Angabe
							entspricht der letzten (jeweils 1.) Löschung,

"2p						entspricht dem an vorletzter Stelle Gelöschten,
							also der 2. Löschung.

Unbedingt die doppelten Anführungszeichen mit angeben!

Der *vi* bietet für größere Änderungen zusätzlich den **ex-Editor**, der letztlich eine Weiterentwicklung des *ed* ist. Die Kommandos für den *ex*-Editor werden mit einem **:** eingeleitet. Hierzu gehören demnach auch die Ihnen bereits bekannten Befehle für write und quit (**:w**, **:q**). Schreiben Sie im Kommandomodus einen Doppelpunkt, so springt der Cursor auf die letzte Zeile am Bildschirm und erwartet ein *ex*-Kommando. Um in unserem Beispiel alle vorhandenen Wörter ›Gedicht‹ mit ›Spruch‹ zu ersetzen, können wir, wie im *ed* bereits gelernt, folgenden Befehl geben:

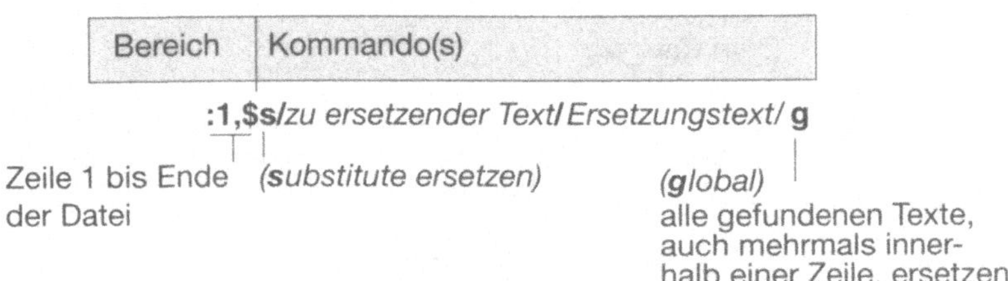

Bild 3-100: Beispiel Aufruf vi: Suchen und Ersetzen im ex-Modus: s/alt/neu/

Diese Beschreibung kann Ihnen nur eine kurze Übersicht der wichtigsten Kommandos im *vi* geben, deshalb sollen diese Beispiele genügen, um Ihnen die Vorgehensweise im *vi* zu zeigen. Am schwierigsten erscheint am Anfang der Wechsel zwischen Kommando- und Eingabemodus. Um sicher zu sein, daß Sie sich im Kommandomodus befinden, können Sie die

ESC - Taste

drücken. Waren Sie bereits im Kommandomodus, ertönt ein Klingelzeichen *(Bell).* Es bedeutet generell, daß Sie eine fehlerhafte Eingabe gemacht haben, oder eine Begrenzung erreicht haben *(Ende der Zeile* oder *Ende der Datei* bei Cursortasten etc.*).*

Verlassen wir nun den *vi*. Die einfachste und sicherste Methode ist, den *vi* mit dem Kommando

ZZ

abzuschließen:

```
Iss jeden Morgen einen lebenden Frosch -
und Dir passiert nichts Schlimmeres während des Tages.
*** Noch'n Spruch ***
Murphy's erstes Gesetz:
 Nichts ist so leicht, wie es aussieht.
*** Noch'n Spruch ***
Murphy's zweites Gesetz:
Alles dauert länger als du denkst.
*** Noch'n Spruch ***
~
ZZ
"sprueche" 9 lines, 289 characters
$
```

Durch das Kommando ZZ wird der Arbeitspuffer auf die beim Aufruf angegebene Datei zurückgeschrieben. Als Rückmeldung wird die Anzahl der Zeilen und Zeichen angezeigt.

Bild 3-101: Beenden des vi

Im *vi* gelten im übrigen die gleichen Metazeichen, wie im *ed* (Bild 3-90 auf Seite 134).

Lassen Sie sich nicht durch die vielen Befehle und teilweise unterschiedlichen Funktionen einiger Tasten entmutigen. Sie werden feststellen, daß Sie durch Befehlskombinationen mit Objekten schnell und effizient arbeiten können. – Übung macht den Meister!

Die nachstehende Übersicht der in der Praxis am häufigsten verwendeten Kommandos soll Ihnen eine Hilfe sein, um den *vi* im Selbststudium zu erarbeiten.

3.3.6 Übersicht der häufig benutzten vi-Kommandos

Verwendung	Befehl/ Beispiel	Bedeutung
Aufruf	**vi** *Datei* vi sprueche	Von der angegebenen Datei wird eine Kopie in den Arbeitsspeicher geladen
Beenden	:w [*Datei*]	Schreibt in die beim Aufruf oder bei :w angegebene Datei zurück
	:q	Beendet den vi mit Warnung, falls noch nicht zurückgeschrieben wurde
	:q!	Beendet den vi **ohne Warnung,** falls vorher noch nicht gesichert (:w) wurde
	ZZ	Sichert (schreibt den Arbeitspuffer zurück) und beendet den vi
Cursor positionieren		Bewegung des Cursors durch die Cursortasten oder den angegeben Buchstaben
	→ oder l	l wie *ludwig* nach **rechts**
	← oder h	h nach **links**
	↓ oder j	j nach **unten**
	↑ oder k	k nach **oben**
	W oder **w**	Vorwärts gehen um ein **W**ort (Wortanfang, -ende)
	B oder **b**	(*backwards*) rückwärts gehen um ein Wort
	$	Zum Zeilenende gehen
	^	Zum Zeilenanfang gehen
	(	Zum Satzanfang
	)	Zum Satzende
	*n*G	Gehe zur n-ten Zeile
	1G	Go Gehe zur **Zeile 1 – Dateianfang**
	4G	Gehe zur 4. Zeile
	G	Gehe zum **Ende** der Datei
Blättern	CTRL + f	Blättert eine Bildschirmseite vor
	CTRL + g	Blättert eine Bildschirmseite zurück

Verwendung	Befehl/ Beispiel	Bedeutung
Wechsel in den Eingabe-modus	A	*append* Text anhängen am **Zeilenende**
	a	**nach** dem Cursor
	I	*insert* Text einfügen am **Zeilenanfang**
	i	**vor** dem Cursor
	o	*open* Fügt eine Zeile **unterhalb** des Cursor ein
	O	**oberhalb** des Cursor ein
	R	*replace* Bestehende Zeichen ab Cursorposition ersetzen
	c *Objekt*	*change* Ersetzt das nachfolgende Objekt:
	cw	*change* **word** nachfolgendes Wort
	cG	Ersetzt den nachfolgenden Text bis zum Ende der Datei
	c^	Ersetzt vom Anfang der Zeile bis zur Cursorposition
	c$	Ersetzt von der Cursorposition bis zum Ende der Zeile
	c(	Ersetzt vom Anfang des Satzes bis Cursorposition
	c)	Ersetzt von der Cursorposition bis zum Satzende
Abschluß des Eingabe-modus	ESC	Schließt die Eingabe ab und wechselt in den Kommandomodus
Löschen	x	*durch-x-en (durchstreichen)* Löscht das aktuelle Zeichen, auf dem der Cursor steht
	d *Objekt*	*delete* Löscht das nachfolgende Objekt:
	dw	das nachfolgende Wort
	dG	nachfolgenden Text bis zum Ende der Datei

Verwendung	Befehl/ Beispiel	Bedeutung
Löschen *Fortsetzung*	**d^**	Anfang der Zeile bis zur Cursorposition
	d$	ab Cursorposition bis zum Zeilenende
	d(	vom Anfang des Satzes bis zur Cursorposition
	d)	von der Cursorposition bis zum Ende des Satzes
	dd	die aktuelle Zeile
	nd	*n* Anzahl Zeilen
	3d	3 Zeilen
Übernahme aus dem Puffer	**p**	*paste (einsetzen)* Fügt das zuletzt Gelöschte (oder Gespeicherte) nach der Cursorposition ein
	"np **"nP**	Fügt die *n*-te Speicherung/Löschung nach (P oberhalb) der Cursorposition ein
	"4p	z.B. die 4-letzte Löschung
	xp	Vertauscht 2 Buchstaben an der Cursorposition (z.B. hc in ch)
Rückgängig machen	**u**	*undo* Das zuletzt durchgeführte Kommando wird ›*ungeschehen*‹ gemacht
	U	Die aktuelle Zeile wird aus der Originaldatei wiederhergestellt
Speichern und Einfügen	**Y** *oder* **yy**	*yank* Setzt die aktuelle Zeile in den Speicherpuffer
	p	Fügt die letzte Speicherung/Löschung nach der aktuellen Zeile ein
	"[a-z]y*Objekt*	Speichert das angegebene Objekt in den Puffer (a-z)
	"ayw	Speichert das Wort, auf dem der Cursor steht, in den Pufferspeicher ›a‹
	"[a-z]p	*paste* Fügt den Inhalt des Pufferspeichers (a-z) nach der Cursorposition ein
	"ap	Fügt den Inhalt des Pufferspeichers a nach der Cursorposition ein
	Vorsicht! Anführungszeichen nicht vergessen!	Ohne Anführungszeichen würde **a** für *append* ausgeführt

Verwendung	Befehl/ Beispiel	Bedeutung
Suchen in der gesamten Datei	*/Suchbegriff*	Sucht nach dem angegebenen Muster vorwärts
	/	Wiederholt den letzten Suchvorgang (vorwärts)
	?Suchbegriff	Sucht nach dem angegebenen Muster rückwärts
	?	Wiederholt den letzten Suchvorgang (rückwärts)
	%	Wenn der Cursor auf einer Klammer steht, sucht dieses Kommando die dazugehörige schließende oder öffnende Klammer
Suchen in der aktuellen Zeile	f*x* F*x*	*find* Sucht in der aktuellen Zeile nach dem Zeichen *x* vorwärts (f) rückwärts (F)
	;	Wiederholt den letzten Suchvorgang
Korrekturmöglichkeiten im Eingabemodus	BS	Backspace oder Delete
	CTRL + h	löscht das zuletzt eingegebene Zeichen
	CTRL + w	löscht das zuletzt eingegebene Wort
	CTRL + x	löscht die zuletzt eingegebene Zeile
UNIX-Kommando	:!*Kommando* :!date	Führt den angegebenen Befehl aus. Gibt das Datum und Uhrzeit auf der untersten Bildschirmzeile aus. Die editierte Datei wird dadurch nicht verändert. Mit der Returntaste kehren Sie zum vi zurück
Sonstiges	CTRL + l :r*Datei*	*Buchstabe klein L* Bereitet den Bildschirm neu auf *read* Liest die angegebene Datei in den Arbeitspuffer und fügt sie nach der Cursorzeile ein
	:r!*Kommando*	Führt das angegebene Kommando aus und fügt das Ergebnis hinter der aktuellen Zeile ein
	J	*join* Fügt die aktuelle Zeile mit der nachfolgenden Zeile zusammen

Besonderheiten im vi

Im *vi* besteht zusätzlich die Möglichkeit, nützliche Optionen für die Verarbeitung voreinzustellen. Diese Optionen können zu Beginn der Sitzung, also nach dem

Aufruf   **vi** *Dateiname*
durch das Kommando   **:set**

eingegeben werden. Von den über 30 Optionen sind hier nur einige besonders praktische herausgesucht:

Kommando	Bedeutung
:set redraw	Änderungen werden am Bildschirm sofort nachvollzogen. Ausnahmen sind Korrekturen im Eingabemodus - meist als Default eingestellt
:set nore	Setzt die obige Funktion zurück
:set wm=n	*wrap margin - Zeilenumbruch* Mit Angabe von *n* Anzahl Zeichen wird automatisch ein Zeilenumbruch vorgenommen, sobald die maximale Zeilenlänge der Anzahl Zeichen erreicht wurde
:set wm=0	Hiermit erfolgt kein automatischer Zeilenumbruch
:set nu	*number* Die Datei wird mit laufender Zeilennummer angezeigt
:set nonu	Setzt die obige Funktion zurück
:set showmode	Hiermit wird in der letzten Bildschirmzeile beim Eingabemodus der Hinweis ›Input Mode‹ angezeigt
:set nomagic	Die Sonderzeichen ., [ ] und * haben dann keine Sonderbedeutung mehr, d.h., bei dem Such- und Ersetzungsmechanismus des *ex*-Modus werden sie nicht als Metazeichen behandelt. Z.B. gilt der Stern nicht mehr als Wiederholungsfaktor, sondern wird als Stern erkannt.
:set magic	Setzt die obige Funktion zurück
:set all	Zeigt alle eingestellten Parameter an

Alternativ können die Optionen auch in der Datei **$HOME/.exrc** gespeichert werden. Diese Datei wird beim Start von *vi* gelesen. Die Kommandos werden dann **ohne** ›:‹ eingegeben. Mehrere Angaben können in einer Zeile stehen.

z.B. **set number showmode**

Eine weitere Möglichkeit ist, die Optionen der Variablen **EXINIT** mitzugeben:

EXINIT="set number showmode"
export EXINIT

Im *vi* können Sie sich eigene Abkürzungen setzen und sogar Befehlsfolgen speichern und damit eigene Funktionstasten belegen. Doch dies nur als Anmerkung für diejenigen von Ihnen, die den *vi* mit allen Raffinessen erlernen möchten. Im Literaturverzeichnis finden Sie Hinweise über weitergehende Literatur.

3.3.7 Der batchorientierte Editor sed

Zum Abschluß der ›kryptischen‹ Editoren noch kurz ein Blick in den *sed*:

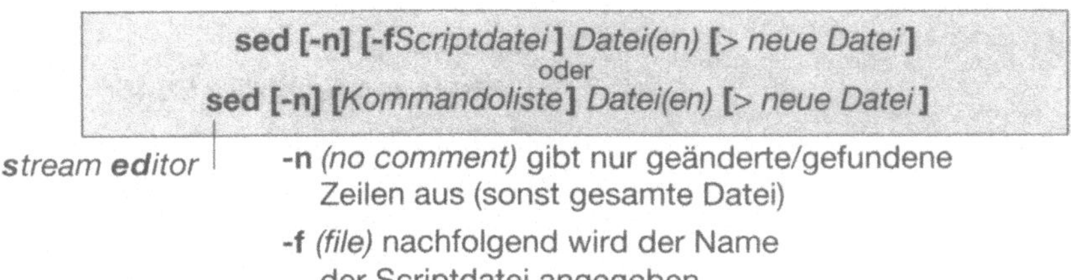

sed [-n] [-f*Scriptdatei*] *Datei(en)* [> *neue Datei*]
oder
sed [-n] [*Kommandoliste*] *Datei(en)* [> *neue Datei*]

*stream ed*itor
   -n *(no comment)* gibt nur geänderte/gefundene Zeilen aus (sonst gesamte Datei)

   -f *(file)* nachfolgend wird der Name der Scriptdatei angegeben

sed – Kommando, um Dateien im batch zu bearbeiten

Sie brauchen hierfür eigentlich nichts Neues mehr zu lernen. Er hat in etwa die gleichen Befehle wie der *ed* (bzw. *vi* im ex-Modus). Batchorientiert bedeutet, daß dieser Editor eine Datei sequentiell (eine Zeile nach der anderen) bearbeitet. Die durchzuführenden Befehle werden zu Beginn entweder in eine Script-Datei geschrieben oder direkt beim Aufruf mitgegeben. Beim Aufruf müssen die für den sed bestimmten Befehle in Anführungszeichen gesetzt werden (am besten die einfachen Hochkommas: ' '), damit die Shell sie nicht interpretiert (siehe Ersetzungsmechanismus Bild 3-68 auf Seite 109). Der *sed* wird oft als Filterprogramm verwendet oder für sehr große Dateien, die von Bildschirmeditoren nicht mehr verarbeitet werden können.

Ein kurzes Beispiel für den *sed* soll genügen:

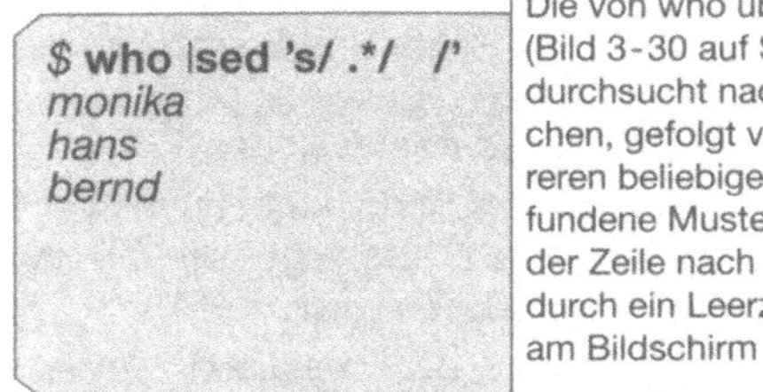

```
$ who |sed 's/ .*/  /'
monika
hans
bernd
```

Die von who übergebenen Zeilen (Bild 3-30 auf Seite 69) werden durchsucht nach einem Leerzeichen, gefolgt von einem oder mehreren beliebigen Zeichen. Das gefundene Muster (letztlich der Rest der Zeile nach dem Namen) wird durch ein Leerzeichen ersetzt und am Bildschirm ausgegeben

Bild 3-102: Beispiel sed als Filterprogramm

3.3.8 Zusammenfassung der Editoren

Kommandoeingabe	Funktion
ed *Dateiname* Unter DOS: **edlin**	*editor* **Zeilenorientierter Editor** Auch für Shell-Skripts geeignet siehe auch **Übersicht der Sonderzeichen und Kommandos im ed** auf Seite 136 und **Metazeichen - reguläre Ausdrücke** auf Seite 134
vi [-rR] *Datei(en)*	*visual editor* **Bildschirmorientierter Editor** **-r** *recovery* Es wird ein Protokoll mitgeschrieben, das bei einem Absturz alle Eingaben nachvollziehen kann **-R** *Read only* die angegebene Datei darf mit dem vi nur gelesen nicht verändert werden siehe auch **Übersicht der häufig benutzten vi-Kommandos** auf Seite 146 und **Metazeichen - reguläre Ausdrücke** auf Seite 134
sed *'script' datei > dateineu* **sed -f** *script-datei datei > dateineu* *Beispiel:* **sed 's/neu/alt/g' text1 >text2**	*stream editor* **Ist ein batch-orientierter Editor.** Wird keine Umleitung in eine Datei angegeben, erfolgt die Ausgabe über Bildschirm Unter script werden Kommandozeilen (etwa gleiche Syntax wie ed und ex) in Hochkomma eingegeben In Such- und Ersetzungsfunktionen können reguläre Ausdrücke verwendet werden (Metazeichen) Das Script kann auch in einer eigenen Datei abgelegt sein, die dann mit *-f file* gelesen wird Von der Datei text1 werden alle Zeichenketten alt in neu ersetzt und in text2 gespeichert. text1 bleibt unverändert.

3.4 Dateiverwaltung und -pflege

Sie haben gelernt, Dateien auf unterschiedliche Weise zu erstellen und zu modifizieren. In diesem Kapitel erfahren Sie nun, wie Sie Dateien aufräumen und verwalten können. Ähnlich wie Sie auf Ihrem Schreibtisch Notizzettel, Berichte, Briefe und andere Dokumente bearbeiten und in Ordnern ablegen oder weiterleiten, so sollten Sie auch in Ihrem Directory Ordnung halten. Hierzu können Sie Unter-Directories anlegen, Dateien umbenennen oder umleiten, löschen oder kopieren und wichtige oder geheime Informationen vor fremdem Zugriff schützen.

Die einzelnen Themen:

3.4.1   Neuanlegen und Löschen von Directories

3.4.2   Kopieren, Löschen und Umbenennen von Dateien

3.4.3   Merkmale einer Datei

3.4.4   Dateitypen unter UNIX

3.4.5   Ausdruck von Dateien

3.4.6   Ändern von Zugriffs- und Besitzerrechten

3.4.7   Suchen nach Dateien und Mustern in Dateiinhalten

3.4.8   Überprüfen der Platten- oder Floppy-Belegung

3.4.9   Zusammenfassung der Kommandos

Dateiverwaltung und -pflege

Kennen Sie das Gefühl, wenn alles herumliegt und Sie keine Lust haben aufzuräumen? – Und wie wohl fühlen Sie sich, wenn Sie sich überwunden haben und Ordnung geschafft ist! Genauso wohl sollen Sie sich in Ihrem UNIX-System fühlen. Richten Sie sich ein, organisieren Sie Ihr ›Home‹-Directory!

Welche Organisationsmöglichkeiten stehen Ihnen zur Verfügung?

❏ **Strukturieren durch Unter-Directories** – Wie räumen Sie z.B. Ihren Schreibtisch auf? Erledigte Schriftstücke geben Sie sicher in eine Ablage, z.B. in einen Schrank mit verschiedenen Fächern und Ordnern. Die Fächer und Ordner haben Sie eingeteilt für bestimmte Bereiche (z.B. Abteilung Einkauf, Lieferanten, Rechnungen usw.). Unter UNIX entsprechen Schrank und Ordner den Directories mit den jeweiligen Unter-Directories. Nützen Sie die klare Ordnung des hierarchischen Dateisystems. Sie können beliebig viele Directories nebeneinander (horizontal) oder untereinander (vertikal) einrichten. Auch gibt es kein Limit für die Anzahl der Dateien und Unter-Directories innerhalb von Directories. Herrlich, stellen Sie sich einen Schrank vor, in dem Sie nach Bedarf immer neue Fächer einrichten können. Allerdings, eine Begrenzung gibt es – die Plattenkapazität. Auch empfiehlt es sich, nicht zuviele Dateien in einem Directory abzulegen. Die Verarbeitungsgeschwindigkeit könnte durch langes sequentielles Suchen der Dateien innerhalb der Directories merklich nachlassen. Gruppieren Sie deshalb Ihre Dateien, und richten Sie für jede Gruppe ein eigenes Directory ein.

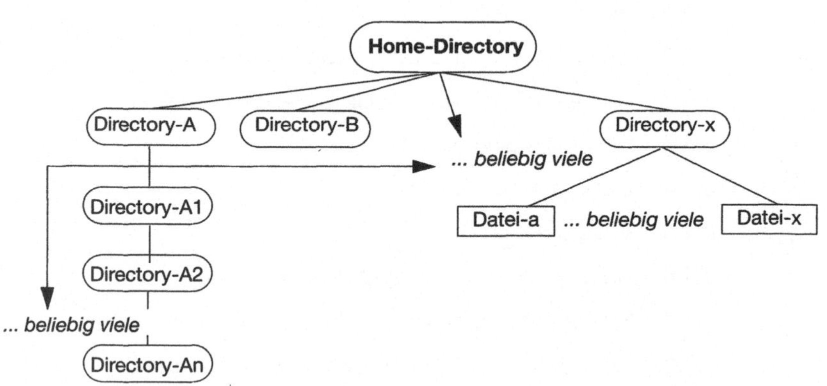

Bild 3-103: Beispiel Strukturierung durch Directories

 **Eindeutige Bezeichnung der Directories und Dateien.** Die Namen für Dateien und Directories können bis zu 256 Stellen genutzt werden (vor System V.4 konnten Dateinamen bis zu 14 Stellen lang sein). Vermeiden Sie allerdings Sonderzeichen und die Umlaute der deutschen Sprache (ä Ä; ö Ö; ü Ü), da nicht auf allen Systemen die internationalen Zeichensätze unterstützt werden. Sie wissen zwischenzeitlich, daß es unter Umständen unangenehme Folgen hätte, eine Datei mit dem Namen ›*‹ zu löschen. Deshalb nochmal zur Wiederholung:

> Verwenden Sie als Datei- oder Directory-Namen nur die Groß- und Kleinbuchstaben (**A-Z, a-z**), den Bindestrich und Unterstreichungsstrich oder den Punkt (**-, _, .**), wobei diese nicht am Anfang eines Namens stehen sollten. Der Punkt am Anfang eines Namens kennzeichnet ›versteckte Dateien‹. Für den Systemverwalter sind mit Punkt beginnende Dateien immer sichtbar. Wie ›normale‹ Benutzer diese versteckte Dateien auffinden, erfahren Sie noch in diesem Kapitel.

Die Trennung zwischen Directories und Dateien wird in der Pfadbezeichnung durch den Schrägstrich **/** erreicht. Somit ergibt sich auch durch den Pfad eine aussagefähige Bezeichnung der Datei.

Angenommen, Sie hätten Informationen über Versicherungen im Rechner gespeichert, so könnte eine übersichtliche Unterteilung folgendermaßen aussehen:

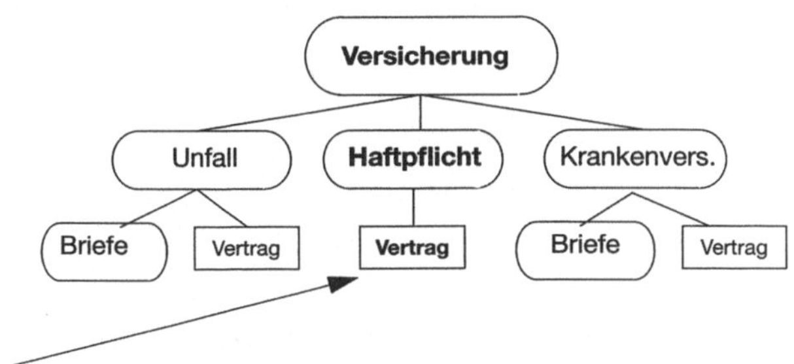

Die Datei muß also nicht *Haftpflichtversicherungsvertrag* genannt werden, sondern sie wird durch den Pfad genau bezeichnet:

Versicherung/Haftpflicht/Vertrag

Beginnen Sie mit der Organisation Ihres Übungs-Directories. Sehen Sie sich Ihr Directory an. Um sicher zu gehen, kontrollieren Sie vorab, ob Sie auch wirklich in Ihrem Home-Directory sind. Mit dem Kommando *ls (list)* erhalten Sie zwar eine alphabetische Ordnung angezeigt, doch werden Sie sicher zustimmen, daß Sie mit einer Unterteilung nach ›Bereichen‹ eine bessere Übersicht erzielen.

Übungsbeispiel, um sich die ›nähere Umgebung‹ anzusehen:

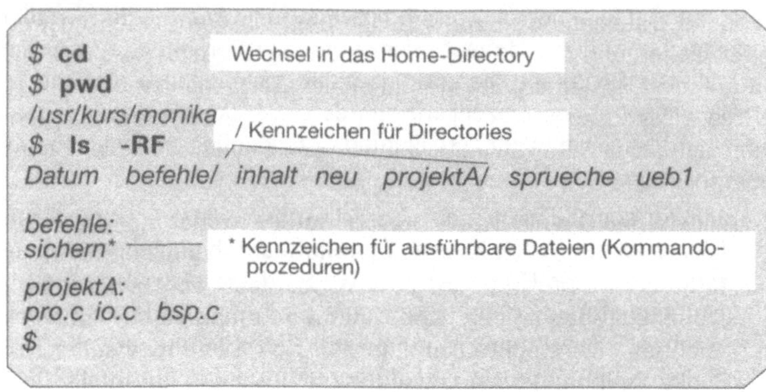

Bild 3-104: Beispiel listen, anzeigen von Directories/Dateien (ls -RF)

In unserem Beispiel sind bereits 2 Unter-Directories enthalten und nur wenige Dateien bisher angelegt worden. Doch auch hier ließe sich eine Strukturierung nach folgenden Bereichen vornehmen:

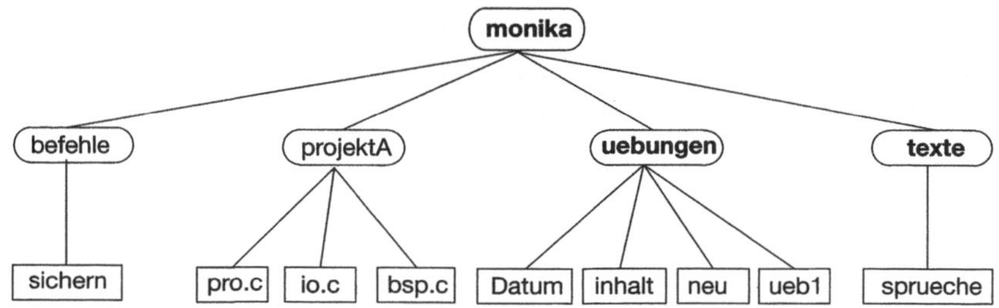

Bild 3-105: Beispiel Dateibaum – neue Aufteilung im Übungs-Directory
/usr/kurs/monika

Um die Aufteilung nach obigem Muster in unserem Beispiel nachzuvollziehen, sind die Directories ›uebungen‹ und ›texte‹ neu angelegt worden.

3.4.1 Neuanlegen und Löschen von Directories

Um Directories neu anzulegen gibt es das Kommando **mkdir**.

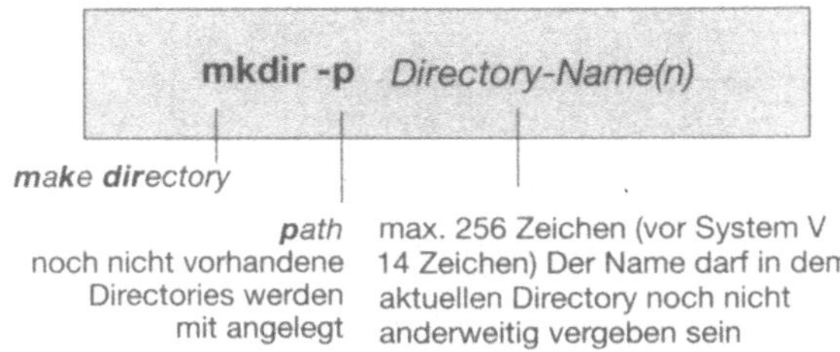

mkdir – Kommando zum Anlegen von Directories

Der Name des Directories kann auch mit dem gesamten Pfadnamen angegeben werden. Ab Version V.4 ist es nicht mehr notwendig, daß die jeweilig übergeordneten Directories bereits angelegt wurden. Mit der Option **-p** können alle nötigen Directories mit angelegt werden. In unserem Beispiel befinden wir uns in */usr/kurs/monika* und legen hier die Directories *uebungen, texte* und *a* an:

```
$ mkdir uebungen texte a
$ ls  -l
-rw-r--r--        1   monika   kurs        29   Jun 20    9:26  Datum
dr wxrwxr-x       2   monika   kurs        32   Oct 19   15:20  a
dr wxrwxr-x       2   monika   kurs        32   Feb  7    8:30  befehle
-rw-r--r--        1   monika   kurs        22   Jun 20    9:27  inhalt
-rw-r--r--        1   monika   kurs       245   Jun 20   21:04  neu
dr wxrwxr-x       2   monika   kurs        80   Feb  7    8:30  projektA
-rw-r--r--        1   monika   kurs       289   Sep 28   21:32  sprueche
dr wxrwxr-x       2   monika   kurs        32   Oct 19   15:20  texte
-rw-rw-r--        1   monika   kurs     12489   Feb  7    8:35  ueb1
dr wxrwxr-x       2   monika   kurs        32   Oct 19   15:20  uebungen
$
```

Referenzzähler

Benutzer-name   Gruppe   Größe in Bytes   Datum der letzten Änderung

d = Directory
- = normale Datei   Name der Datei

Bild 3-106: Beispiel Anlegen von Directories – (mkdir und ls -l)

In dem obigen Bild sind die neuangelegten Directories mit einer helleren Schraffur hervorgehoben. Die Zugriffsrechte von Directories und Dateien werden beim Neuanlegen so gesetzt, wie sie vom Systemverwalter zunächst definiert wurden (Datei */etc/profile*). Wie Sie selbst diese Zugriffsrechte ändern können und welche besondere Bedeutung sie für Directories haben, erfahren Sie ein paar Seiten später. Vorab wollen wir uns noch mit dem Aufräumen beschäftigen.

Wir haben beim Neuanlegen ein Directory mit dem Namen ›a‹ angelegt, das wir aber nicht benötigen. Um Directories zu löschen, gibt es ein eigenes Kommando:

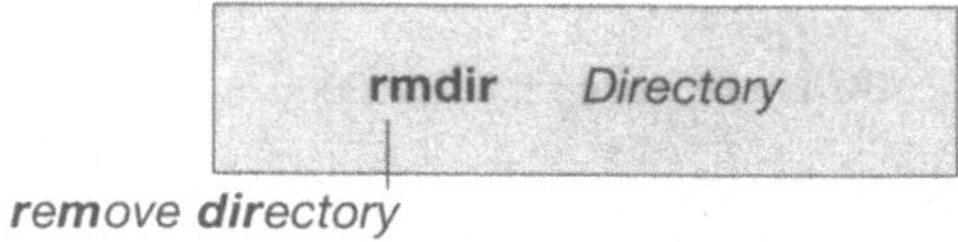

rmdir – Kommando zum Löschen von Directories

Um ein Directory löschen zu können, muß es jedoch ›leer‹ sein, d.h., alle in dem Directory eventuell enthaltenen Dateien müssen vorab mit **rm** gelöscht werden bzw. eventuelle Unter-Directories mit **rmdir**. Diese müssen natürlich auch wiederum ›leer‹ sein.

Um das unnötig angelegte Directory ›a‹ wieder zu löschen wird eingegeben:

```
$ rmdir  a
$  ls  -l
-rw-r--r--      1  monika   kurs        29  Jun 20    9:26  Datum
dr wxrwxr-x     2  monika   kurs        32  Feb  7    8:30  befehle
-rw-r--r--      1  monika   kurs        22  Jun 20    9:27  inhalt
-rw-r--r--      1  monika   kurs       245  Jun 20   21:04  neu
dr wxrwxr-x     2  monika   kurs        80  Feb  7    8:30  projektA
-rw-r--r--      1  monika   kurs       289  Sep 28   21:32  sprueche
dr wxrwxr-x     2  monika   kurs        32  Oct 19   15:20  texte
-rw-rw-r--      1  monika   kurs     12489  Feb  7    8:35  ueb1
dr wxrwxr-x     2  monika   kurs        32  Oct 19   15:20  uebungen
$ rmdir projektA
rmdir:    projektA not empty
```

Wird versucht, ein nicht leeres Directory zu löschen, erscheint eine Fehlernachricht: projektA ist nicht leer

Bild 3-107: Beispiel Löschen von Directories – rmdir

Um nun die Dateien in die neu eingerichteten Directories zu bringen, können wir verschiedene Wege gehen:

- ❏ Die Dateien vom aktuellen Directory in das neue Directory **kopieren. Kontrollieren**, ob auch alle Dateien im neuen Directory vorhanden sind. **Löschen** der Dateien im alten Directory.

- ❏ Die Dateien in das neue Directory **hinüberschieben**, bewegen *(move)*.

3.4.2 Kopieren, Löschen und Umbenennen von Dateien

Das Kommando zum Kopieren von Dateien kann unterschiedlich genutzt werden:

1. Kopieren
   einer Datei

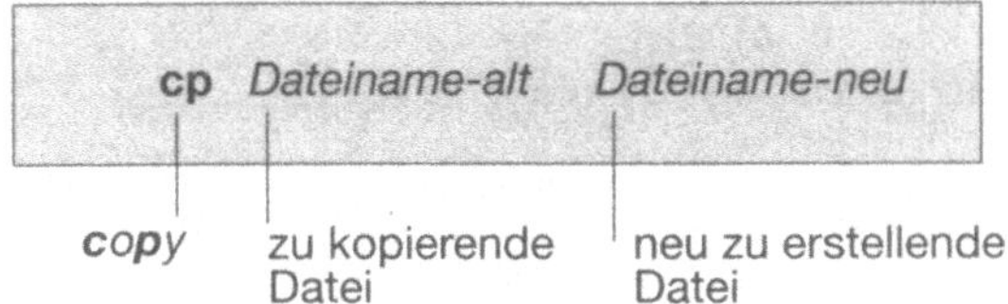

cp – Kommando zum Kopieren einer Datei

Mit dieser Angabe können Sie jeweils nur eine Datei kopieren. Sehen wir uns hierzu ein Beispiel an. Kopieren wir die Datei ›neu‹ und geben der neuen Datei den Namen ›neuer‹:

```
$ cp neu neuer
$ ls  -l
-rw-r--r--      1   monika   kurs        29   Jun 20    9:26   Datum
dr wxrwxr-x     2   monika   kurs        32   Feb  7    8:30   befehle
-rw-r--r--      1   monika   kurs        22   Jun 20    9:27   inhalt
-rw-r--r--      1   monika   kurs       245   Jun  6   21:04   neu
-rw-r--r--      1   monika   kurs       245   Oct 19   17:45   neuer
dr wxrwxr-x     2   monika   kurs        80   Feb  7    8:30   projektA
-rw-r--r--      1   monika   kurs       289   Sep 28   21:32   sprueche
dr wxrwxr-x     2   monika   kurs        32   Oct 19   15:20   texte
-rw-rw-r--      1   monika   kurs     12489   Feb  7    8:35   ueb1
dr wxrwxr-x     2   monika   kurs        32   Oct 19   15:20   uebungen
$
```
kopierte Datei mit neuem Datum

Bild 3-108: Beispiel Kopieren einer Datei – cp

Die Datei wird mit den gleichen Zugriffsrechten erstellt und erhält als Erstellungs- und letztes Änderungsdatum das aktuelle Datum. Der Benutzer, der eine Datei kopieren will, muß berechtigt sein, die zu kopierende Datei zu lesen und muß Schreiberlaubnis für das Directory haben, in dem die neue Datei erzeugt wird.

Der Benutzer wird auch zugleich ›*Besitzer*‹ der neu angelegten Datei – auch dann, wenn ihm die ›*alte*‹ Datei nicht gehört. Falls Sie auf Ihrem Rechner die Datei /usr/lib/cookies haben, können Sie diese in Ihr Directory kopieren und sind dann berechtigt, diese kopierte Datei zu ändern.

Hier dazu das Übungsbeispiel:

```
$  ls   -l /usr/lib/cookies
-rw-r--r--        1  bin       bin        101699  Feb  8   1984  cookies
$ cp /usr/lib/cookies kekse       [zu kopierende Datei]
$  ls   -l
-rw-r--r--        1  monika    kurs           29  Jun 20   9:26  Datum
dr wxrwxr-x       2  monika    kurs           32  Feb  7   8:30  befehle
-rw-r--r--        1  monika    kurs           22  Jun 20   9:27  inhalt
-rw-r--r--        1  monika    kurs       101699  Oct 19  17:55  kekse
-rw-r--r--        1  monika    kurs          245  Jun  6  21:04  neu
-rw-r--r--        1  monika    kurs          245  Oct 19  17:45  neuer
dr wxrwxr-x       2  monika    kurs           80  Feb  7   8:30  projektA
-rw-r--r--        1  monika    kurs          289  Sep 28  21:32  sprueche
dr wxrwxr-x       2  monika    kurs           32  Oct 19  15:20  texte
-rw-rw-r--        1  monika    kurs        12489  Feb  7   8:35  ueb1
dr wxrwxr-x       2  monika    kurs   [kopierte Datei mit neuem Datum,  ungen
$                                      neuem Besitzer und Gruppe]
```

Bild 3-109: Beispiel Kopieren einer Datei – cp

Die andere Möglichkeit **cp** zu verwenden, ist, mehrere Dateien gleichzeitig zu
kopieren. Das Ziel muß dann ein Directory sein und als letzter Parameter angegeben werden. Die Dateien werden in dem Ziel-Directory mit gleichem Namen
angelegt.

2. Kopieren von einer oder **mehreren** Dateien *in ein Directory*

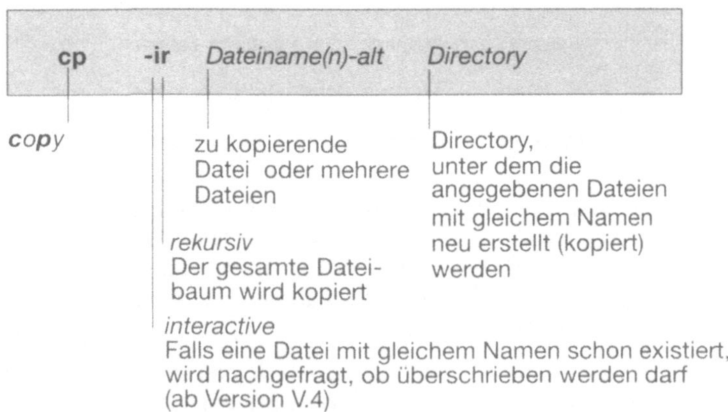

cp – Kommando, um Dateien in ein Directory zu kopieren

Verwenden wir diese Form des *cp*-Kommandos, um in unserem Directory Ordnung zu schaffen. Wir wollen die vorhandenen Dateien in Unter-Directories ablegen. Hierbei werden wir zwei Vorgehensweisen demonstrieren.

1. Alle ›Übungsdateien‹ kopieren wir in das Directory *uebungen,* kontrollieren die Kopie und löschen dann die doppelt vorhandenen Dateien in unserem Home-Directory.

```
$ ls  -l uebungen
total 0
$ cp Datum inhalt neu neuer ueb1 uebungen
$ ls  -l uebungen              kopierte Dateien mit neuem Datum
-rw-r--r--        1   monika    kurs          29  Oct  19   18:10  Datum
-rw-r--r--        1   monika    kurs          22  Oct  19   18:10  inhalt
-rw-r--r--        1   monika    kurs         245  Oct  19   18:10  neu
-rw-r--r--        1   monika    kurs         245  Oct  19   18:10  neuer
-rw-rw-r--        1   monika    kurs       12489  Oct  19   18:10  ueb1

$ rm Datum inhalt neu neuer ueb1      Löschen der alten Dateien
```

Bild 3-110: Beispiel Kopieren von mehreren Dateien in ein Directory – cp

2. Sehen wir uns unser Home-Directory an, von dem aus wir bisher alle Kommandos durchgeführt haben *(working directory),* und räumen noch die restlichen Dateien auf.

▷ **Doch Vorsicht!** Besteht schon eine andere Datei mit dem neu zu vergebenden Namen, so wird sie überschrieben! Verwenden Sie deshalb beim Kopieren die Option **-i**, die Sie davor schützt.

Es gibt unter UNIX keine Möglichkeit, gelöschte oder überschriebene Dateien zurückzubekommen! – Es sei denn, Sie haben eine Sicherung *(ein backup)* erstellt – doch davon später.

Hier noch ein kurzes Beispiel, wie Sie einen ganzen Dateibaum mit *cp* kopieren können. Angenommen, Hans will sich das Directory *texte* von Monika kopieren, so gibt er an:

```
$ pwd
/usr/kurs/hans
$ ls -FR
befehle/     projektB/
$ cp -r ../monika/texte texte
$ ls -l texte
-rw-r--r--    1 hans  kurs        101699  Nov 2 8:55   kekse
-rw-r--r--    1 hans  kurs           289  Nov 2 8:55   sprueche
```

Bild 3-111: Beispiel Kopieren eines Dateibaumes mit cp -r

Das Directory *texte* wurde in dem obigen Beispiel mit angelegt, evtl. Unter-Directories würden ebenfalls mit kopiert werden.

Das Löschkommando haben wir kurz bei dem Thema Dateinamenexpansion besprochen. Es hat folgende Form:

rm   [-ir]   *Dateiname(n)*   [*oder Directories*]

*rem*ove
löschen

rekursiv
Werden Directories angegeben, so werden
alle darin enthaltenen Dateien und Unter-
Directories gelöscht

interactive
Alle Dateien werden zuerst angezeigt und erst
durch die Bestätigung mit ›**y**‹ gelöscht.

rm – Kommando zum Löschen von Dateien und Dateibäumen

▷ Dieses Kommando **löscht** nicht nur schnell und **unwiderruflich**, es kann auch gesamte Dateibäume – Dateisysteme zerstören oder restlos vernichten.

Ich muß gestehen, ich habe lange überlegt, ob ich die Option *-r (rekursiv)* in diesem Einführungskurs überhaupt erwähnen soll. Doch es ist immer besser, die Gefahr zu kennen und zu meiden, als blind in sie hineinzulaufen. Bevor Sie *rm -r* eingeben, sollte Ihnen stets bewußt sein, was Sie löschen. Überprüfen Sie, in welchem Directory Sie sind und kontrollieren Sie dreimal Ihre Eingabezeile.

Eine andere Möglichkeit, ›auf Nummer sicher‹ zu gehen, ist das Kommando zusammen mit der Option *-i* aufzurufen. Bei der Eingabe *rm -ir* wird Ihnen jede zu löschende Datei mit Namen und einem Doppelpunkt am Bildschirm angezeigt. Sie müssen durch den Buchstaben ›**y**‹ *(für yes)* bestätigen, daß Sie mit der Löschung einverstanden sind. Bei jeder anderen Eingabe, also auch nur dem Auslösen der Returntaste, bleibt die Datei erhalten.

Das Kommando *rm -r* hat natürlich seine Berechtigung, wenn Sie bewußt einen Dateibaum löschen wollen. Sicher wird dieses Kommando eher von Systemverwaltern benutzt werden, die Umorganisationen durchführen. Sie erinnern sich, daß mit dem Kommando *rmdir* nur leere Directories gelöscht werden können. Wenn das zu löschende Directory aus einer Reihe von Unter-Directories besteht, kann die Löschaktion recht langwierig werden, da Sie vom untersten Unter-Directory beginnend erst alle Dateien löschen müßten. Das Kommando

rm -r /usr/kurs/monika

würde den gesamten Dateibaum ab */usr/kurs/monika* ›ratzeputz‹ löschen. Mit dem *rm*-Kommando spielt man nicht und sollte es auch nicht ohne Absicherung benutzen. Gedulden wir uns deshalb bis zu Kapitel 3.5, in dem wir die Sicherung von Dateien behandeln *backup)*. In der Korn- und C-Shell gibt es eine Möglichkeit, das rm-Kommando zu entschärfen: man bildet einen *alias* für rm, der dann grundsätzlich *rm -i* aufruft (hierzu mehr im Kapitel 3.8.5 (Der Alias-Mechanismus), Seite 312).

Lernen wir nun ein Kommando kennen, mit dem wir Dateien umbenennen können. Auch dieses Kommando ist nicht ganz ungefährlich. Besteht nämlich bereits eine Datei mit dem neu zu vergebenden Namen, so wird diese überschrieben. Das Kommando lautet **mv** *(move – bewegen)*. Dieses Kommando hat ebenso zwei Funktionen wie das *cp*-Kommando. Sie können es einmal verwenden, um eine Datei umzubenennen, zum anderen können Sie Dateien in ein anderes Directory *schieben*.

1.

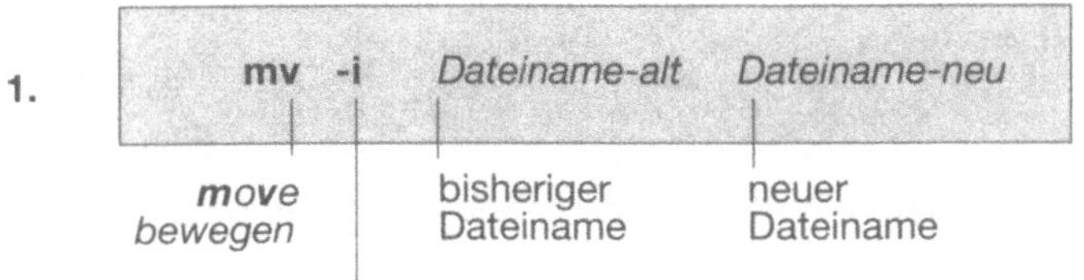

move
bewegen

bisheriger
Dateiname

neuer
Dateiname

interactive
Falls eine Datei mit gleichem Namen schon existiert,
wird nachgefragt, ob überschrieben werden darf
(ab Version V.4)

2.

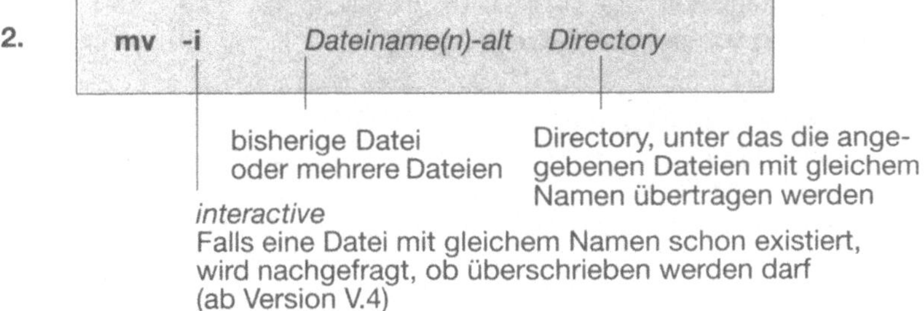

bisherige Datei
oder mehrere Dateien

Directory, unter das die angegebenen Dateien mit gleichem
Namen übertragen werden

interactive
Falls eine Datei mit gleichem Namen schon existiert,
wird nachgefragt, ob überschrieben werden darf
(ab Version V.4)

mv – Kommando, um Dateien in ein anderes Directory zu schieben

Sehen wir uns gleich die 2. Funktion von **mv** an, Dateien von einem Directory in ein anderes Directory zu *schieben*. Hiermit können Sie z.B. **Aufräumarbeiten** schneller als mit **cp** und **rm** durchführen, da die *alten* Dateien nicht gesondert gelöscht werden müssen.

```
$  ls  -l
dr wxrwxr-x        2  monika      kurs           48   Feb 7    8:30  befehle
-rw-r--r--         1  monika      kurs       101699   Oct 19   17:55  kekse
dr wxrwxr-x        1  monika      kurs           80   Feb 7    8:30  projektA
-rw-r--r--         1  monika      kurs          289   Sep 28   21:32  sprueche
dr wxrwxr-x        2  monika      kurs           32   Oct 19   15:20  texte
dr wxrwxr-x        2  monika      kurs          128   Oct 19   15:20  uebungen
$  mv [ks]* texte
$  ls  -l
dr wxrwxr-x        2  monika      kurs           32   Feb 7    8:30  befehle
dr wxrwxr-x        1  monika      kurs           80   Feb 7    8:30  projektA
dr wxrwxr-x        2  monika      kurs           64   Oct 19   15:20  texte
dr wxrwxr-x        2  monika      kurs           64   Oct 19   15:20  uebungen
$  ls  -l texte
-rw-r--r--         1  monika      kurs       101699   Oct 19   17:55  kekse
-rw-r--r--         1  monika      kurs          289   Sep 28   21:32  sprueche
```

Bild 3-112: Beispiel Übernahme von Dateien in andere Directories – mv

Da in unserem Directory nur noch die beiden Textdateien vorhanden sind, haben wir uns im obigen Beispiel die Aufräumarbeit zusätzlich durch die Dateinamenexpansion mit Metazeichen erleichtert.

Wenn wir schon Ordnung machen, dann lassen Sie uns auch gleich etwas Kosmetik vornehmen. Unsere Directories sind zwar mit einem ›d‹ gekennzeichnet, aber noch besser sind sie als Directories zu erkennen, wenn sie z.B. mit Großbuchstaben beginnen. Hier sehen wir auch gleich die
1. Anwendung von **mv zur Umbenennung**:

```
$  mv befehle Befehle
$  mv projektA Projekt-A
$  mv  texte Texte
$  mv  uebungen Uebungen
$  ls -l
drwxrwxr-x        2  monika      kurs           48   Feb  7    8:30  Befehle
drwxrwxr-x        1  monika      kurs           80   Feb  7    8:30  Projekt-A
drwxrwxr-x        2  monika      kurs           64   Oct 19   15:20  Texte
drwxrwxr-x        2  monika      kurs           64   Oct 19   15:20  Uebungen
$
```

Bild 3-113: Beispiel Umbenennen von Dateien oder Directories – mv

In unseren Übungen haben wir u.a. eine Datei *Datum* angelegt. Wollen wir konsequent normale Dateien mit Kleinbuchstaben beginnen lassen, müßten wir diese Datei in *datum* umbenennen. In der Praxis könnte so eine Umbenennung zur Folge haben, daß ein früheres Programm auf den ursprünglichen Namen der

Datei zurückgreift. Um deshalb beide Namen gelten zu lassen, gibt es ein Kommando, mit dem mehrere Namen für ein und dieselbe Datei vergeben werden können. Der Platz auf der Platte wird dadurch nicht doppelt belegt, da der zusätzliche Namenseintrag im Directory festgehalten wird. Der Inhalt der Datei ist nur einmal vorhanden. Das Kommando lautet:

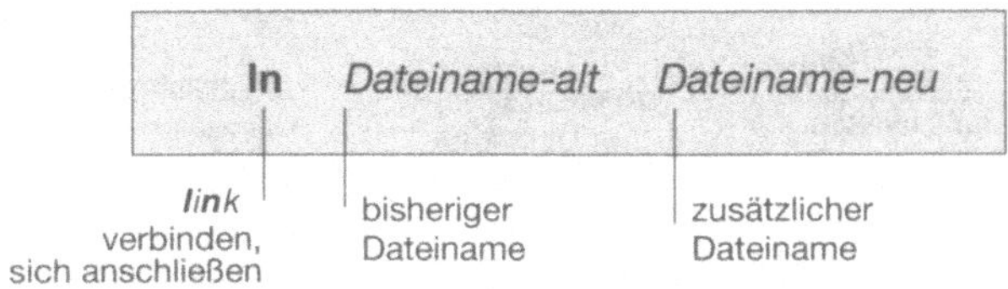

ln – Kommando, um einen weiteren Dateinamen zu vergeben
(›Hardlink‹ oder ›regulärer Link‹)

Die Vergabe von einem zusätzlichen Namen für eine Datei kann nur auf der gleichen Platte (Plattenpartition - siehe auch Seite 190) erfolgen. Auf Directories kann kein ›Hardlink‹ erfolgen.

Um nicht lange Pfadnamen mit angeben zu müssen, wechseln wir vorab in das Directory Uebungen:

```
$ cd Uebungen
$ ln Datum datum
    Referenzzähler   (link count)  = 2 : Hinweis, daß 2 Dateinamen existieren
$ ls -l                                          gleiche Datei – gleiches Datum
-rw-r--r--    2   monika   kurs       29   Oct  19   18:10  Datum
-rw-r--r--    2   monika   kurs       29   Oct  19   18:10  datum
-rw-r--r--    1   monika   kurs       22   Oct  19   18:10  inhalt
-rw-r--r--    1   monika   kurs      245   Oct  19   18:10  neu
-rw-r--r--    1   monika   kurs      245   Oct  19   18:10  neuer
-rw-rw-r--    1   monika   kurs    12489   Oct  19   18:10  ueb1
```

Bild 3-114: Beispiel zusätzliche Namensvergabe für Dateien – ln

Um zu sehen, was in unserem Dateisystem hierbei verändert wurde, können wir uns mit dem ls-Kommando die zusätzlichen Attribute anzeigen lassen. Wir sehen, daß der Referenzzähler für die Dateien *Datum* und *datum* jeweils ›2‹ ist, d.h., zwei Dateinamen existieren. Wird eine der beiden Dateien (*Datum* oder *datum*) gelöscht, bleibt der Inhalt der Originaldatei trotzdem erhalten. Erst wenn keine Link-Dateien mehr bestehen (Referenzzähler ist 1), wird auch der Inhalt der Datei mitgelöscht.

Um plattenübergreifend ebenfalls Verbindungen zu Dateien oder auch Directories herzustellen, gibt es den ›*symbolischen link*‹:

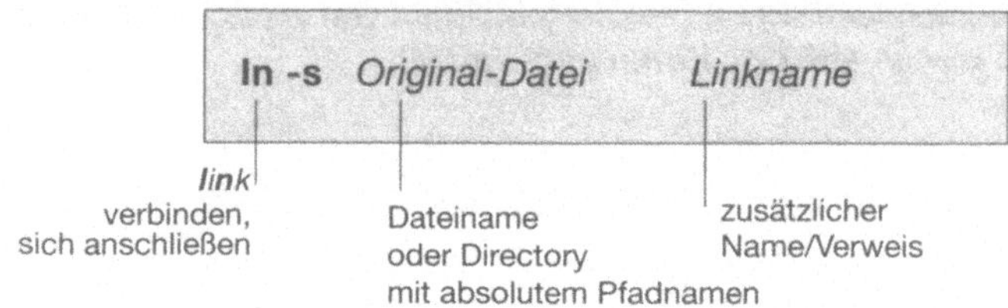

ln – Kommando, um einen Verweis zu einer bestehenden Datei zu erstellen (›*symbolischer Link*‹ oder ›*softlink*‹)

Sehen Sie sich hierzu auf Ihrem System mit

ls -l /bin

die darin enthaltenen Dateien einmal an. Sie werden dort wahrscheinlich eine Reihe von merkwürdigen Dateibezeichnungen mit einem Pfeil finden. Der Pfeil weist auf die Originaldatei hin, die u.U. sogar auf einem anderen Rechner im Netz zu finden sein kann. Auf diese Weise können größere Dateien/Directories auf eine andere Platte ausgelagert werden. Da jedoch speziell bei */bin* die UNIX-Befehle gesucht werden, wird hier über den symbolischen Link beim Aufruf eines Programmes auf die Originaldatei verwiesen.

Wir können hierzu selbst ein kleines Beispiel erstellen: Wir wollen das Directory */usr/kurs/monika/Uebung* für alle zugänglich machen und legen deshalb im Directory */tmp*, das für alle Benutzer Schreib- und Leseerlaubnis gesetzt hat, einen Verweis mit dem Namen Uebung an. (Monika muß natürlich die Schreib- Leserechte in Ihrem Directory *Uebung* auch entsprechend setzten - doch davon später).

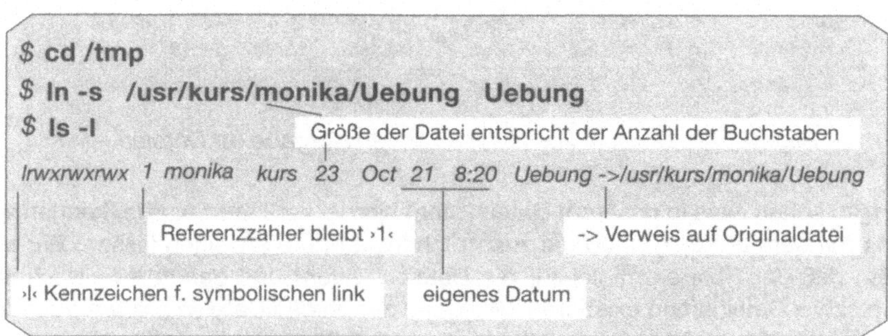

Bild 3-115: Beispiel symbolischer Link (Softlink)

Der Verweis ist nur bei der Link-Datei enthalten. Wird die Originaldatei bzw. das Original-Directory umbenannt oder gelöscht, zeigt die Link-Datei sozusagen ins ›Leere‹, d.h., ein auf die Link-Datei bezogener Befehl wird eine Fehlermeldung bringen wie etwa ›*file does not exist*‹.

Doch mit Link-Dateien haben mehr die Systemverwalter zu tun. Als ›normaler‹ Benutzer ist es jedoch interessant zu wissen, was die Pfeile bedeuten.

3.4.3 Merkmale einer Datei

Eine Datei besteht aus einem Dateikopf, in dem bestimmte Merkmale der Datei eingetragen sind, und dem eigentlichen Dateiinhalt. Wenn wir uns mit *ls -l* eine Datei oder ein Directory ansehen, so bekommen wir einige dieser Merkmale angezeigt:

❏ **Dateityp** *(Directory, normale Datei oder Gerätedatei, symbolischer Link),*

❏ **Zugriffsrechte** *(read, write, execute – Lese-, Schreib- und Ausführerlaubnis für den Besitzer, die Gruppe und die anderen Benutzer),*

❏ **Referenzzähler** *(Anzahl der vergebenen Dateinamen),*

❏ **Benutzername** und **Gruppe**,

❏ **Größe in Bytes**,

❏ **letztes Änderungsdatum** und

❏ **Name** der Datei

Zusätzlich werden pro Datei

❏ das **Erstellungsdatum** und das **letzte Zugriffsdatum** festgehalten und eine **Adresse** vermerkt, wo auf der Platte (Dateisystem) der Datei-kopf der Datei zu finden ist. Der Dateikopf wird als **inode** bezeichnet. Die Adresse des Dateikopfes ist die **inode-Nummer**.

Wir hatten zu Beginn das Dateisystem unter UNIX mit dem Ablagesystem eines Schrankes verglichen. Stellen Sie sich vor, daß so ein Schrank systematisch in gleiche Ablagefächer oder Schachteln aufgeteilt wird. Um sich zurechtzufinden, müßten Sie alle diese Schachteln durchnumerieren.

Ähnlich wird eine Platte, bevor sie als Dateiablagesystem benutzt werden kann, aufgeteilt. Die Aufteilung einer Platte wird als **Formatierung** bezeichnet. Bei ei-ner Formatierung wird die Platte in Blöcke unterteilt und diese werden mit Prüf-summen und Blocknummern versehen. Zusätzlich wird in der Regel überprüft, ob alle Blöcke fehlerfrei beschrieben und gelesen werden können.

Danach erst kann ein **Dateisystem eingerichtet** werden. Dies wird zumeist bei der Installation eines Systems durch den Systemverwalter erfolgen. Es wird an-gegeben, wie groß das Dateisystem ist (Anzahl der Blöcke). Das Programm ***mkfs*** (make filesystem) errechnet die maximale Anzahl der möglichen Dateien und legt eine Liste mit den noch freien Plätzen an. Die reservierten Plätze sind ähnlich wie im Theater durchnumeriert. Die Nummern werden als ›**inode-Nummer**‹ bezeichnet.

Um sich die *inode-Nummer* einer Datei und die Anzahl der benötigten Blöcke anzeigen zu lassen, kann das *ls*-Kommando mit der Option *ls -lis (l – long, i – inode, s – size)* verwendet werden.

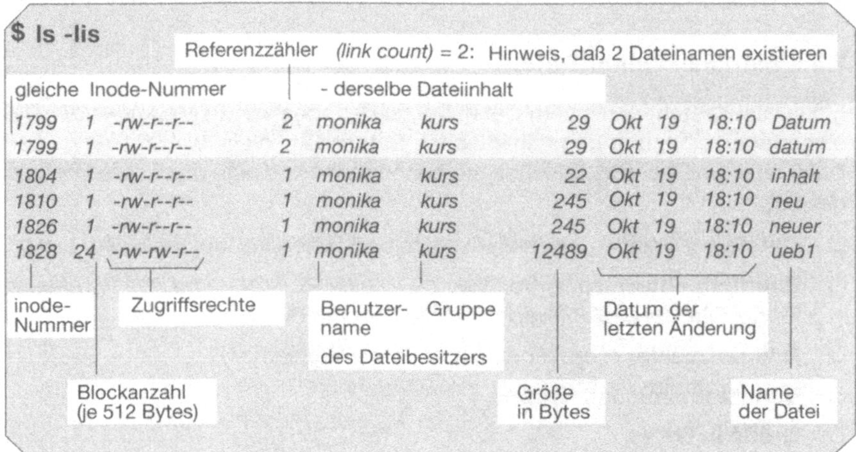

Bild 3-116: Beispiel Anzeige der Dateien mit weiteren Datei-Attributen (ls -lis)

Bei dem obigen Beispiel erkennen wir, daß die *Dateiköpfe* ›*Datum*‹ und ›*datum*‹ die gleichen inode-Nummern aufweisen und somit auf ein und denselben Dateiinhalt verweisen. Fassen wir die weiteren Optionen des Kommandos *ls* nochmals zusammen:

ls [-IFRaidst]   [*Directory oder Dateinamen*]

list
(listen, anzeigen)

time
Die Ausgabe der Liste wird nach dem Änderungsdatum der Dateien sortiert ausgegeben

size
Es werden zusätzlich die benötigten Blöcke
(je 512 Bytes) angezeigt

directory
Die Abfrage bezieht sich nur auf das Directory, nicht
auf die in dem Directory enthaltenen Dateien

inode
Die Adresse *(inode-Nummer)* wird angezeigt

all
Alle Dateien werden angezeigt, auch die, die mit einem
Punkt beginnen und sonst nur für den Systemverwalter
sichtbar sind

Rekursiv
Liste eines Dateibaumes

Format short
Kurzformat, Directories sind mit ›/‹
gekennzeichnet, Kommandostrings mit *
(ausführbare Dateien)

long format
Anzeige der Dateien mit den Attributen: Dateityp, Zugriffsrechte,
Referenzzähler, Name und Gruppe des Dateibesitzers, Größe
der Datei in Bytes, letztes Änderungsdatum und Name der
Datei

Es gibt übrigens ca. 18 unterschiedliche Optionen zu *ls,* hier sind nur die aufgeführt, die für Sie von Bedeutung sein könnten. Wenn Sie darüber mehr erfahren
möchten, rufen Sie **man ls** auf.

3.4.4 Dateitypen unter UNIX

Bisher haben wir ›normale Dateien‹ – gekennzeichnet mit ›-‹ – und Directories – gekennzeichnet mit ›d‹ – kennengelernt.

Eine Besonderheit unter UNIX ist, daß auch Geräte wie Drucker, Platten, Terminals, ähnlich wie Dateien behandelt werden. Diese Dateien sind unter dem Directory **/dev** *(devices)* abgelegt. Sie haben bereits einige ›Gerätedateien‹ kennengelernt. Erinnern Sie sich noch an **/dev/null**? Oder die Antwort des Rechners auf Ihre Frage **tty** z.B.: **/dev/tty11**. Sehen Sie sich Ihr Directory /dev einmal an. Jeder Rechner (Rechnertyp) arbeitet mit unterschiedlichen Geräten. Deshalb werden Sie auf Ihrem Rechner möglicherweise andere Informationen finden, als wir sie hier an unserem Beispiel zeigen. Ein kleiner Ausschnitt der Liste reicht, um auf die abweichenden Merkmale zu normalen Dateien hinzuweisen:

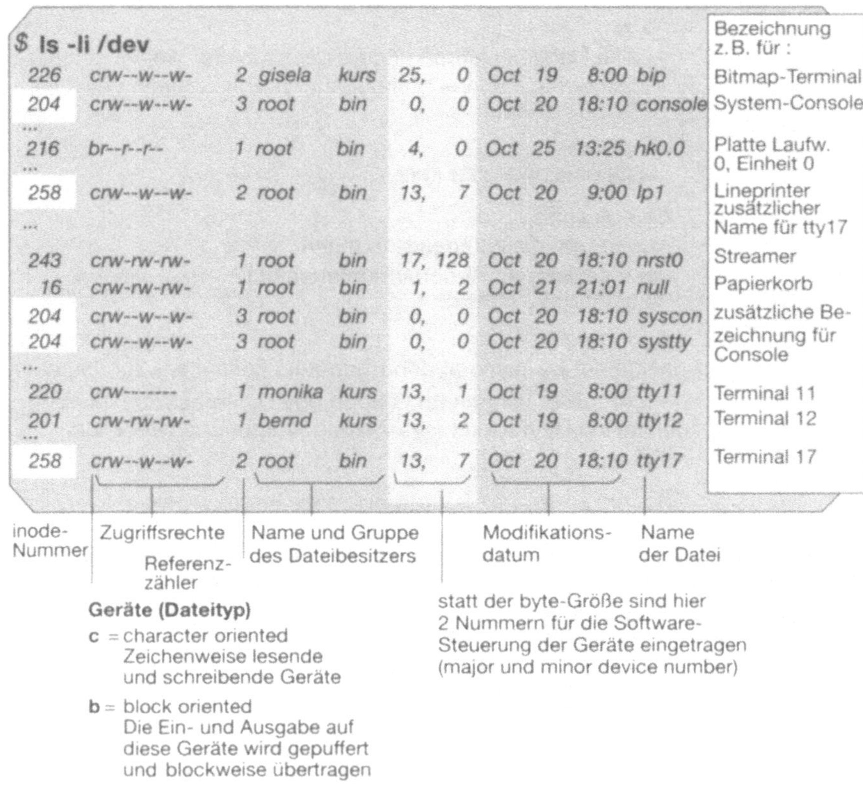

```
$ ls -li /dev
 226   crw--w--w-   2 gisela  kurs  25,   0  Oct 19   8:00 bip
 204   crw--w--w-   3 root    bin    0,   0  Oct 20  18:10 console
...
 216   br--r--r--   1 root    bin    4,   0  Oct 25  13:25 hk0.0
...
 258   crw--w--w-   2 root    bin   13,   7  Oct 20   9:00 lp1
...
 243   crw-rw-rw-   1 root    bin   17, 128  Oct 20  18:10 nrst0
  16   crw-rw-rw-   1 root    bin    1,   2  Oct 21  21:01 null
 204   crw--w--w-   3 root    bin    0,   0  Oct 20  18:10 syscon
 204   crw--w--w-   3 root    bin    0,   0  Oct 20  18:10 systty
...
 220   crw-------   1 monika  kurs  13,   1  Oct 19   8:00 tty11
 201   crw-rw-rw-   1 bernd   kurs  13,   2  Oct 19   8:00 tty12
...
 258   crw--w--w-   2 root    bin   13,   7  Oct 20  18:10 tty17
```


Bild 3-117: Beispiel einiger Gerätedateien (devices)
(Teilanzeige von ls -li /dev)

Die **Gerätedateien** sind als Dateityp entweder mit

c   für *character oriented*, zeichenweises Übertragen oder
b   für *block oriented,* blockweises Übertragen

der Ein- und Ausgabe *(Lesen und Schreiben von Zeichen/Daten)* gekennzeichnet. Zusätzlich ist in der Gerätedatei enthalten, mit welcher Software *(Driver)* dieses Gerät betrieben wird *(major device number)*.

Die zweite Nummer *(minor device number)* sagt aus, wo sich das Gerät befindet. so hat das Terminal Nr. 11 die ›minor device number‹ 1, dies bedeutet, das Terminal ist am 1. Steckplatz angeschlossen. Diese Angaben sind nur für den Systemverwalter von Interesse.

Uns gibt diese Liste jedoch einige Informationen, die das gerade Gelernte vertiefen: Für die ›console‹ wurden mit dem Kommando *In* zusätzliche Namen vergeben. Sie erkennen dies daran, daß auch für die Geräte ›*syscon*‹ und ›*systty*‹ die gleiche *inode* Nummer *(204)* angezeigt wird. Ebenso ist auch der Name *lp1* zusätzlich dem Gerät *tty17* vergeben worden *(inode Nummer 258)*.

Fassen wir vorab kurz zusammen, welche **Dateitypen** es unter UNIX gibt: **Normale Dateien, Directories** und **Geräte** *(auch special files genannt)*. Die Geräte werden unterschieden nach **c** (character oriented) und **b** (block oriented) je nach Übertragungsmodus. Es gibt, dies sei der Vollständigkeit halber gesagt, noch einen weiteren Dateityp, der speziell für Programmierer interessant ist: die sog. *named pipe*. Diese Datei hat eine ähnliche Funktion *(first in first out),* wie wir sie beim Pipe-Mechanismus kennengelernt haben.

Kennzeichen	Dateityp
-	normale Datei
d	Directory
l	symbolischer Link
c	character oriented Zeichenweise lesende und schreibende Geräte
b	block oriented Die Ein- und Ausgabe auf diese Geräte wird gepuffert und blockweise übertragen
p	named pipe Datei, die eine ähnliche Funktion zwischen Programmen übernimmt, wie der Pipe-Mechanismus unter der Shell (first in first out)

Bild 3-118: Kennzeichen der Dateitypen

3.4.5 Ausdruck von Dateien

Gerätedateien werden unter UNIX ähnlich behandelt wie normale Dateien. Standardeingabe und Standardausgabe sind unter UNIX das jeweilige Terminal des Benutzers. Die Standardausgabe konnten Sie mit dem Sonderzeichen **>** umleiten. Das Kommando, um den Inhalt einer Datei anzuzeigen, lautet **cat**. Mit dem Kommando

cat   *Dateiname* **> /dev/***Name des Druckers*
z. B. **cat /usr/kurs/texte/sprueche > /dev/lp1**

könnten Sie demnach den Inhalt von der Datei ›sprueche‹ auf die Geräte-Datei */dev/lp1* umleiten. Doch wie schon im Kapitel 3.2.2 (Ein- und Ausgabe der Shell) hingewiesen, besteht die Gefahr, daß zur selben Zeit ein anderer Benutzer ebenfalls eine Ausgabe auf den Drucker startet und die Sprüche mit diesen Texten vermischt werden. Aus diesem Grunde wird hier ein sog. **Spool-Programm** *(simultaneous peripheral operation online)* eingesetzt. Ab UNIX, System V, gibt es das Spool-Programm *lp*. Die Kommandosyntax hierzu:

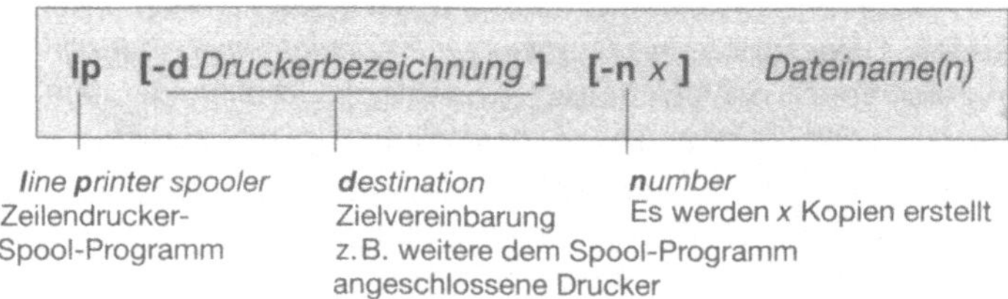

lp – Kommando, um Dateien über ein Spool-Programm auszudrucken

Dieses Programm erstellt Druckaufträge, die in eine Warteschlange eingereiht und der Reihe nach ausgegeben werden. Das Programm wird beim Hochfahren des Systems gestartet und wartet auf Druckaufträge. Jeder Benutzer kann Aufträge erteilen. Sind mehrere Drucker angeschlossen, so kann mit der Option -d die Bezeichnung des jeweiligen Druckers angegeben werden. Welche Drucker verfügbar sind, kann vorab mit der Abfrage *lpstat -t* angezeigt werden. Sobald Sie einen Druckauftrag mit *lp* starten, erhalten Sie vom Spool-Programm Ihre ›Auftragsnummer‹ angezeigt. Solange ihre Datei (oder Dateien) noch nicht vollständig ausgedruckt sind, können Sie unter Angabe dieser Nummer den Auftrag stornieren *(canceln)*. Das Kommando lautet hierfür:

cancel – Kommando, um einen lp-Druckauftrag abzubrechen

Sie können sich auch jederzeit den Stand *(Status)* der noch abzuarbeitenden
Aufträge und die für das Spool-Programm installierten Drucker anzeigen lassen.
Das Kommando hierfür lautet:

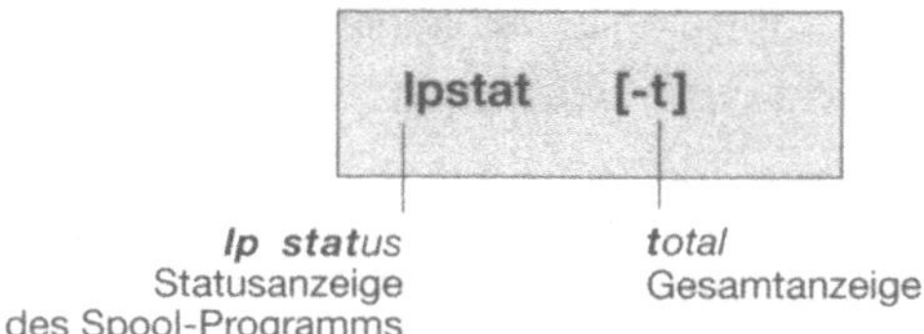

lpstat – Kommando, um eine aktuelle Anzeige des Spool-Programms lp mit den noch offenen Druckaufträgen zu erhalten

Mit diesem Kommando können Sie sich mit der Option *-t* anzeigen lassen, ob
das Spool-Programm überhaupt gestartet ist oder z. B. vorübergehend (vom Systemverwalter) gestoppt wurde *(Scheduler running – not running)*. Weiterhin
können Sie feststellen, auf welchen Drucker Ihre Aufträge ausgegeben werden,
wenn Sie beim *lp*-Aufruf keinen Ziel-Drucker *(destination)* angegeben haben.
Außerdem sehen Sie, welche Drucker für den Spooler angeschlossen sind, wie
Ihre Bezeichnung lautet und ob sie bereit *(enabled)* sind.

Ein Beispiel hierzu:

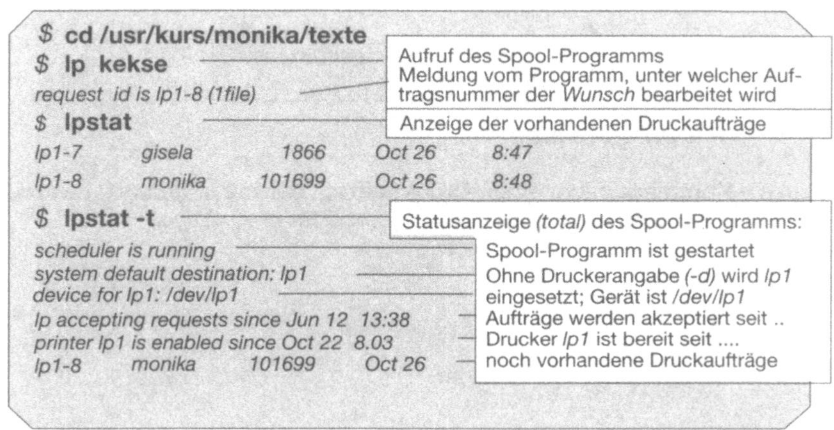

Bild 3-119: Beispiel Ausdrucken von Dateien mit dem Spooler – lp

Auf manchen Systemen wird statt **lp** das Kommando **lpr** verwendet. Es hat in etwa die gleichen Funktionen.

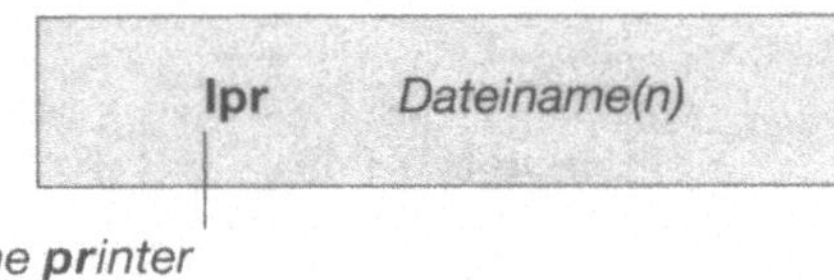

lpr – Kommando, um Dateien über Spool-Programm auszudrucken
analog zu lp

Die Aufrufe, um die bestehende Druckaufträge zu kontrollieren und zu löschen, lauten jedoch anders:

lpq – Kommando, um eine aktuelle Anzeige der mit lpr gestarteten Druckaufträge zu erhalten
analog zu lpstat für lp-Aufträge

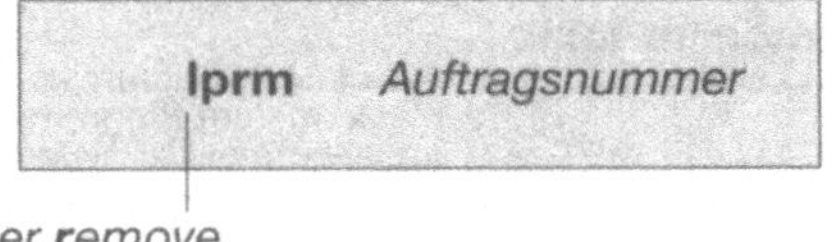

lrprm – Kommando, um einen Druckauftrag, der mit lp gestartet wurde, abzubrechen *(analog zu cancel für lp-Aufträge)*

Um Dateien für den Druck aufzubereiten, z.B. den Dateinamen als Überschrift zu bringen, den Text mit Zeilennummern auszugeben und eine Seitennumerierung vorzunehmen, gibt es das Kommando **pr** *(print)*. Es wird meist als Filterprogramm eingesetzt, d.h. über eine Pipe an den Spooler weitergegeben:

pr sprueche | lp

Sep 28 21:32 1986 sprueche Page 1

Iss jeden Morgen einen lebenden Frosch

...

*** Noch'n Spruch ***

Bild 3-120: Beispiel Druckaufbereitung mit pr

Ohne Angaben zusätzlicher Optionen wird im obigen Beispiel unsere Datei *sprueche* mit einer Kopfzeile versehen, die das letzte Änderungsdatum der Datei, den Dateinamen und eine Seitennumerierung enthält. Das Kommando **pr** können Sie natürlich auch verwenden, um sich eine Datei mit der Zusatzinformation am Bildschirm anzuzeigen.

Sehen wir uns die wesentlichen Optionen vom Kommando *pr* an:

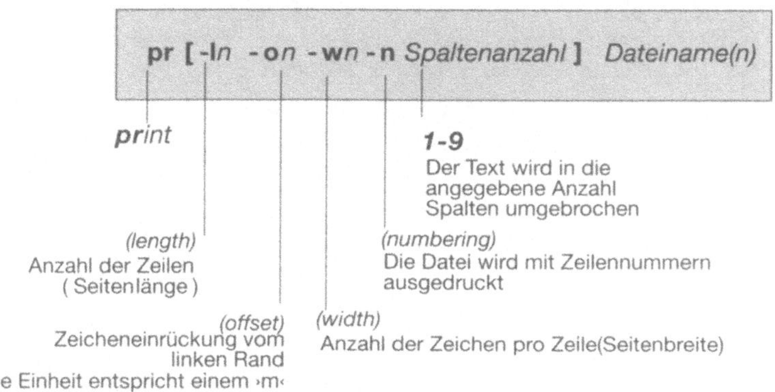

pr – Kommando, um Dateien für den Druck aufzubereiten

Die Standardeinstellung für den Ausdruck von Dateien ist auf das amerikanische Papiermaß abgestimmt (11 inch hoch – dies entspricht mit der Randeinstellung: 66 Zeilen pro Seite und 72 Zeichen pro Zeile). Eine DINA4-Seite entspricht ca. 12 inch, und es werden etwa 72 Zeilen pro Seite gedruckt. Um den Ausdruck dem DINA4-Format anzupassen und zusätzlich eine Zeilennumerierung zu erhalten, wird das Kommando wie folgt aufgerufen:

pr -l72 -n kekse | lp

3.4.6 Ändern von Zugriffs- und Besitzerrechten

Bei den kennengelernten Spool-Programmen *lp* und *lpr* ist es auf manchen Systemen notwendig, daß die Zugriffsrechte bei den auszudruckenden Dateien auch für andere (für den Spooler) lesbar *(readable bei other)* sind. Sehen wir uns hierzu nochmal die Bedeutung der Zugriffsrechte an und lernen ein weiteres Kommando, mit dem die Zugriffsrechte geändert werden können.

Im Laufe der verschiedenen Beispiele mit *ls -l* ist Ihnen sicher aufgefallen, daß die Zugriffsrechte bei allen Dateitypen, die wir bisher kennenlernten, gleich aufgebaut waren.

Sehen wir uns hierzu ein paar Beispiele an:

Gerätedatei:

Typ	Besitzer *user*	Gruppe *group*	andere *other*
c	r w-	---	---

Die Benutzer der gleichen Gruppe und andere dürfen
auf diesem Gerät weder schreiben noch lesen.

Directory:

Typ	Besitzer *user*	Gruppe *group*	andere *other*
d	r wx	rwx	r-x

In dieses Directory dürfen alle mit **cd** wechseln (x) und die
Dateien lesen (r). Neue Dateien anlegen und ändern (w) dürfen
nur der Besitzer und die Benutzer der gleichen Gruppe.

Dateien:

Typ	Besitzer *user*	Gruppe *group*	andere *other*
-	rw-	rw-	r--

Diese Datei darf von allen gelesen werden. Verändert werden
darf sie nur vom Besitzer oder von Benutzern der gleichen
Gruppe.

Typ	Besitzer *user*	Gruppe *group*	andere *other*
-	rwx	rwx	r-x

Diese Datei darf von allen gelesen und ausgeführt werden.
Verändern dürfen nur der Besitzer und die Benutzer der
gleichen Gruppe.

Bild 3-121: Beispiele Zugriffsrechte

Versuchen Sie selbst aus den verschiedenen Anzeigen, die wir bisher mit *ls -l*
angesehen haben, die Rechte zu unterscheiden:

```
$ ls -l /dev
...
crw-------       1  monika  kurs   13,  1  Oct 19   8:00 tty11
crw-rw-rw-       1  bernd   kurs   13,  2  Oct 19   8:00 tty12

crw--w--w-       2  root    bin    13,  7  Oct 20 18:10 tty17
$ ls -l /usr/kurs/monika
...
drwxrwxr-x   2  monika  kurs       32  Oct 19 15:20 Texte
drwxrwxr-x   2  monika  kurs       32  Oct 19 15:20 Uebungen
$ ls -l /usr/kurs/monika/Befehle
-rwxrwxr-x   1  monika  kurs       45  Apr  2 15:20 sichern
$ ls -l /usr/kurs/Uebungen
...
-rw-rw-r--   1  monika  kurs    12489  Oct 19 18:10 ueb1
```

Bild 3-122: Beispiel verschiedener Zugriffsrechte (Anzeige mit ls -l)

Wenn Sie sich die Zugriffsrechte bei dem Terminal 11 *(tty11)* ansehen, so erkennen Sie, daß weder Benutzer der gleichen Gruppe noch andere Benutzer auf
dieses Terminal zugreifen dürfen. Die Änderung der Zugriffsrechte für dieses
Terminal wurde mit dem Ihnen bereits bekannten Kommando *mesg n* bewirkt.

Nur wenn Sie Besitzer einer Datei oder eines Directories sind, können Sie die
Zugriffsrechte ändern. Hierfür wird das Kommando **chmod** (**ch**ange **mod**us)
verwendet. Dieses Kommando können Sie unterschiedlich ausführen:

1. Ausführung von chmod mit symbolischer Angabe:

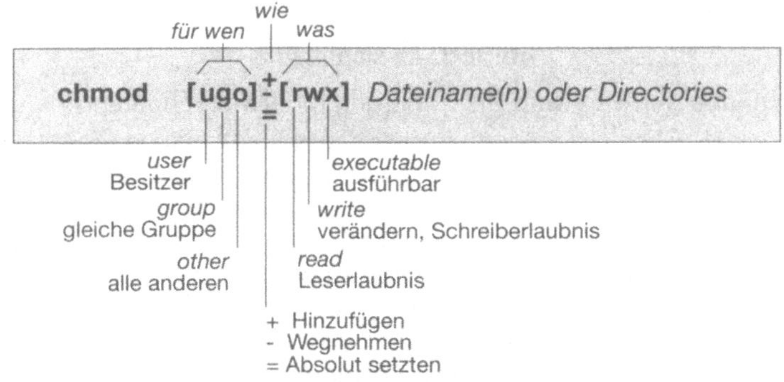

chmod – Kommando, um Zugriffsrechte zu ändern
(symbolische Angabe)

Mit dem **chmod**-Kommando verändern Sie die Zugriffsrechte von Dateien, wobei Sie angeben:

für wen   Besitzer *(user)*,
Benutzer der gleichen Gruppe *(group)* oder
die anderen (other)
ohne Angabe gilt die Änderung für alle

wie   ob die Zugriffsrechte
+ hinzugefügt
oder
- entzogen *(weggenommen)* werden sollen
(eins von beiden muß angegeben werden)
ab Version V.4 gibt es auch
= absolut gesetzt werden sollen

was   (um welche Rechte es sich handelt)
Leseerlaubnis *(read)*,
Schreiberlaubnis *(write)*
oder Ausführerlaubnis *(executable)*
(mindestens eine Angabe muß gemacht werden).

Soll z.B. die Schreiberlaubnis für alle Benutzer der gleichen Gruppe eingeräumt werden, so lautet das Kommando

chmod g+w *Dateiname*

▷ Beachten Sie hierbei, daß zwischen den Angaben ›**g+w**‹ (für wen, wie und was) **keine Leerzeichen** stehen dürfen.

Wenn Sie eine Änderung für alle Benutzer durchführen (für sich als den Besitzer, für die Benutzer Ihrer Gruppe und die anderen), z.B. eine Datei ausführbar machen, dann können Sie

entweder angeben: **chmod ugo+x** *Dateiname*

oder   **chmod +x** *Dateiname*

Ohne Angabe ›für wen‹ wird die Änderung für alle durchgeführt.

Ändern wir als Beispiel die Zugriffsrechte der Unter-Directories Texte und Übungen so ab, daß die Benutzer der gleichen Gruppe in diese Directories wandern können *(cd)*, dort Dateien lesen aber keine Dateien verändern, löschen oder neuanlegen dürfen. Fremde *(die anderen)* dürfen weder in diese Directories gehen, noch Dateien lesen oder neue Dateien anlegen und schon gar nicht verändern oder löschen (damit würde auch der symbolische Link aus unserem Beispiel Bild 3-115 auf Seite 166, ›den anderen‹ nicht erlauben, in dieses Directory zu gehen, obwohl in der Link-Datei alle Rechte gesetzt waren. Letztlich entscheidend sind die Zugriffsrechte der Originaldatei.

```
$ ls -l /usr/kurs/monika
...
drwxrwxr-x      2    monika   kurs        32  Oct  19  15:20 Texte
drwxrwxr-x      2    monika   kurs        32  Oct  19  15:20 Uebungen
$ chmod go-w T* U*
   ohne Leerzeichen!
$ chmod o-rx  T* U*
$ ls -l /usr/kurs/monika
drwxr-x---      2    monika   kurs        32  Oct  19  15:20 Texte
drwxr-x---      2    monika   kurs        32  Oct  19  15:20 Uebungen
```

Für Benutzer der gleichen Gruppe (*kurs*) und die anderen wird die Schreiberlaubnis entzogen

Für alle anderen Benutzer wird die Erlaubnis für Lesen und Ausführen *(cd)* entzogen

*Bild 3-123: Beispiel Ändern der Zugriffsrechte
mit symbolischer Angabe – chmod ugo+-rwx*

Sie sehen an dem vorigen Beispiel, daß Kombinationen von **ugo** und **rwx** erlaubt sind. Wichtig ist, daß bei der Angabe für wen, wie und was geändert werden soll, **keine Leerzeichen** *(blanks)* zwischen den einzelnen Symbolen stehen dürfen. Sie sehen auch, daß für diese Änderung zwei verschiedene Kommandos eingegeben werden mußten, da die ›Gruppenmitglieder‹ und die ›anderen‹ unterschiedliche Rechte erhalten sollen. Mit der zweiten Art, das Kommando chmod zu verwenden, läßt sich die gleiche Änderung mit einem Kommando ausführen. Hierzu wird eine Zahl benötigt, die sich zugewiesenen Werten je Erlaubnisart errechnet.

2. Ausführen von chmod mit Zahlenwerten (Oktalzahl)

> **chmod**   *Oktalzahl Dateiname(n) oder Directories*

chmod – Kommando, um Zugriffsrechte zu ändern
(mit Oktalzahl)

Für die einzelnen Rechte werden folgende Werte vergeben:

r	*read*	- Leseerlaubnis	**4**
w	*write*	- Schreiberlaubnis	**2**
x	*executable*	- Ausführerlaubnis	**1**

Werden in einer Datei alle Rechte gesetzt, ist der Wert 777.

Zugriffsrechte *(Modus)* eingeteilt nach:								
Besitzer *user*			Gruppe *group*			andere *other*		
read lesen	*write* schreiben	*execute* ausführen	*read* lesen	*write* schreiben	*execute* ausführen	*read* lesen	*write* schreiben	*execute* ausführen
4	2	1	4	2	1	4	2	1
7			7			7		

Sollen die Rechte verändert werden, so wird nach den drei Unterteilungen

Besitzer　　　　　　　　**Gruppe**　　　　　　　　**andere**

die jeweilige Summe der zugewiesen Rechte eingesetzt. Darf z.B. der Besitzer lesen, schreiben und ausführen, die Gruppe nur lesen und ausführen, und die anderen nur lesen, so ergibt sich folgende Berechnung der Oktalzahl:

Zugriffsrechte *(Modus)* eingeteilt nach:								
Besitzer *user*			Gruppe *group*			andere *other*		
read lesen	*write* schreiben	*execute* ausführen	*read* lesen	*write* schreiben	*execute* ausführen	*read* lesen	*write* schreiben	*execute* ausführen
4	2	1	4	0	1	4	0	0
7			5			4		

Das Kommando würde in diesem Fall eingegeben werden mit:

chmod   754   *Dateiname(n) oder Directories*

Bild 3-124: Beispiel Errechnung der Oktalzahl für Zugriffsrechte

Sie geben bei dieser Ausführung des *chmod*-Kommandos nicht die Veränderung der Rechte, sondern den sich ergebenden Stand in Form des zugewiesenen Wertes (Oktalzahl) für alle drei Bereiche an. Die Änderung, die wir vorhin mit

chmod go-w T* U*
chmod o-rx T* U*

eingegeben haben, kann dann mit einem Kommando erreicht werden:

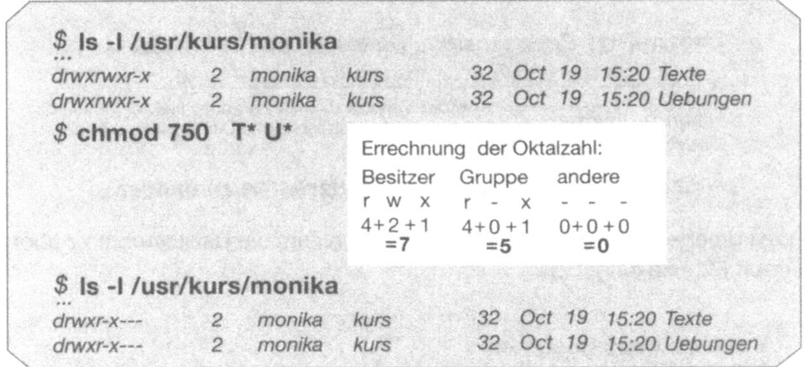

Bild 3-125: Beispiel Ändern der Zugriffsrechte mit Oktalzahl

Wenn Sie als Besitzer bestimmte Rechte zuweisen können, so haben Sie selbstverständlich auch das Recht, Ihren Besitz zu verschenken. Vorhin haben wir gesehen, daß beim Kopieren von Dateien jeweils derjenige der Besitzer der Datei wird, der das Kopierkommando ausführt. Würde Monika einem anderen Benutzer eine ihrer Dateien in sein Directory kopieren, bleibt sie Besitzer der kopierten Datei. Dabei spielt es keine Rolle, von wo sie den Kopierauftrag startet. D.h., auch wenn sie zuvor in sein Directory wechselt und dann kopiert, bleibt sie trotzdem alleiniger Besitzer der kopierten Datei:

```
$ cd /usr/kurs/hans
$ cp ../monika/Uebungen/neu  geschenk
$ ls -l
drwxrwxr-x      2   hans     kurs         32   Aug  7   1985   befehle
-rw-r--r--      1   monika   kurs        245   Nov  2   12:28  geschenk
drwxrwxr-x      2   hans     kurs        117   Spt  1   18:10  projektB
```


Bild 3-126: Beispiel Besitzrechte beim Kopieren von Dateien

Nur Sie selbst als Besitzer oder der Systemverwalter können die Besitzrechte ändern. Das Kommando hierzu:

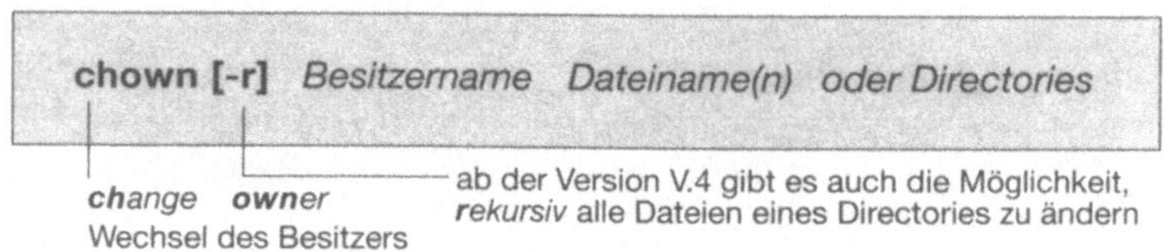

chown – Kommando, um Besitzrechte zu ändern

Um die kopierte Datei auf Hans umzuschreiben, ihm die Besitzrechte zu übergeben, muß Monika eingeben:

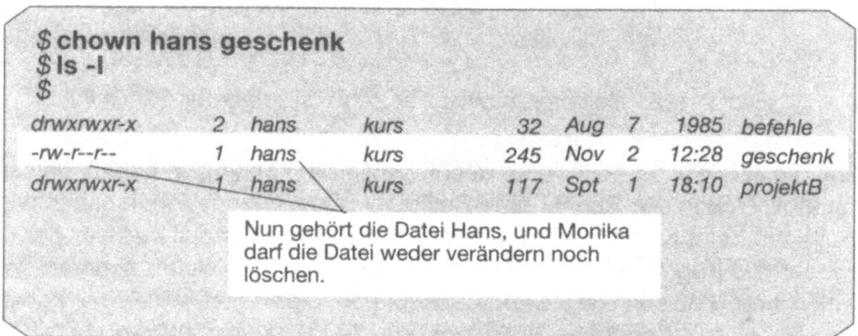

Bild 3-127: Beispiel Ändern der Besitzerrechte – chown

3.4.7 Suchen nach Dateien und Mustern in Dateiinhalten

In diesem Kapitel haben wir zu Beginn Ordnung gemacht. Geht es Ihnen manchmal auch so, daß Ihnen momentan nicht einfällt, wo Sie etwas hingeräumt haben? Auch für diese Situation gibt es unter UNIX hilfreiche Dienstprogramme.

Nehmen wir an, wir wissen, daß wir eine Datei mit dem Namen ›sichern‹ hatten. Wir können uns aber nicht mehr erinnern, unter welchem Directory sie abgelegt ist. Wo fängt man an zu suchen? Nun, wir könnten bei unserem Home-Directory beginnen, mit *ls* uns die Dateien anzeigen lassen und alle vorkommenden ›Unter-Directories‹ auf die gleiche Weise durchforsten. Genau diesen Vorgang kann uns das Kommando *find* abnehmen.

Das *find*-Kommando hat allerdings seine Besonderheiten:

❏ Sie müssen unbedingt angeben, von wo ab im Dateibaum gesucht werden soll (Start-Directory).

❏ Die Optionen werden nicht abgekürzt sondern ausgeschrieben.

❏ Wenn Sie ein Ergebnis angezeigt haben wollen, müssen Sie dies dem Kommando explizit angeben (Ausgabeart).

Doch sehen wir uns hierzu die Syntax (Regeln) an:

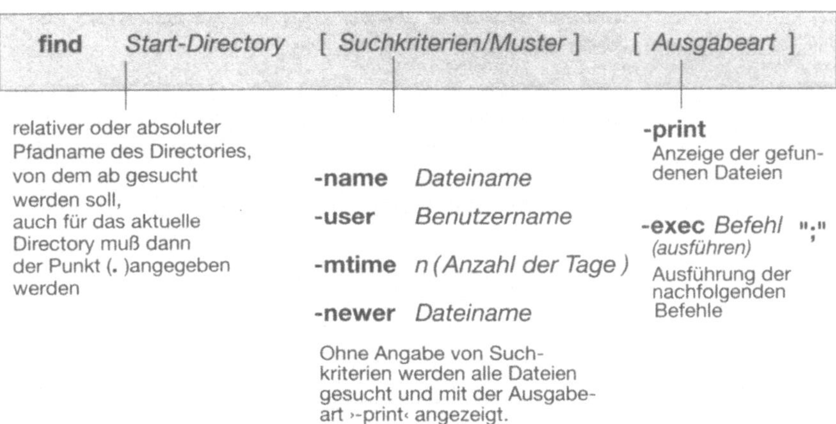

find – Kommando, um Dateien zu suchen und zu finden

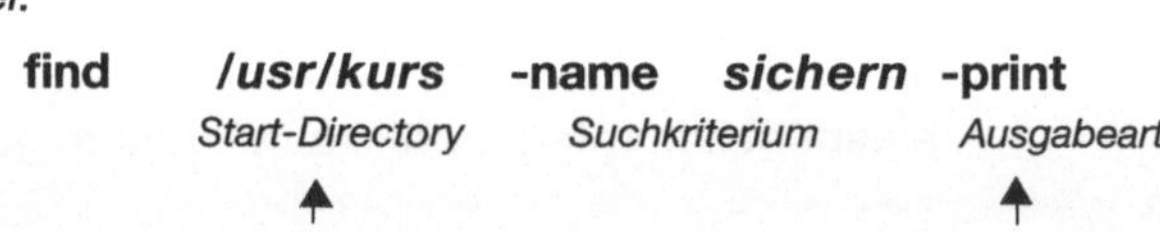

Das find-Kommando gehört zu den schwierigeren Kommandos unter UNIX. Jede einzelne Position des Kommandos hat ihre Besonderheiten. Betrachten wir diese der Reihe nach:

Start-Directory   Es muß unbedingt angegeben sein. Wenn Sie von Ihrem aktuellen Directory suchen wollen, muß zumindest ein Punkt als Kennzeichnung des Start-Directories angegeben werden. Die Pfadbezeichnung wird in gleicher Form den gefundenen Dateien mitgegeben. Haben Sie das Start-Directory mit einem ›.‹ angegeben, beginnen die gefundenen Namen ebenso mit ./
z.B.   ./Befehle ./Texte usw.
Wurde als Start-Directory **/usr/kurs** angegeben, so werden die gefundenen Dateien ebenfalls mit dem absoluten Pfadnamen ausgegeben
z.B.   /usr/kurs/monika/Befehle   /usr/kurs/monika/Texte, usw.

Sie können auch mehrere Start-Directories angeben. Diese werden nacheinander, rekursiv durchsucht.

Suchkriterien   Wie auch bei anderen Kommandos sind hier nur die Optionen ausgewählt worden, die häufig benötigt werden. Zu ihnen gehören (Bei den nachfolgenden Beispielen wird einfachheitshalber jeweils vom aktuellen Directory ausgehend gesucht):

-name *datei*   Der Dateiname wird durch ein Leerzeichen getrennt gleich nach der Option **-name** eingegeben. Hierbei können Metazeichen wie *, ?, [ ] verwendet werden. Es ist jedoch wichtig, diesen mit Metazeichen versehenen Namen in Anführungszeichen zu setzen, damit er nicht sofort von der Shell ersetzt wird, sondern dem find-Kommando übergeben werden kann.
Soll ab dem aktuellen Directory nach allen Namen gesucht werden, die mit ›n‹ beginnen, so wird eingegeben:
find . -name "n*" -print

-user *benutzer*   Auch hier wird anschließend an die Option der Name des Benutzers (so wie er in der Datei */etc/passwd* eingetragen ist) angegeben. Hier dürfen keine Metazeichen verwendet werden, da es sich hierbei nicht um einen Dateinamen handelt! Das find-Kommando sucht dann alle Dateien, dessen Besitzer der angegebene Benutzer ist.

-mtime *n*   *(modification date)*. Mit dieser Option werden Dateien mit einem bestimmten Modifikationsdatum gesucht. Unter

-mtime *n* (Fortsetzung)	*n* wird hierbei die Anzahl der Tage angegeben, die zur Ermittlung des gesuchten Datums führt. Ohne Angabe eines Vorzeichens werden alle Dateien gesucht, die **genau vor** *n* Tagen verändert wurden. Soll z. B. nach allen Dateien gesucht werden, die **genau vor** 2 Tagen verändert wurden, wird eingegeben: **find . -mtime 2 -print**
-mtime -*n*	Es wird nach allen Dateien gesucht, die **innerhalb** der *n* Tage verändert wurden. Sollen beispielsweise alle Dateien, die innerhalb der letzten 7 Tage verändert wurden, gesucht werden, so wird eingegeben: **find . -mtime -7 -print**
-mtime +*n*	Es wird nach Dateien gesucht, die **vor** *n* Tagen **und noch früher** verändert wurden. Wollen Sie feststellen, welche Dateien Sie vor einem Monat und noch früher verändert haben, so geben Sie ein: **find . -mtime +30 -print**
-newer *datei*	Mit dieser Angabe wird nach allen Dateien gesucht, die ein **jüngeres** *(neueres)* **Modifikationsdatum** aufweisen **als** die **angegebene Datei.** Möchten Sie z. B. alle Dateien suchen, die Sie seit Ihrer letzten Sicherung verändert oder neuerstellt haben, so können Sie auf eine Datei abprüfen, die Sie zum Zeitpunkt der Sicherung erstellt haben *(z. B. sichlog)*. Die Eingabe lautet dann: **find . -newer sichlog -print**
Ausgabeart	Bei den obigen Beispielen haben Sie sicher bemerkt, daß bei
-print	allen Aufrufen **-print** angegeben wurde. Sollten Sie vergessen, **-print** anzugeben, dann können Sie nicht sehen, welche Dateien gefunden wurden. Bei einigen Systemen wird die Ausgabeart *print* generell gesetzt.
-exec	*(execute – ausführen).* Mit dieser Ausgabeart können Sie eine Kommandofolge angeben, die nach dem Suchvorgang durchgeführt werden soll. Hierbei können die gesuchten Dateien als Parameter (bzw. im Pipe-Mechanismus) übergeben werden. Das Einsetzen der gefundenen Dateien wird mit der Zeichenfolge "**{}**" erreicht. Diese Option ist jedoch etwas kompliziert. Sie verlangt exakt die Einhaltung bestimmter Regeln:

| -exec | **-exec** *Kommando* **"{}" ";"** |
| Fortsetzung | Statt der in Anführungszeichen gesetzten geschweiften Klammern werden die gefundenen Dateien an dieser Stelle eingesetzt. |

Das **find**-Kommando ist trotz seiner ›Feinheiten‹ ein sehr häufig benutztes und wichtiges Kommando. Sie werden es hauptsächlich für die Sicherung Ihrer Dateien benötigen. Beachten Sie hierbei, daß die gefundenen Dateien immer mit der gleichen Pfadbezeichnung beginnen, mit der Sie das Start-Directory angesprochen haben. Sehen wir uns hierzu einige Beispiele an:

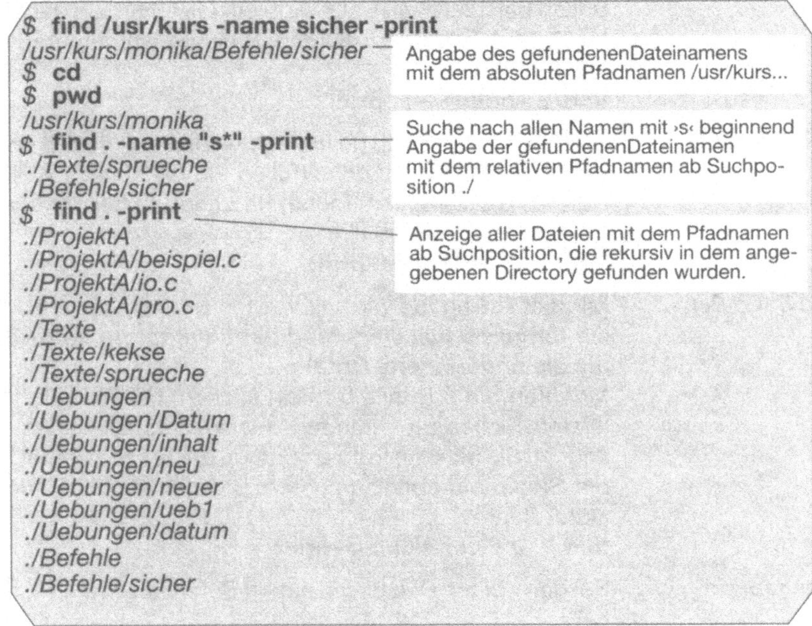

Bild 3-128: *Beispiel Suchen und Finden von Dateien – find*

Wenn Ihnen etwa nur der Anfangsbuchstabe einer Datei einfällt, nach der Sie suchen, so ist dies für das find-Kommando auch kein Problem. Sie können auch Verknüpfungen von Abfragen eingeben. Unter dem Anfangsbuchstaben ›n‹ haben Sie vielleicht mehrere Dateien. Sie wissen aber, daß Sie die gesuchte Datei in den letzten 10 Tagen verändert haben. Geben Sie mehrere Suchkriterien an, so bedeutet dies, daß alle Angaben erfüllt sein müssen. Bei der Eingabe von

find . -name "n*" -mtime -10 -print

müssen die zu suchenden Dateien mit *n* beginnen **und zusätzlich** innerhalb der letzten 10 Tage verändert worden sein.

Eine **oder**-Verknüpfung ist möglich durch die Option **-o**. Wenn Sie Dateien suchen, die entweder mit ›n‹ oder mit ›s‹ beginnen, also beide angezeigt werden sollen, lautet der Aufruf

find . "(" -name "n*" -o -name "s*" ")" -print

Die Klammer wirkt hier ähnlich wie in der Mathematik. Wichtig ist hierbei, daß die Klammer in **Anführungszeichen steht und mit Leerzeichen** von den anderen Eingaben getrennt wird, damit sie an das find-Kommando weitergegeben und nicht vorab durch die Shell interpretiert wird. Um die Sonderbedeutung der Klammer für die Shell zu unterbinden, kann auch das Fluchtsymbol \ jeweils vor die Klammer gesetzt werden:

find .   \(-name "n*" -o -name "s*" \)   -print

Wenn nicht nur die gefundenen Dateinamen mit der Pfadbezeichnung angezeigt, sondern zusätzlich auch die Merkmale der Datei mit *ls -l* angezeigt werden sollen, so können Sie dem *find*-Kommando diese Aufgabe über die *-exec*-Anweisung mitgeben:

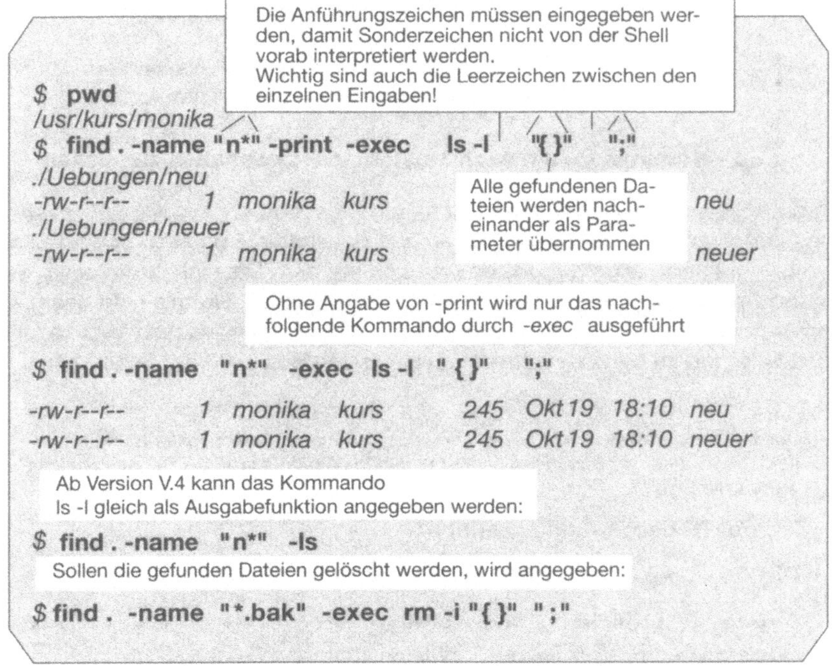

Bild 3-129: Beispiele Suchen und Finden von Dateien (find mit -exec Funktion)

Das *find*-Kommando ist, wie wir in den beiden letzten Beispielen gut sehen konnten, leider nicht sehr einfach. Lassen Sie sich deshalb nicht entmutigen, wenn Sie nicht gleich beim ersten Mal Erfolg haben.

Bei solch langen Kommandos wurde vielleicht eine Leerstelle zu wenig eingegeben oder das schließende Anführungszeichen vergessen, oder nicht angegeben, was mit den gefundenen Dateien geschehen soll. Ein weiterer Trost: Im Kapitel 3.7 Shell-Prozeduren lernen Sie u.a., wie Sie lange Kommandos, die Sie häufig benötigen, in eine Datei schreiben und dann nur noch mit dem Namen dieser Datei aufrufen können. Im Kapitel Sicherung werden wir dann das find-Kommando mit weiteren Anwendungsbeispielen zeigen.

Ein weiteres Kommando, das Ihnen hilft, Dateien wiederzufinden, ist

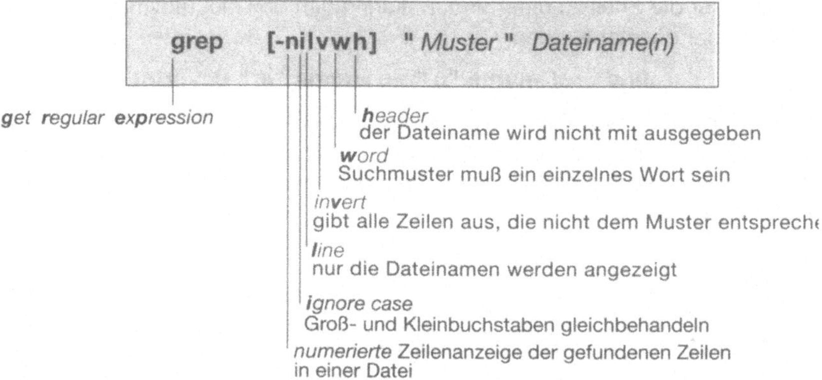

grep – Kommando, um nach Mustern in Dateiinhalten zu suchen

Erinnern Sie sich, dieses Kommando haben wir schon kurz im Kapitel ›Es shellt‹ angesprochen. Falls Sie sich weder an den Dateinamen, noch an einen Teil des Namens erinnern, aber wissen, daß es sich bei dem Dateiinhalt um einen Text handelt, in dem z.B. ›Frosch‹ vorkommt, dann können Sie mit Hilfe des *grep*-Kommandos danach suchen. In *"Muster"* können Metazeichen und reguläre Ausdrücke wie im *ed/vi* verwendet werden (siehe Bild 3-90 auf Seite 134).

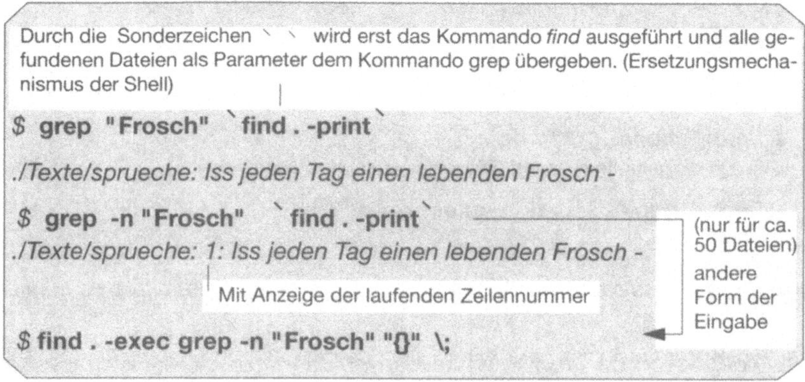

Bild 3-130: Beispiel Suchen und Finden von Dateiinhalten – grep

Bei der Vielzahl von Dateien, die Sie im Laufe Ihres ›Lebens mit UNIX‹ anlegen und aufräumen werden, könnte es auch passieren, daß Sie sich an eine Datei nicht mehr erinnern und partout nicht wissen, was sich in dieser Datei verbirgt. Hier hilft Ihnen das Kommando

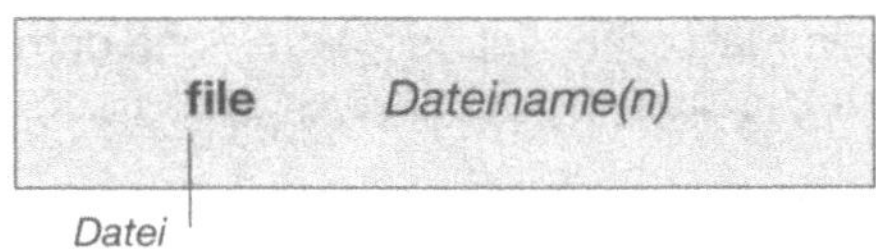

file – Kommando, das versucht, den Inhalt einer Datei zu klassifizieren

Als *file* wird im Englischen eine Datei bezeichnet. Das Kommando file **versucht** aufgrund der Anfangsdaten herauszufinden, um welchen Inhalt es sich bei der angegebenen Datei oder den Dateien handelt. Hier einige der Klassifizierungen, die file aufgrund der Anfangsdaten einer Datei vornimmt:

Erkennung	Bedeutung
assembler program	Quelltext eines Assemblerprogramms
ascii-text	Normale Datei mit Text
c program text	Quelltext eines C-Programms
commands text	Shellprozedur (Datei mit Kommandos)
data	Datei mit nicht druckbaren Zeichen *(Binärcode)*
empty	leere Datei
directory	Directory
fortran program	Quelltext eines Fortranprogramms

```
$ cd /usr/kurs/monika
$ file `find . -print`                   Versuch, den Inhalt von
.: /usr/kurs/monika      directory       Dateien zu klassifizieren
./ProjektA/beispiel.c:   c program text
./ProjektA/io.c          c program text
./ProjektA/pro.c         c program text
./Texte:        directory
./Texte/kekse:        English text
./Texte/sprueche:  English text          Es handelt sich hierbei z.B.
./Uebungen:        directory             nicht um englischen, sondern
./Uebungen/Datum:      ascii text        um deutschen Text
./Uebungen/inhalt:     ascii text
./Uebungen/neu:        English text
./Uebungen/neuer:      English text
./Uebungen/ueb1:       empty
./Uebungen/datum:      ascii text
./Befehle:        directory
./Befehle/sicher:   commands text
```

Bild 3-131: Beispiel Versuch einer Dateiklassifizierung – file

Im Laufe von Tagen, Wochen und Monaten sammeln sich eine ganze Reihe von Dateien an, die oft nicht mehr benötigt werden. Spätestens wenn der Systemverwalter eine Meldung auf der Systemconsole erhält, die in etwa lauten könnte

no space on /dev/hd1

(dies bedeutet: kein Platz mehr auf der Platte - und damit sicher auch kein *Spaß* mehr auf der Platte), ja dann bleibt nichts anderes übrig, als eine Säuberungsaktion durchzuführen.

Je nach System sind die Platten unterschiedlich bezeichnet. Lassen Sie sich am besten von Ihrem Systemverwalter die Aufteilung der Platten Ihres Rechners zeigen. In der Regel wird eine physikalische Platte in mehrere Partitions aufgeteilt, die dann jede für sich als eigene ›Platte‹ behandelt wird. Meist sind dann die Plattenbezeichnungen entsprechend numeriert wie /dev/hd1, /dev/hd2 usw. Bei den später behandelten Kommando **df** sehen Sie u.a., welche Platten in Ihrem Rechner zur Verfügung stehen (›*montiert*‹ sind - bei dem Kapitel 3.5 Sicherung werden Sie das Kommando **mount** kennenlernen, das hierfür verwendet wird).

Kein Platz auf der Platte kann unter Umständen bei bestimmten Anwenderprogrammen dazu führen, daß die letzten Veränderungen nicht mehr gesichert werden konnten und verloren sind. Normalerweise wird der Systemverwalter dafür sorgen, daß jeweils genügend Platz frei ist und die Benutzer u.U. auffordern, nicht mehr benötigte Dateien zu löschen. Es schadet jedoch nichts, wenn Sie selbst prüfen, wieviel Platz Ihnen noch zur Verfügung steht, bzw. wieviel Platz Sie benötigen oder verbraucht haben.

3.4.8 Überprüfen der Platten- oder Floppy-Belegung

Wie können Sie feststellen, wieviel Platz Ihnen noch auf der Platte (den Platten) oder auf der Floppy zur Verfügung steht?
Hierfür gibt es zwei kleine Kommandos, die Sie sich leicht merken können:

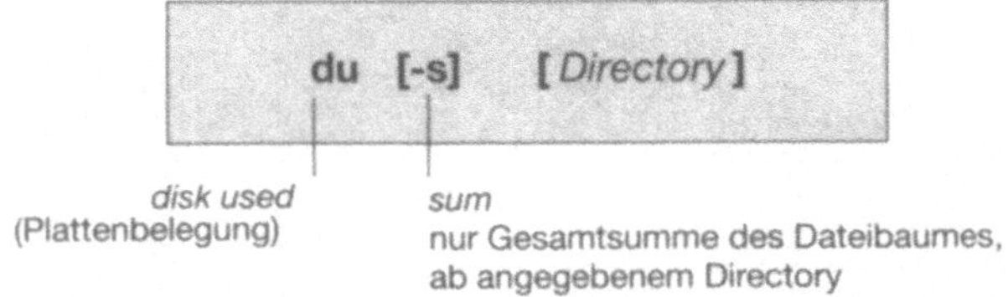

du – Kommando, um den belegten Platz (Blockanzahl) anzuzeigen

(bei größeren Dateibäumen kann dieses Kommando u.U. sehr lang dauern – also Geduld) und das Gegenstück dazu:

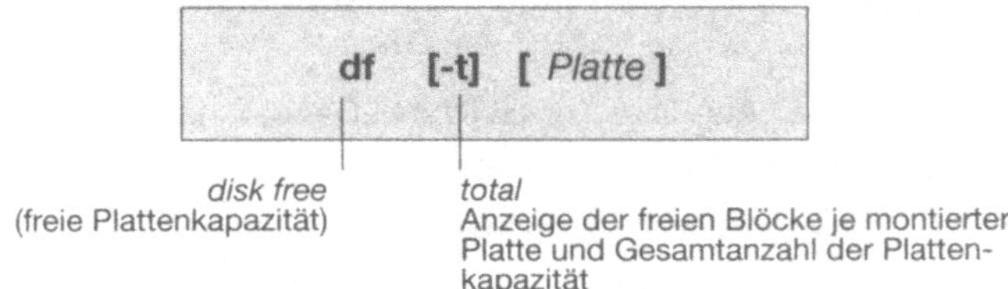

df – Kommando zur Anzeige der frei zur Verfügung stehenden Blöcke aller im System montierten Platten/Floppies

Auf einer GUUG-Tagung *(German UNIX User Group)* wurde zur Aufheiterung eine Knobelecke eingerichtet, in der neue Begriffserläuterungen für UNIX-Kommandos gesucht wurden. Prämiert wurde u.a. das Kommando **du – Deine Untaten**. Sehen wir uns also unsere bisherigen Untaten an, und stellen wir fest, wieviel Platz wir noch zur Verfügung haben. Hier ein Beispiel des Seminarrechners, auf dem auch dieses Buch ursprünglich entstanden ist (Auf Ihrem Rechner sind, wie schon erwähnt, die Plattenbezeichnungen sicher anderslautend):

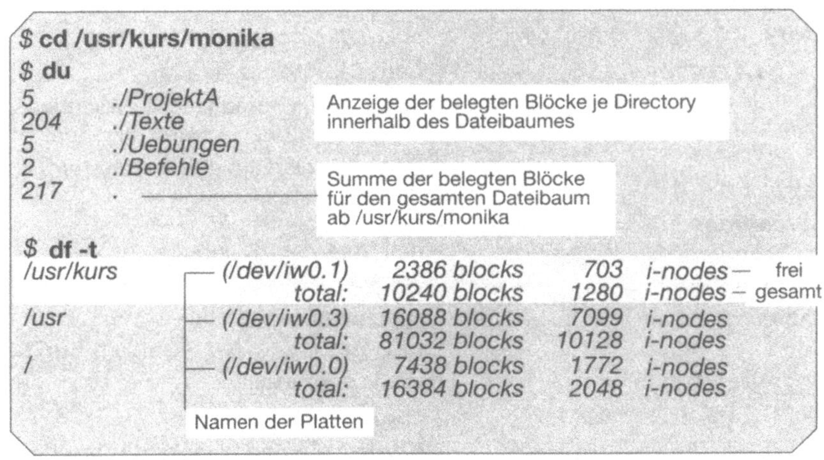

Bild 3-132: Anzeige der freien und belegten Plattenkapazität

Das Directory /usr/kurs ist in dem obigen Beispiel vom Systemverwalter auf eine eigene Platte mit dem Namen /dev/iw0.1 gelegt worden. In diesem Directory sind bereits 10240 – 2386 = 7854 Blöcke je 512 Bytes belegt worden. Die wichtigste Aussage ist für uns, daß noch 2386 Blöcke frei sind und wir noch maximal 703 Dateien auf dieser Platte anlegen könnten. Bei einigen Systemen können Sie mit

df -k

die Gesamtanzeige in Kilobyte abfragen.

Die wichtigsten Dateiverwaltungskommandos haben Sie damit kennengelernt:

❏ Sie wissen, wie neue Directories (Unter-Directories) angelegt werden und wie Sie Directories löschen können;

❏ wie Sie Dateien kopieren, umbenennen und löschen können;

❏ Sie können sich jederzeit die wesentlichen Merkmale einer Datei ansehen;

❏ den Inhalt einer Datei ausdrucken lassen;

❏ Sie können die Zugriffsrechte und Besitzrechte Ihrer Dateien und Directories verändern;

❏ Sie können nach bestimmten Kriterien Dateien suchen oder Inhalte aus Dateien wiederfinden, und

❏ den Inhalt einer Datei versuchen zu klassifizieren.

3.4.9 Zusammenfassung der Kommandos

Kommandoeingabe	Funktion
mkdir [-p] *Directory-Name(n)* *Beispiel:* **cd** */usr/kurs* **mkdir -p** *ben01/Uebung* Unter DOS: **mkdir, md**	*make directory* **Legt Directories neu an** **-p** *pass* noch nicht vorhandene Unter-Directories werden mit angelegt Soweit noch nicht vorhanden werden die Directories /usr/kurs/ben01 /usr/kurs/ben01/Uebung angelegt
rmdir *Directory* Unter DOS: **rmdir (rd)**	*remove directory* **Löscht Directories, die keine Dateien mehr enthalten**
cp [-i] *Dateialt Dateineu* **cp [-i]** *Datei1 Datei2 ... Directory* **cp [-ir]** *Directory Directory* Unter DOS: **copy, xcopy**	*copy* **Kopiert eine oder mehrere Datei(en) in ein anderes Directory** **-i** *interactive* Falls eine Datei mit gleichem Namen schon existiert, wird nachgefragt, ob überschrieben werden darf **-r** *recursive* Der gesamte Dateibaum wird kopiert

Kommandoeingabe	Funktion
rm [-] [-fir] *Dateiname(n)* Unter DOS: **del**	*rem*ove - *löschen* **Löscht Dateien *(unwiederbringlich!)*** *- ohne weitere Angabe* Die nachfolgenden evtl. mit ›-‹ beginnenden Namen sind keine Optionen (sondern z.B. versehentlich mit ›-‹ beginnend angelegte Dateien) **-f** *forced - verstärkt* Auch bei Dateien, die schreibgeschützt sind, wird ohne Nachfrage gelöscht **-i** *interactive* die Löschung muß erst mit ›y‹ bestätigt werden **-r** rekursiv Vorsicht! Löscht radikal alle Dateien und evtl. Unter-Directories!
mv -i *dateialt dateineu* **mv -i** *datei1 datei2 ... Directory* Unter DOS: **ren (rename)**	*move, bewegen* **Ändert einen Dateinamen oder verschiebt Dateien in ein anderes Directory** **-i** *interactive* Eine bereits bestehende Datei wird nur dann überschrieben, wenn dies mit **y** bestätigt wird
ln [-s] *Originaldatei Linkname* **ln -s** Original-Directory Link-Directory	*link* **Vergibt Dateien zusätzliche Namen bzw. verweist auf eine andere Datei oder ein anderes Directory** Der lokale Link (ohne -s) kann nur auf Dateien innerhalb der gleichen Plattenpartition erfolgen **-s** *symbolic link* Das Link-Directory soll mit vollem Pfadnamen eingetragen werden. Der symbolische Link wird als eigener Dateityp mit **l** (klein L - link) gekennzeichnet

Kommandoeingabe	Funktion
ls -[abdFilRst] Unter DOS: **dir, tree**	list Zeigt den Inhalt von Directories bzw. Attribute von Dateien **-a** *all* Auch die mit Punkt beginnenden Dateien (.profile …) werden angezeigt **-b** *binary* Zeigt auch nicht darstellbare Zeichen am Bildschirm an **-d** *directory* Zeigt nur das Directory (nicht seinen Inhalt) an **-F** *Format short* Directories sind mit ”/” gekennzeichnet, ausführbare Kommandos/Programme mit ”*”, symbolische Links mit ”@” **-i** *inode* Die Adresse (inode-Nummer) wird angezeigt **-l** *long format* Anzeige mit Attributen **-R** *Rekursiv* Der Dateibaum mit sämtlichen Unter-Directories wird angezeigt **-s** *size* Es werden zusätzlich die benötigten Blöcke á 512 Bytes angezeigt **-t** *time* Die Liste wird chronologisch sortiert ausgegeben
lp [-d Druckername**]** *Dateiname* Unter DOS: **print**	*line printer* **Erstellt einen Druckauftrag für den lp-Spooler** **-d** *destination* Mit -d›Druckerqueue‹ kann ein Zieldrucker angegeben werden, soweit mehrere Drucker eingerichtet wurden
cancel *Druck-Auftragsnr.* *Beispiel:* **cancel laser-124** Unter DOS: **type /c**	*annullieren, abbrechen* **Löscht mit lp gestartete Druckaufträge** Auftrags-Nr. für Drucker-Queue laser
lpstat	*line printer status* **Zeigt alle mit lp gestarteten Druckaufträge und deren Status an** (analog lpq für lpr-Aufträge)

Kommandoeingabe	Funktion
lpr Unter DOS: **print**	*line printer* **Erstellt einen Druckauftrag für den lpq-Spooler** (wird manchmal statt lp verwendet)
lpq	*line printer queue* **Zeigt die Queue der mit lpr gestarteten Druckaufträge an** (analog lpstat für lp-Aufträge)
lprm *Auftrag-Nr.*	*line printer remove* **Löscht mit lpr gestartete Druckaufträge**
pr [-ln **-o**n **-w**n **-n** *Spaltenanzahl* **]** \ *Dateiname(n)*	*print* **Bereitet Dateien für den Druck auf** **-l** *length* Anzahl der Zeilen (Seitenlänge) **-o** *offset* Zeicheneinrückung vom linken Rand (eine Einheit entspricht einem m) **-w** *width* Anzahl der Zeichen pro Zeile (Breite) **-n** *numbering* Die Zeilennummern werden mit ausgedruckt **1-9** (Spaltenanzahl) Der Text wird in die angegebene Anzahl Spalten umgebrochen
chmod [-R] *Art Dateinamen/ Directories* für wen wie was |	| **chmod ugo ± rwx** *Dateinamen/ Directories*	*change modus* **Ändert die Zugriffsrechte** Art: symbolisch oder über Oktalzahl **-R** *Rekursiv* die Änderung erfolgt für alle Dateien/Unter-Directories **Ändert die Zugriffsrechte mit symbolischer Angabe** *u*ser der Dateibesitzer *g*roup die gleiche Gruppe *o*ther alle anderen + hinzufügen - wegnehmen *r*ead Leseerlaubnis *w*rite Schreiberlaubnis *e*xecute ausführbar

Kommandoeingabe	Funktion
chmod *Oktalzahl Dateina-men/Directories* **Errechnung der Oktalzahl** r read 4 w write 2 x executable 1	**Ändert die Zugriffsrechte mit Oktalzahl** Besitzer Gruppe Andere r w x r - x - - - 4+ 2+ 1 4+ 0+ 1 0+ 0+ 0 =7 =5 =0
Beispiel: **chmod 750** *ben01*	Das Directory erhält die Zugriffsrechte: drwxr-x---
chown [-R] *Benutzer* \ *Dateinamen/ Directories*	*change owner* **Ändert den Besitzer** **-R** *Rekursiv* Die Änderung erfolgt für alle Datei-en/Unter-Directories
find *Start Suchkriterien Ausgabe* Beispiel: **find . -print** *Suchkriterien:* **-name** *Dateiname* **-mtime** *n* **-mtime** *-n* **-mtime** *+n* **-newer** *Datei* **-inum** *inode-Nr* **-mount**	*finden* **Sucht (findet) Dateien in Dateibäu-men nach unterschiedlichen Suchkriterien** Es muß ein **Start-Directory** angegeben werden (aktuelles Directory mit . angeben) Die Ausgabe muß bei den meisten Systemen noch mit **-print** angegeben werden Es wird eine Liste aller Dateien **rekursiv** durch alle Unter-Directories mit **relativem Pfadnamen** ausgegeben Nach bestimmten **Namen**, Metazeichen (*?[ ]) mit Anführungszeichen eingeben *Modifikationsdatum* **vor genau** *n* Tagen **innerhalb von** *n* Tagen **vor** *n* Tagen und früher **neuer** als die angegebene Datei mit der angegebenen **inode-Nummer** nur auf dem aktuellen (**montierten**) Plattenbereich *Fortsetzung* nächste Seite

Kommandoeingabe	Funktion
find *Fortsetzung*	
-user *Benutzername*	Dateien des angegebenen **Benutzers**
Ausgabe:	
-print	Dateien werden mit absolutem Pfadnamen angezeigt
	das **Kommando** wird mit jeder gefundenen Datei **durchgeführt**
-exec *Kommando* {} \;	
	die gefundenen Dateien werden **mit** allen **Attributen** (wie ls -l) **angezeigt**
-ls	
Logische Kombination	Suchkriterien können logisch verbunden werden
-a	**und-Verknüpfung**
	Suchkriterien klammern
-o	**oder-Verknüpfung**
( )	Sucht nach Dateien, die mit a beginnen und "hans" gehören. Von den gefundenen Dateien werden die ersten 10 Zeilen angezeigt
Beispiele	
find . \(-name "a*" -a -user \ hans \) -exec head {} \;	
	Sucht ab */usr* alle core-Dateien und/oder Dateien, die mit .tmp enden. Die gefundenen Dateien werden gelöscht
find /usr \(-name core -o \ -name "*.tmp" \) -exec rm {} \;	
grep [hilnvw] *Muster Dateiname(n)*	*get regular expression*
	Durchsucht Dateiinhalte nach bestimmten Zeichenvorgaben/Suchmustern
	Im Muster können **Metazeichen** *(regular expression)* wie im ed/vi verwendet werden
	-h *header*
	der Dateiname wird nicht mit ausgegeben
	-i *ignore case*
	behandelt Groß- und Kleinbuchstaben gleich
	-l *line*
	nur die Dateinamen werden angezeigt
	-n *number*
	gibt zusätzlich die Zeilennummer mit aus
	Fortsetzung nächste Seite

Kommandoeingabe	Funktion
grep *Fortsetzung* *Beispiel:* **grep -v "^\\."** *trofftext* Unter DOS: **find**	**-v** *invert* gibt alle Zeilen aus, die nicht dem Muster entsprechen **-w** *word* Suchmuster muß ein einzelnes Wort sein Es werden alle Zeilen aus der Datei trofftext angezeigt, die **nicht** mit einem ›.‹ beginnen
file *Dateiname(n)*	*Datei* **Versucht den Inhalt oder die Art einer Datei zu bestimmen** zum Beispiel *ascii text* *c program text* *commands text* *directory*
du [-s] *Directory*	*disk used* **Zeigt den verbrauchten Plattenplatz** **-s** *sum* Zeigt nur jeweils die Summe der Directories in 512-Byte-Blöcken an
df [-k]	*disk free* **Zeigt die verfügbare Plattenkapazität in 512-Byte-Blöcken für alle montierten Plattenbereiche an** **-k** *kilo* - Zeigt die Kapazität in 1 KB-Blöcken an

3.5 Sicher ist sicher!

Zwischenzeitlich haben Sie UNIX so gut kennengelernt, daß Sie vielleicht schon einige Dateien angelegt haben, die für Sie wichtig sind und nicht gelöscht werden sollen. Sie haben auch gelernt, wie leicht versehentlich eine Datei überschrieben oder gelöscht werden kann. Und noch etwas: Die Wahrscheinlichkeit, daß eine Platte in einem Rechner defekt wird, ist größer als die, daß Ihr Büro abbrennt. Eine Platte ist ein mechanisches Teil wie der Motor eines Autos, sie zeigt Abnutzungserscheinungen und kann daher plötzlich Lese- und Schreibfehler aufweisen. Deshalb sollten Sie Ihre Dateien, zumindest jene, auf die Sie nicht verzichten wollen, sichern, d.h. zusätzlich auf ein anderes Medium kopieren.

Die einzelnen Themen:

Sicher ist sicher!

Das Thema ›Sichern‹ ist nicht trivial. Damit beschäftigen sich nicht nur Banken und Polizei. Seit es Datenverarbeitung über Computer gibt, hat das Thema ›Sicherung‹ eine besondere Bedeutung erhalten. Mancher Benutzer ist vor seinem Rechner schon in Tränen ausgebrochen, hat Wutanfälle bekommen, weil bestimmte Daten nicht mehr vorhanden waren; sei es, daß sie versehentlich gelöscht wurden, daß die Platte nicht mehr lesbar war oder sonst irgendwas passierte.

Über Sicherung wurden schon Doktorarbeiten geschrieben. Auf der GUUG-Tagung '86 war diesem Thema eine Reihe von Vorträgen gewidmet. In einem dieser Vorträge wurde ein sehr passender Vergleich gebracht (auch 10 Jahre später hat sich daran nichts geändert):

Daten sichern ist wie Zähneputzen. Es kostet Zeit, und man sieht keinen sofortigen Nutzen. Doch wenn das Desaster zuschlägt, wünscht man sich, man hätte die Sache ernster genommen.

Auch wenn Sie in einer größeren Firma arbeiten, in der eine eigene Abteilung für die Systembetreuung und Sicherung Ihrer Rechner zuständig ist, sollten Sie dieses Kapitel nicht überblättern. Abgesehen von manchen wichtigen Daten, die Sie vielleicht vorsichtshalber selbst sichern wollen, werden die Kommandos zum Sichern auch anderweitig benötigt, etwa zum Datenaustausch mit anderen Rechnern oder um Dateien noch straffer und platzsparender zu organisieren.

3.5.1 Was und worauf soll gesichert werden?

Bei dem Kapitel 3.3 Editoren hatten wir u.a. bei der Texterstellung vorsichtshalber ›zwischendurch‹ gesichert. Das heißt, wenn wir Texte erstellt haben, wurden diese erst in einen sog. Arbeitspuffer geschrieben und dann mit einem speziellen Kommando (z.B. *w* beim *ed* bzw. *:w* beim *vi*) auf die Platte zurückgeschrieben. Bei unseren Aufräumarbeiten wurden Dateien kopiert und die doppelten Dateien erst gelöscht, nachdem wir kontrolliert hatten, ob alle Dateien ordnungsgemäß übernommen worden waren. Auch dies war eine Art der Sicherung. Wir können Sicherungen gliedern je nachdem, **was und wann** gesichert werden soll:

Zu sichern sind z.B.:

- ❏ **der aktuelle Stand** während der Erstellung von Dateien und die **vorhergehende Version** einer geänderten Datei
- ❏ **bestimmte Dateien**, z.B. Testprogramme, Texte zu einem Buch usw.
- ❏ **wöchentlich alle Dateien** eines **Benutzers** oder einer **Benutzergruppe** oder **aller Benutzer** (Dateibaum) und **täglich** davon nur die **veränderten Dateien**
- ❏ alle **Benutzerprogramme (Anwenderprogramme),** die meist ebenfalls unter bestimmten Directories abgelegt sind
- ❏ **Systemsoftware**
- ❏ **gesamte Platte(n)**

In diesem Buch, das speziell für den Benutzer geschrieben ist, wird in erster Linie nur auf die Sicherung der Benutzerdateien oder Benutzergruppen eingegangen. Die Sicherung von Benutzerprogrammen, der Systemsoftware und gesamter Platten gehört in den Aufgabenbereich des Systemverwalters und ist nicht Inhalt dieses Buches. Lediglich am Ende dieses Kapitels sind einige Anregungen für ein Gesamtsicherungskonzept enthalten.

Wir haben uns Gedanken gemacht, was wir alles sichern wollen, doch nun bleibt zu überlegen: **wie sichern** wir und **worauf?** In einer Umfrage während eines Einführungsseminars wurden folgende Antworten gesammelt:

- auf Papier
- unter anderen Namen
- in ein anderes Directory
- auf eine andere Platte
- auf einen anderen Rechner (File-Server)
- auf Floppy (Diskette) oder entfernbare Wechselplatte
- auf Streamer-Kassette
- auf Magnetband

Alle Antworten sind richtig. Ja, auch auf Papier, denken Sie an Texte, Quelltexte von Programmen, Kalkulationen u.v.m. Abgesehen, daß durch Fleißarbeit die Daten wieder abgetippt werden können, könnte man heutzutage sogar die Texte durch Scannen und entsprechende Konvertierungssoftware wieder einlesen. Doch dies wäre sicher die Ausnahme. Je nachdem, was gesichert werden soll und wieviel die Sicherung kosten darf, wird man eines der angebotenen Medien aussuchen. Sichert man eine Datei unter anderem Namen oder in ein anderes Directory, hat man bei Platten- oder Rechnerausfall leider Pech gehabt. Die teuerste Sicherung ist bestimmt ein zweiter Rechner, der aber bei bestimmten Anwendungen seine Berechtigung hätte und etlichen Komfort bietet, da die Sicherung automatisiert nachts laufen könnte. Bei dem heutigem Stand der Technik sind natürlich auch magnetooptische Platten (*MODs*) ja sogar CDs *(compact disk)* ebenfalls als Sicherungsmedien geeignet. Floppy und Streamer-Kassetten sind sicher die am häufigsten verwendeten. Es handelt sich hierbei um **entfernbare Datenträger**, die dann, um jedes Risiko auszuschließen, sogar an einem anderen Ort und brandsicher untergebracht werden können.

3.5.2 Montieren von Floppies oder Platten

Eine **Floppy** sieht etwa aus wie eine kleine Schallplatte. Es gibt sie in verschiedenen Größen (z.B. 3 1/2", 5 1/4" und die ganz alte, kaum mehr verwendete 8"-Floppy). Die meist genutzte ist sicher die 3 1/2"-Floppy, die etwa 1,4 MB speichern kann. Die anderen Größen sind ältere Modelle, die kaum noch verwendet werden. Welche Floppy Sie verwenden können, richtet sich nach dem Floppy-

Laufwerk. Um das Laufwerk zu betreiben, benötigt man die einen entsprechenden Controller und die Treiber-Software, die letztlich über die Gerätedatei unter */dev* zugewiesen wird. Die verschiedenen UNIX-Rechner haben meist unterschiedliche Bezeichnungen für die Floppies, z.T. auch je nach dem, wie sie verwendet werden, als UNIX-Medium oder als DOS-Floppy. Bei unseren Beispielen nennen wir die Floppy z.B. **/dev/fd0.**

Wie verwenden Sie eine Floppy?

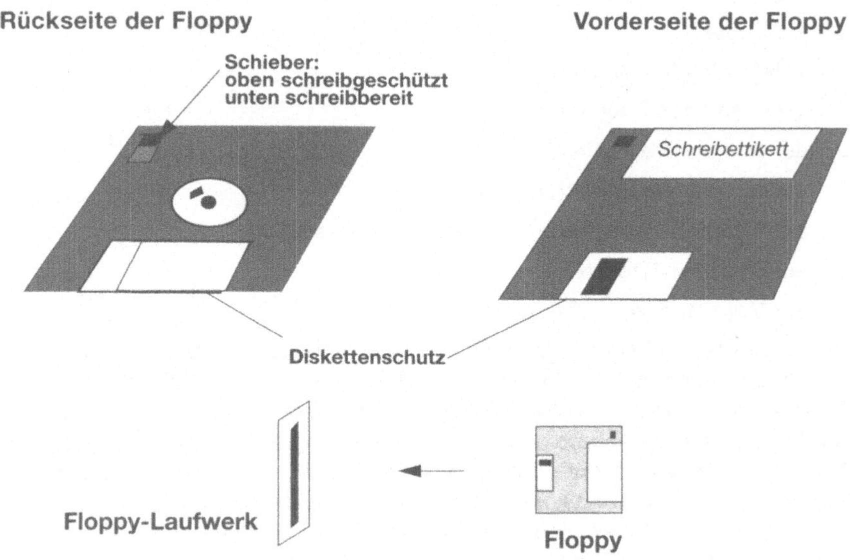

Bild 3-133: Floppy

Eine Floppy kann auf unterschiedliche Weise genutzt werden:

1. Ähnlich wie eine Platte. Das bedeutet, Sie haben direkten Zugriff auf die Floppy und müssen sie in das Dateisystem einhängen. Hierfür muß die Floppy **erstmalig formatiert** (hier gibt es je nach System unterschiedliche Befehle) und ein **Dateisystem** auf der Floppy **angelegt** (*mkfs — make file system*) werden. Dies sind Aufgaben des Systemverwalters.

2. Als Datenträger für ein Sicherungsarchiv. Dazu werden wir spezielle Kommandos kennenlernen (*cpio* und *tar*). Hierfür ist keine Formatierung notwendig, da von den Sicherungsarchiv-Programmen eigene Strukturen verwendet werden.

3. Als Austausch-Datenträger zu PCs (DOS-Systeme, Windows-NT, OS/2). Hier verwendet man am besten für DOS vorformatierte Floppies. Die meisten Systeme können auch die Floppies mit eigenen Befehlen für DOS formatieren (*dosformat*, siehe auch Seite 227).

Wir wollen zuerst die Floppy als Ergänzung zu unserem Dateisystem nutzen. Die für Ihr System formatierte Floppy wird dann in das Dateisystem eingehängt (›montiert‹). Das Kommando hierzu lautet:

/etc/mount *Gerätenamen* *Directory mit Pfadnamen ab /*

montieren

/etc/mount – Kommando, um Floppies oder Platten zu montieren

Das Directory muß mit dem vollständigen Namen ab der *root* (/) angegeben werden. Oft ist für ›entfernbare Datenträger‹ vom Systemverwalter bereits ein Directory eingerichtet, z.B. **/mnt**. In Ihrem Directory könnten Sie sich für das Montieren der Floppy auch ein eigenes Directory einrichten.

Eine Floppy oder Platte wird in ein **leeres Directory** montiert und somit voll in das gesamte Dateisystem integriert. (Auf älteren Systemen war es möglich, Floppies/Platten auch in nicht leere Directories einzuhängen. Dann wurden die bereits vorhandenen Dateien ›*überdeckt*‹. Dies bedeutet, daß diese Dateien nicht mehr sichtbar waren und auch nicht angesprochen werden konnten, solange ein anderes Dateisystem unter diesem Directory eingehängt (›*montiert*‹) war. Erst wenn dieses Dateisystem wieder ausgehängt (›*abmontiert*)‹ wurde, kamen die überdeckten Dateien wieder zum Vorschein.)

Unter dem Directory, in dem Sie z.B. die Floppy eingehängt haben, können Sie nun Dateien anlegen, kopieren, umbenennen, löschen und Unter-Directories anlegen, also sämtliche Kommandos verwenden, die Sie bisher zur Dateiverwaltung und Pflege schon kennengelernt haben. Für den Anwender ist nicht erkennbar, auf welchen Platten und Floppies das gesamte Dateisystem, d.h. der Dateibaum beginnend von der *root* (/) mit allen Unter-Directories aufgeteilt ist. Geben Sie das Kommando **/etc/mount** ohne Parameter an, erhalten Sie eine Aufstellung der montierten Geräte (Platten und Floppies). Beachten Sie bitte hierbei, daß natürlich jeder Rechner eine eigene Aufteilung der Platten hat und mit diesem Beispiel nur die Funktion erklärt werden soll. Namen und Zuordnung sind nur für den in diesem Buch genutzten Seminarrechner zutreffend.

```
$  /etc/mount

/             on /dev/iw0.0   read/write on Thu Nov 6  9:03:34
/usr          on /dev/iw0.3   read/write on Thu Nov 6  9:03:34
/usr/kurs     on /dev/iw0.1   read/write on Thu Nov 6  9:03:34
```

Bild 3-134: Beispiel Anzeige der montierten Platten – /etc/mount

Erinnern Sie sich an das Kommando *df* (*disk free*)? Hier hatten Sie ebenfalls eine Aufteilung des Dateisystems erhalten mit den jeweils noch zur Verfügung stehenden freien Blöcken. Diese Platten werden vom Systemverwalter bei der Konfigurierung des Systems zugeordnet und beim Hochfahren des Systems automatisch montiert.

Als Anwender können wir z.B. eine Floppy in das Dateisystem montieren oder einhängen. Hierfür richten wir uns in unserem Home-Directory einmalig beispielsweise das Directory ›*Floppy*‹ ein. In dieses Directory montieren wir eine bereits formatierte und mit einem Dateisystem versehene Floppy (Ihr Systemverwalter wird Ihnen eine vorbereitete Floppy geben können). Als Beispiel werden wir alle Dateien des Directories Texte auf die Floppy sichern. Sehen wir uns hierzu den Ablauf an.

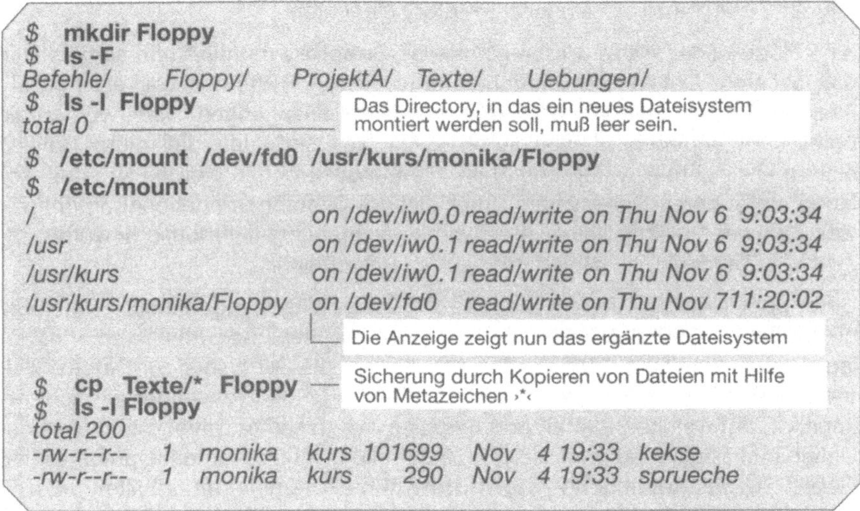

Zur Orientierung der Teilbaum vom Directory /usr/kurs/monika

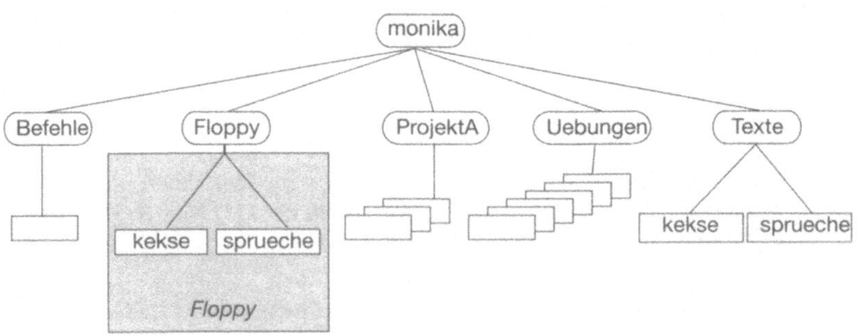

Bild 3-135: Beispiel Sichern von Dateien auf Floppy – /etc/mount, cp

Die Sicherung wurde hier durch Kopieren **bestimmter Dateien** vorgenommen. Die Dateien wurden mit Hilfe der **Dateinamenexpansion** (Metazeichen *) gefunden. Könnten wir die Floppy nun wieder entfernen?

▷ **Beachten Sie: Bevor** Sie eine mit */etc/mount* ins Dateisystem eingehängte Floppy (oder entfernbare Platte) auf einem UNIX-Rechner wieder **herausnehmen,** muß sie mit dem Kommando */etc/umount* abmontiert *(abgemeldet, ausgehängt)* werden; dann erst kann sie auch physisch entfernt werden. **Also nicht wie beim PC,** wo sie einfach aufs Knöpfchen drücken! Unter UNIX werden alle Dateien immer kontrolliert, registriert, bewacht. Wenn sie gewaltsam die Floppy entfernen würden, merkt das System die Inkonsistenz spätestens beim nächsten Hochfahren. Der Systemverwalter muß dann eine Plattenüberprüfung, sog. *file system check* (*fsck*), durchführen.

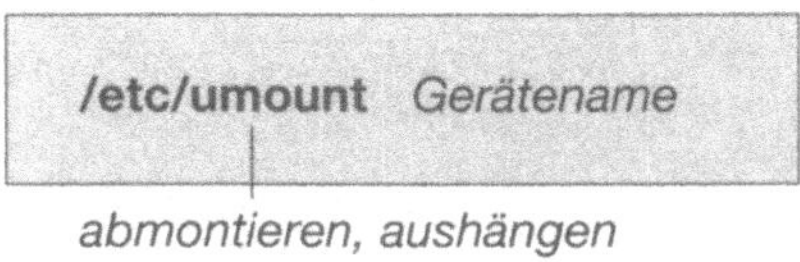

abmontieren, aushängen

/etc/umount – Kommando, um Platten oder Floppies wieder auszuhängen

Dem Betriebssystem muß unbedingt mitgeteilt werden, daß ein Gerät, auf dem ein Dateisystem eingerichtet wurde und das in den gesamten Dateibaum integriert wurde, wieder entfernt wird. UNIX behält die Informationen über ein Dateisystem im Speicher und schreibt nur nach einer bestimmten Zeit (wenn auch nur Sekunden) die sich durch Neuanlage, Modifikationen und Löschung von Dateien ergebenden Veränderungen auf die Platte oder Floppy zurück.

Durch das Kommando *umount* ist eine ordnungsgemäße Rückschreibung aller Datei-Informationen gewährleistet. Das Directory ›*Floppy*‹ ist auf der Platte wieder leer.

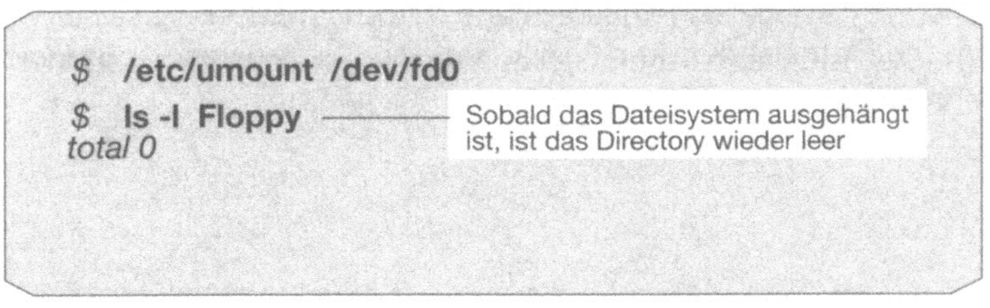

Bild 3-136: Beispiel Mount-Directory nach dem Aushängen der Floppy

Die Dateien stehen ohne irgendwelche Pfadangaben auf der Floppy. Die Floppy kann nun in jedes freie Directory eingehängt werden, wenn der Benutzer die Schreiberlaubnis hierfür besitzt.

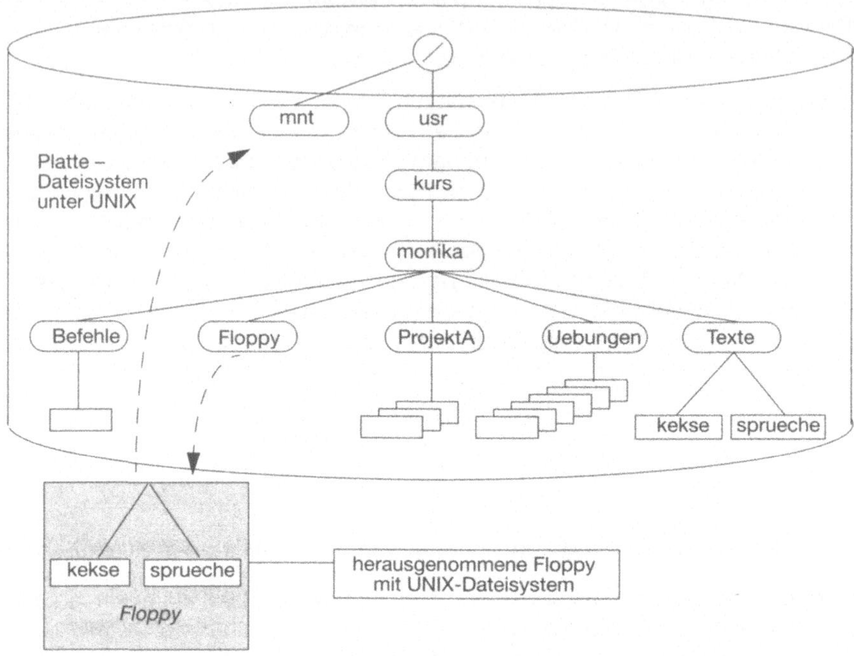

Bild 3-137: Beispiel des Dateibaumes mit ausgehängter Floppy

Die auf die Floppy kopierten Dateien bekommen automatisch den Pfadnamen des Directories, unter dem die Floppy montiert wird. Würde sie z.B. unter dem Directory */mnt* eingehängt werden, so lauteten die Dateinamen:

/mnt/kekse und **/mnt/sprueche**

Die Sicherung auf eine ›entfernbare‹ Platte würde in gleicher Weise durchgeführt werden. Die Platte ist nur durch einen anderen Gerätenamen, z.B. */dev/iw1.0*, gekennzeichnet.

3.5.3 Kopieren eines Dateibaumes mit *cpio*

In dem gerade gesehenen Beispiel wurden bestimmte Dateien mit Hilfe der Dateinamenexpansion über Metazeichen herausgesucht. Welche weiteren Möglichkeiten gibt es? Nun, im vorherigen Kapitel haben wir ein schwieriges, aber sehr nützliches Kommando kennengelernt – das *find*-Kommando. Mit Hilfe von *find* können wir **alle Dateien** und **Unter-Directories** von einem Directory oder Dateien nach einem bestimmten Suchkriterium (älter als 2 Tage usw.) auswählen und anzeigen lassen. Mit dem Kommando *cp* können zwar ab Version V.4 gesamte Dateibäume kopiert werden, jedoch nicht nach einer bestimmten Auswahl und vor allem erhalten die kopierten Daten jeweils ein neues Datum. Vor Version V.4 konnten mit *cp* nur Dateien, nicht aber Directories kopiert werden.

Um **Dateien und Directories mit Originalinformationen** zu kopieren, gibt es das Kommando *cpio (copy input output)*. Wie der Name andeutet, wird *cpio* sowohl für die **Ausgabe** einer Kopie, als auch für das **Einlesen** von kopierten Daten verwendet. Dieses Kommando hat die Besonderheit, daß es nur in Verbindung mit einer *Dateiliste* eine *Ausgabe* erstellt. Die Dateiliste wird entweder über eine **Pipe oder eine Umleitung** übergeben; oder die Namen der zu kopierenden Dateien werden einzeln über die Standardeingabe (Terminal) eingetippt. Sehen wir uns das Kommando *cpio* an, wie es in Verbindung mit dem *find* zum **Kopieren eines Dateibaumes** verwendet wird:

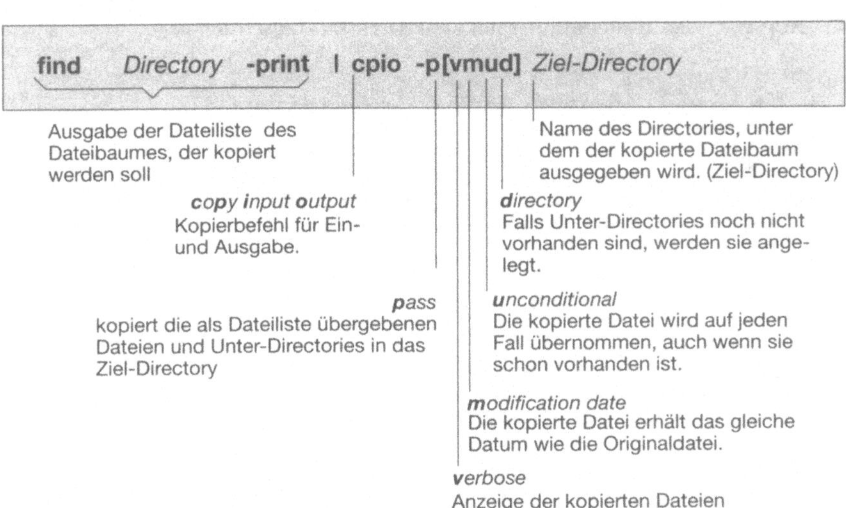

find ... | cpio ... – Kommandos, um einen Dateibaum zu kopieren

Es empfiehlt sich, folgende Optionen anzugeben:

-v (*verbose*), damit Sie am Bildschirm verfolgen können, welche Dateien kopiert wurden;

-m (*modification date*), um das **ursprüngliche Datum** der kopierten Datei zu erhalten (und nicht wie bei dem Kommando *cp* das aktuelle Datum);

-u (*unconditional*), wenn die kopierte Datei auch dann übernommen werden soll, wenn bereits eine Datei mit gleichem Namen und neuerem Datum vorhanden ist (ohne die Option *-u* werden bei *cpio* nur dann Dateien gleichen Namens überschrieben, wenn sie ein älteres Datum als die zu kopierende Datei aufweisen);

-d (*directory*), wenn Unter-Directories angelegt werden sollen.

Wenn wir alle Dateien von */usr/kurs/monika* auf eine Floppy sichern wollen, sind folgende Schritte notwendig:

1. Floppy montieren;

2. evtl. Daten auf der Floppy löschen;

3. Kontrollieren, ob Sie sich in dem zu kopierenden Dateibaum befinden, um über *find* die relativen Dateinamen so zu erhalten, wie sie unter dem Ziel-Directory mit gleichem Namen kopiert werden sollen;

4. Kopieren des Dateibaumes mit *cpio* in Verbindung mit *find*;

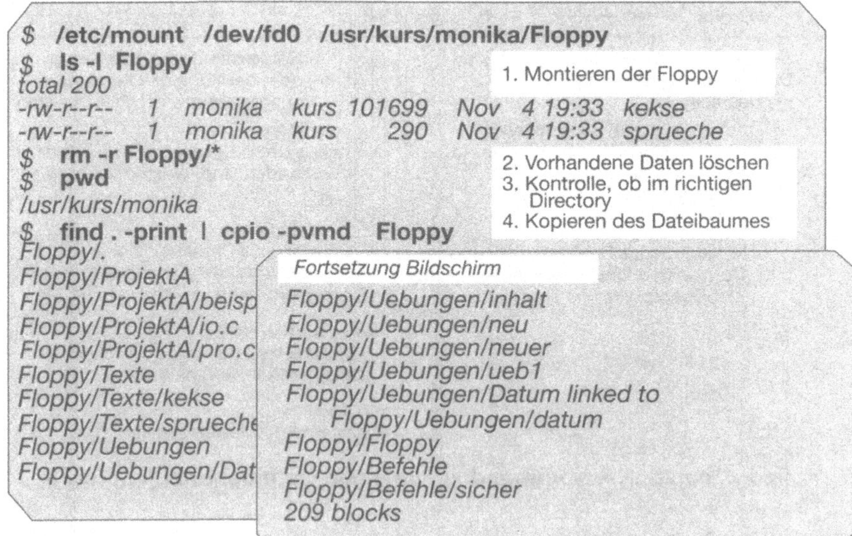

Bild 3-138: Beispiel einer Sicherung auf Floppy mit find | cpio als Dateibaum

5. Ein Hilfsmittel zur Wiederauffindung von Dateien ist, ein Inhaltsverzeichnis auszudrucken, das Sie zusammen mit der Floppy aufbewahren. Z.B., indem wir von dem Directory Floppy mit *ls -l* ein Inhaltsverzeichnis ausgeben und auf den Drucker weiterleiten oder das *find*-Kommando nochmal aufrufen und die Ausgabe an den *lp*-Spooler weiterleiten:

> **find Floppy -print | lp** *oder ab Version V.4* **find Floppy -ls | lp**

6. Die Floppy softwaremäßig abmontieren und herausnehmen und sofort beschriften, welche Daten wann und von wem gesichert wurden.

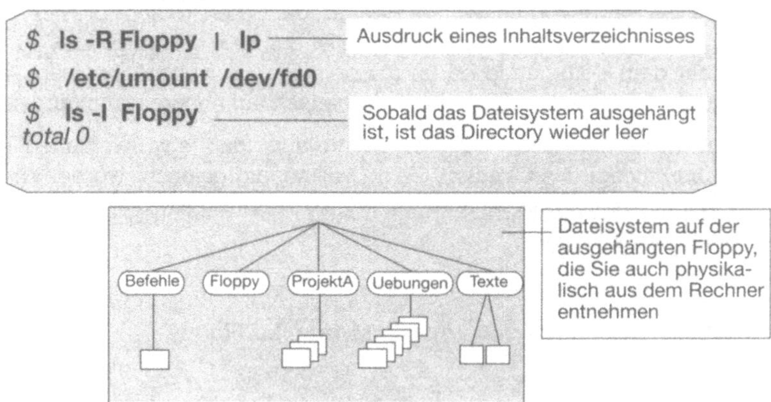

Bild 3-139: Beispiel Abmontieren (Aushängen) von einer Floppy nach der Sicherung eines Dateibaumes – /etc/umount

Eine Floppy ist als Sicherungsmedium von kleineren Datenmengen gut geeignet. Sie benötigt wenig Platz und läßt sich sogar in Ordnern oder Ablagekästchen unterbringen. Der Hauptzweck einer Sicherung ist, daß der Benutzer jederzeit schnell und zuverlässig Daten, die etwa versehentlich gelöscht wurden oder nur noch teilweise lesbar sind, auch einzeln wieder restaurieren kann. Aus der Beschriftung der Floppy sollten Sie deshalb ersehen können, welche Daten Sie wann gesichert haben, so daß es für Sie kein Problem ist, die richtige Floppy mit den gesuchten Daten wiederzufinden. Wir werden später noch kennenlernen, wie wir auch auf einer Floppy noch wesentlich mehr Daten unterbringen können (*cpio* oder *tar* als Archiv und verdichtet mit *compress* siehe Bild 3-157 auf Seite 247).

3.5.4 Einlesen gesicherter Dateien von einer Floppy (als Dateisystem)

1. Sie hängen die Floppy in ein leeres Directory ein und kopieren die gewünschte Datei in das entsprechende Directory (*cp*).

2. Soll ein ganzer **Dateibaum** kopiert werden, so wechseln Sie in das Directory der Floppy und

3. kopieren mit *cpio* in Verbindung mit *find*. Als Ziel wird das Directory angegeben, unter dem der Dateibaum restauriert werden soll. Sind nur einzelne Dateien gelöscht, oder zwischenzeitlich neuere Dateien mit gleichem Namen auf der Platte vorhanden, werden nur die Daten kopiert, die auf der Floppy ein neueres Datum aufweisen. Dies ist auch ein wesentlicher Vorteil gegenüber dem Kommando *cp -ri*, mit dem Sie zwar ebenfalls einen Dateibaum kopieren, bei dem aber nicht automatisch auf neuere Daten abgefragt wird.

Gehen wir in unserem Beispiel davon aus, daß etwa versehentlich unter */usr/kurs/monika* das Directory Texte vollständig gelöscht wurde. Wir nehmen also die vorhin erstellte Sicherungs-Floppy und hängen Sie unter dem leerem Directory ›*Floppy*‹ ein.

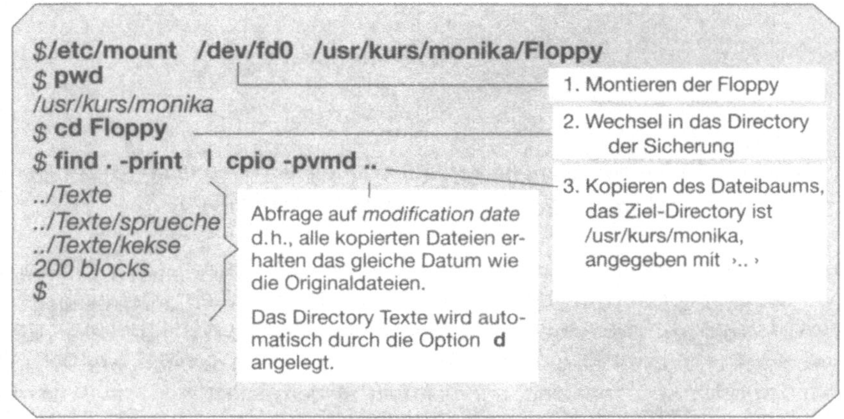

*Bild 3-140: Beispiel Einlesen von Dateibäumen aus der
Sicherung auf Floppies – cpio (als Dateisystem)*

Sollte z.B. der gesamte Dateibaum ab */usr/kurs/monika* nicht mehr vorhanden sein, könnten wir die Floppy unter irgendeinem leeren Directory einhängen, unter dem wir schreibberechtigt sind. Wichtig ist hier, daß zumindest das Directory */usr/kurs/monika* noch existiert, da relativ zu diesem Directory die Dateien gesichert wurden. Sollte auch das Home-Directory gelöscht sein, müßte der Systemverwalter erst wieder Ihr Home-Directory mit **mkdir** anlegen.

Floppies gehören zu den kostengünstigen Datenträgern. Aber Sie haben den Nachteil, daß nur verhältnismäßig geringe Datenmengen untergebracht werden können. Die Kapazitäten der Floppies reichen von ca. 0,36 MB *(Megabytes)* bis ca. 2,88 MB. Außerdem ist es schwierig, Floppies auf unterschiedlichen UNIX-Rechnern zu lesen, da sich die Formatierungen von System zu System unterscheiden können.

Die Floppy kann auch ›nur‹ als Datenträger verwendet werden. In diesem Fall wird sie nicht in das Dateisystem eingehängt (kein *mount*-Befehl), sondern ähnlich wie das Magnetband oder der Streamer verwendet. Das Kommando **cpio** wird dann mit den Optionen **-o > /dev/fd0** (für output – Erstellen der Kopie) und mit **-i < /dev/fd0** (zum Wiedereinlesen der Sicherung) verwendet. Sehen Sie hierzu die Verwendung von *cpio* bei Magnetband oder Streamer. Das Kommando **tar** (siehe auch Seite 219), ähnlich dem *cpio*-Kommando, hat sich ebenfalls für Datenträgeraustausch zwischen unterschiedlichen Rechnern bewährt.

Ein Beispiel, wie Floppies als Austausch zwischen UNIX-Dateien und PC verwendet wird, erfahren Sie im Abschnitt 3.5.11 auf Seite 227.

3.5.5 Verwendung von Magnetband oder Streamer

Der Streamer kann als problemlos bezeichnet werden. Er wird eingesetzt zur Sicherung von größeren Datenmengen und zum Austausch von Daten mit UNIX-Rechnern anderer Hersteller. Ein Streamer kann fast auf allen Rechnern gelesen werden. Das Magnetband wird meist nur noch in Mainframe-Umgebung *(Groß-rechner)* verwendet. Der wesentliche Unterschied zwischen Platte oder Floppy und Magnetband oder Streamer ist die Zugriffsmethode.

Auf eine Platte können Sie direkt zugreifen, an einer bestimmten Stelle *(Adresse)* lesen und schreiben; ähnlich wie Sie auf einer Schallplatte den Tonarm auf eine bestimmte Rille setzen können. Ein Magnetband oder Streamer kann nur sequentiell *(hintereinander)* beschrieben oder gelesen werden. Denken Sie an Musikkassetten. Wenn Sie ein bestimmtes Stück hören wollen, müssen Sie vor- oder zurückspulen. Dies ist zeitaufwendig. Man verwendet Magnetbänder oder Streamer nur als *Datenträger*. Dies bedeutet: ein **Magnetband oder Streamer** muß in der Regel **nicht formatiert** zu werden und es wird **kein Dateisystem** angelegt. Auf manchen Systemen werden Magnetbänder vorab initialisiert, mit einer Kennung *(z.B. fortlaufende Bandnumerierung etc.)* versehen. Wir wollen in diesem Buch die einfachste Form kennenlernen, wie Magnetbänder oder Streamer verwendet werden.

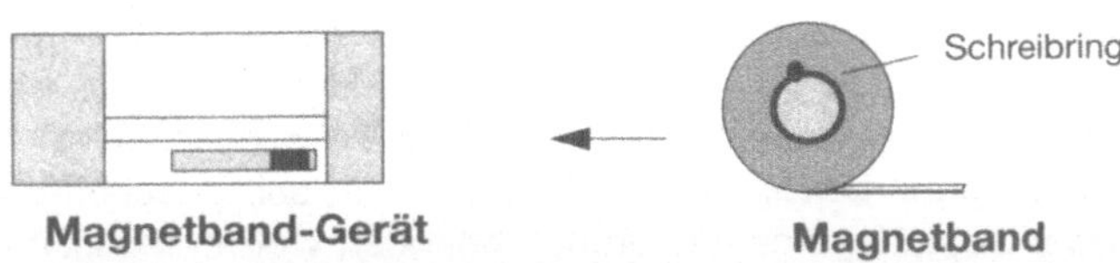

Bild 3-141: Magnetband

Das Magnetband hat auf einer Seite einen Schreibring, den Sie abnehmen können. **Ohne Schreibring** kann das Magnetband nur gelesen und **nicht beschrieben** werden. Wenn Sie z.B. nur Daten von einem Magnetband einlesen wollen, empfiehlt es sich, zur Sicherheit den Schreibring abzunehmen.

Je nach Bandgerät fädelt sich das Band automatisch ein oder Sie müssen entsprechend einer Anleitung das Magnetband manuell einlegen. Danach wird meistens eine Taste gedrückt, um das Band zu einer Anfangs-Bandmarke vorzuspulen (Beginn des beschreibbaren Bandes). In der Regel wird sichtbar angezeigt, daß ›hardwaremäßig‹ das Magnetband bereit ist und vom Rechner gelesen und/oder beschrieben werden kann.

Beim Streamer ist die Handhabung wesentlicher einfacher. Es gibt unterschiedliche Größen. Das sog. QIC-Format (60 MB bis ca. 1,2 GB *Gigabyte*) und Streamer für DAT-Laufwerke (***D**igital **A**rchiv **T**ape* - ca. von 1,2 GB bis etwa 10 GB) gehören zu den z.Z. am meisten eingesetzten. Für große Datenmengen werden DLT-Bänder verwendet, die sogar bis zu 40 GB speichern können.

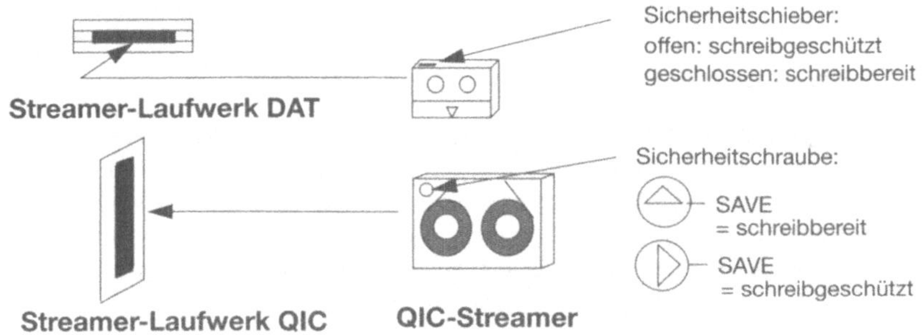

Bild 3-142: Streamer

Die Kassette wird in ein Streamer-Laufwerk eingeschoben. Ähnlich wie beim Magnetband können Sie die Kassette vor irrtümlichem Beschreiben schützen. Um den Schreibschutz einzustellen, ist an den meisten Kassetten ein Schieber vorgesehen oder eine kleine Schraube auf ›SAVE‹ zu drehen.

Da unterschiedliche Geräte auf dem Markt sind, läßt sich hier nur allgemein die Bedienung erklären. Auch die **Kontrollbefehle** für **Magnetband und Streamer** sind meist rechnerspezifisch und sind evtl. bei Ihrem Rechner unter anderen Namen aufzurufen. Fragen Sie Ihren Systemverwalter, welche Befehle für Ihren Rechner gültig sind.

Sie können auf ein Magnetband oder einen Streamer mehrere Sicherungen hintereinander schreiben. Bei jeder Sicherung (Schreibvorgang) wird automatisch eine Bandmarke als Endemarkierung auf das Band geschrieben. Man nennt diesen Bereich auch **Dateiset**. Wenn Sie auf ein schon beschriebenes Magnetband oder Streamer eine Sicherung anhängen wollen, müssen Sie um die Anzahl der schon vorhanden ›Dateien‹ *(in diesem Fall Sicherungsbereiche, die* *durch Bandmarken voneinander getrennt sind)* vorspulen. Das Kommando hierzu lautet:

Funktion	Magnetband
Zurückspulen um eine oder ›n‹ Dateisets	**mt -rew** [n]
Vorspulen um eine oder ›n‹ Dateisets	**mt -fsf** [n]

mt – Kommando, um ein Magnetband/Streamer vor- und zurückzuspulen

Auf Magnetband und Streamer sind Etiketten vorhanden, auf denen Sie sofort beschriften sollten, was, wann und wo und von wem gesichert wurde. Ich persönlich empfehle, lieber auf den Rest freier Kapazität eines Magnetbandes oder Streamers zu verzichten und nur jeweils eine Sicherung pro Band zu schreiben. Die Fehlerquelle, versehentlich eine falsche Sicherung einzulesen oder gar zu überschreiben, ist zu groß.

Wenn Sie immer wieder die gleichen Bänder in einem bestimmten Turnus verwenden, empfiehlt es sich, die Eintragungen mit Bleistift vorzunehmen. Bei DAT-Bändern ist jedoch darauf zu achten, daß sie lt. Garantie maximal nur 20-mal benutzt werden dürfen.

 Achten Sie darauf, daß Sie immer ausreichend Bänder und/oder Kassetten zur Verfügung haben. Wir werden uns anschließend Gedanken darüber machen, wie lange ein Band, eine Kassette oder Sicherungsfloppy aufbewahrt werden sollte.

Unsere Kassette oder das Magnetband ist nun startklar *(ready – online),* und wir könnten sichern, doch wie? Um auf Magnetband oder Streamer-Kassetten zu sichern, eignet sich hervorragend das bereits gelernte Kommando: *cpio.* Das Kommando wird sowohl für die Erstellung der Sicherung *(output),* als auch für das Wiedereinlesen *(input)* der Dateien verwendet. Wie Sie es verwenden wollen, kennzeichnen Sie durch die Option **-o** für *output* oder **-i** für *input.*

3.5.6 Sicherung mit cpio als Archiv

Mit *cpio* kann ein Archiv auf Magnetband, Streamer, Floppy oder als Datei angelegt werden. Um eine Sicherung zu erstellen, ein Archiv anzulegen, wird *cpio* wie folgt verwendet:

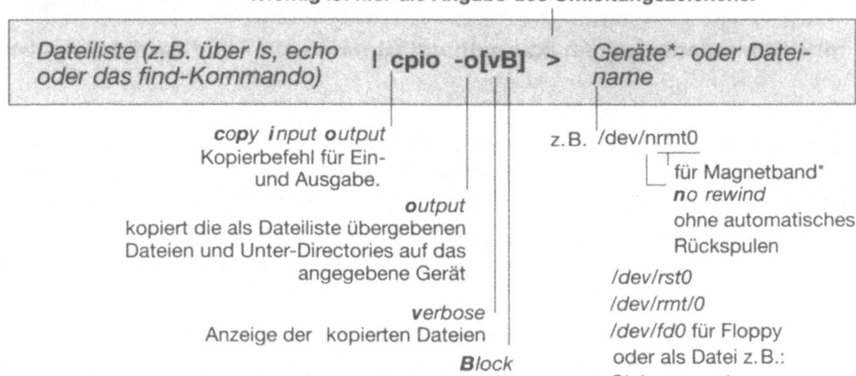

cpio -o – Kommando, um ein Archiv auf Magnetband, Streamer, Floppy oder als Datei anzulegen, zu erstellen

Das **cpio**-Kommando haben wir bereits beim Kopieren von Dateibäumen kennengelernt. Je nachdem, welche Option angegeben wird, kann *cpio* verwendet werden für:

cpio -p[vmud] *Ziel-Directory*	*(pass)* zum Kopieren von Dateibäumen
cpio -o[vB] > *Gerätenamen*	*(output)* zum Erstellen eines Archivs auf Magnetband, Streamer, Floppy oder als Datei
cpio -i[vmudB] < *Gerätenamen*	*(input)* zum Einlesen von vorher auf Magnetband oder Streamer gesicherten Daten

Die Option -i wird unter 3.5.7 auf Seite 216 behandelt. Bei den ersten beiden Möglichkeiten (-o und -p) müssen die zu kopierenden Dateien als sog. Dateiliste im *Pipe*-Mechanismus übergeben werden.

---

* *Die Gerätenamen sind je Rechner unterschiedlich. Erkundigen Sie sich bei Ihrem Systemverwalter, welche Gerätenamen für Streamer bzw. Floppy Ihnen zur Verfügung stehen.*

Die Dateiliste kann erstellt werden z. B.:

❏ mit dem Kommando *find*

❏ durch Dateinamenexpansion über **Metazeichen** (*, ?, [ ]),
wobei die so gefundenen Dateien über das Kommando *ls* oder *echo* als
Liste ausgegeben werden

❏ oder Umleitung der Eingabe von einer Datei (z. B. *liste*), in der die zu sichern-
den Dateinamen pro Zeile eingetragen sind.

cpio -ovB < liste > /dev/rmt0 *(Gerätenamen nur als Beispiel)*

Wenn Sie z. B. in einem bestimmten Directory alle Dateien, die mit *.c* enden, auf
Magnetband sichern wollen, geben Sie ein:

ls *.c | cpio -ovB > /dev/rmt0 *(Gerätenamen nur als Beispiel)*

Nur wenn Sie anschließend eine weitere Sicherung auf das gleiche Magnetband
schreiben wollten, würde als Gerätenamen **/dev/nrmt0** verwendet werden. ›n‹
steht in diesem Fall für nicht zurückspulen *(no rewind)*.

Eine Sicherung auf Streamer wird in gleicher Form vorgenommen, lediglich der
Gerätenamen kann anderslautend sein. Da jedoch kaum noch Magnetband-Ge-
räte an UNIX-Rechner angeschlossen sind, sondern hauptsächlich Streamer-
Laufwerke, die Datenmengen in Gigabyte speichern können, wird */dev/rmt0*
meist für den Streamer verwendet.

Es empfiehlt sich, die durch die Option ›v‹ *(verbose)* angezeigte Liste der gesi-
cherten Daten in eine Datei umzuleiten und anschließend auf dem Drucker auszugeben. Diese Umleitung wird erreicht durch ›2>‹, obwohl es sich hierbei nicht
um Fehlermeldungen, sondern um ›Meldungen des Programms‹ handelt. Wollen
wir bei dem letzten Beispiel das Protokoll in die Datei ›*sichliste*‹ umleiten, lautet
die Eingabe:

ls *.c | cpio -ovB > /dev/rmt0 2> sichliste

Die Datei *sichliste* kann anschließend mit *lp sichliste* ausgedruckt werden.

Sehen wir uns ein Übungsbeispiel zur Sicherung an. Alle Dateien von dem Directory */usr/kurs/monika* sollen auf Streamer gesichert werden:

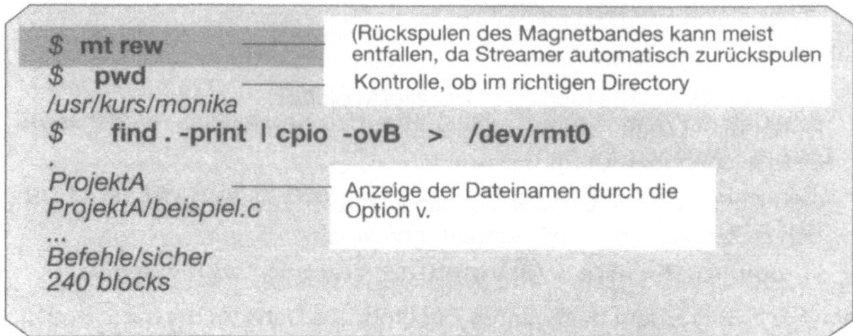

Bild 3-143: Beispiel Sicherung als Archiv auf Streamer –
cpio in Verbindung mit find

3.5.7 Einlesen gesicherter Daten aus einem cpio-Archiv

Um vom Magnetband, Streamer, Floppy oder aus einer Archivdatei Daten wieder einzulesen, wird das Kommando *cpio -i* wie folgt verwendet:[*]

Beim Einlesen der Daten muß das Eingabe-Umleitungszeichen angegeben werden!

cpio -i [vumdtB]   [Dateiname(n)]   <   Gerätename*

*cop*y *i*nput *o*utput Kopierbefehl für Ein- und Ausgabe.	*B*and Blockungsfaktor für Magnetband	z.B. /dev/nrmt0 *no rewind* für Magnetband/ Streamer ohne automatisches Rückspulen
*i*nput Einlesen von Dateien	*t*itle Ausgabe eines Inhaltsverzeich- nisses	/dev/rst0 /dev/rmt/0
verbose Anzeige der kopierten Dateien	*d*irectory Unter-Directories werden eingerichtet	/dev/fd0 für Floppy oder als Datei z.B.: *Sicherungcpio*
*u*nconditional keine Abprüfung auf das Datum	*m*odification date Übernahme des Originaldatums	Umleitung der Stan- dardeingabe

cpio -i – Kommando, um Dateien aus einem cpio-Archiv wieder einzulesen

   * *Die Gerätenamen sind je Rechner unterschiedlich.*

Die einzelnen Optionen haben wir zum Teil schon kennengelernt. Im einzelnen bedeuten sie:

-v *(verbose)* Sie erhalten ein Protokoll (Anzeige auf dem Bildschirm) über sämtliche Dateien, die eingelesen werden.

-u *(unconditional)* Mit dieser Option schalten Sie den Vergleich auf ein eventuell neueres Datum einer schon existierenden Datei aus. Dies bedeutet: sollte eine Datei mit gleichem Namen auf der Platte bereits existieren, wird sie mit der Datei, die auf dem Band steht, überschrieben. Die Dateien erhalten das aktuelle Datum.

-m *(modification date)* Die kopierten Dateien erhalten das gleiche Datum, wie es die Originaldateien aufweisen.

-d *(directory)* Sind in dem einzulesenden Dateibaum Directories mit enthalten, die noch nicht auf der Platte existieren, werden Sie vom Programm angelegt.

-t *(table)* Mit dieser Option können Sie sich vorab den Inhalt eines Bandes anzeigen lassen. Der Aufruf muß in Verbindung mit der Option *-i* erfolgen. z.B. *cpio -ivtB < /dev/mt0*

-B *(Block)* Nur wenn das Sicherungsband ebenfalls mit der Option -B erstellt wurde, muß auch das Einlesen mit dieser Option erfolgen. Die Daten werden dann blockweise (ca. 5000 Bytes per Block) eingelesen.

Geben Sie beim Aufruf von *cpio -i ...* keinen Dateinamen an, so werden alle Dateien, die auf dem Sicherungsband stehen, eingelesen. Möchten Sie nur bestimmte Dateien einspielen, so muß die Datei mit der gleichen Bezeichnung, wie sie auf dem Band gesichert ist, angegeben werden. Um sich zu vergewissern, kann man sich vorab das Band mit *cpio -ivt* ansehen. Wichtig ist auch, daß die Datei mit dem gleichen Pfadnamen zurückgeschrieben wird.

▷ Achten Sie deshalb beim Einlesen von Dateien darauf, daß Sie sich im richtigen Directory befinden. Zu beachten ist außerdem, daß Sie bei der Eingabe von *cpio -i* nicht von der Standardeingabe lesen wollen, sondern von dem Gerät bzw. der Archivdatei, d.h., Sie müssen die Eingabe umleiten mit <.

Sehen wir uns anhand von Beispielen den Ablauf des Kommandos an. Angenommen, die Dateien unter dem Directory */usr/kurs/monika/Uebungen* wurden versehentlich gelöscht. Dies ist für uns kein Problem, da alle Dateien gesichert sind. Um von dem richtigen Directory einzulesen, ist es wichtig zu wissen, mit welchem Pfadnamen die Datei auf das Sicherungsband geschrieben wurde. Sollte es aus der Beschriftung des Etikettes nicht hervorgehen, so bietet das Kommando **cpio** die Möglichkeit, sich ein **Inhaltsverzeichnis** anzeigen zu lassen:

cpio -ivtB </dev/rmt0

(Die Bezeichnungen für die Gerätenamen von Streamer oder Magnetband sind auch hier wieder nur ein Beispiel. Fast jedes Rechnersystem verwendet andere

Bezeichnungen). Sie erhalten eine Liste, die Ihnen ähnlich wie das Kommando
ls -l die Dateiattribute anzeigt.

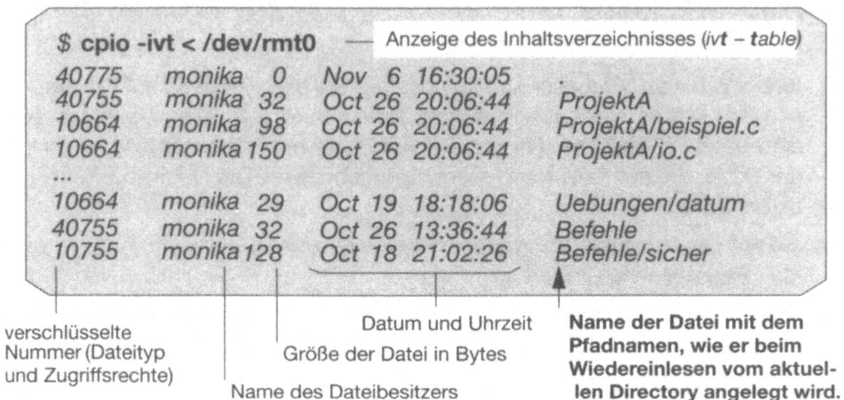

Bild 3-144: Beispiel Anzeige des Inhaltsverzeichnisses eines cpio-Archivs

Die Nummer, die mit angezeigt wird, verschlüsselt den Dateityp *(Directory=4,
normale Datei=1).*Die letzten drei Ziffern stellen die Oktalzahl der Zugriffsrechte
dar *(die Summe je für user, group und other aus read=4, write=2, executable=1).*

Aus dem Inhaltsverzeichnis können Sie den Pfadnamen der Datei ersehen, den
Sie in der gleichen Form angeben müssen, um die entsprechende Datei(en) wieder einzulesen. Bei *cpio* können Sie die Ihnen bekannten Metazeichen nützen.
Achten Sie darauf, daß Sie wie beim Kommando *find* Ausdrücke mit Metazeichen in Anführungszeichen setzen, damit diese nicht sofort von der Shell expandiert werden, sondern erst bei Ausführung von *cpio*.

Beispiel für das Einlesen der Dateien unter */usr/kurs/monika/Uebungen*:

Bild 3-145: Beispiel Einlesen bestimmter Daten aus einem cpio-Archiv

3.5.8 Erstellen einer Sicherung mit tar

Statt des Kommandos *cpio* wird oft das Kommando **tar** *(tape archiv)* speziell zum Austausch von Daten zwischen verschiedenen Rechnern verwendet. Das Kommando *tar* ist kompatibel zu unterschiedlichen Rechnersystemen. Den Befehl *tar* gibt es z.B. auch für MS-DOS, OS/2 und für MAC-OS (Betriebssystem vom Apple MacIntosh). Auch ist *tar* etwas einfacher zu bedienen als *cpio* (hat allerdings auch nicht die Funktionalität, z.B. Auswahl von Dateien nach bestimmten Kriterien, wie es bei *cpio* mit *find* in zahlreichen Variationen erfolgen kann). Verlangt das Kommando *cpio* bei der Erstellung zusätzlich eine Dateiliste, so wird bei *tar* der gesamte Dateibaum vom aktuellen Directory bzw. dem angegebenen Directory kopiert oder nur die angegebenen Dateien. Die wichtigsten Funktionen, um ein Archiv mit *tar* zu erstellen, sind:

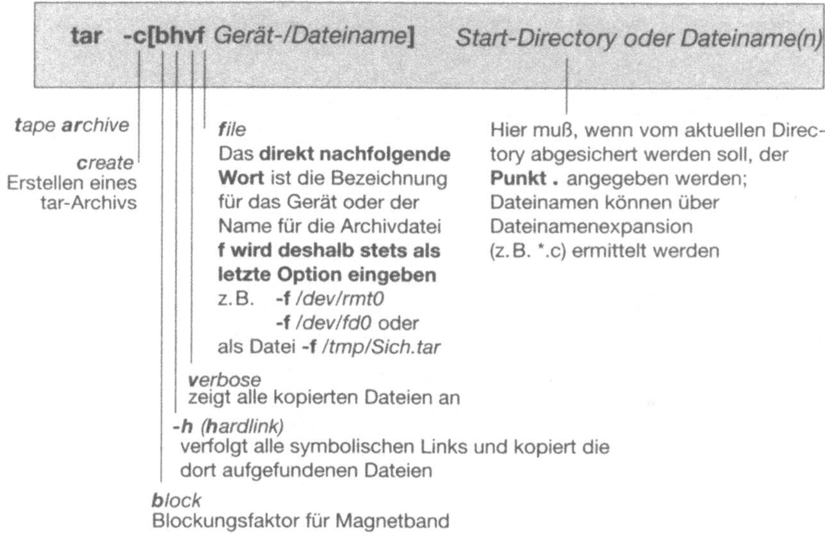

tar -c – Kommando, um ein tar-Archiv zu erstellen

▷ Achtung: Bei **tar -c** wird ein Band oder eine Floppy überschrieben bzw. eine Datei automatisch neu angelegt bzw. eine bereits vorhandene gelöscht.

Hatte man beim *cpio*-Kommando auf das Umleitungszeichen achten müssen, so ist bei **tar** der Gerätename/Archiv-Dateiname über die Option **-f** anzugeben, wenn es sich nicht um die Standardausgabe (meist */dev/rmt0*) handelt. Die Standardausgabe (default) bei *tar* ist auf den verschiedenen Rechnern unterschiedlich. Auch hier kann Ihnen Ihr Systemverwalter weiterhelfen - bzw. probieren Sie es einfach aus. Meist ist das am Rechner angeschlossene Streamer-Laufwerk die Standardausgabe.

Wie sie mit *tar* im Netz arbeiten, finden Sie im Kapitel 3.6.3 auf Seite 241.

Sichern wir unser Directory */usr/kurs/monika* in eine Archivdatei unter dem Directory */tmp*. Da, wie wir im Kapitel 3.6 später erfahren, Archivdateien oft über Netz verschickt werden, ist es unter UNIX-Anwendern gebräuchlich, die *tar-Archivdateien* entsprechend mit *.tar* zu kennzeichnen (ist aber kein Muß).

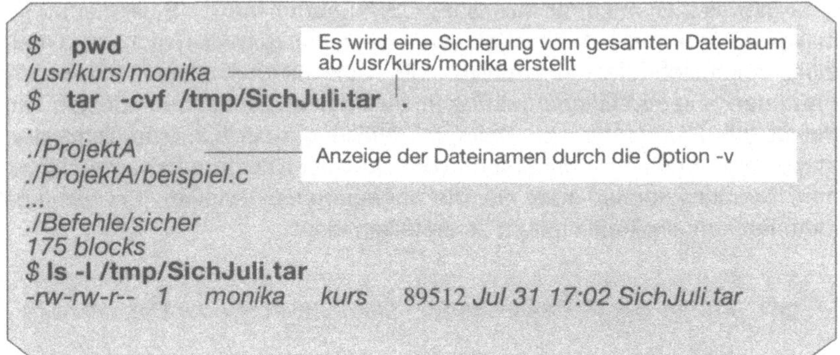

Bild 3-146: Beispiel Erstellung eines tar-Archivs

Die Archivdateien (*cpio* und *tar*) benötigen etwas weniger Platz als die Originaldateien, da sämtliche Dateien (mit jeweils mindestens 1KB) in eine Datei gespeichert werden (die Blockgröße ist 512 Byte). Wir werden im Kapitel 3.6.3 (Welche Netzwerk-Kommandos sind für Sie interessant?) auf Seite 247 erfahren, wie Dateien weiter verdichtet werden können (*compress*). Doch die Platzersparnis ist hier nur zweitrangig zu sehen, wichtig ist in erster Linie, daß jederzeit alle oder nur einzelne Dateien wiederhergestellt, restauriert werden können. Sehen wir uns hierzu das Kommando an.

3.5.9 Restaurieren von Dateien aus einem tar-Archiv

Wichtig beim Restaurieren von Dateien ist, daß Sie sich bewußt sind, daß bei *tar* die Dateien stets in das **aktuelle Directory** kopiert werden und zwar so, wie sie bei der Sicherung mit ihrem relativen Pfadnamen angezeigt wurden. Wenn beim Speichern der Dateien die Anzeige z.B. *./Befehle/sicher* erschien (siehe Bild 3-146 auf Seite 220), wird in dem aktuellen Directory ein Unter-Directory Befehle angelegt. Um sich zu vergewissern, wie die Dateien gespeichert sind, können Sie sich vorab ein Inhaltsverzeichnis ausgeben lassen. Das Kommando hierzu lautet:

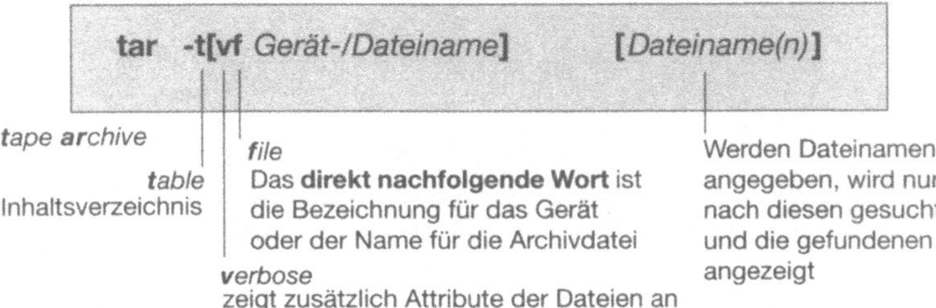

tar -t – Kommando, um ein Inhaltsliste eines tar-Archivs zu erhalten

Es ist also empfehlenswert, sich noch einmal zu vergewissern, im richtigen Directory zu sein (*pwd*). Erst dann sollten Sie Daten wieder einlesen bzw. Daten aus dem Archiv extrahieren, herausholen (was allerdings nicht bedeutet, daß die Datei aus dem Archiv gelöscht wird. Sie wird nur zurückkopiert, bleibt aber in der Archivdatei erhalten).

▷ Bei *tar* werden **Metazeichen** in Dateinamen **nicht expandiert** (also nicht wie bei *cpio*, wo Metazeichen verwendet werden können)

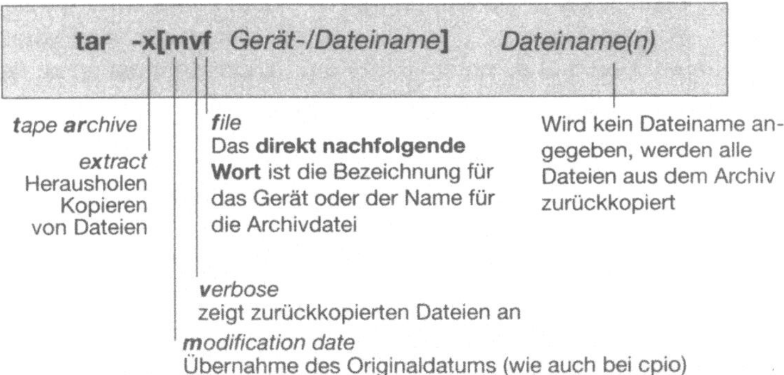

tar -x – Kommando, um Dateien aus einem tar-Archiv zurückzukopieren

Auch hierzu ein kurzes Beispiel. Angenommen, Monika hat die Datei Uebungen/datum versehentlich gelöscht, so kann sie aus dem *tar*-Archiv diese Datei wieder restaurieren:

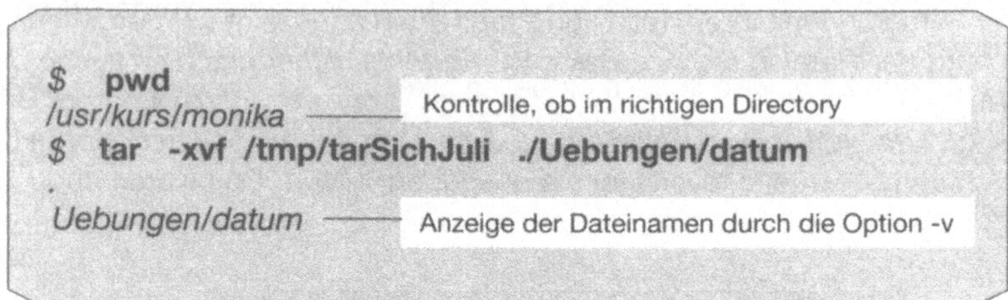

Bild 3-147: Beispiel Restaurieren einer Datei mit tar -x

Wir wissen jetzt, wie man sichert und Dateien zurückkopiert. Doch wann ist es sinnvoll zu sichern und wie lange sollten die Sicherungsdaten aufbewahrt werden? Lassen Sie uns hierzu ein paar Gedanken machen.

3.5.10 In welchem Turnus soll eine Sicherung erfolgen?

Hierbei sollten Sie berücksichtigen, daß Sie nicht immer sofort einen evtl. Fehler innerhalb von Dateien oder das Fehlen bestimmter Dateien bemerken. Auch ist es bei einem großen Datenbestand aus Zeit- und Platzgründen zu empfehlen, nicht jeden Tag alle Dateien zu sichern, sondern nur noch jene, die sich seit der letzten Sicherung verändert haben oder neu angelegt wurden. Nehmen Sie die Sicherung genau. Die Zeit, die Sie vielleicht einsparen, wenn Sie nur von Zeit zu Zeit sichern, könnte Ihnen teuer zu stehen kommen. Denken Sie an den eingangs erwähnten Vergleich mit dem Zähneputzen. Die Sicherung sollte zur täglichen Routine werden. Am besten erstellen Sie einen Sicherungsplan.

Eine ideale Lösung wäre, die Sicherung z.B. nachts automatisch über das Netz auf einen eigenen Rechner (File-Server) mit ausreichender Plattenkapazität durchzuführen. Hier gibt es unter UNIX Kommandos, mit denen zu bestimmten Zeiten Befehle gestartet werden sollen. Hierzu gehört

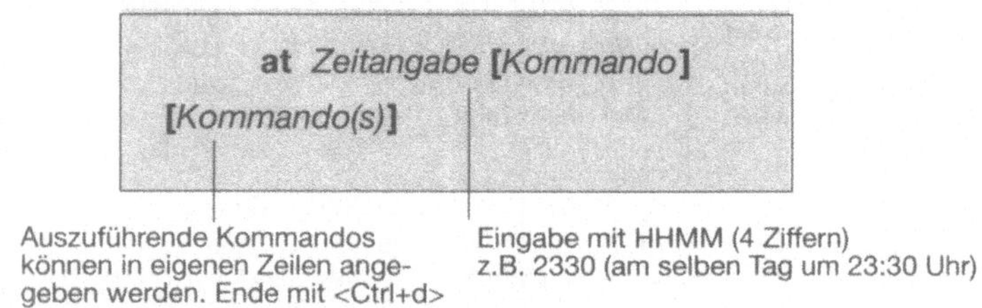

at – Kommando, um Befehle zu bestimmten Zeiten zu starten

Das *at*-Kommando ist nicht auf allen Systemen für alle Benutzer verfügbar. Sehen wir uns trotzdem kurz die Funktionen von *at* in einem Beispiel an:

```
$ at 2330

tar -cvf Julsich.tar .

<Ctrl +d>

Job monika.345678 wird am Mittwoch 31 Jul 2330 aus-
geführt
$           at-Job-Nummer
```

*Bild 3-148: Beispiel Kommando mit at zu einer bestimmten Zeit
ausführen zu lassen*

Bereits gestartete *at-Jobs* können nachträglich kontrolliert oder wieder gelöscht werden. Hierzu wird das *at*-Kommando mit Optionen angegeben:

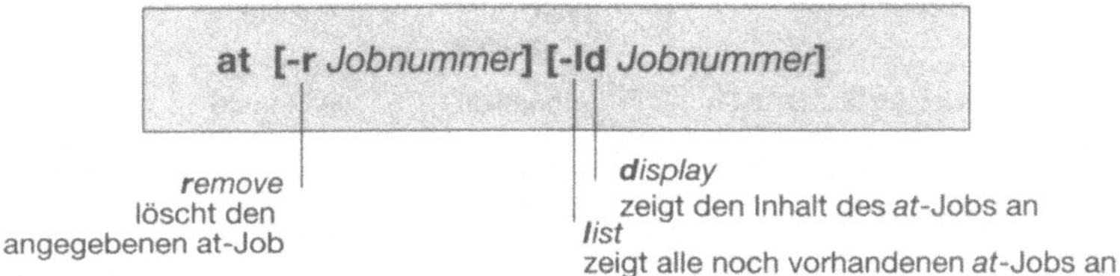

at [rld] – Kommando, um at-Jobs anzuzeigen oder zu löschen

Für den Systemverwalter gibt es noch das Kommando *crontab,* das eine gesamte Tabelle abarbeitet (welches Kommando an welchen Tagen um wieviel Uhr gestartet werden soll).

Mit *crontab* können Sicherungen automatisch ablaufen. Der Systemverwalter kann hier z. B. auch steuern, daß jeden Tag nachts um 3:00 Uhr die Sicherung von bestimmten Platten oder Dateien erfolgen soll. Die nachfolgende Tabelle enthält Vorschläge für einen System-Sicherungsplan. Hierin ist, um einen Gesamteindruck zu erhalten, auch die Sicherung der Systemsoftware mit aufgeführt, obwohl sie in diesem Buch nicht beschrieben wird.

Worauf gesichert werden soll, entscheidet letztlich, welche Geräte vorhanden sind und wie groß die Datenmenge ist, die gesichert wird. Die Kapazität von Streamern reicht, wie zum Anfang dieses Kapitels erwähnt, von 60 MB bis 40 GB. Der Streamer ist sicher das am häufigsten verwendete Sicherungsmedium. Floppies dagegen können nur für geringe Datenmengen verwendet werden.

Doch **was wann wie worauf** gesichert wird und **wie lange** die Aufbewahrungszeit sein sollte oder muß, hängt von vielen Faktoren ab. Jede Firma muß letztlich ihr eigenes Sicherungskonzept erarbeiten. Hier einige Anregungen:

	Was? Bemerkung	Wann?	Wie lange aufbewahren
1	**UNIX-Systemsoftware**		
1.1	Original **Systemsoftware UNIX**	nach Installation	bis zur neuen Version - danach ca. 1/2 Jahr
1.2	Backup der auf dem Rechner installierten und angepaßten System-Software	nach Installation	wie oben
1.3	root-Dateisystem	monatlich	2 Monate
1.4	bestimmte veränderte Systemdateien (z.B. /etc/passwd u.a.)	wöchentlich	2 Wochen
2	**Optionale Software-Pakete**		
2.1	Zusätzliche Original-Software wie Datenbanken, Textverarbeitung, Betriebswirtschaftliche Software	nach Installation	wie 1.1
2.2	Installierte und angepaßte Software	nach Installation	wie oben
2.3	Platten mit zusätzlicher Software	monatlich	2 Monate
2.4	Spezifische Software-Veränderungen (z.B. Datenbanken, betriebsw. Software, wie SAP (meist mit eigenen Sicherungsprogrammen))	täglich/ wöchentlich	2 Wochen bzw. gesetzl. Aufbewahrungspflicht
3	**Benutzerdaten allgemein**		
3.1	Plattenbereiche der Benutzerdaten	monatlich zusätzlich wöchentlich	12 Monate 4 Wochen
3.2	täglich veränderte Benutzerdaten **(inkrementelle Sicherung)**	täglich	14 Tage
4	**Spezielle Daten**		
4.1	z.B. eigene Software-Produktion, Dokumentation nach Fertigstellung - mit Versionspflege (evtl. spez. Versions-Software)	nach Fertigstellung	mind. 1 Jahr
4.2	Teilbereiche - spezielle Dokumentation	nach Bedarf	nach Bedarf
4.3	Finanzdaten	nach best. Abschlüssen	gesetzl. Aufbewahrungspflicht

Bild 3-149: Denkanstöße zu einem Sicherungsplan

Systemsoftware: Ändert sich die Systemsoftware (z.B. durch eine neue Release, durch Hinzufügen weiterer Hardware etc.), muß die Originalsoftware u.U. erneuert werden. Sie erhalten dann meist vom Hersteller ein neues Band. Sollten Sie dagegen nur eine Ergänzung zu den bisherigen Bändern oder dem entsprechenden Auslieferungsmedium erhalten haben, sind natürlich beide Datenträger aufzubewahren. Auf jeden Fall sollte die ältere Version solange aufbewahrt werden, bis sich die neue Version als stabil gezeigt hat.

Benutzerdaten: Diesen Sicherungsplan können Sie analog für Ihre persönliche Datensicherung verwenden. Bei großen Systemen werden in der Regel sämtliche Daten vom Systemverwalter gesichert. Bei kleineren Systemen obliegt die Sicherung der Anwenderdaten den jeweiligen Benutzern. Sicherlich läßt sich lange darüber diskutieren, wann, was, wie und worauf gesichert werden soll und vor allem, wie lange die jeweiligen Sicherungen aufzubewahren sind.

Aufbewahrungsort: Generell sollten Sicherungen auf Datenträger vor Staub, Schmutz, Feuchtigkeit, Feuer und magnetischen Einflüssen geschützt sein und nur für Systemverwalter oder bestimmten Personen zugänglich sein – also gut abgeschlossen z.B. in einem Schrank. Für wichtige Dateien empfiehlt es sich, die Sicherungsbänder sogar in einen Tresor zu geben. Bei eigenen Produkten (Software, Dokumentation etc.) wäre als Aufbewahrungsort ein Banksafe nicht verkehrt.

Allgemein: Der Sicherungsplan soll lediglich eine Anregung sein. Wie Sie Ihre Sicherung einrichten, hängt zweifelsohne von der Wichtigkeit und Änderungshäufigkeit des Datenbestandes ab. Doch nehmen Sie die Sicherung nicht auf die leichte Schulter, fragen Sie nach, wie das Sicherungskonzept Ihrer Firma bzw. Ihrer Abteilungsrechner aussieht.

Inkrementelle Sicherung: Sinnvoll ist z.B., während der Woche nur alle geänderten und neu angelegten Dateien zu sichern *(inkrementelle Sicherung)*. Das Kommando *find* bietet die Möglichkeit, alle Dateien anzuzeigen, die neuer als eine bestimmte Datei sind. Wenn Sie also bei Ihrer Sicherung gleichzeitig eine Datei anlegen, mit

date > sichlog

können Sie bei der nächsten inkrementellen Sicherung abfragen, welche Dateien neuer sind als das Modifikationsdatum von der Datei *sichlog*. Zusätzlich können Sie selbst jeweils nachsehen, wann die letzte Sicherung durchgeführt wurde (Tag und Uhrzeit).

Wenn Sie sich vergewissert haben, daß Sie in Ihrem Home-Directory sind, geben Sie folgenden Kommandoaufruf für die inkrementelle Sicherung an:

find . -newer sichlog -print I cpio -ovB > /dev/rmt0

oder je nach Geräteauswahl z.B. auf die Floppy als Datenträger > */dev/fd0* oder falls Sie die Floppy vorab in das Dateisystem montiert haben:

cpio -pvmd *Ziel-Directory*

Nach dieser Sicherung müssen Sie die Datei *sichlog* mit dem neuem Sicherungsdatum überschreiben, damit die nächste inkrementelle Sicherung erst ab diesem Datum erfolgt:

date > sichlog

Da sich diese Kommandofolgen täglich wiederholen und dabei leicht Fehler getippt werden können, oder es vergessen wird, ›*sichlog*‹ neu zu erstellen, wird es für Sie höchste Zeit zu lernen, wie Sie eigene Prozeduren schreiben können. Beispiele von Shell-Prozeduren für die tägliche und wöchentliche Sicherung finden Sie im Kapitel 3.7.2 auf Seite 259. Doch gönnen Sie sich erstmal eine kleine Ruhepause.

3.5.11 Austausch von Daten mit dem PC

Bei dem vorigen Abschnitt hatten wir uns nur auf UNIX-Rechner bezogen. In der Praxis zeigt sich jedoch mehr und mehr, daß in einer Firma nicht nur eine Rechner-Plattform genutzt wird, sondern verschiedene. In erster Linie aus Kostengründen hat sich der PC (*Personal Computer*) mehr und mehr durchgesetzt. Daten müssen also entsprechend ausgetauscht werden können. Die komfortabelste Art ist sicher über das Netz, z.B. mit *ftp* (siehe auch Abschnitt 3.6.4 auf Seite 245), doch dies kann u.U. manchmal aufwendiger sein als über einen Datenträger. Als Datenträger bieten sich die für den PC bereits vorformatierten Floppies an. Fast jeder UNIX-Rechner kann diese Floppies lesen, beschreiben und auch formatieren. Um DOS-Floppies zu bearbeiten, wird die Floppy lediglich in das Laufwerk geschoben. Die Kommandos sind leider nicht auf allen Rechner gleich. Informieren Sie sich deshalb bei Ihrem Systemverwalter. Die gebräuchlichsten Kommandos sind:

> **dosdir**

dosdir – Kommando, um sich den Inhalt eines Directories auf einer DOS-vorformatierten Floppy anzusehen

> **dosread** *DOS-Datei(en) UNIX-Datei (oder Directory)*

dosread – Kommando, um DOS-Dateien auf einen UNIX-Rechner zu kopieren

> **doswrite** *UNIX-Datei(en) DOS-Datei (oder -Directory)*

doswrite – Kommando, um UNIX-Dateien auf eine DOS-Floppy zu kopieren

Sollten Sie keine DOS-Floppy zur Hand haben, können Sie eine unformatierte oder UNIX-Floppy neuformatieren:

> **dosformat**

dosformat – Kommando, um eine Floppy im DOS-Format zu formatieren

Diese Kommandos sprechen das Standard-Floppy-Laufwerk an und schreiben/lesen dort im DOS-Format. Die Gerätedatei wird bei diesen Kommandos

nicht angegeben. Hier ein Beispiel, wie Monika von einer DOS-Floppy Textdateien in Ihr Directory *Texte* kopiert:

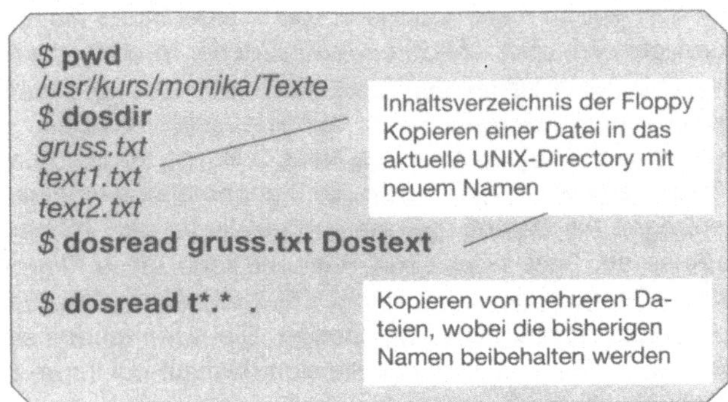

Bild 3-150: Beispiel Kopieren von DOS-Dateien nach UNIX

▷ Beachten Sie, daß Metazeichen für DOS-Dateien nur für den 8-stelligen Namen gelten, für die durch den Punkt getrennte Extension müssen die Metazeichen getrennt angegeben werden (z. B. t*.*).

Ein weiteres Beispiel. Möchte Monika nun umgekehrt aus Ihrem Directory z. B.
die Datei *Uebungen/ueb1* auf ihrem PC zu Hause weiterbearbeiten, also von
UNIX eine Datei auf die DOS-Floppy kopieren, gibt sie ein:

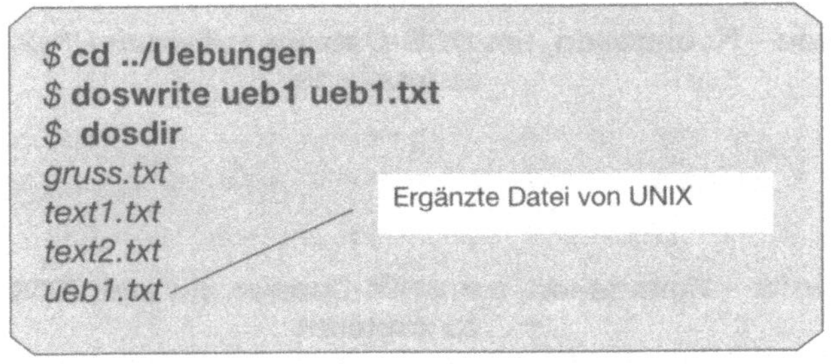

Bild 3-151: Beispiel Kopieren von UNIX auf DOS-Floppy

▷ Achten Sie beim Kopieren von UNIX-Dateien nach DOS-Dateien darauf, daß
Sie unter DOS nur maximal achtstellige Namen vergeben dürfen und eine
entsprechende Endung, z. B. ›.txt‹ anhängen.

Noch ein paar Tips für den Austausch zwischen PC und UNIX-Rechnern

▷ Wenn Sie formatierten Text aus Textverarbeitungsprogrammen von UNIX für ein anderes Programm auf DOS übertragen wollen (oder umgekehrt z.B. von MS-Words nach Applixware), empfiehlt es sich, das Austauschformat *rtf* (*rich text format*) hierfür zu verwenden. Es ist bei den meisten Textverarbeitungsprogrammen verfügbar. Dieses Format hat den Vorteil, die unterschiedlichen Darstellungen der Umlaute zwischen DOS, UNIX und MacIntosh richtig zu interpretieren und die Textformatierungen (Fettschrift, kursiv, Absätze, Kopfzeilen etc.) zu konvertieren (*in ein anderes Format zu übertragen*).

▷ Analog gilt für Kalkulations-Software als Austauschformat (z.B. von EXCEL nach Applixware oder Lotus bzw. umgekehrt) das **SYLK-Format**, abgekürzt mit *.slk*. Es überträgt die unterschiedlichen Aufzeichnungen der Spreadsheet-Programme in das jeweils richtige Format.

Da die Floppy im Beispiel Bild 3-151 auf Seite 228 nur als Datenträger genutzt wird, also nicht im Dateisystem eingehängt wurde, kann sie einfach wieder entfernt werden. Bei manchen Systemen gibt es, um die Floppy zu entfernen, eigene Kommandos (z.B. bei Sun - *eject*).

Auf einigen Systemen werden DOS-Floppies auch über den Dateimanager automatisch erkannt, und die Dateien können dann über Drag and Drop[*] kopiert werden (z.B. bei Sun *OpenWin* im *Dateimanager* und hier im *Menü* **File → Check for Floppy**). Über eine Schaltfläche, auf der ein entsprechender Hinweis steht, (z.B. *eject Floppy*) wird dann gesteuert, daß die Floppy wieder ausgeworfen wird.

---

[*] Drag und Drop bedeutet: mit der Maus die Datei(en) anwählen und in ein anderes Fenster ziehen

3.5.12 Zusammenfassung der Kommandos

Kommandoeingabe	Funktion
mount /dev/Gerät \ Directory mit absolutem Pfadnamen	montieren **Montiert Platten/Floppies** Formatierte und mit einem UNIX-Dateisystem versehene Platten/Floppies werden in den Gesamtdateibaum unter dem angegebenen Directory eingehängt
umount /dev/Gerätename	wieder abmontieren **Hängt montierte Dateisysteme wieder ab**
mt [-rew] [-fsf] [n**]**	magnetic tape Kontrollfunktionen **-rew** rewind Spult um n Dateisets zurück **-fsf** files forward Spult um n Dateisets vor
Ausgabe Dateiliste | **cpio** \ **-p[dmuv]** Ziel-Directory Beispiel: **cd** /usr/kurs/hans **find . -print | cpio -pvmd** \ **/Sicherung/hans** Unter DOS: **xcopy**	copy input output **-p** pass - weiterreichen **Kopiert Dateien von Platte zu Platte** Über eine Dateiliste, z.B. mit **find . -print** werden die zu kopierenden Dateien übergeben **-d** directory Unter-Directories werden angelegt, falls sie noch nicht vorhanden sind **-m** modification date Die kopierte Datei erhält das Datum der Originaldatei **-u** unconditional Die kopierte Datei überschreibt evtl. schon vorhandene Dateien. Dateien werden sonst nur dann überschrieben, wenn deren Modifikationsdatum älter ist **-v** verbose - geschwätzig Alle ausgeführten Kopien werden angezeigt Alle Dateien des aktuellen Directories werden mit gleichem Namen in das Directory /Sicherung/hans kopiert

Kommandoeingabe	Funktion
Ausgabe Dateiliste I **cpio -o[vB]** \ *> Geräte- oder Archivdatei* *Beispiel:* **find . -print I cpio -ovB > /dev/mt0** Unter DOS: **xcopy**	*copy input output - Ausgabe* **Kopiert Dateien auf einen Datenträger oder in eine Archivdatei** **Achtung:** Ausgabe-Umleitungszeichen > angeben! **-o** *output* kopiert die als Dateiliste übergebenen Dateien und Unter-Directories auf das angegebene Gerät oder in die Archivdatei **-v** *verbose - geschwätzig* Alle ausgeführten Kopien werden angezeigt **-B** *block* Blockungsfaktor für Magnetband Alle Dateien vom aktuellen Directory werden auf Magnetband geschrieben
cpio -i[dmuv] *[Dateien]* \ *< Gerät- oder Archivdatei* Unter DOS: **xcopy**	*copy input output - Einlesen* **Liest Dateien aus einem mit cpio erstellten Datenarchiv (Datei oder Datenträger) zurück** **Achtung!** Eingabe-Umleitungszeichen < angegeben! **-i** *input* Einlesen/Zurückschreiben der Sicherung **-d** *directory* Unter-Directories werden angelegt, falls sie noch nicht vorhanden sind **-m** *modification date* Die kopierte Datei erhält das Datum der Originaldatei **-u** *unconditional* Die kopierte Datei überschreibt evtl. schon vorhandene Dateien, sonst werden Dateien nur dann überschrieben, wenn deren Modifikationsdatum älter ist **-v** *verbose - geschwätzig* Alle ausgeführten Kopien werden angezeigt

Kommandoeingabe	Funktion
tar -c[bhvf *Gerät-/Dateiname]* *Start-Directory*	*tape archive* **-c** *create* **Sichert Dateien auf Magnetband oder in eine Archivdatei** **-B** *Block* Blockungsfaktor für Magnetband **-h** verfolgt alle symbolischen Links und kopiert die dort aufgefundenen Dateien **-v** *verbose* alle ausgeführten Kopien werden angezeigt **-f** *file* Das direkt nachfolgende Wort ist die Bezeichnung für das Gerät oder der Name für die Archivdatei **(f deshalb stets als letzte Option eingeben)**
Beispiel: **tar -cvf** */tmp/Sich.tar* **.**	Kopiert alle Dateien des aktuellen Directories (**.**) in die Archivdatei */tmp/Sich.tar* Die Datei */tmp/Sich.tar* wird automatisch neu angelegt bzw. eine bereits vorhanden überschrieben
tar -t[vf *Gerät-/Dateiname]*	**-t** *table* Es wird nur ein Inhaltsverzeichnis des Archivs ausgegeben **-v** *verbose* zeigt zusätzlich alle Attribute der Dateien an
tar -x[mvf *Gerät-/Dateiname]* *[Datei(en)]*	*tape archive* **-x** *extract* *extrahieren* **Liest Dateien von einem mit tar erstellten Datenträger oder einer Archivdatei zurück** **-m** *modify* die zurückgelesenen Dateien erhalten das Originaldatum (nicht das aktuelle Datum) **-v** *verbose* alle ausgeführten Kopien werden angezeigt **-f** *file* Das direkt nachfolgende Wort ist die Bezeichnung für das Gerät oder der Name für die Archivdatei
Beispiel: **tar -xvmf** */tmp/tarSich* **.**/text1	Kopiert aus der Archivdatei die Datei ./text1 zurück ins aktuelle Directory

Kommandoeingabe	Funktion
at [*Zeit [Datum]*] *[Kommando]* *Beispiel:* **at 18:00 write *hans < Ende*** *Weitere Optionen:* **at [-l] [-r *Jobnummer*]**	*at - zu bestimmter Zeit* **Führt Kommandos zu bestimmten Zeiten aus** Um 18:00 wird "hans" die Nachricht, die in der Datei Ende steht, geschickt -l *list* listet vorhandene at-Jobs -r *remove* löscht den at-Job
dosdir Unter DOS: **dir**	*DOS Directory* **Zeigt den Inhalt eines DOS-Directories auf einer PC-Floppy**
dosformat Unter DOS: **format**	*DOS Floppy **format**ieren* **Formatiert eine DOS-Floppy**
dosread *DOS-Datei UNIX-Datei* Unter DOS: **copy**	*DOS Datei lesen* **Kopiert eine DOS-Datei nach UNIX**
doswrite *UNIX-Datei DOS-Datei* Unter DOS: **copy**	*DOS Datei schreiben* **Kopiert eine UNIX-Datei auf eine DOS-Floppy**

3.6 Wissenswertes über Netze

In diesem Kapitel wollen wir nicht ins, sondern ans Netz gehen, nicht gefangen werden, sondern neue Verbindungen knüpfen. Das Thema Netzwerke füllt Bücherregale! Was sollten Sie als UNIX-Anwender, über Netze wissen? Nur das Wichtigste ist in diesem Kapitel kurz zusammengestellt. Damit Sie die Vorteile von UNIX im Netz praktisch nutzen können.

Die einzelnen Themen:

3.6.1   Was ist ein Netz – ein paar Grundinformationen

3.6.2   Wie wird eine Verbindung hergestellt?

3.6.3   Welche Netzwerk-Kommandos sind für Sie interessant?

3.6.4   Wie arbeiten Sie mit ftp?

3.6.5   Zusammenfassung der Kommandos

3.6.1 Was ist ein Netz – ein paar Grundinformationen

Was fällt Ihnen spontan zum Thema Netz ein? Vielleicht Fischernetz, Einkaufsnetz, Haarnetz, Spinnennetz – World Wide Web? Alle haben etwas gemeinsam, sie sind ›geknüpft‹ oder ›verwoben‹. Im Bild 3-2 (Mögliche Terminalverbindungen) auf Seite 35 sahen Sie eine Netzverbindung, wobei hier über Kabel und ein kleines Kästchen die Verbindung zu anderen Rechnern dargestellt war. Um Rechner miteinander zu verbinden, gibt es je nach Art des Netzes mehrere Möglichkeiten. Zum einen benötigen wir hardwaremäßig eine Verbindung und zum anderen entsprechende Software, die den Austausch zwischen den Rechnern steuert.

Benötigte Hardware

❑   Kabel, wie z. B. Terminalleitungen (V-24 reicht für uucp aus –*unix to unix copy*) oder **Ethernet-Kabel** bzw. auch Cheapernet-Kabel (meist die Grundlage für TCP/IP) mit dem entsprechenden **Controller-Boards** (z. B. **Ethernet-Karte**).

❑   Über größere Strecken müssen diese Leitungen verstärkt, überbrückt oder neu aufbereitet werden, man spricht hier auch von Repeater, Bridge und Router.

❑   Wenn Verbindungen an andere Netze angeschlossen werden (z. B. ans Telefonnetz), benötigt man ein **Modem** *(Modulator Demodulator — Umwandlung von digital auf analog und umgekehrt).*

Benötigte Software
Hier unterscheidet man zwischen der **Protokoll-Software**, die den Austausch von Informationen zwischen den Rechnern steuert, und den **Diensten**, die dem Benutzer angeboten werden.

❑   Die einfachste Protokoll-Software über Terminal-Leitungen ist **uucp**, siehe auch Seite 22.

❑   Als Protokoll-Software wird unter UNIX am häufigsten **TCP/IP** (*Transmission Control Protocol/Internet Protocol*) eingesetzt.

❑   An **Diensten** steht für TCP/IP u. a. zur Verfügung:

  •   **rcp** *(remote copy),* um Dateien im Netz zu kopieren

  •   **rsh** *(remote shell),* um eine Shell zur Ausführung anderer Programme auf einem entfernten Rechner im Netz zu starten

  •   **rlogin** *(remote login)* oder **telnet (***tel*ecommunication *net*ware*)*, um sich an einem entfernten Rechner anzumelden

  •   **ftp** *(file transfer protocol),* um Dateien auszutauschen

Außer dem UNIX-Netz gibt es eine Reihe anderer Netze, die herstellerspezifisch sind: Hierzu gehören u. a. SNA von IBM, DNA oder DECNet von DEC oder TRANSDATA von Siemens (SNI). Die meisten dieser Netze unterstützen die Einbindung von Netzwerkknoten mittels TCP/IP. Um nun herstellerübergreifende unabhängige Kommunikation von unterschiedlichen Rechnerplattformen zu ermöglichen, wurden Standards von **ISO** (*International Standards Organization),*

einem internationalen Normungsausschuß, entwickelt. Die einzelnen Vorausset-
zungen und Dienste werden im sog. **OSI-Model** (*Open Systems Interconnection*) zusammengefaßt und in 7 Schichten (Layers) unterteilt. Als Anwender ist es zwar gut zu wissen, daß Standards existieren und gepflegt werden, aber letztlich müssen Sie die Zuordnung der einzelnen Schichten nicht kennen. Nachstehende Tabelle dient nur als Hintergrundinformation (but it's nice to know):

Nr.	Schichten-Bezeichnung – Funktion	Zuordnung
7	**Application – Anwendungsschicht** Die höchste Ebene, die den Austausch zwischen Programmen erlaubt	ftp, rlogin, telnet, Teletext, X.400/X.500 — *Anwendungssystem*
6	**Presentation – Datendarstellungschicht** Hier werden die Daten entsprechend ›ausgepackt‹, Codekonvertierung, Kompression	*Anwendungssystem*
5	**Session –** **Kommunikations-Steuerungsschicht** Sie dient der Steuerung und Koordinierung der Kommunikation zwischen den Prozessen beider Rechner	*Anwendungssystem*
4	**Transport – Transportschicht** Hier erfolgt der Auf- und Abbau einer Verbindung zwischen den zwei Rechnern und die Umsetzung der logischen Namen in Netzadressen. Es ist zusätzlich die Schnittstelle zwischen Anwendungssystem (5-7) und dem Transportsystem (1-3)	TCP/IP ↑↓
3	**Network – Vermittlungsschicht** Um eine Verbindung aufzubauen, sind Teilverbindungen notwendig. Diese werden hier verknüpft und die Daten ›verpackt‹ (Paketierung)	Router — TCP/IP
2	**Data Link – Sicherungsschicht** Diese Schicht ist für die fehlerfreie Übertragung zuständig. Hier werden die Fehlerkontrollmechanismen und Zugangsverfahren festgelegt.	Bridge — 802.3 Ethernet — *Transportsystem*
1	**Physical –** **Physikalische Bit-Übertragungsschicht** Es ist die Schnittstelle zum Übertragunsmedium und basiert auf binären Informationen. Sie sendet und empfängt die Signale, die über das physikalische Medium (z.B. Modem) geschickt werden.	MODEM — Repeater — V.24 — *Transportsystem*

Bild 3-152: OSI-Schichtenmodel

3.6.2 Wie wird eine Verbindung hergestellt?

Als UNIX-Anwender können Sie davon ausgehen, wenn Ihr Rechner im Netz arbeitet, daß Ihr Systemverwalter die nötigen Voraussetzungen geschaffen hat.

Dazu gehört u.a., daß er Rechnernamen mit den zugehörigen IP-Adressen verknüpft, dies wird z.B. in der Datei */etc/hosts* eingetragen. Somit ist es für Sie nicht notwendig, die IP-Adresse eines Rechners zu kennen, sondern der Rechnername genügt. Eine typische IP-Adresse ist z.B. ›150.270.115.7‹. TCP/IP muß installiert und die Startroutinen müssen eingetragen sein. Damit nicht jeder, der die IP-Adresse eines Rechners kennt, Zugang zu dem Rechner über Netz erhält, hat der Systemverwalter mehrere Möglichkeiten, ein System vor fremden Zugriff über Netz zu schützen. Eine Möglichkeit ist, in der Datei */etc/hosts.equiv* einzutragen, welche Rechner, Benutzer und Benutzergruppen über Netz mit den Kommandos *rlogin* oder *telnet, rsh* und *rcp* arbeiten dürfen, bzw. davon ausgeschlossen sind. Zusätzlich kann bei den einzelnen Benutzern im Home-Directory in der Datei *.rhosts* eingetragen werden, wer von welchem Rechner zu diesem *login-Directory* Zugang bzw. keinen Zugang hat.

3.6.3 Welche Netzwerk-Kommandos sind für Sie interessant?

Um die Namen der Rechner, zu denen Sie direkten Kontakt aufnehmen möchten, zu erfahren, können Sie sich mit

pg /etc/hosts

den Inhalt der Datei anzeigen lassen. Wollen Sie wissen, ob Sie einen bestimmten Rechner momentan erreichen können, geben Sie ein

```
ping Rechnername
```

**ping – Kommando, um zu kontrollieren, ob andere Rechner
momentan erreichbar sind**

Das Kommando ping gibt Ihnen dann eine entsprechende Information, z.B.

```
$ ping asterix

asterix is alive

$ ping idefix

no answer from idefix

$
```

    Bild 3-153: Beispiel ping - Erreichbarkeit anderer Rechner kontrollieren

Wissen Sie den Namen Ihres Rechners nicht, geben Sie ein:

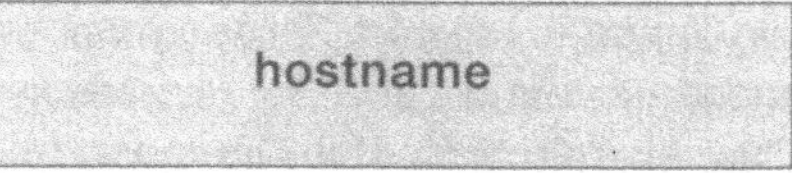

hostname – Kommando, um den eigenen Rechnername zu erfragen

Um Nachrichten an Benutzer anderer Rechner zu schicken, haben wir ja bereits das Kommando *mail* kennengelernt (siehe auch Seite 73). Hier wurde der Benutzername zusammen mit dem Rechnernamen, verbunden mit **@,** angegeben:

mail *benutzername@Rechnername*

Mit diesem Kommando können auch Rechner weltweit erreicht werden. Die Post wird, wie wir schon gehört haben, z.B. über sog. *Provider* weitergeleitet. D.h. Sie können auch eine *mail* an Benutzer anderer Netze wie z.B. an Compu-Serve[*] schicken. Viele Systeme bieten zu diesem *mail*-Kommando komfortablere Mail-Software an, die es auch erlaubt, Dateien mit anzuhängen.

Doch auch ohne diese Zusatzsoftware können Sie Dateien von oder an entfernte Rechner kopieren, wenn Sie hierfür eine Berechtigung haben. U.a. sind hierfür die Dateien **/etc/host.equiv** und falls vorhanden **.rhosts** in dem jeweiligen Home-Directory des Benutzers auf dem entfernten Rechner maßgebend. Bei großen Firmen ist es abteilungsweit oder gar firmenweit so geregelt, daß Sie sich mit Ihrem Benutzernamen auch bei anderen Rechnern innerhalb der Firma anmelden können und demzufolge auch die nachfolgenden Kommandos verwenden dürfen.

rcp *entfernter_Rechnername:Datei(en)   Datei_oder_Directory_(lokal)*

oder

rcp *Dateiname(n)_(lokal)   entfernter Rechnername:Datei_oder_Directory*

**rcp – Kommando, um Dateien von oder an entfernte Rechner
zu kopieren**

Bei *rcp (remote copy)* müssen Sie allerdings die Directory-Strukturen des anderen Rechners kennen, wissen, wo die Datei, die Sie kopieren wollen, zu finden

---

[*] Übrigens, wenn Sie mir eine e-mail schicken wollen, Sie erreichen mich unter 100712.1411@CompuServe.com

ist, bzw. wohin die Datei kopiert werden soll. Selbstverständlich müssen Sie in dem dafür vorgesehenen Directory Schreibberechtigung haben. Wissen Sie noch, welches Directory Ihnen in solchen Fällen immer erlaubt, Dateien neu anzulegen (wenn auch meist nur temporär)? Der Hinweis temporär hat Sie sicherlich auf den richtigen Namen gebracht: das Directory */tmp*.

▷ Doch Vorsicht, auf vielen Systemen werden nachts oder spätestens beim nächsten Neustart des Rechners alle Dateien im Directory */tmp* gelöscht.

Nehmen wir an, Monika arbeitet auf dem Rechner *idefix*. Auf dem Rechner *asterix* ist für alle Benutzer des Rechners *idefix* die Zugriffsberechtigung erteilt. Monika könnte sich dann die Datei *protokoll* ›abholen‹. Die Datei *protokoll* wurde ihr zuvor von einem anderen Benutzer, der ebenfalls Erlaubnis hat, auf den Rechner *asterix* zuzugreifen, in dem Directory */tmp* auf *asterix* bereitgelegt. Dieses Verfahren, nur über einen bestimmten Rechner Dateien über Netz auszutauschen, wird aus Sicherheitsgründen oft angewendet. Im Internet ist es auch üblich, spezielle Directories auf den Netz-Rechner zum Austausch von Dateien bereitzustellen. Diese Directories sind z.B. */pub/incoming (public - öffentlich, eingehende Sendungen)* und */pub/outgoing*. Die Zugriffsrechte sind aus Sicherheitsgründen meist so gesetzt, daß Sie unter incoming nur Dateien ablegen dürfen (Schreibrecht *-wx*) und bei outgoing Dateien nur lesen und somit kopieren dürfen (Leseerlaubnis *r-x*).

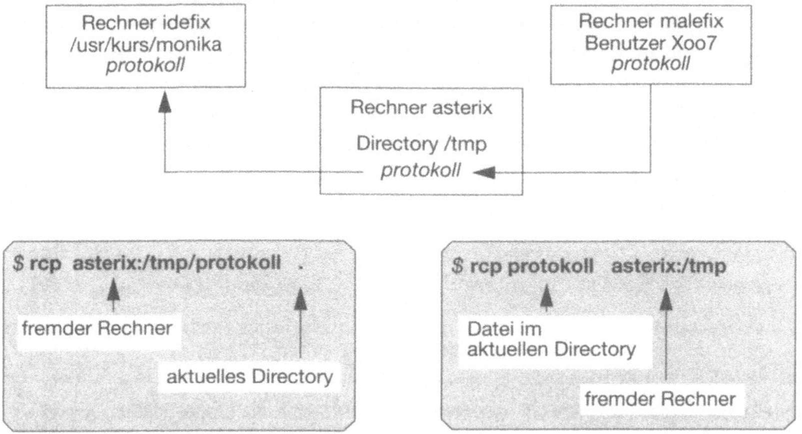

Bild 3-154: Beispiel rcp - Kopieren von und auf fremde Rechner

Apropos Rechnername. Hier muß ich oft schmunzeln, wenn ich bei verschiedenen Firmen im Netz arbeite. Innerhalb einer Abteilung sind Namen für Rechner vergeben, die auch ein bißchen die Interessen der Mitarbeiter widerspiegeln. So z.B. wurden die Rechner nach bekannten Komponisten benannt, es gab also Rechner mozart, bach, vivaldi, schubert, oder nach Comicfiguren: asterix, idefix, obelix usw., andere hatten Sternbilder und Planeten gewählt oder einfach nur die Farbpalette (rot, blau, gelb usw.) verwendet. Wie lauten die Rechner in Ihrer Firma? Wissen Sie noch, wie Sie dies herausfinden?

Vernetzte Rechner bieten neben diesem zur netten Arbeitsatmosphäre beitragenden persönlichen Touch auch eine Reihe von Vorteilen. So können Hard- und Software auch von anderen Rechnern genutzt werden und auf gleiche Dateien (z.B. Datenbanken) zugegriffen werden.

Wollen Sie z.B. Ihre Dateien auf Streamer sichern, aber an Ihrem Rechner befindet sich hierfür kein Laufwerk, so können Sie auf einen anderen Rechner mit Hilfe von **rsh** (*remote shell*) z.B. die Ausgabe von **tar** umleiten. Um dann auf den Streamer zu schreiben, wird ein allerdings sehr gefährliches Kommando eingesetzt, das Kopien von einem Gerät zum anderen Gerät durchführt: **dd** (*device to device*). Seien Sie also vorsichtig.

Das Kommando **dd** ist deshalb so gefährlich, weil es radikal Geräte (*devices*) überschreibt (soweit kein Schreibschutz dies verhindert). Speziell Systemverwalter könnten mit **dd** durch einen Fehler (falsche Ausgabe o=) wichtige Platten überschreiben!

Wir benötigen, um auf ein Gerät eines entfernten Rechners zu schreiben, also drei verschiedene Kommandos:

1. das uns bereits bekannte Kommando **tar** (siehe auch Seite 219), das in diesem Fall nicht auf ein Gerät oder eine Datei schreiben soll, sondern die Ausgabe an eine Pipe umleitet. Statt eines Dateinamens wird hier dann ein ›-‹ eingegeben.

2. das Kommando **rsh,** das ebenfalls voraussetzt, daß Sie eine Berechtigung haben, auf den entfernten Rechner zuzugreifen (**/etc/hosts.equiv** bzw. **.rhosts** im jeweiligen Home-Directory des Benutzers auf dem entfernten Rechner)

3. und das Kommando **dd**

Neu sind für uns die Kommandos *rsh* und *dd*:

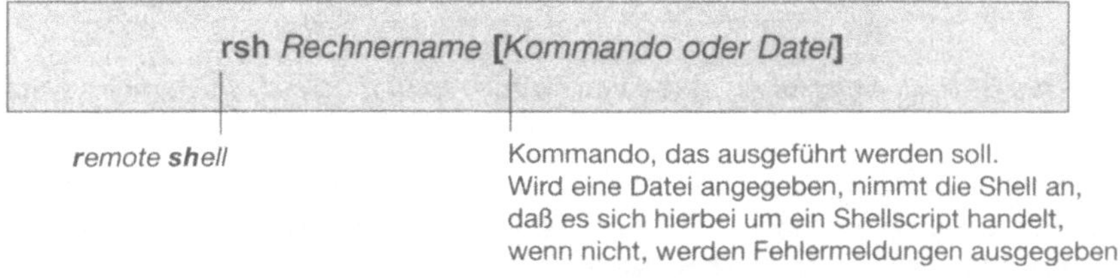

rsh – Kommando, um auf einem entfernten Rechner eine Shell zu starten

Nur kurz das Nötigste vom Kommando *dd* für die Umleitung von *tar*:

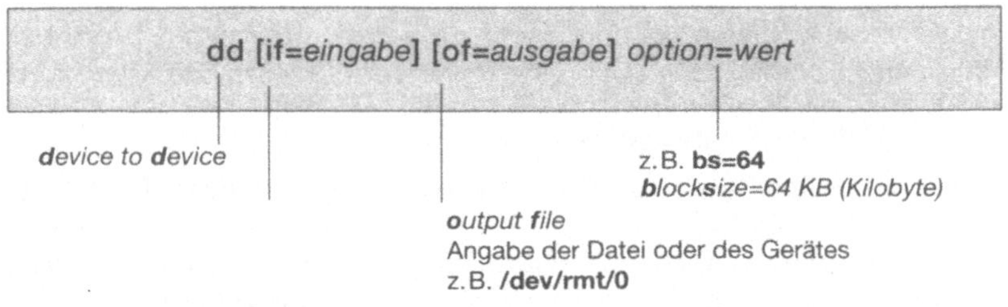

dd – Kommando, um Dateien oder gesamte Platten 1:1 zu kopieren

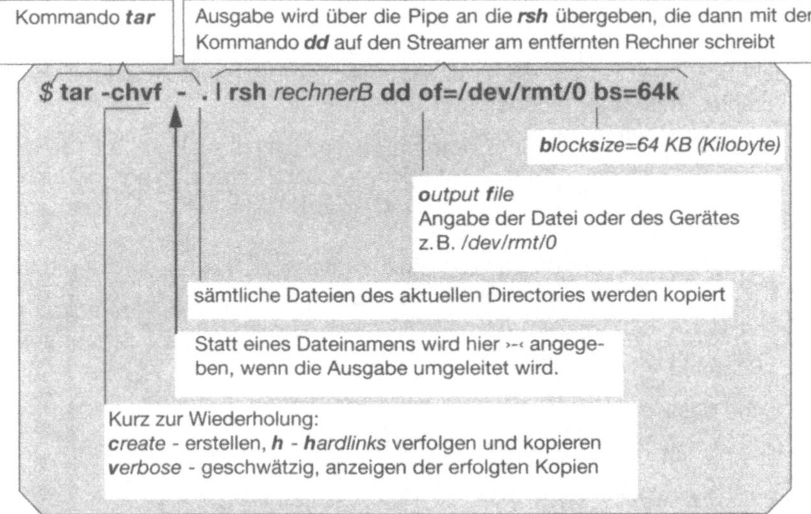

Bild 3-155: Beispiel Ausgabe von tar mit rsh und dd auf ein Gerät im Netz

Sind in einer Firma mehrere Rechner vernetzt, so werden bestimmte Systemver-
walterdateien gemeinsam auf einem Server gehalten. Die Pflege und Verwaltung
kann über das Program **NIS** (*Network Information Service*) erfolgen. Mit *NIS*
werden z. B. innerhalb eines Netzes alle Benutzernamen einheitlich geführt. Sie
können sich dann in der Regel unter Ihrem Benutzernamen auf einem entfernten
Rechner anmelden. Hierzu gibt es zwei Kommandos, die fast die gleichen Funktionen haben (sie sind aus den unterschiedlichen UNIX-Entwicklungen entstanden): **telnet** oder **rlogin**:

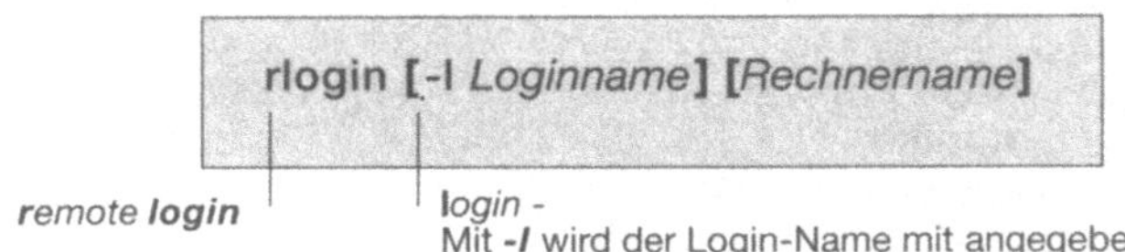

Wird beim Aufruf kein Rechnername mit angegeben, kann mit den Kommandos

open Rechnername die Verbindung aufgebaut werden, mit

close die Verbindung zu dem Rechner abgebrochen werden

? geben Sie ein Fragezeichen ein, erhalten Sie die möglichen Kommandos angezeigt

Das Programm *telnet* kann beendet werden mit

quit oder **<CTRL + d>**

telnet – Kommando, um sich an einem entfernten Rechner anzumelden

Wird beim Aufruf kein Rechnername mit angegeben, kann mit den Kommandos

open Rechnername die Verbindung aufgebaut werden, mit

close die Verbindung zu dem Rechner abgebrochen werden

Das Programm *rlogin* kann beendet werden mit

exit oder **<CTRL + d>**

rlogin – Kommando, um sich an einem entfernten Rechner anzumelden

In der Regel werden mit NIS bzw. über **NFS** (*Network File System*) alle Benutzerdaten, also auch Ihr Home-Directory auf einem eigenen Rechner (*File-Server*) geführt. Mit NFS werden **Dateibäume eines anderen Systems** im lokalen Dateisystem eingehängt (z.B. Ihr Home-Directory auf dem File-Server in das Dateisystem Ihres lokalen Rechners bzw. auf dem Rechner, auf dem Sie sich anmelden). Das Einhängen von Dateibäumen darf in der Regel nur durch den Systemverwalter erfolgen (*/etc/mount*). Sie arbeiten dann also immer mit Ihren Dateien, obwohl Sie sich auf einem anderen Rechner mit *telnet* oder *rlogin* angemeldet haben. Dies hat den Vorteil, daß Sie, z.B. auf einem dort verfügbaren Streamer mit *tar* direkt zugreifen können. Mit den Kommandos *rlogin* oder *telnet* können Sie nach erfolgreicher Verbindung und Anmeldung alle UNIX-Kommandos aufrufen, wie Sie es bisher bei der direkten Eingabe an Ihrem Terminal gewohnt waren. Allerdings muß, um mit einer grafischen Oberfläche zu arbeiten, zusätzlich der Variablen DISPLAY der Name des Rechners, an dem Sie sitzen, zugewiesen werden, z.B. **DISPLAY=asterix:0.0; export DISPLAY** (für die Bourne- oder Korn-Shell) und **setenv DISPLAY asterix:0.0** (für die C-Shell)

Sie müssen, um auf einem entfernten Rechner arbeiten zu können, einen dort geführten **Benutzernamen** und das **Paßwort** dazu wissen. Sie werden bei beiden Kommandos *rlogin* und *telnet* danach gefragt. Auch bei diesen beiden Kommandos wird die Zugriffsberechtigung über die Dateien ***/etc/hosts.equiv*** und soweit vorhanden ***.rhosts*** in dem jeweiligen Home-Directory des Benutzers auf dem entfernten Rechner geprüft. Erst wenn die Erlaubnis vorliegt und bei richtiger Eingabe des Passworts, können Sie auf dem entfernten Rechner arbeiten. Wenn netzweit die gleiche Benutzerkennung, z.B. über *NIS,* eingerichtet ist, kann die Abfrage der Passwörter entfallen. Als Bereitzeichen der Shell wird bei *telnet* der Rechnername angezeigt.

Eine Sitzung an einem entfernten Rechner, hier nur um Datum und Uhrzeit zu kontrollieren, könnte dann wie folgt aussehen:

```
$ telnet asterix
asterix> trying 150.270.115.7
connected to asterix
login: monika
Password:                  Paßwort nicht sichtbar
Last login: Tue Jul 9  13:33 from asterix
asterix> date "+%d. %h %T"
10. Jul 15:20:03
asterix> exit              oder <CTRL + d>
connection closed by foreign host
$                          wieder zurück am eigenen Rechner
```

Bild 3-156: Beispiel Anmelden an einem entfernten Rechner mit telnet

Wenn Sie oft über Netz an anderen UNIX-Rechnern arbeiten, empfiehlt es sich, das Bereitzeichen Ihrer Shell generell mit dem Rechnernamen zu ergänzen. Wie Sie Ihr Bereitzeichen abändern können, erfahren Sie etwas später im Kapitel 3.8.6 auf Seite 316.

Ein sehr wichtiges Kommando, um netzweit Daten auszutauschen, ist **ftp** (***file transfer protocol***). Mit diesem Kommando können Sie Verbindungen auch zu anderen Rechnerplattformen (wie DOS, MacIntosh oder zu Mainframes) knüpfen. Es ist ein komfortables Kommando, um auf Dateien von einem entfernten Rechner zuzugreifen, Dateien zu kopieren oder auf den entfernten Rechner zu übertragen.

3.6.4 Wie arbeiten Sie mit ftp?

Auch für dieses Kommando benötigen Sie eine **Benutzerkennung** und ein **Paßwort**. Manche Herstellerfirmen bieten allerdings die Möglichkeit, sich als ›Gast‹ anzumelden. Vielleicht haben Sie in Fachzeitschriften schon ab und zu den Hinweis gelesen, daß Updates oder Informationen mit *ftp* abgerufen werden können, wie z.B. Filtersoftware von FrameMaker auf dem Rechner *ftp.frame.com*. Hier können Sie sich dann mit Ihrem Namen anmelden und geben als Paßwort nur Ihren Rechnernamen an. Der Aufruf des Kommandos ist ähnlich wie bei *telnet* oder *rlogin*. Sie geben entweder den **Rechnernamen** gleich mit an oder mit dem internen Kommando ***open***.

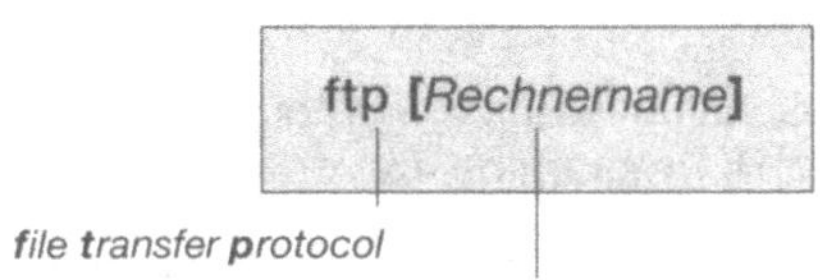

Wird beim Aufruf kein Rechnername mit angegeben, kann mit den Kommandos

open *Rechnername*   die Verbindung aufgebaut werden, mit

close   die Verbindung zu dem Rechner abgebrochen werden

Das Programm *ftp* kann beendet werden mit

quit oder **bye**

ftp – Kommando für Arbeiten mit Dateien eines entfernten Rechners

Sobald die Verbindung zu dem anderen Rechner steht, können Sie mit einer Reihe von internen Befehlen arbeiten.Hier eine Auswahl der wichtigsten Befehle:

Interner ftp-Befehl	Bedeutung/Hinweis
cd *Directory*	*change directory* Wechselt in das Directory auf dem entfernten Rechner, soweit Sie Zugriffsrechte hierfür haben
pwd	*print working directory* Zeigt das aktuelle Directory auf dem entfernten Rechner an
ls oder **dir**	*list* Zeigt den Inhalt des aktuellen Directories auf dem entfernten Rechner
get *Dateiname*	***get*** *- holen, bekommen* Kopiert die Datei des entfernten Rechners **in das aktuelle Directory des lokalen Rechners**
mget *Dateiname(n)*	*multiple **get** - mehrfach holen, bekommen* Kopiert alle angegebenen Dateien (z.B. Auswahl der Dateien evtl. über Dateinamenexpansion) in das aktuelle Directory des lokalen Rechners

Interner ftp-Befehl	Bedeutung/Hinweis
put *Dateiname*	*put* - *abgeben* Kopiert die angegebene Datei von Ihrem lokalen Rechner in das aktuelle Directory des entfernten Rechners
mput *Dateiname(n)*	*multiple* **put** Kopiert mehrere Dateien (z.B. Auswahl der Dateien evtl. über Dateinamenexpansion) vom lokalen Rechner in das aktuelle Directory des entfernten Rechners
binary	*binär* Schaltet in den Binärmodus um. Mit *binary* werden z.B. Programme, *tar*- oder *cpio*-Archiv-Dateien übertragen, die im Binärformat gespeichert sind
ascii	ASCII-Übertragung ist als Standard eingestellt. Wenn Sie zuvor mit **binary** Dateien übertragen haben, sollten Sie wieder auf ASCII (default-Einstellung) umstellen
delete *Dateiname*	*löschen* Soweit es die Zugriffsrechte zulassen, kann eine Datei auf dem entfernten Rechner gelöscht werden
mdelete *Dateinamen*	*löschen* Soweit es die Zugriffsrechte zulassen, können mehrere Dateien auf dem entfernten Rechner gelöscht werden (z.B. Auswahl der Dateien evtl. über Dateinamenexpansion)
mkdir	*make* **dir***ectory* Legt auf dem entfernten Rechner ein Directory an
lcd *Directory*	*local* **c***hance* **d***irectory* Wechselt auf dem lokalen Rechner das Directory (leider gibt es kein Kommando, um sich die Dateien auf dem lokalen Rechner anzusehen. Sie sollten sich deshalb, bevor Sie *ftp* starten, informieren, welche Dateien sie für *ftp* von Ihrem lokalen Rechner benötigen. Am besten wechseln Sie dann gleich in das betreffende Directory, bevor Sie *ftp* starten)
bye oder **quit**	Beendet die Verbindung zum anderen Rechner

Sehen wir uns hierzu ein Beispiel aus der Praxis an. Sollen mehrere Dateien über Netz auf einen anderen Rechner geschickt werden, empfiehlt es sich vorab, die Dateien zu komprimieren (verdichten) und mit *tar* eine Archivdatei zu erstellen. Man kann jedoch auch vorab die Dateien in ein *tar*-Archiv schreiben und dieses dann komprimieren. Hierbei ist die Ersparnis nicht ganz so hoch, aber immer noch wesentlich besser, als die Dateien in ihrer Originalgröße zu verschicken.

Um Dateien zu komprimieren, gibt es das Kommando

> compress *Dateiname(n)*

compress – Kommando, um Dateien zu verdichten

Mit *compress* verdichtete Dateien sparen etwa 30 % - 65 % Plattenplatz. Der Dateiname wird mit **.Z** ergänzt. Durch die Endung **.Z** erkennen Sie also, daß es sich um eine mit *compress* verdichtete Datei handelt. Oft werden Dateien in dieser Form bereitgestellt, da sie wesentlich weniger Platz benötigen. Doch sehen wir uns nun ein Beispiel an.

Um einen Kurs vorzubereiten, wurden eine Reihe Übungen in ein *tar*-Archiv gesichert. Die Größe ist beträchtlich mit 1,6 MB. Um die Dateien über *ftp* auf den Schulungsrechner ›*seminar*‹ zu übertragen, wird zuerst mit *compress* die Datei verdichtet.

```
$ ls -l *.tar
-rw-r--r--  1 root    other   1620480 Jul 23 15:58 kursfiles.tar
$ compress kursfiles.tar            Einsparung von ca. 65%
$ ls -l *Z
-rw-r--r--  1 root    other    574571 Jul 23 15:58 kursfiles.tar.Z
$ ftp seminar
Connected to seminar.
220 seminar FTP Server
Name (seminar.hans): trainer      Anmeldung als trainer
Password: ██████              Paßwort nicht sichtbar
230 Login ok, access restrictions apply.
ftp> binary
200 Type set to I.
ftp> cd /usr/kurs
ftp-CWD command successful.
ftp> put kursfiles.tar.Z kursfiles.tar.Z
200 PORT command successful.
150 Opening BINARY mode data connection for kursfiles.tar.Z
226 Transfer complete.
574571 bytes sent in 1.7 seconds (3.3e+02 Kbytes/s)
ftp> quit
```

Bild 3-157: Beispiel komprimiertes tar-Archiv mit ftp auf einen anderen Rechner übertragen

Um die Dateien auf dem entfernten Rechner wieder auszupacken, werden die Kommandos **uncompress** und **tar -x** benötigt.

uncompress *Dateiname(n)[.Z]*

uncompress – Kommando, um mit compress verdichtete Dateien wieder in den Normalzustand zu bringen

In unserem Beispiel meldete sich der Trainer am Schulungsrechner über *rlogin* an, kontrollierte die übertragene Datei, brachte sie wieder in den Normalzustand und packte das *tar*-Archiv aus:

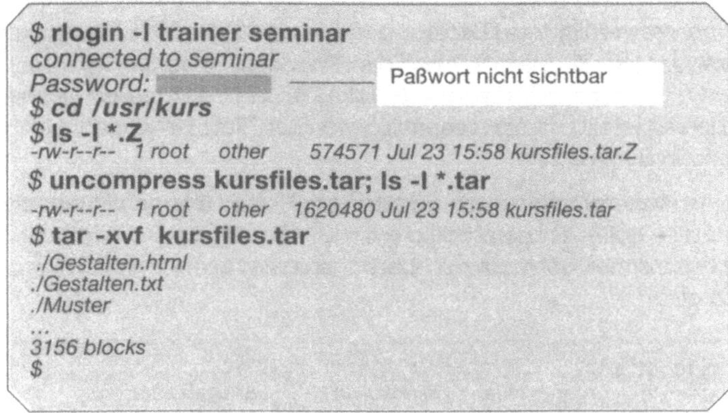

Bild 3-158: Anmelden mit rlogin und Auspacken der komprimierten tar-Archiv-Übertragung mit uncompress und tar -x

Handelt es sich um eine Textdatei, kann eine Datei auch in komprimierter Form angesehen werden. Hierfür gibt es das Kommando

zcat *Dateiname(n)*

zcat – Kommando, um mit compress komprimierte Text-Dateien anzusehen

Die Datei Gestalten.txt soll in komprimierter Form abgelegt werden. Da es sich hierbei nur um einen ASCII-Text handelt, kann sie jederzeit mit *zcat* angesehen werden:

```
$ ls -l Gestalten.txt
-rw-r--r--  1 tempir2  30005      2088 Jul 23 17:43 Gestalten.txt
$ compress Gestalten.txt
$ ls -l G*.Z
-rw-r--r--  1 tempir2  30005      1322 Jul 23 17:43 Gestalten.txt.Z
$ zcat  Gestalten.txt.Z
Gestalten von Dokumenten
Die Sprache als Verständigung zwischen Menschen wird erst lebendig
durch Betonung und Gesten. Umgesetzt in Schrift entfällt diese wichtige
Ausdrucksform. Um geschriebenen Text dennoch schnell verständlich zu
...
$
```

Bild 3-159: Ansehen einer komprimierten Textdatei mit zcat

Auch um Platz auf dem Rechner zu sparen, empfiehlt es sich, mit *compress* ganze Dateibäume zu verdichten, wenn sie für längere Zeit nicht benötigt werden.

Hiermit sind wir zwar in diesem Kapitel beim ›Z‹ angelangt, doch es wird höchste Zeit, daß wir etwas über die Vereinfachung von Kommandoeingaben lernen. Doch zuvor wie bei allen Kapiteln eine Zusammenfassung.

3.6.5 Zusammenfassung der Kommandos

Kommandoeingabe	Funktion
pg /etc/hosts	*page* **Zeigt alle Rechner an, die im Netz eingebunden sind**
ping *Rechnername*	*Pingpong* **Kontrolliert, ob der angegebene Rechner erreichbar ist**
hostname	**Zeigt den eigenen Rechnernamen an**
rcp *Datei(en)[@Rechner]* \ *Datei(/Directory)[@Rechner]*	*remote copy* **Kopiert Dateien von/auf entfernte Rechner, die mit TCP/IP verbunden sind** Etwa gleiche Syntax wie *cp*
rsh *Rechner*	*remote shell* **Startet eine Shell auf einem entfernten Rechner** Auf dem entfernten Rechner muß der gleiche Benutzername eingetragen sein. Das Paßwort wird abgefragt.
dd if=_Dateiname_ **of=**_Gerätename_ \ *Option=Wert* **tar -cvf - . | rsh** *Rechner* \ **dd of=/dev/rmt/0 bs=64**	*device to device* **Kopiert Dateien, Dateibereiche oder gesamte Platten 1:1** Beispiel: Ausgabe von *tar* über Netz auf einen Streamer an einen entfernten Rechner **bs** *block size Wert* (in diesem Beispiel) 64 KB
telnet *Rechner*	*telecommunication **net**ware* **Anmelden an einem entfernten Rechner** Wird die Verbindung hergestellt, muß ein gültiger Benutzername und ein Paßwort eingegeben werden Etwa gleich wie *rlogin*
rlogin [-l *Login-Name*] *Rechner*	*remote **login*** **Anmelden an einem entfernten Rechner, der mit TCP/IP verbunden ist** Wird die Verbindung hergestellt, muß ein gültiger Benutzername und ein Paßwort eingegeben werden Etwa gleich wie *telnet*

Kommandoeingabe	Funktion
ftp *Rechner* *connected to ...* *login: Benutzername* *Password required for : Paßwort*	*file transfer protocol* **Kopiert Dateien von/auf entfernte Rechner** Rechnername des entfernten Rechners sowie ein dort gültiger Benutzername und Paßwort müssen angegeben werden
Kommandos unter ftp:	Auswahl der meist benötigten Kommandos
cd	*change directory* Wechselt in das Directory auf dem entfernten Rechner
pwd	*print working directory* Zeigt das aktuelle Directory auf dem entfernten Rechner
ls (dir)	*list* Zeigt den Inhalt des aktuellen Directories auf dem entfernten Rechner
get *Dateiname*	*get* - holen, bekommen Kopiert in das aktuelle Directory des lokalen Rechners die Datei des entfernten Rechners
mget *Dateiname(n)*	*multiple get - mehrfach holen* Kopiert in das aktuelle Directory des lokalen Rechners alle angegebenen Dateien (z. B. über Dateinamenexpansion)
put *Dateiname*	*put - abgeben* Kopiert die angegebene Datei von Ihrem lokalen Rechner in das aktuelle Directory des entfernten Rechners
mput *Dateiname(n)*	*multiple put* Kopiert mehrere Dateien (evtl. über Dateinamenexpansion) vom lokalen Rechner in das aktuelle Directory des entfernten Rechners
binary	*binär* Schaltet in den Binärmodus um. Mit *binary* werden z. B. Programme, *tar*- oder *cpio*-Archiv-Dateien übertragen, die im Binärformat gespeichert sind
ascii	Umstellung wieder auf ASCII (default-Einstellung)

Kommandoeingabe	Funktion
ftp: *Fortsetzung*	
delete *Dateiname*	*löschen*
mdelete *Dateinamen*	Soweit die Zugriffsrechte es zulassen, kann eine Datei auf dem entfernten Rechner (mit *mdelete* mehrere) gelöscht werden
mkdir	*make **Dir**ectory*
	Legt auf dem entfernten Rechner ein Directory an
lcd *Directory*	*local chance directory*
	Wechselt auf dem lokalen Rechner das Directory
bye oder **quit**	Beendet die Verbindung zum anderen Rechner
compress Dateiname(n)	verdichten
	Verdichten/Komprimieren von Dateien
Beispiel: **compress** *tarsicherung*	Oft in Verbindung mit tar/ftp Der Dateiname wird mit **.Z** erweitert.
zcat *Dateiname.Z*	*cat von .Z-Dateien*
	Zeigt den Dateiinhalt von mit compress komprimierten Dateien an
uncompress Datei[.Z]	*dekomprimieren*
	Eine zuvor mit *compress* verdichtete Datei wird wieder in den Normalzustand gebracht

Wichtige Dateien:

Datei	Bedeutung
/etc/hosts	Zuordnung von IP-Adressen zu Rechnernamen
/etc/hosts.equiv	Datei, um den Zugriffsschutz im Netz zu steuern für die Netzkommandos wie *rcp*, *rsh*, *rlogin* oder *telnet*
Beispiel eines Eintrages *hostname [username]*	Für alle oder nur den angegebenen Benutzer des Rechners erlaubt
-hostname [username]	nicht erlaubt
+ username	Für den angegebenen Benutzer von allen Rechnern aus erlaubt
$HOME/.rhosts	Private Datei für den Benutzer, die zusätzlich zur */etc/hosts.equiv* zur Prüfung
Eintrag wie bei */etc/rhosts.equiv*	herangezogen wird

3.7 Shell-Prozeduren

Nun ›shellt‹ es intensiver

Dieses Kapitel zeigt Ihnen, wie Sie unter UNIX durch Kommandofolgen in einer Datei eigene kleine Programme schreiben können, sog. Shell-Prozeduren. Das Wort Prozedur hat bei uns im Deutschen zwar auch die Bedeutung von ›schwierige, unangenehme Behandlungsweise‹, doch das Wort selbst leitet sich von procedere (lat.) ab und bedeutet ›zu Werke gehen‹. Sie werden erfahren, daß die Programmierung unter der Shell ›keine Prozedur‹ für Sie sein wird. Für diejenigen von Ihnen, die bereits eine Programmiersprache kennen, wird es ein Vergnügen werden, ein Programm zu erstellen, ohne schwierige Syntaxregeln beachten zu müssen, und es auszuführen, ohne erst zu compilieren.

Die einzelnen Themen:

3.7.1   Die Vorteile von Shell-Prozeduren

3.7.2   Erstellen eigener Shell-Prozeduren

3.7.3   Vordefinierte Shell-Variable

3.7.4   Verwendung von Positionsparametern

3.7.5   Ablaufsteuerung einer Shell-Prozedur

3.7.6   Beispiele zur Erstellung von eigenen Shell-Prozeduren

3.7.7   Schleifenverarbeitung

3.7.8   Weitere nützliche Kommandos für Shell-Prozeduren

3.7.9   Zusammenfassung

Shell-Prozeduren – Nun ›shellt‹ es intensiver

Wenn Sie bis zu diesem Kapitel vorgedrungen sind und die Beispiele nachvollzogen haben, können Sie bereits mit UNIX arbeiten. Meinen Glückwunsch! Denn es war sicher nicht immer leicht. Doch ich hoffe, Sie hatten auch Spaß daran und haben sich über Ihre eigenen Erfolge gefreut.

Das, was Sie bisher über UNIX gelernt haben, reicht im Normalfall aus, um als Anwender mit Softwarepaketen zu arbeiten, die auf UNIX basieren. Die meisten Applikationen, wie Anwendungen für die verschiedenen Branchen im Handel und in der Industrie, z.B. Büroautomation, Finanzbuchhaltung oder im CAD/CAM-Bereich, enthalten meist zusätzliche Hilfsprogramme, etwa zum Sichern und zur Dateiverwaltung. Für diese Fälle wäre es nicht notwendig zu wissen, wie man unter der Shell eigene Shell-Prozeduren schreiben kann. Für Sie wäre das nachfolgende Kapitel eher ein Hobby oder der erste Schritt, sich zum UNIX-Spezialisten zu entwickeln. Auf der Shell-Ebene können Sie dann bereits kleine Programme, sog. Shell-Prozeduren, mit vielen Raffinessen erstellen. Der nächste Schritt ist, Programme in C oder einer anderen Programmiersprache zu schreiben.

Anhand von Beispielen, wie Sie eigene Kommandos zum Sichern, Listen von Directories, Kopieren und Löschen von Dateien schreiben können, werden Sie die wesentlichen Funktionen der Shell-Prozeduren kennenlernen.

3.7.1 Die Vorteile von Shell-Prozeduren

Was sind Shell-Prozeduren?

Shell-Prozeduren sind im Grunde nichts anderes als Kommandofolgen, abgelegt in einer Datei. Kommandos, die Sie bisher am Terminal aufgerufen haben, schreiben Sie in eine Datei. Mit dem Kommando **sh** können Sie die Kommandofolgen in dieser Datei von Ihrer Shell ausführen lassen.

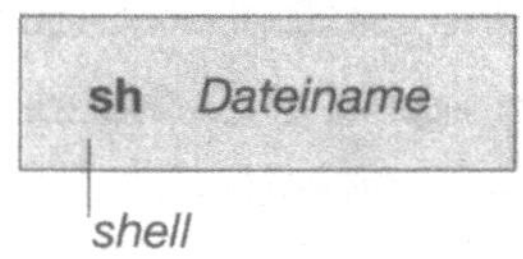

sh – Kommando, um Dateien mit Kommandofolgen auszuführen

Bisher haben wir von **Kommandos** gesprochen, wenn wir einen Auftrag an den Rechner schickten. Ein Kommando kann ein ausführbares Programm sein, ein ›Shell-internes‹ Kommando oder eine Shell-Prozedur. Statt Shell-Prozedur spricht man auch von Shell-Script. Ein ausführbares Programm wurde ursprünglich in einer Programmiersprache geschrieben und compiliert *(übersetzt)* in den entsprechenden Maschinencode des Rechners. Ein *Shell-internes* Kommando ist im Programm der Shell selbst verankert, also ein Teil der Shell. Eine

Datei, die **Kommandofolgen** enthält, kann eine **eigenständige Shell-Prozedur**
werden, wenn die Zugriffsrechte z.B. mit

chmod +x

auf ausführbar geändert werden *(executable)*.

Nehmen wir an, es gibt eine Datei mit dem Namen *heute*, in der z.B. die Kommandos *date* und *who* stehen. Die Zugriffsrechte sind so geändert, daß alle die
Datei ausführen dürfen *(z.B. rwxr-xr-x)*. Damit sind bereits die Voraussetzungen
für eine Shell-Prozedur erfüllt.

Rufen Sie das Kommando *heute* auf, so sucht die Shell in all jenen Directories,
die in der Variablen **PATH** als Suchpfad angegeben sind, nach einer Datei mit
dem Namen *heute*, die als ausführbar gekennzeichnet ist. Die so gefundene Datei wird von der Shell gelesen und die darin enthaltenen Kommandos werden
der Reihe nach ausgeführt. Die Ausführung dieser Shell-Prozedur soll die nachfolgende Grafik verdeutlichen:

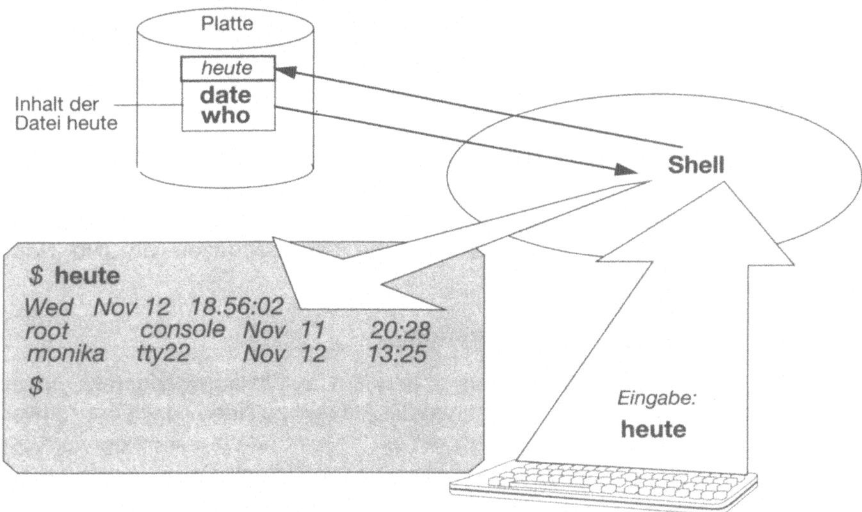

Bild 3-160: Ablauf einer Shell-Prozedur grafisch dargestellt

Alle Kommandos, also Programme, Shell-interne Kommandos und Shell-Prozeduren sind gleichberechtigt. Bei der Shell-Einführung (3.2 Es ›shellt‹) haben Sie
gelernt, wie Sie Kommandos verwenden können:

Aufruf des Kommandos	Kommandoname [Parameter 1 *(z.B. Option -l)*] \ [Parameter 2] … im Vorder- oder Hintergrund **(&)** Die Parameter können hierbei über Metazeichen (*, ?, \\, [ ]) und die Ihnen bereits bekannten Erset- zungsmechanismen (" ", ´´ , \$, `Kommando`) expandiert werden.
Abbruch des Kommandos	(Unterbrechung des laufenden Programms): bei Vordergrundprozessen je nach Rechner entspre- chende Funktionstasten z.B. **<CTRL> + c** oder bei Hintergrundprozessen mit dem Kommando *kill -9 Prozeßnummer* Hier werden Sie in der Korn-Shell noch weitere Mög- lichkeiten kennenlernen
Umleitung	der Standardeingabe und Standardausgabe: **<, >, >>, 2>**
Verkettung	von Kommandos mit **;**
Pipe-Mechanismus	mit **|**

Bild 3-161: Eingabemöglichkeiten von Kommandos

Alle diese Möglichkeiten bestehen auch für Shell-Prozeduren. Sie können sich also eigene Kommandos schreiben und diese genauso nutzen wie UNIX-Kommandos. Die Frage ist:

Benötigen Sie eigene Shell-Prozeduren?

Wenn Sie sich an das Kapitel Sicherung erinnern, an die langwierigen Kommandos von *find* und *cpio*, dann dürfte Ihnen die Antwort zu einem ›Ja‹ nicht schwerfallen. Oder denken Sie nur an die Kommandos *mv* und *cp*, die Ihnen wertvolle Dateien überschreiben können oder gar an die zerstörende Wirkung von *rm -r **. Hier können Sie durch eigene Kommandos die Wirkung entschärfen.

Welche Vorteile bieten Ihnen eigene Shell-Prozeduren?

❏ Sie können **häufig benutzte** und/oder **langwierige Kommandofolgen** mit einem Aufruf (einem kurzen Namen) aktivieren.

❏ Eigene Shell-Prozeduren können Sie auch auf **andere UNIX-Rechner übernehmen.**

❏ Die Funktionalität der Shell-Prozeduren ähnelt der Programmiersprache **C**, man benötigt aber **keinen Übersetzungslauf** (Compilieren).

❏ Sie können **benutzerfreundliche, deutschsprachige** und **sichere** Kommandos schaffen.

3.7.2 Erstellen eigener Shell-Prozeduren

Wie erstellen Sie eigene Shell-Prozeduren?
Anstatt ein Kommando (oder eine Kommandofolge) direkt am Terminal aufzurufen, schreiben Sie es mit einem **Editor in eine Datei,** beenden den Editor, verändern die Zugriffsrechte durch *chmod +x Dateiname* und schon haben Sie eine eigene Shell-Prozedur. Diese können Sie nunmehr mit dem Namen der Datei aufrufen und die enthaltenen Kommandos werden ausgeführt.

Was können Sie in eine Prozedur eingeben?

Alle Möglichkeiten, die Sie bisher bei einem Kommandoaufruf kennengelernt haben, können Sie auch in einer Shell-Prozedur verwenden. Dies bedeutet:

❑   Sie können auch in Shell-Prozeduren die Kommandos so eingeben, wie es in der Tabelle, 3-161 (Eingabemöglichkeiten von Kommandos) auf der vorigen Seite gezeigt ist.

❑   Um Erläuterungen einzufügen, gibt es die Zeichen ›:‹ und ›#‹, die den nachfolgenden Text bis Zeilenende als **Kommentar** kennzeichnen.

❑   Wie Sie schon zu Beginn gehört haben, gibt es verschiedene Shell-Programme, neben der hier besprochene Bourne-Shell, die Korn- und C-Shell. Um zu gewährleisten, daß die Shell-Prozedur von der richtigen Shell ausgeführt wird, gibt man, soweit unterschiedliche Shells eingesetzt sind, in der 1. Zeile ein sog. **Run-Kommando** an:

#!/bin/sh oder **#!/bin/ksh** oder **#!/bin/csh**

Dies ist besonders wichtig, wenn sonst die C-Shell verwendet wird, da die Syntax und einige Befehle hier z.T. abweichen (siehe Kapitel 3.9).

❑   Wie bei dem Ersetzungsmechanismus bereits erläutert, können Sie **Shell-Variable** verwenden, die durch $\{$*Name der Variablen*$\}$ mit dem jeweils zugewiesenen Wert ersetzt werden. Sie lernen noch eine Reihe weiterer Einsatzmöglichkeiten von Variablen kennen; so z.B., wie Sie unterschiedliche Parameter übergeben, sog. **Positionsparameter,** oder wie Sie **vordefinierte Variable** verwenden können und wie Sie den Wert einer Shell-Variablen verändern.

❑   Um den Ablauf zu steuern, können Sie mit *echo* Nachrichten (Fragen) auf den Bildschirm ausgeben, mit *read* eine Antwort am Bildschirm lesen und mit *test* den Inhalt dieser Antwort prüfen.

❑   In Abhängigkeit von Ergebnissen können Sie unterschiedliche Kommandofolgen aufrufen (**&&**, **||** und *if – then – else – fi*).

❑   Kommandofolgen können mehrmals durchlaufen werden; man spricht hierbei von Schleifen (*for – do – done*).

❑   Abhängig von einem Wert können unterschiedliche Kommandofolgen ausgewählt werden (*case – esac*).

❑   Sie könnten sogar auftretende Fehler über die sog. *trap*-**Behandlung** abfangen (was soll z.B. geschehen, wenn ein Unterbrechungssignal über <CTRL> +c gesendet wird?). Auf die Fehlerbehandlung wird in diesem Buch allerdings nicht tiefer eingegangen. Bei der Zusammenstellung der Kommandos finden Sie unter *trap* auf Seite 301 ein paar weitere Informationen.

Auch wenn wir hier nicht alle Möglichkeiten der Shell-Programmierung durchsprechen, verspricht dieses Kapitel, interessant zu werden.

Beginnen wir mit einem einfachen Beispiel. Erstellen Sie sich eine Datei *heute,* ändern Sie die Zugriffsrechte und probieren Sie einfach mal aus, ob es funktioniert.

Bevor Sie die Datei erstellen, richten Sie sich am besten, wie in unserem Beispiel, ein Unterdirectory *Befehle* ein, in das Sie sämtliche von Ihnen selbst erstellten Kommandos (Shell-Prozeduren) ablegen:

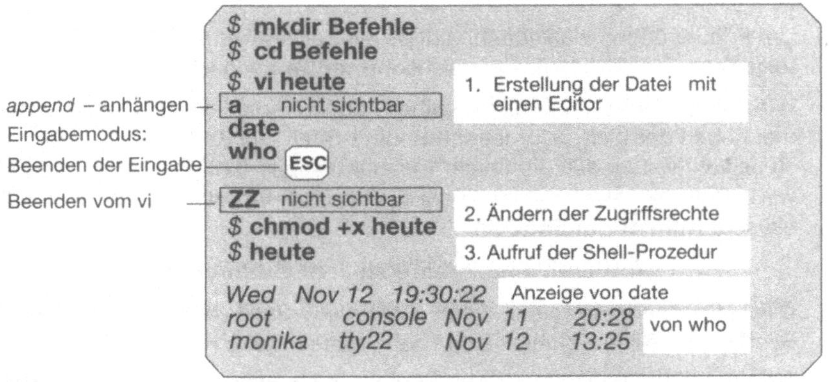

Bild 3-162: Beispiel Erstellen einer Shell-Prozedur

Hat es geklappt? Erhalten Sie das Datum und eine Liste der aktiven Benutzer angezeigt, wenn Sie *heute* aufrufen? Wenn nicht, prüfen Sie Ihre Variable PATH, ob das aktuelle Directory (.) nach Kommandos durchsucht wird. Sie könnten dann den Befehl, um zu testen, mit *sh heute* aufrufen.

Wenn es wirklich so einfach geht, dann schreiben wir gleich unser **Sicherungskommando für die tägliche** (*tsich*) **und wöchentliche Sicherung** (*wsich*).

Falls Sie unter der grafischen Oberfläche einen Texteditor zur Verfügung haben, ist es sicher leichter, mit diesem zu arbeiten. Gerade wenn der vi Ihnen noch nicht so recht von der Hand geht, ist die Anstrengung der Eingabe und die Fehlerquelle durch den vi größer als die Eingabe der Shell-Prozedur als solche.

Um beim Ablauf der Sicherung zu sehen, was im einzelnen passiert, geben wir mit dem Kommando *echo* Nachrichten auf den Bildschirm aus. Unter der Shell-Einführung haben wir dieses Kommando kurz kennengelernt:

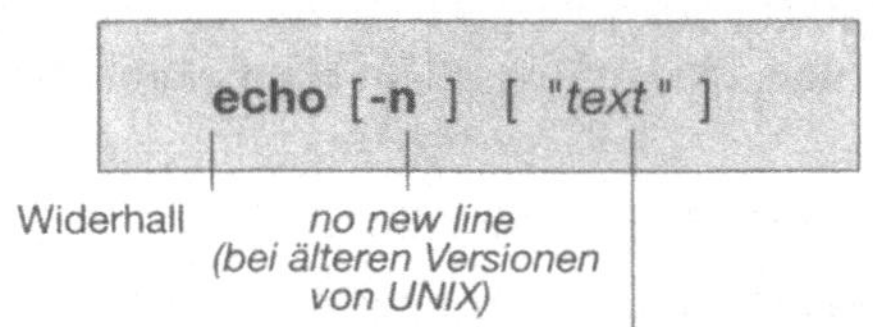

In der Texteingabe bedeuten folgende Steuerzeichen:

\007	Klingelzeichen
\c	Cursor bleibt in gleicher Zeile
\n	neue Zeile
\t	Tabulator

echo – Kommando, um Nachrichten auszugeben

Das *echo*-Kommando gibt alle ihm übergebenen Wörter bis zum Zeilenende oder einem ›;‹ als ›Echo‹ auf den Bildschirm aus. Es empfiehlt sich, den Text grundsätzlich in Anführungszeichen zu setzen, damit nicht z.B. ein Fragezeichen oder Sternchen von der Shell durch vorhandene Dateinamen ersetzt wird.

Wollen Sie, daß die Antwort in derselben Zeile wie die Nachricht eingegeben wird, geben Sie als letztes Text-Argument \c ein (bei älteren Versionen von UNIX als Aufruf *echo -n*). Innerhalb des Textes können Sie mit \t ein Tabulatorzeichen setzen, mit \n eine Zeilenumbruch erwirken oder gar mit \007 ein Klingelzeichen aktivieren, allerdings muß hierfür Ihr Terminal entsprechend voreingestellt sein. Um einen Text über mehrere Zeilen auszugeben, können Sie entweder in jeder Zeile neu das Kommando *echo* eingeben oder Sie setzen das **Anführungszeichen** " nur nach *echo* in der ersten Zeile und dann erst am Ende der letzten Zeile.

 Einer der häufigsten Fehler ist, daß das **schließende Anführungszeichen** vergessen wurde (sei es bei dem Kommando *echo*, oder wie wir später noch sehen, beim Setzen von Variablen). Die Shell-Prozedur wird dann meistens mit einem Fehlerhinweis der Shell abgebrochen. Also achten Sie darauf!

Die einzelnen Schritte zur Erstellung unserer Sicherungskommandos:

1. Wir rufen einen **Editor** auf, schreiben die zur Sicherung nötigen Kommandos und die Nachrichten, die am Bildschirm erscheinen sollen, und beenden den Editor.

2. Wir ändern die **Zugriffsrechte** auf ausführbar.

3. Das **Kommando ist fertig**, wir können es für unsere Sicherung benutzen.

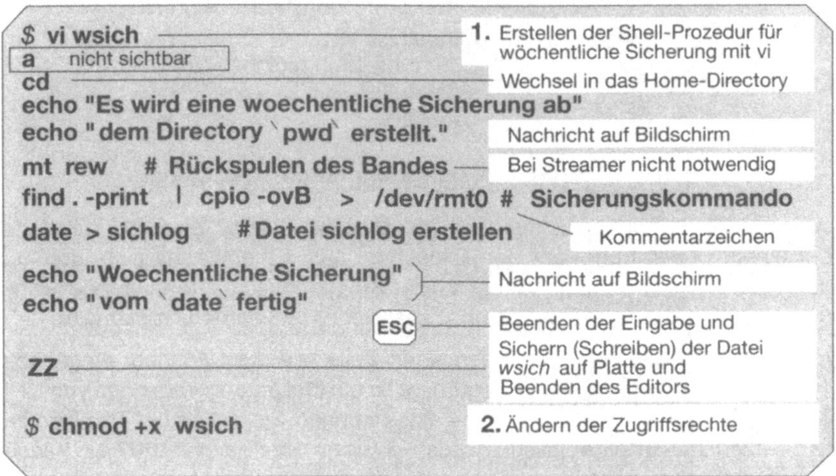

Bild 3-163: Beispiel einer Shell-Prozedur zur wöchentlichen Sicherung

Nun haben wir ein eigenes Sicherungskommando, das wir z.B. jeden Freitag verwenden können. Wir brauchen nur noch das Band einzulegen und die Sicherung läuft *sicher* ab.

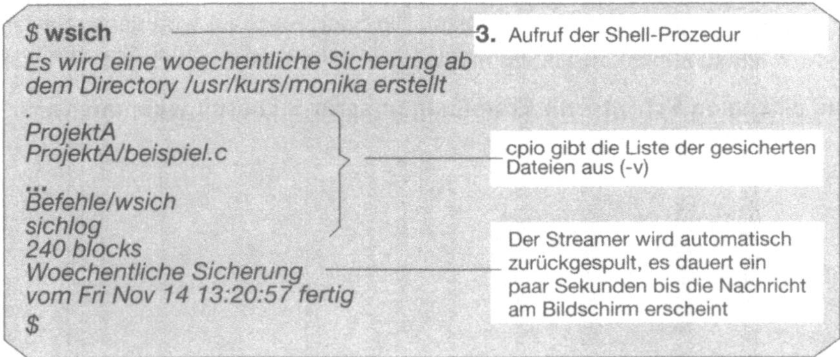

Bild 3-164: Beispiel Aufruf der Shell-Prozedur für wöchentliche Sicherung

Die gleichen Arbeitsschritte sind erforderlich, um die Shell-Prozedur für die tägliche Sicherung zu schreiben. Hier können wir mit einbauen, daß als Nachricht angezeigt wird, wann das letzte Sicherungsdatum war, d.h., daß nur jene Dateien gesichert werden, die ein neueres Modifikationsdatum als die Datei *sichlog* aufweisen. Erstellen wir uns mit einem Editor die Datei *tsich,* die folgenden Inhalt aufweist:

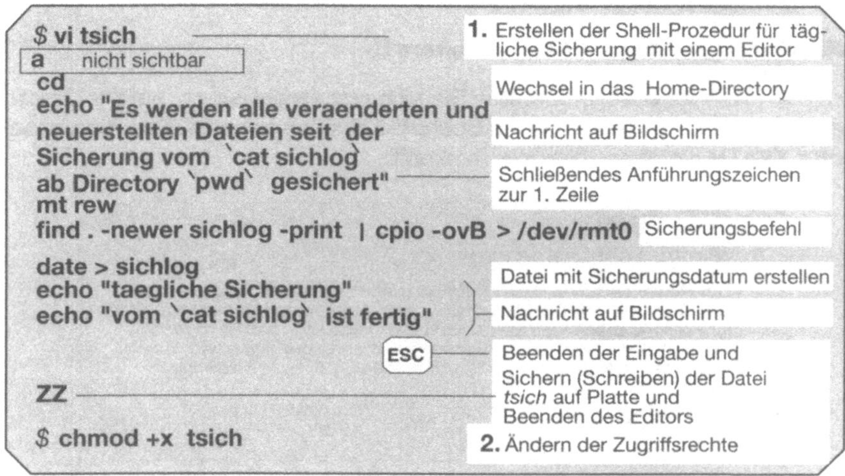

Bild 3-165: Beispiel einer Shell-Prozedur zur täglichen Sicherung

Um unsere tägliche Sicherung zu erstellen, reicht es, das Band vorzubereiten und *tsich* aufzurufen:

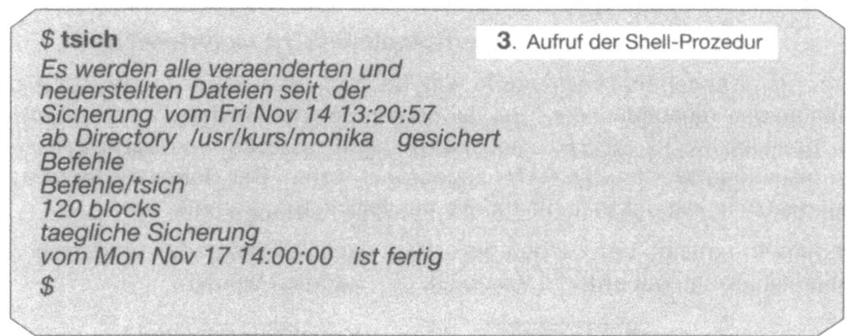

Bild 3-166: Beispiel Aufruf der Shell-Prozedur für tägliche Sicherung

Voraussetzung ist allerdings, daß Sie sich in jenem Directory befinden, in dem Sie das Sicherungskommando angelegt haben. Zusätzlich muß in Ihrem **PATH**

(Suchpfad der Shell für Kommandos) zumindest enthalten sein, daß auch das aktuelle Directory mit durchsucht wird. Wollen Sie Ihre Kommandos von jedem beliebigen Verzeichnis *(Directory)* aufrufen, so müssen Sie die Shell-Variable *PATH* erweitern um jenes Directory, in das Sie Ihre eigenen Kommandos ablegen. Die Variable ***PATH*** gehört zu den ***vordefinierten Shell-Variablen***.

3.7.3 Vordefinierte Shell-Variable

Wie können Sie Ihren ›PATH‹ erweitern?

Um den *PATH* zu erweitern, sollten Sie sich erst vergewissern, welche Directories in dem für Sie vorgegebenen Suchpfad eingetragen sind. Das Kommando ***echo $PATH*** gibt Ihnen hierüber Auskunft:

```
$ echo $PATH
:.:/bin:/usr/bin:usr/local:/usr/ucb
```
Der Punkt zwischen zwei Doppelpunkten zu Beginn bedeutet, daß zuerst das aktuelle Directory nach dem aufgerufenen Kommando durchsucht wird. Danach werden in der Reihenfolge von links nach rechts alle Directories durchsucht, bis das Kommando gefunden wird. Die Doppelpunkte zwischen den Directories gelten als Trennungszeichen.

Bild 3-167: Beispiel: Wert der Variablen PATH

Die Variable *PATH* wird von der Shell verwendet, um Kommandos zu suchen. Sollen die von Ihnen erstellten Kommandos Vorrang vor den UNIX-Kommandos erhalten, dann müssen Sie den *PATH* so belegen, daß das vorrangig zu behandelnde Directory zu Beginn steht, z.B.:

PATH=/usr/kurs/monika/Befehle:$PATH; export PATH

Unter dem Kapitel ›Es shellt‹ wurde kurz bei dem Ersetzungsmechanismus die Funktion der Variablen erklärt. Bei der obigen Eingabe wird der Wert von *PATH* neu gebildet, wobei *$PATH* ersetzt wird durch */usr/kurs/monika/Befehle plus* den bisherigen Werten, die *PATH* zugeordnet waren. Der Befehl ***export*** überträgt die Gültigkeit der Variable für eventuelle Unterprogramme.

Mit dem Kommando ***set*** werden die in dem aktuellen Programm gesetzten Variablen angezeigt, mit ***env*** die Variablen, die exportiert wurden.

set – Kommando, um definierte Variable der aktuellen Shell anzuzeigen

env – Kommando, um definierte und exportierte Variablen anzuzeigen

Sehen wir uns also die Variablen an, nachdem die Variable *PATH* neu gesetzt wurde.

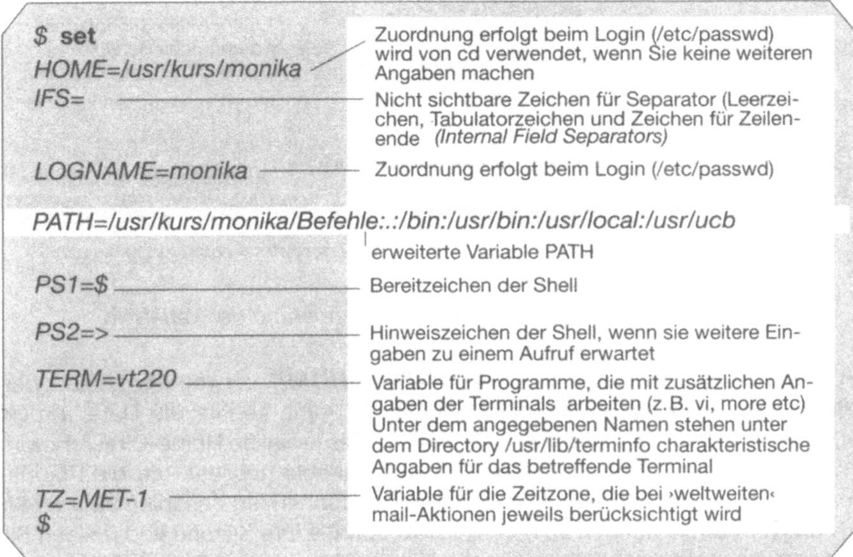

Bild 3-168: Anzeige und Erläuterung der vordefinierten Shell-Variablen

Die Variablen gelten immer nur für die Dauer des Programms. Die vordefinierten Variablen werden beim Starten Ihrer Shell zugewiesen (beim *login*). Sobald Sie sich abmelden, verlieren sie ihre Gültigkeit. Die Erweiterung des *PATH* müßten Sie also jeweils neu vornehmen. Um Ihre Shell-Umgebung automatisch mit den Variablen zu besetzen, die für Sie Gültigkeit haben sollen, können Sie sich eine Datei

.profile

in Ihrem Home-Directory einrichten. In der Regel wird diese Datei beim Einrichten eines Benutzers mit angelegt, wenn er mit einer Bourne- oder Korn-Shell arbeitet. Für die C-Shell wird statt *.profile* die Datei *.login* gelesen. Arbeiten Sie mit einer grafischen Oberfläche, müssen die Angaben von *.profile* u.U. in andere Datei übernommen werden bzw. ein Querbezug in der Datei *.dtprofile* (Variable *DTSOURCEPROFILE=true*) erfolgen. In der Bourne- und Korn-Shell wird *.profile* automatisch beim Login wie eine Shell-Prozedur ausgeführt. In dieser Datei können Sie außer der Um- oder Neubesetzung von Variablen auch Kommandos mit aufführen, die dann nach Ihrem Login automatisch der Reihe nach ausgeführt werden. Speziell beim *CDE*, das nicht unbedingt ein Terminal-Fenster beim Anmelden mit eröffnet, sind in *.profile* Befehle für eine Terminalausgabe nicht möglich.

Erstellen oder ändern wir mit einem Editor die Datei *.profile* mit folgendendem Inhalt:

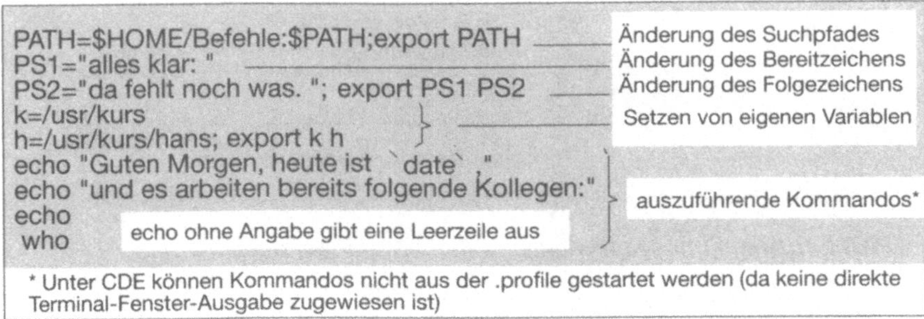

Bild 3-169: Beispiel von .profile mit Änderung der Variablen

In dem obigen Beispiel wurde die Variable **$HOME** verwendet, anstatt den Pfadnamen */usr/kurs/monika* auszuschreiben. Somit könnte die Datei *.profile* auch für andere Benutzer kopiert werden und das jeweilige Home-Directory wird richtig eingesetzt. Weiterhin wurden eigene Variable gebildet, um die Pfadnamen */usr/kurs* oder */usr/kurs/hans* mit der entsprechenden Variablen *$k* oder *$h* in kürzerer Form eingeben zu können. Beenden Sie Ihre Sitzung und melden Sie sich neu an. Sehen wir uns an, welche Nachrichten uns das System bringt:

```
LOGIN
Bitte melden Sie sich an:  monika
Password:
Guten Morgen, heute ist Fri Nov 14 8:30:22,
und es arbeiten bereits folgende Kollegen
monika tty11    Nov  14 8:33:00
hans    tty13    Nov  14 8:05:00
gisela  tty15    Nov  14 8:20:00
alles klar: set
HOME=/usr/kurs/monika
IFS=

PATH=/usr/kurs/monika/Befehle::/bin:/usr/bin:/usr/local:/usr/ucb
LOGNAME=monika
MAIL=/usr/mail/monika
PS1=alles klar:
PS2=da fehlt noch was:
TERM=vt100c
TZ=MET-1
k=/usr/kurs
h=/usr/kurs/hans
alles klar:
```

Bild 3-170: Beispiel einer Anmeldung mit geändertem .profile

Fassen wir das Wesentliche über die Shell-Variablen zusammen:

❏   Shell-Variable werden gebildet durch eine Wertzuweisung

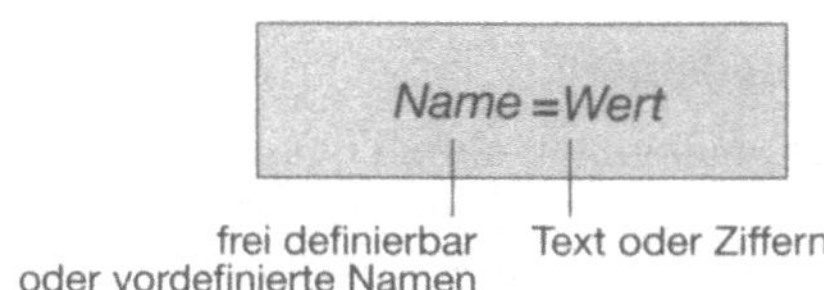

Kommen in einem ›Wert‹ Leerzeichen vor, so muß er in Anführungszeichen gesetzt werden, z.B. PS1="Alles klar". Zwischen dem Namen, dem Gleichheitszeichen und dem Wert dürfen keine Leerzeichen sein.

❏ $Name wird **ersetzt** durch den **Wert**, der der Variablen ›Name‹ zugewiesen wurde.

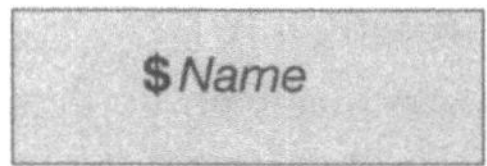

Verwenden Sie den Wert der Variablen, um z.B. neue Dateinamen zu erstellen, wobei die Ersetzung nur ein Teil des Namens ist, dann wird der Name der Variablen durch geschweifte Klammern abgegrenzt:

Möchten Sie z.B. Dateien erstellen mit dem jeweiligen Login-Namen desjenigen, der die Prozedur aufgerufen hat, ergänzt durch z.B. eine Nummer, dann geben Sie an: > **${LOGNAME}1** bzw. **touch ${LOGNAME}1**

Das Größerzeichen *(Umleitung der Standardausgabe)* ohne Angabe eines Kommandos erstellt eine leere Datei *(dies gilt nicht bei der C-Shell)*, stattdessen kann das Kommando **touch** verwendet werden. Die Datei würde in unserem Beispiel angelegt werden mit:

monika1

❏   Variable können verändert werden durch die Zuweisung eines neuen Wertes. Im Verlaufe dieses Kapitels werden wir das Kommando **expr** kennenlernen, mit dem Sie eine Variable mit allen Grundrechenarten verändern können, wenn es sich bei der Wertzuweisung um eine Zahl handelt. Im Kapitel Korn-Shell 3.8 lernen Sie eine noch einfachere Art kennen, um mit Variablen zu rechnen *(Integer-Variable)*.

❏   Shell-Variable gelten nur für das aktuelle Shell, sollen sie ebenfalls für Unterprogramme (Sohnprozesse) gelten, so sind sie zu exportieren.

export   *Name der Variablen*

Einige vordefinierte Shell-Variable
(gleich mit einigen Variablen und Hinweisen, die erst im Kapitel 3.8 Korn-Shell näher erläutert werden):

Shell-Variable	Bedeutung
$DISPLAY	Diese Variable muß gesetzt sein, wenn eine grafische Oberfläche benutzt wird. Als Wert wird der Rechnername (bzw. Name des X-Terminals) eingetragen, gefolgt von :0.0 z.B. **DISPLAY=amadeus:0.0** **export DISPLAY**
$ENV	Hier wird als Wert der Dateinamen angegeben, der Voreinstellungen für die Korn-Shell enthält. In der Regel **$HOME/.kshrc** (im Kapitel 3.8.2 wird darauf eingegangen)
$EXINIT	Als Wert werden Voreinstellungen für den *ex-* bzw. *vi-*Editor eingetragen (siehe auch Kapitel 3.3 Editoren)
$HOME	Beim Login wird der absolute Pfadname des Login-Directories aus der */etc/passwd* der Variablen zugeordnet. Diese Variable wird u.a. von cd (ohne weitere Angaben) als default verwendet
$IFS	Hier sind die Separatorzeichen zugewiesen. Standard: Leerzeichen, Tabulator und Neue Zeile
$LANG	Als Wert wird die jeweilige Sprache zugewiesen, in der die Systemmeldungen erfolgen sollen - soweit im System enthalten
$LOGNAME	Hier wird als Wert der Login-Name des Benutzers zugewiesen
$PATH	Als Wert sind all jene Directories mit absolutem Pfadnamen aufgeführt, unter denen die Shell nach Kommandos sucht. Getrennt werden die einzelnen Directories durch Doppelpunkte *Beispiel einer Neubesetzung:* **PATH=/usr/bin:/bin:/usr/ucb/bin** *Beispiel einer Ergänzung:* **PATH=$PATH:$HOME/Eigenbefehle**
$PS1	Als Wert ist das Bereitzeichen der Shell zugewiesen. Beispiel einer Neubesetzung: **PS1="` $PWD` > "** nur ksh siehe Kapitel 3.8 Hiermit wird jeweils das aktuelle Directory als Bereitzeichen angezeigt z.B. */usr/kurs/hans/Texte >*

Shell-Variable	Bedeutung
$PS2	Als Wert ist das Zeichen > zugeweisen (Fortsetzungszeile eines Kommandos)
$PWD	Als Wert wird jeweils das aktuelle Directory zugeordnet **_nur in der Korn-Shell_**
$SHELL	Manche Programme fragen den Wert dieser Variablen ab, um die entsprechende Shell zu starten (z.B. Wertzuweisung csh, ksh)
$TERM	Als Wert ist hier der Terminaltyp der Dialogstation zugeordnet. Die richtige Zuordnung ist wichtig bei vielen bildschirmorientierten Programmen (z.B. grafische Oberfläche, vi, more etc.)
$TZ	Dieser Variable können Angaben zur Zeitzone zugewiesen werden (z.B. für automatische Berechnung der Ortszeiten bei mail)
$VISUAL	Ist diese Variable belegt, kann die Befehlszeile editiert werden **_nur in der Korn-Shell_**

Bild 3-171: Übersichtstabelle vordefinierter Variablen

Vordefinierte Variable können Sie auch in Ihren Shell-Prozeduren verwenden (soweit dies Sinn macht).

Innerhalb einer Shell-Prozedur stehen Ihnen weitere Shell-Variable zur Verfügung. Die Shell analysiert Ihren Kommandoaufruf und erkennt, getrennt durch ein oder mehrere Leerzeichen, folgende Teile:

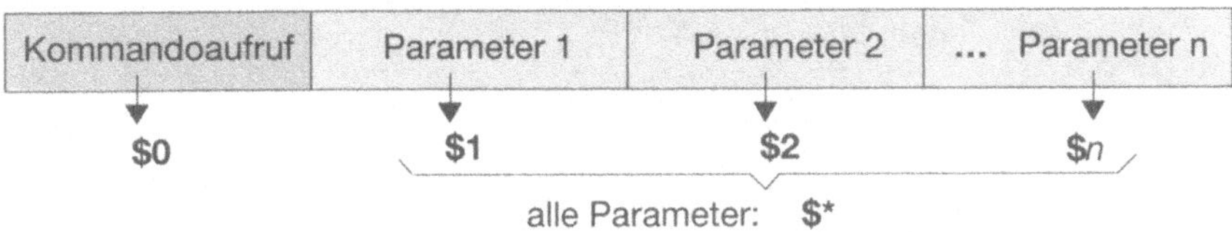

Die einzelnen Teile eines Kommandoaufrufs werden je nach Position des Kommandoteils der *Variablen 0, 1, 2 bis 9* zugewiesen. Den Namen des Kommandoaufrufs können Sie innerhalb Ihrer Shell-Prozedur mit *$0* erhalten, den Parameter 1 mit der Variablen *$1*. Alle Namen der Parameter werden durch die Eingabe von *$** ersetzt. Zusätzlich können die Anzahl der Parameter oder die Prozeßnummer abgefragt werden. Diese Variablen werden auch **Positionsparameter** genannt. In der nachstehenden Aufstellung sind sie zusammengefaßt:

Positionsparameter

Positions- parameter	Bedeutung
$0	Name der Shell-Prozedur
$1 $2 ... $9	Wert des 1. Parameters Wert des 2. Parameters ... Wert des 9. Parameters
$*	Werte aller angegebenen Parameter
$#	Anzahl der Parameter
$?	Exit-Status des letzten Kommandos
$$	Prozeßnummer der Shell-Prozedur

Bild 3-172: Übersichtstabelle Positionsparameter

3.7.4 Verwendung von Positionsparametern

Um die Funktion der Positionsparameter zu verdeutlichen, erstellen wir eine kleine Shell-Prozedur, die nichts anderes tun soll, als uns die Werte der einzelnen Parameter anzuzeigen. Wir erstellen mit einem Editor die Datei *posi* mit folgendem Inhalt:

```
#!/bin/sh      Befehl für die Shell, dieses Kommando mit der Bourne-Shell auszuführen
#Diese Prozedur gibt nur die einzelnen Parameter aus  — Kommentarzeile
echo "Der Name der Shell-Prozedur lautet: $0"
echo "Es wurden $#  Parameter angegeben"
echo "Der 1. Parameter lautet: $1 "
echo "Der 2.  Parameter lautet:$2"
echo "Der 3.  Parameter lautet:$3"
echo "Dies sind alle angegebenen Parameter: $*"
echo "Die Nummer der Shell-Prozedur ist: $$"
```

Bild 3-173: Beispiel: Shell-Prozedur mit Positionsparameter

Ändern wir die Zugriffsrechte auf ›ausführbar‹ und rufen die Shell-Prozedur mit unterschiedlichen Parameter auf:

```
$ chmod +x posi                         Zuweisung der einzelnen Teile des Aufrufes:
$ posi was passiert ───────────►     posi     was     passiert
Der Name der Shell-Prozedur lautet:  posi    ▼        ▼        ▼
Es wurden  2   Parameter angegeben            0        1        2
Der 1. Parameter lautet:   was
Der 2. Parameter lautet:   passiert
Der 3. Parameter lautet:
Dies sind alle angegebenen Parameter:      was passiert
Die Nummer der Shell-Prozedur ist:  84

       Die Prozeßnummern werden  ab Hochfahren des Systems durchnumeriert

$ posi nochmal aufgerufen mit mehr als nur 3 Parametern

Der Name der Shell-Prozedur lautet:  posi
Es wurden  8   Parameter angegeben
Der 1. Parameter lautet:   nochmal
Der 2. Parameter lautet:   aufgerufen
Der 3. Parameter lautet:   mit
Dies sind alle angegebenen Parameter:   nochmal aufgerufen mit mehr
als nur 3 Parametern
Die Nummer der Shell-Prozedur ist:  85
```

Bild 3-174: Beispiel Ausgabe der Positionsparameter

In dem ersten Beispiel sehen Sie, daß der Positionsparameter $3 keinen Wert enthält. Im zweiten Beispiel wurden mehr als drei Parameter übergeben, obwohl in der Prozedur nur die ersten drei abgefragt werden. Eine Shell-Prozedur übernimmt alle übergebenen Parameter, auch wenn sie nicht in der Prozedur abgefragt, also nicht benötigt werden.

Wenn eine Prozedur mit bestimmten Parametern aufgerufen werden soll, dann müssen Sie in der Shell-Prozedur eigens darauf abfragen. Doch davon später, wenn wir den Ablauf einer Prozedur von bestimmten Bedingungen abhängig machen.

In der Praxis benötigen Sie Positionsparameter, wenn Sie unterschiedliche Werte mitgeben wollen. Zu den bisher am meisten verwendeten Kommandos gehört *ls*. Einmal haben wir es für das aktuelle Directory aufgerufen, ein andermal für */bin* oder unsere Unterdirectories *Uebungen, Texte* usw. Schreiben wir ein eigenes Kommando *listen*, das folgende Funktionen ausführt:

❏ Es soll ein Inhaltsverzeichnis mit Überschrift ausgegeben werden;

❏ Die aufgeführten Dateien sollen alphabetisch sortiert werden, wobei Groß- und Kleinbuchstaben gleichberechtigt sein sollen;

❏ Die Dateien sollen seitenweise auf dem Bildschirm angezeigt werden;

❑ Das Kommando soll von unterschiedlichen Directories aufgerufen werden können.

Versuchen wir es. Mit einem Editor erstellen wir die Datei *listen* mit folgendem Inhalt:

```
#!/bin/sh   Befehl für die Shell, dieses Kommando mit der Bourne-Shell auszuführen
# Shell-Prozedur, um das Inhaltsverzeichnis von Directories auszugeben
echo "Um die naechste Seite zu sehen, druecken Sie bitte die Return-
taste. Wollen Sie das Programm abbrechen, geben Sie q ein.
Das Directory $1 enthaelt folgende Dateien:"
ls -F $1 | sort -f |  pg
```

Bild 3-175: Beispiel einer Shell-Prozedur ›Listen eines Directories‹
Muster 1 – Positionsparameter

Nachdem wir die Zugriffsrechte der Datei mit

chmod +x listen

auf ausführbar gesetzt haben, können wir *listen* mit unterschiedlichen Parametern aufrufen:

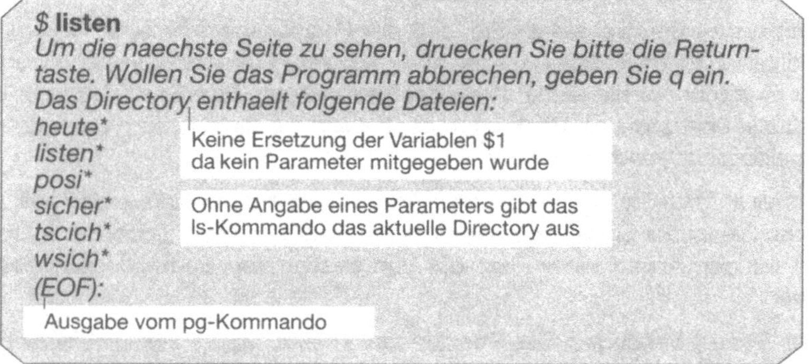

Bild 3-176: Beispiel Aufruf der erstellten Shell-Prozedur ›listen‹

Rufen Sie das gleiche Kommando mit einem Parameter auf, erhalten Sie folgende Ausgabe:

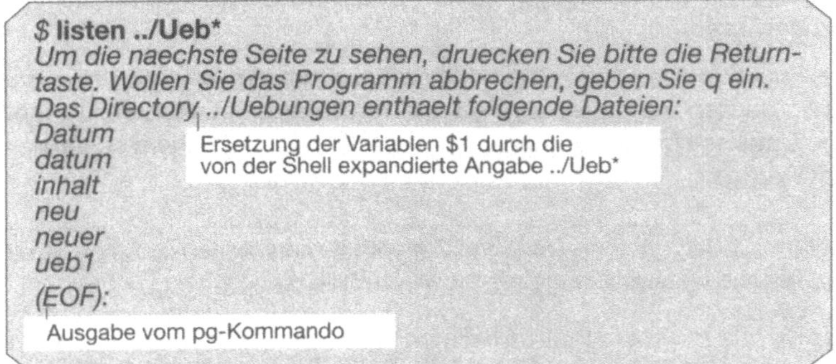

Bild 3-177: Beispiel Aufruf der erstellten Shell-Prozedur ›listen‹ mit Parameter

Bisher haben wir mit verhältnismäßig einfachen Mitteln schon komfortable Kommandos geschrieben. Wir haben unterschiedliche Kommandos verwendet mit Umleitung der Ausgabe, mit Dateinamenexpansion; wir haben **Nachrichten** mit *echo* auf den Bildschirm ausgegeben, den Benutzer informiert, was er tun kann, was passiert, und wir haben über Variable unterschiedliche Werte zugeteilt. Um den Benutzer zu führen und den Ablauf der Prozedur zu steuern, gibt es weitere schöne Werkzeuge.

3.7.5 Ablaufsteuerung einer Shell-Prozedur

Um den Ablauf einer Prozedur nach dem Wunsch des Benutzers zu steuern, müßten wir ihn fragen, was er wünscht. Seine Antwort muß vom Rechner erkannt und ausgewertet werden. Wie Sie eine **Frage** auf den Bildschirm ausgeben können, wissen Sie bereits: Mit dem Kommando *echo*. Um die Antwort des Benutzers zu lesen, gibt es das Kommando *read*.

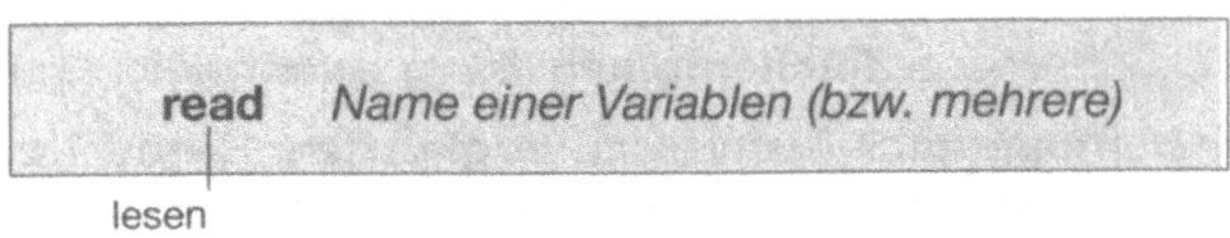

read - internes Shell-Kommando, um eine Antwort vom Terminal zu lesen

Mit dem Kommando *read* wird von der Standardeingabe bis zum Zeichen für Zeilenende gelesen. Dieser Wert wird der Variablen zugewiesen mit dem Namen, den Sie mit read angeben:

Name="gelesene Zeile vom Bildschirm"

Den Inhalt der Zeile können Sie während der Prozedur mit *$Name* verwenden. Geben Sie mehrere Namen an, so erreichen Sie damit, daß der eingegebene Text aufgesplittet wird und die einzelnen Wörter (Text jeweils bis zum nächsten Leerzeichen) den Namen zugewiesen wird. Werden mehr Wörter übergeben als

Variablennamen zur Verfügung stehen, wird dem letzten Namen der Rest der Zeile zugewiesen.

Um die Funktion von *read* zu demonstrieren, schreiben wir eine kleine Prozedur *anzeigen,* die den Benutzer fragt, welche Datei angezeigt werden soll. Die angegebene Datei soll dann mit Zeilennummern auf dem Bildschirm seitenweise angezeigt werden:

```
# Shell-Prozedur, um eine Datei mit Zeilennummern seitenweise anzuzeigen
echo "Welche Datei soll angezeigt werden?"
read Antwort
echo "Um die naechste Seite zu sehen, druecken Sie bitte die Return-"
echo "taste. Wollen Sie das Programm abbrechen, geben Sie q ein."
pr -n $Antwort  |  pg
```

Bild 3-178: Beispiel einer Shell-Prozedur ›Anzeigen einer Datei‹
*Muster 2 – **read**-Funktion*

Haben Sie es schon mal erlebt, daß Ihr Terminal blockiert war? Dies passiert u.a., wenn Sie versuchen, ein Directory mit *pg*, *more* oder *cat* anzuzeigen. Ein Directory enthält nicht druckbare Zeichen *(binär, nicht ASCII)* und kann deshalb nicht mit den oben aufgeführten Kommandos gelesen werden. Auch ist nicht sicher, ob die vom Benutzer angegebene Datei überhaupt existiert. Wenn Sie einen sicheren Ablauf eines Kommandos erreichen wollen, müssen Sie vorab prüfen, ob die Voraussetzungen erfüllt sind (sog. Plausibilitätsprüfungen). Wie überprüfen Sie, ob eine Datei existiert und welche Merkmale sie aufweist?

Hierfür gibt es das Kommando *test*. Das Kommando *test* hat mehrere Funktionen. Es wird verwendet:

❑   um zu prüfen, ob eine **Datei existiert**, welchem **Dateityp** sie angehört und welche **Zugriffsrechte** gesetzt sind;

❑   um zu überprüfen, ob **Zeichenfolgen** *(Strings)* vorhanden sind;

❑   um **Zeichenfolgen** miteinander **zu vergleichen**. Hierbei kann auf **Textgleichheit** abgefragt werden, oder es können, wenn es sich um Zahlen handelt, **algebraische Vergleiche** (gleich, größer gleich, kleiner, kleiner gleich, nicht gleich) vorgenommen werden.

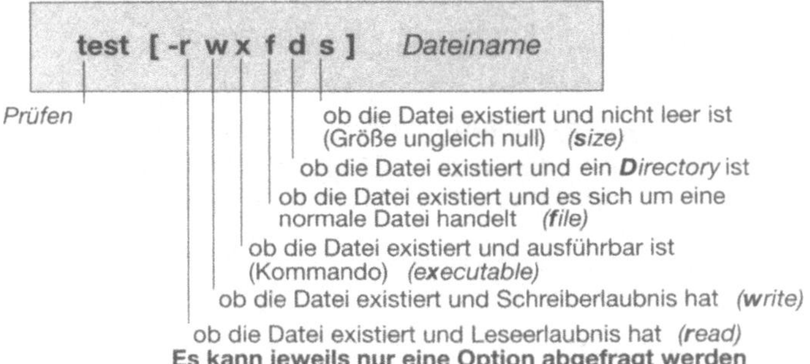

test – Kommando, um Dateien zu überprüfen

Dieses Kommando wird nur innerhalb von Shell-Prozeduren benutzt. Wenn Sie
z. B. prüfen wollen, ob die Datei listen ausführbar ist, dann würden Sie das Kommando eingeben mit

test -x listen

Als Ergebnis wird nur ein Wert zurückgeliefert, der als **erfolgreich** (positiv – Exit-
Status 0) von der Shell erkannt wird oder **nicht erfolgreich** (nicht positiv – Exit-
Status ungleich 0). Sie sehen kein Ergebnis. Das Ergebnis kann jedoch abge-
fragt werden.

Die einfachste Form, den Ablauf von Kommandos zu steuern, ist das nächste
Kommando nur dann zu starten, wenn das vorherige **erfolgreich** war. Hierfür
werden die Kommandos mit **&&** verknüpft.

&& – Zeichen für bedingte Ausführung von Kommandos:
nur wenn das vorherige erfolgreich war,
wird das nachfolgende ausgeführt

Um in unserer Shell-Prozedur *anzeigen* zu überprüfen, ob es sich bei der angegebene Datei um eine normale Datei (-f) handelt, können wir das Kommando
test verwenden. Nur wenn dies zutrifft, wird die Datei angezeigt:

test -f *$Antwort* && pr -n *$Antwort* I pg

Falls es sich bei der *Antwort* nicht um eine Datei handelt, würde das Kommando
test nicht erfolgreich sein und damit die nachfolgenden Kommandos nicht mehr
ausgeführt werden. Mit dem doppelten Pipezeichen II kann gesteuert werden,
daß nur dann das nachfolgende Kommando ausgeführt wird, wenn das vorherige **nicht erfolgreich** war. z. B.:

test -f *$Antwort* II echo "*$Antwort* ist keine Datei!"

Kommando1 || Kommando2

**|| – Zeichen für bedingte Ausführung von Kommandos:
nur wenn das vorherige <u>nicht erfolgreich</u> war,
wird das nachfolgende ausgeführt**

Mehr Möglichkeiten, in Abhängigkeit von dem Erfolg oder Nichterfolg eines Kommandos weitere Kommandos zu steuern, bietet die **if-Bedingung**.

Wenn es sich bei Antwort um eine normale Datei handelt, **dann** soll sie am Bildschirm angezeigt werden, **sonst** soll eine entsprechende Nachricht ausgegeben und die Prozedur beendet werden. Wir wollen also den Ablauf der Prozedur steuern, abhängig von bestimmten Bedingungen.

In dem vorigen Absatz sind die Worte **wenn, dann** und **sonst** durch Fettdruck hervorgehoben. Ähnlich wie in der natürlichen Sprache wird auch in der Shell-Programmierung *(und in vielen höheren Programmiersprachen)* der Ablauf einer Prozedur über ›**if** (wenn) **then** (dann) **else** (sonst)‹ gesteuert.
Sehen wir uns hierzu die Regel an:

Wie verwenden Sie die if-Bedingung?

if *Kommando(Bedingung)*	wenn das und das zutrifft
then *Kommandofolge1*	dann tue ....
[**else** *Kommandofolge2*]	[sonst tue ...]
fi	fertig (Ende der Abfrage)

if then else fi – internes Shell-Kommando, um den Ablauf zu steuern

Mit **fi** wird die if-Abfrage beendet *(es ist die Umkehrung von if)*. Die Worte **if, then, fi müssen vorhanden** sein und jeweils in einer **eigenen Zeile** stehen. Schreiben wir unsere Forderung im Programmierstil:

if test -f $Antwort	**Wenn** die angegebene Datei *($Antwort)* existiert und es sich um eine normale Datei handelt *(test -f)*
then pr -n $Antwort | pg	**dann** soll sie am Bildschirm angezeigt werden *(pg)*
else echo "$Antwort ist keine Datei" **exit**	**sonst** soll eine entsprechende Nachricht ausgegeben und die Prozedur beendet werden *(echo; exit)*
fi	**Ende** (fi) Ende der Abfrage

Bild 3-179: Beispiel if then else fi

Wenn das Kommando *test -f $Antwort* **erfolgreich** ist, d.h., bei der gelesenen Antwort *(read Antwort)* handelt es sich um eine existierende normale Datei, dann (**then**) wird sie am Bildschirm angezeigt *(pr -n Datei | pg)*. Nach *then* können auch weitere Folgen von Kommandos angegeben werden, so kann etwa vorab eine Nachricht auf den Bildschirm ausgegeben werden. War das Kommando *test -f $Antwort* **nicht erfolgreich**, d.h., entweder existiert unter dem aktuellen Directory keine Datei mit dem angegebenen Namen, oder es handelt sich nicht um eine normale Datei, sondern z. B. um ein Directory, dann springt die Shell zu **else** und führt die dort aufgeführten Kommandos der Reihe nach aus. Als Abschluß erwartet die Shell ein **fi** *(Ende der Abfrage)*.

Ergänzen wir die Shell-Prozedur *anzeigen* von Bild 3-178 auf Seite 272 um nachfolgende Zeilen *(sie sind umrandet hervorgehoben)*.

```
# Shell-Prozedur, um eine Datei mit Zeilennummern seitenweise anzuzeigen
echo "Welche Datei soll angezeigt werden?"
read Antwort
if  test -f $Antwort
then echo "Um die naechste Seite zu sehen, druecken Sie bitte die Return-"
     echo " taste. Wollen Sie das Programm abbrechen, geben Sie q ein."
     pr -n $Antwort  |   pg
else echo "$Antwort ist keine  Datei"; exit
fi
```

Bild 3-180: Beispiel einer Shell-Prozedur ›Anzeigen einer Datei‹
*Muster 3 – ergänzt um das Kommando **test***
*und die Abfrage mit **if then else fi***

Bei diesem Beispiel haben wir das Shell-internes Kommando **exit** verwendet:

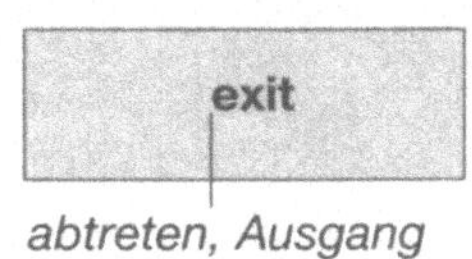

abtreten, Ausgang

exit – Kommando, um eine Shell-Prozedur vorzeitig zu beenden

In dem obigen Beispiel wäre es nicht notwendig gewesen, *exit* ausdrücklich anzugeben, da die Prozedur keine weiteren Kommandos mehr beinhaltet, also sowieso am Ende war. Würden weitere Kommandos folgen, könnte durch *exit* ein frühzeitiger Abbruch der Prozedur erreicht werden.

Wie können Sie if-Bedingungen schachteln?

If-Bedingungen können auch geschachtelt werden. Dies bedeutet, daß Sie zum Beispiel bei **then** wieder eine oder mehrere Abfragen mit **if** starten können. Nach jedem **if** muß wieder ein **then** folgen und mit **fi** abgeschlossen werden. Die nachstehende Grafik soll dies verdeutlichen:

275

```
if Kommando (Bedingung)
   then  if  Kommando (Bedingung)
         then  Kommandofolge
         (evtl. weitere  Kommandofolgen)
            if  Kommando (Bedingung)
            then  Kommandofolge

            fi

         fi
         (weitere Kommandofolgen)
   fi
```

Bild 3-181: Verschachtelung von if-Bedingungen

Bei Verschachtelungen kann man leicht den Überblick verlieren. Es empfiehlt sich deshalb, bei Prozeduren mit verschachtelten *if*-Bedingungen jeweils einzurücken, um die Zusammenhänge sichtbar hervorzuheben. Wird eine weitere **if-Bedingung in Verbindung mit** *else* eingegeben, so kann sie als *elif* zusammengezogen werden. ›*elif*‹ verlangt ebenso ein *then* wie *if*. Allerdings benötigt *elif* **keinen eigenen Abschluß mit** *fi*.

Eingabe mit **else if**	alternativ **elif**

if *Kommando (Bedingung)*
   then *Kommandofolge*
   else if *Kommando (Bedingung)*
      then *Kommandofolge*
 	
      fi _ _ _ _ _ _ _ _ _ _
 	
fi
	if *Kommando (Bedingung)*
	   then *Kommandofolge*
	   elif *Kommando (Bedingung)*
	      then *Kommandofolge*
	      keine Eingabe
	
	fi

Bild 3-182: Alternative Eingabe mit ›elif‹ statt ›else if‹

Selbstverständlich können weitere Verschachtelungen nach *elif* erfolgen und kombiniert werden mit *if then*. Zu tiefe Verschachtelungen sind jedoch unübersichtlich und sollten vermieden werden. Wenden wir uns deshalb vom Labyrinth der *if-* und *elif-Bedingungen* ab und befassen uns mit praktischen Anwendungen.

Wir wollen den Benutzer unserer Kommandos noch mehr in den Ablauf einer Prozedur einbeziehen. Er soll entscheiden, ob etwas geschehen soll oder nicht. Wie können wir das erreichen?

❏   Wir geben eine Frage mit dem Kommando *echo* auf den Bildschirm aus und

❏   lesen die Antwort mit dem Kommando *read*.

❏   Wenn die Antwort mit einer vorgegebenen Zeichenkette übereinstimmt
    if test ...,
    dann soll eine bestimmte Kommandofolge durchgeführt werden (z.B. eine Datei gelöscht werden).

Bisher haben wir das Kommando *test* nur auf die Existenz von Dateien mit bestimmten Zugriffsrechten verwendet.

Wie verwenden Sie das test-Kommando, um eine ASCII-Zeichenkette zu überprüfen?

Das Kommando *test* kann eine Zeichenkette *(wie sie z.B. eine Variable enthält, die durch das Kommando read erstellt wurde)* überprüfen nach folgenden Merkmalen:

$$\text{test} \quad [\ \begin{smallmatrix} -n \\ -z \end{smallmatrix}\ ] \quad \textit{Zeichenkette}$$

Prüfen   **n** *(not zero)* ob die Zeichenkette nicht leer ist

oder   **z** *(zero)* ob die Zeichenkette leer ist

test – Kommando, um Zeichenketten zu überprüfen

Auch hier gilt: Als Ergebnis liefert das Kommando *test* nur einen sog. Exit-Status 0 für **erfolgreich** oder ungleich 0 für **nicht erfolgreich.** Auch wenn Sie Zeichenketten miteinander vergleichen, können Sie nur den Exit-Status abfragen *(z.B. über if then else).*

Handelt es sich bei der Zeichenkette um ASCII-Text, dann können Sie auf **Textgleichheit** überprüfen mit:

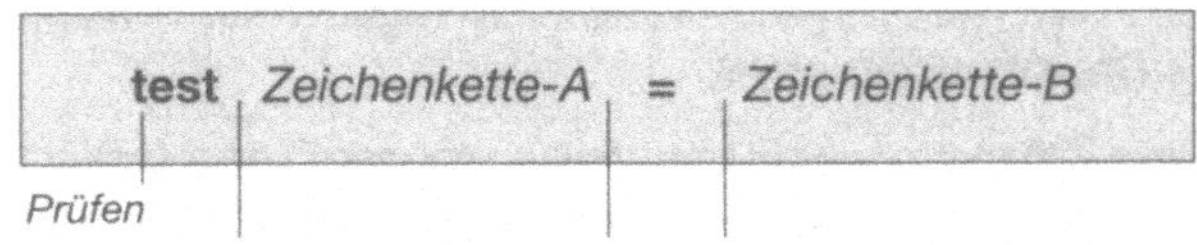

$$\text{test} \quad \textit{Zeichenkette-A} \quad = \quad \textit{Zeichenkette-B}$$

Prüfen

Beachten Sie, daß unbedingt Leerzeichen zwischen den einzelnen Feldern stehen müssen!

**test – Kommando, um Zeichenketten (Text in ASCII)
auf Gleichheit zu prüfen**

Wollen Sie abfragen, ob der Text **nicht gleich** ist, vergleichen Sie mit:

> **if   test**   *Zeichenkette-A*   **!=**   *Zeichenkette-B*
>
> hier ist kein Leerzeichen dazwischen!

**test – Kommando, um Zeichenketten (Text in ASCII)
auf Nichtgleichheit zu prüfen**

Das Kommando *test* ist erfolgreich, wenn Zeichenkette-A ›nicht gleich‹ der Zeichenkette-B ist. Das Ausrufezeichen zusammen mit Gleichheitszeichen bedeutet eine **Negation** *(also ungleich)*. Die Negativ-Abfrage ist jedoch mit Vorsicht zu benutzen. Fragen Sie nämlich ab, ob die Antwort nicht ›ja‹ ist, dann gelten alle anderen Angaben als richtig (also auch ›j‹).

▷ Auch bei Dateien (siehe auch Seite 273) können Sie abfragen, ob die Datei **nicht** existiert bzw. **keine** Schreib- oder Leseerlaubnis hat, **kein** Directory ist. Doch Vorsicht, hier wird zwischen dem abzufragenden Wert **(-fdrwx) und dem Ausrufezeichen ein Leerzeichen** gesetzt, z.B.

if test ! -f *$Antwort*

Das Kommando ***test*** ist hier erfolgreich, wenn die Zeichen in *$Antwort* keiner normalen Datei in dem aktuellem Directory entsprechen.

Ab UNIX System V können Sie das *test*-Kommando auch in vereinfachter Form eingeben. Statt das Kommandos *test* auszuschreiben, wird der **Vergleich in eckige Klammern** gesetzt. Diese Form gilt auch für alle anderen Abfragen mit *test*.

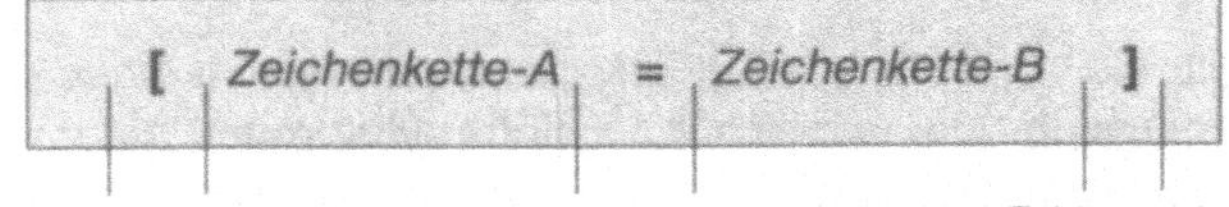

> **[** *Zeichenkette-A*   **=**   *Zeichenkette-B*   **]**

Beachten Sie, daß unbedingt Leerzeichen zwischen den einzelnen Feldern sein müssen!

test – modernere Schreibweise

In unseren Beispielen verwenden wir *test* in der auch für die älteren UNIX-Versionen gültigen Form (sie ist meiner Ansicht weniger fehleranfällig, das ist aber sicher nur eine Gewöhnungssache).

Wenn Sie in einer Prozedur eine Frage stellen, können Sie z.B. mit *test* abfragen, ob die Antwort ja ist. Sehen wir hierzu einen Teil einer Kommandoprozedur:

```
echo "soll die Datei $1 gelöscht werden?"
read Antwort
if test   "$Antwort"  =   "ja"    oder:  if [ "$Antwort"  =    "ja" ]
    then rm $1
fi
```

Bild 3-183: Beispiel test-Abfrage auf Textgleichheit

Bei diesem Vergleich wird nur auf ›ja‹ geprüft. Wenn nur ›j‹ oder ›n‹ oder gar nichts eingeben wird, ist das für den Ablauf der Prozedur wie ein ›nein‹ – d.h. nicht erfolgreich.

▷ Generell sei noch darauf hingewiesen, daß es am sichersten ist, wenn Sie **Zeichenketten in Anführungszeichen** setzen *(also auch die Variable, die als Zeichenkette ersetzt wird)*, damit werden auch evtl. Leerzeichen oder ›keine Eingabe‹ *(wenn z.B. der Benutzer nur die Return-Taste drückt)* von der Shell erkannt *(test* gibt dann eine Fehlermeldung ›argument missing‹ aus, und die Shell-Prozedur würde abgebrochen werden)

Um mehrere ›richtige Antworten‹ gelten zu lassen, können Sie die Abfrage mit *test* **kombinieren**, d.h. verschiedene Prüfungen miteinander verbinden *(logische Verknüpfungen)*. Hierfür gibt es die Optionen

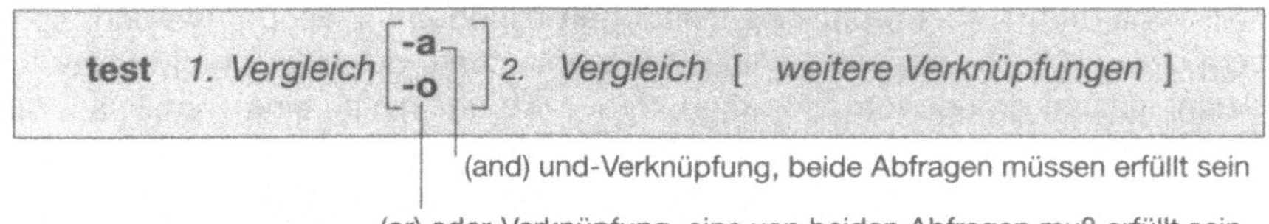

test – Kombination mit -a *(and, und)* **und -o** *(or, oder)*

Eine Verknüpfung von zwei Abfragen kann z.B. dazu verwendet werden, eine Antwort mit ›**ja**‹ **oder** ›**j**‹ als richtig anzuerkennen *(siehe nachfolgendes Beispiel: Teil eines Löschkommandos)*.

Eine Verknüpfung von zwei Bedingungen ist z.B. dann erforderlich, wenn der Benutzer nur dann eine Datei kopieren darf, wenn er leseberechtigt ist **und** nicht bereits eine Datei mit dem neu zu vergebenden Namen existiert *(siehe nachfolgendes Beispiel: Teil eines Kopierkommandos)*.

```
z.B. Teil eines Löschkommandos:
    echo "soll die Datei $1 gelöscht werden?"
    read Antwort
    if test   "$Antwort"   = "ja"   -o   "$Antwort"   =   "j"
       then rm $1
    fi
z.B. Teil eines Kopierkommandos:
    echo "Welche Datei soll kopiert werden?"
    read Datvon
    echo "Wie soll die kopierte Datei heissen?"
    read Datnach
    if test -r $Datvon -a ! -f $Datnach
       then cp $Datvon $Datnach
    fi
```

Bild 3-184: Beispiel Kombination des test-Kommandos (-a,-o)

Bisher haben wir mit dem *test*-Kommando Dateien überprüft oder Zeichenfolgen *(ASCII-Text)* miteinander verglichen. Handelt es sich bei den zu vergleichenden Werten um **Zahlen**, dann wird ein algebraischer Vergleich durchgeführt.

Wie verwenden Sie test, um Zahlenwerte zu vergleichen?

Der Vergleich wird in ähnlicher Form wie bei Text-Zeichenketten durchgeführt. Allerdings darf hierbei **nicht das Gleichheitszeichen** verwendet werden, sondern der Vergleich wird mit der jeweiligen Abkürzung der englischen Wörter für gleich, kleiner, größer vorgenommen. Sehen wir uns hierzu eine Tabelle an, die die möglichen Vergleiche zeigt:

Abfrage auf	Kommandoeingabe	alternative Schreibweise
equal **gleich**	test $n1^*$ -eq $n2$	[$n1$ -eq $n2$]
not equal **nicht gleich**	test $n1$ -ne $n2$	[$n1$ -ne $n2$]
less than **kleiner als**	test $n1$ -lt $n2$	[$n1$ -lt $n2$]
less equal **kleiner gleich**	test $n1$ -le $n2$	[$n1$ -le $n2$]
greater than **größer als**	test $n1$ -gt $n2$	[$n1$ -gt $n2$]
greater equal **größer gleich**	test $n1$ -ge $n2$	[$n1$ -ge $n2$]

*) $n1$ und $n2$ stehen für die beiden Zahlen, die verglichen werden sollen

test – Kommando, um Zahlen zu vergleichen

Wollen Sie z.B. in einer Prozedur sicherstellen, daß mindestens 2 Parameter angegeben werden müssen, so können Sie mit **test** **-lt** abfragen, ob weniger als 2 Parameter übergeben wurden. Wurden weniger als 2 Parameter angegeben, so soll die Prozedur abgebrochen werden. Sehen wir uns hierzu ein Beispiel an:

```
Teil einer Shell-Prozedur mit Abfrage auf die Anzahl der Parameter

if test    "$#"   -lt   "2"        Wenn die Anzahl der Parameter
                                   kleiner als 2 ist, dann ...

     then  echo "Es müssen mindestens 2 Parameter angegeben werden"
           exit
  fi
```

Bild 3-185: Beispiel Teil einer Shell-Prozedur mit algebraischem Vergleich

Mit den bisher kennengelernten Befehlen können Sie nun eigene, schon anspruchsvolle Prozeduren schreiben.

3.7.6 Beispiele zur Erstellung von eigenen Shell-Prozeduren

Eine Shell-Prozedur ist ein kleines Programm. Bevor Sie ein ›Programm‹ schreiben, planen Sie. Wenn wir in unserem Beispiel ein eigenes Kommando zum Löschen von Dateien schreiben wollen, überlegen wir uns erstmal:

1. Was wollen wir mit dem Kommando erreichen?

2. Welche Fehlerquellen wollen wir unbedingt ausschließen?

3. Welche einzelnen Schritte sind notwendig (Abhängigkeit – Struktur), und welche Kommandos verwenden wir?
    Programmierer verwenden für große Programme ein Flußdiagramm (s. Allgemeine Einführung, Bild 1-5 auf Seite 15 oder andere Strukturpläne. Wir wollen uns bei den kleinen Prozeduren mit einer übersichtlichen Aufzählung der einzelnen Schritte begnügen. Später werden Sie die Shell-Kommandos wie eine Sprache benützen und sie ebenfalls in übersichtlicher Form aufschreiben (Einrückung z.B. bei if-Abfragen).

Beginnen wir mit einem **Löschprogramm.**

1. Was wollen wir mit dem Kommando erreichen? Das Kommando soll den Benutzer fragen, welche Datei gelöscht werden soll oder den übergebenen Parameter als zu löschende Datei annehmen. Um sicherzugehen, daß es die richtige Datei ist, soll versucht werden, den Inhalt der Datei zu erkennen. Der Benutzer soll sich den Inhalt der Datei vorab ansehen können. Erst nach Bestätigung wird die Datei gelöscht.

2. Welche Fehlerquellen wollen wir ausschließen? Es können keine Directories gelöscht werden. Es darf keine Datei gelöscht werden, für die der Benutzer keine Schreiberlaubnis besitzt.

3.

Einzelne Schritte	Verarbeitungshinweise
Ist ein Parameter übergeben worden?	if test $# -ne 0
Wenn ja, ist der 1. Parameter die zu löschende Datei	$1 der Variable loesch zuweisen
Sonst fragen, welche Datei gelöscht werden soll und die Anwort lesen	echo read loesch
Prüfen, ob die zu löschende Datei ein Directory ist oder ob keine Schreiberlaubnis für den Benutzer besteht	if test -d $loesch -o ! -w $loesch
Wenn dies zutrifft, Nachricht ausgeben, daß die Datei nicht geloescht werden darf und Prozedur beenden	echo exit
Alle Bedingungen sind nun erfüllt.	
Die zu löschende Datei klassifizieren und fragen, ob sie angezeigt werden soll:	file – echo –; read Antw – if test $Antw = ja; then pg
Fragen, ob die Datei wirklich gelöscht werden soll?	echo read Antw – if test $Antw = Ja
Wenn nein – Prozedur beenden	exit
Wenn ja – Datei löschen.	rm $loesch

Nun, die Prozedur ist schon fast fertig. Jetzt brauchen wir nur noch **sorgfältig** den Rahmen ausfüllen. Achten wir also darauf und schreiben, um jede **if**-Bedingung klar zu erkennen, die Prozedur übersichtlich mit entsprechenden Einrükkungen. Um Ihnen das Nachvollziehen der einzelne Schritte besser zu ermöglichen, sind Kommentarzeilen *(kursiv)* eingefügt und die Kommandos in Fettschrift hervorgehoben. Jede if-Bedingung ist mit einem Kästchen umrandet:

```
#! /bin/sh
# Shell-Prozedur, um Dateien zu löschen

      if test "$#" -ne "0"    #   Ist ein Parameter  übergeben worden?
#              Wenn ja, ist der 1. Parameter die zu löschende Datei
         then loesch="$1"            Zuordnung einer Variablen
#                Wenn nein, dann fragen welche Datei gelöscht werden soll.
         else echo " Welche Datei soll gelöscht werden?"

         read loesch  #   Die Antwort lesen

      fi

# Prüfen, ob die zu löschende Datei  ein Directory ist oder keine Schreib-
# erlaubnis für den Benutzer besteht

      if  test -d $loesch -o ! -w $loesch        Abfrage auf negativen Wert
#              Wenn dies zutrifft, Nachricht ausgeben, daß die Datei
#              nicht geloescht werden darf
         then  echo "Die Datei $loesch darf nicht gelöscht werden"

               exit   # und Prozedur beenden
      fi

# Wenn die Bedingungen alle erfüllt sind, dann die zu löschende Datei
# klassifizieren und fragen, ob sie angezeigt werden soll
      echo "Bei der Datei $loesch handelt es sich wahrscheinlich um:"
      file $loesch
      echo "Soll die Datei $loesch angezeigt werden?"
      read Antw

      if  test "$Antw"  =  "ja"  -o  "$Antw"  =   "j"
         then  pg $loesch # wenn ja, anzeigen:
      fi

# Fragen ob die Datei wirklich gelöscht werden soll
      echo "Soll die Datei $loesch wirklich geloescht werden?"
      read Antw

      if  test "$Antw"  =  "ja"  -o  "$Antw"  =   "j"
         then  rm $loesch   # wenn ja, Datei löschen.
      fi
```

Bild 3-186: Beispiel der Shell-Prozedur – löschen

Bei der letzten if-Bedingung wurde keine Kommandofolge eingegeben für den
Fall, daß nicht mit ja geantwortet wurde. Wenn die Datei also nicht gelöscht werden soll, würde die Shell-Prozedur beendet werden. Nun, diese Abfrage ist sowieso die letzte Anweisung *(Statement),* deshalb ist hier auf ›*else exit*‹ verzichtet
worden. Probieren Sie dieses Beispiel doch mal aus oder schreiben Sie eine

ähnliche Shell-Prozedur. Ändern Sie mit **chmod +x** die Zugriffsrechte und rufen Sie die Prozedur auf. Sie werden sehen, es passiert zu leicht, daß sich ein kleiner Fehler eingeschlichen hat. Vielleicht erhalten Sie folgenden Fehlerhinweis:

Syntax error at line .. 'end of file not expected'
(Regelfehler in Zeile ... 'Ende der Datei nicht erwartet')

Mit dieser lapidaren Fehlernachricht, die sich nur auf die letzte Zeile bezieht, können Sie leider nicht viel anfangen. Die meisten Fehler in Shell-Prozeduren sind zurückzuführen auf:

1. **Anführungszeichen** treten nicht paarweise auf.

2. **if-Bedingung** wurde ohne *then* verwendet oder nicht mit *fi* abgeschlossen, oder die entsprechenden Anweisungen (if, then, else) stehen nicht in eigenen Zeilen. Später werden wir weitere Ablaufsteuerungen mit *for do done*, mit *while do done* oder *case esac* kennenlernen, bei denen die gleiche Fehlerquelle besteht.

3. Das Kommando *test* wurde nicht **mit Leerzeichen** eingegeben, oder die zu vergleichende Zeichenkette nicht in Anführungszeichen gesetzt.

4. **Variablen** wurden falsch gebildet, z. B. wurden Leerzeichen eingegeben anstatt ›=‹ **ohne Leerzeichen** zwischen *Namen der Variablen* und dem *zugewiesenem Wert* zu verwenden; bzw. der Wert wurde nicht in Anführungszeichen gesetzt, obwohl er Leerzeichen beinhaltet.

5. **Variablen** wurden ohne $-Zeichen angegeben (Ersetzung des Wertes).

6. **Klammern** wurden geöffnet, aber nicht geschlossen.

7. **Schreibfehler** – z. B. Zuweisung bzw. spätere Abfrage der Variablen mit falschem Namen

Um eventuelle Fehler leichter zu finden, können Sie zu Beginn der Shell-Prozedur das Kommando **set** mit entsprechenden Optionen setzen:

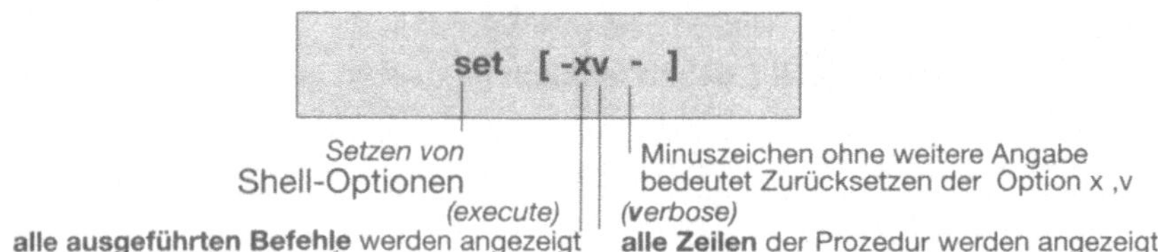

set – Kommando, um Shell-Optionen zu setzen

Steht **set -xv** am Anfang einer Shell-Prozedur, so können Sie den Ablauf der Prozedur verfolgen und sehen, wie die Variablen oder Metazeichen ersetzt wurden.

3.7.7 Schleifenverarbeitung

Sobald eine (oder mehrere) Anweisungen nicht nur einmal durchgeführt werden sollen, sondern mehrmals, benötigt man eine Schleife, so etwa, wenn eine Folge von Kommandos so oft durchlaufen werden soll, wie Parameter mitgegeben wurden.

Eine Schleife besteht aus drei Teilen:

❑ dem Schleifenkopf (Schleifenaufrufe: *for, while, until*)

❑ dem Schleifenrumpf, dies sind die mehrmals auszuführenden Kommandos

❑ der Schleifenklammerung (*do .. done*).

Um eine Schleife, eine mehrmalige Wiederholung von Kommandos, einzuleiten, gibt es unterschiedliche Aufrufe, je nachdem in welcher Abhängigkeit die Wiederholung der Kommandofolgen steht. Die nachstehende Übersicht faßt die Möglichkeiten zusammen:

Kommando zur Einleitung der Schleife	Wiederholung der Kommandofolge abhängig von:

for *Name*
    do
       Kommandoliste ....
    done
	der Anzahl der beim Aufruf der Shell-Prozedur übergebenen Parameter. Wurden z.B. 3 Parameter übergeben, wird die angegebene Kommandoliste von *do* bis *done* dreimal durchlaufen.

for *Name* **in** *Wort1 .. Wortn*
    do
       Kommandoliste ....
    done
	der Anzahl der angegebenen Wörter. Geben Sie z.B. ein
	 for i in otto hugo bernd iris
	 wird die angegebene Kommandoliste viermal durchlaufen.

while *Kommando*
    do
       Kommandoliste ....
    done
	dem Ergebnis des Kommandos nach *while*. Solange die Kommandofolge erfolgreich ist *(Exit-Status 0)*, wird die Kommandoliste durchlaufen. Z.B. solange die Variable Antw den Wert ja hat, wird die Kommandoliste zwischen *do .. done* wiederholt.

until *Kommando*
    do
       Kommandoliste ....
    done
	dem Ergebnis des Kommandos nach *until*. Solange die Kommandofolge nicht erfolgreich ist *(Exit-Status ungleich 0)* wird die Kommandoliste zwischen *do* und *done* durchlaufen. Es handelt sich um die Umkehrung der *while*-Schleife.

Bild 3-187: Übersicht möglicher Schleifenkommandos

Wie verwenden Sie die for-Schleife?

Innerhalb einer Shell-Prozedur wollen Sie einen bestimmten Vorgang für alle übergebenen Parameter wiederholen.

Mit dem Kommando *for* werden alle bei dem Aufruf der Shell-Prozedur angegebenen Parameter der Reihe nach bearbeitet. Die Schleife wird aufgerufen mit *for Name*. Ähnlich wie bei dem Kommando *read* weist das *for*-Kommando einer frei definierbaren Variablen Werte zu, und zwar nacheinander die angegebenen Parameter. Für jeden übergebenen Wert werden die zwischen *do* und *done* aufgeführten Kommandos ausgeführt. Rufen Sie z.B. eine Shell-Prozedur (*tue*), die eine for-Schleife enthält, mit 3 Parametern auf (*tue otto hans fritz*), so wird die for-Schleife dreimal durchlaufen. Beim 1. Durchlauf erhält die Variable den Wert *otto*, beim 2. Durchlauf den Wert *hans* und beim 3. Durchlauf den Wert *fritz*. Sehen wir uns die Syntax von *for* an:

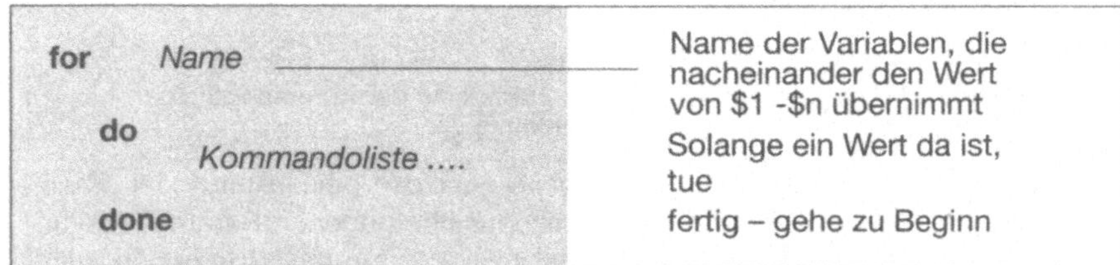

for – Kommando, um eine Schleife einzuleiten
Die Anzahl der Schleifendurchläufe ist gleich der Anzahl der Parameter.

Lassen Sie es uns an einem Beispiel ausprobieren. Sie erinnern sich an unser Kommando *listen*, mit dem wir die Liste eines Directories anzeigen. Das Directory wurde als Parameter übergeben. In der Shell-Prozedur wurde die Positionsvariable *$1* verwendet, um jeweils den Namen des angegebenen Directories einzusetzen (*ls -F $1 | sort -f | pg*).

Wenn Sie mehrere Directories angegeben hätten, wäre nur von dem ersten *$1* ein Inhaltsverzeichnis ausgegeben worden. Wenn wir statt *$1* nun *$** einsetzen, würden die Inhaltsverzeichnisse aller Directories auf einmal ausgegeben und ineinander sortiert angezeigt werden. Wir wollen aber für jedes Directory, für sich sortiert, eine alphabetische Liste der Dateien erhalten. Um nun der Reihe nach für jedes der angegebenen Directories ein Inhaltsverzeichnis zu erhalten, benötigen wir eine Variable, die nacheinander den Wert des jeweils nächsten Parameters zugewiesen bekommt. Genau dies erreichen wir mit einer for-Schleife.

Ändern wir das Kommando *listen* so um, daß eine *for*-Schleife durchlaufen wird. Damit Sie verfolgen können, was im Einzelnen passiert, schreiben wir vor den Kommandoablauf *set -x* (*Anzeige aller ausgeführten Kommandos*).

Wir setzen jetzt das Kommando **for dir do** erst nach der Nachricht mit **echo**, damit der Hinweis über das Programm **pg** nicht bei jedem anzuzeigenden Directory erscheint. Außerdem werden wir prüfen, ob es sich überhaupt um ein Directory handelt. Sie sehen dabei, daß Sie innerhalb von Schleifen *if*-Bedingungen und weitere Schleifen aufrufen können. Also, auch bei Schleifen ist ein verschachtelter Aufruf erlaubt. In der nachstehenden Abbildung sind die vorgenommenen Änderungen mit einem helleren Raster herausgehoben:

```
#! /bin/sh
# Shell-Prozedur, um das Inhaltsverzeichnis von Directories auszugeben
echo "Um die naechste Seite zu sehen, druecken Sie bitte die Return-"
echo "taste. Wollen Sie das Programm abbrechen, geben Sie q ein."
set -x
          Ab hier soll die Verarbeitung der Reihe nach für alle Parameter gelten:
for dir   — Schleifenkopf
do
    if test -d "$dir"
      then
        echo "Das Directory "$dir" enthaelt folgende Dateien:"
        ls -F "$dir" | sort -f | pg
    fi
done
```

Rufen wir das Kommando nun auf (vom Directory /usr/kurs/monika):

```
$ listen Ueb* Texte
Um die naechste Seite zu sehen, druecken Sie bitte die Return-
taste. Wollen Sie das Programm abbrechen, geben Sie q ein.
+ echo Das Directory Uebungen enthaelt folgende Dateien:
Das Directory Uebungen enthaelt folgende Dateien:

+ ls -F Uebungen                    Übernahme des 1. Parameters
+ pg                                Ueb* wurde in Uebungen expandiert
+ sort -f
Datum              Die mit ›+‹ gekennzeichneten Zeilen sind
datum              die von der Shell ausgeführten Komman-
inhalt             dos, die mit set -x angezeigt werden.
neu
neuer
ueb1
(EOF):     Die Returntaste wurde gedrückt
  Ausgabe vom pg-Kommando

+ echo Das Directory Texte enthaelt folgende Dateien:
Das Directory Texte enthaeltfolgende Dateien:
+ ls -F Texte                       Übernahme des 2. Parameter: Texte
+ sort -f
+ pg
kekse
sprueche
(EOF):
```

Bild 3-188: Beispiel Prozedur ›listen‹ ergänzt mit einer for-Schleife

Als Namen der Variablen haben wir *dir* genommen, um anzudeuten, daß diese Variable die Namen jener Directories der Reihe nach erhält, die wir als Parameter dem Kommando *listen* mitgeben.

Wie Sie sehen, wurde die Prozedur zweimal ausgeführt. Beim ersten Lauf wurde für *$dir* ›Uebungen‹ eingesetzt, beim zweitenmal ›Texte‹.

Wie wird das Kommando ›for *Name* in *Wort* ...‹ verwendet?

Dieses Kommando funktioniert ähnlich wie das Kommando *for ... do.* Der Wert der Variablen *Name* wird hier jedoch nacheinander durch die ›Wörter‹ ersetzt, die nach *in* stehen. Wenn z.B. in einer Prozedur für alle Dateien des aktuellen Directories bestimmte Routinen ablaufen sollen, so kann dies erreicht werden durch die Angabe von

for datei in *

Das Sternchen wird durch die Shell mit allen Dateinamen des aktuellen Directories expandiert. Der Variablen *datei* wird als Wert der Reihe nach jeder einzelne Dateiname zugewiesen. Die folgenden Kommandos zwischen **do** und **done**, werden für jede Datei durchgeführt. Sehen wir uns hierzu Funktionen des Kommandos an:

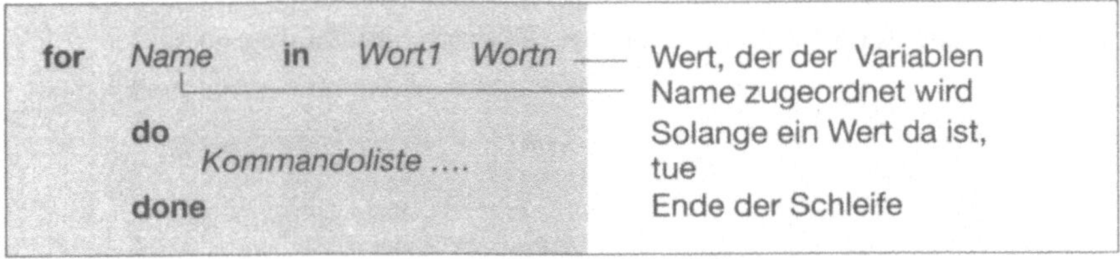

for in do done – Kommando, um eine Schleife einzuleiten,
die so oft durchlaufen wird, wie Wörter nach ›in‹ angegeben wurden.

Um an einem Beispiel die einzelnen Funktionen auszuprobieren, erstellen wir uns eine Shell-Prozedur, die alle Dateien eines Directories überprüfen soll. Im einzelnen sollen folgende Schritte durchgeführt werden:

1. Feststellen, ob es eine normale Datei ist, wenn nicht, nächste Datei bearbeiten.

2. Ist es eine Datei, dann den wahrscheinlichen Dateiinhalt feststellen (file).

3. Fragen, ob die Datei angezeigt werden soll.

4. Wenn ja, mit *pg* die Datei ausgeben.

5. Wenn nein, fragen, ob die Datei gelöscht werden soll.

6. Wird mit ja geantwortet, wird die Datei gelöscht.

7. Danach soll die nächste Datei bearbeitet werden (Ende der Schleife).

Auch in dieser Prozedur werden die einzelnen Schritte in *Schrägschrift* als Kommentarzeile *(#)* angegeben und die eigentlichen Kommandos in **Fettschrift**.

Wir benötigen außerdem ein Kommando, um an das Ende einer Schleife zu springen, d.h. den Rest der Schleife zu überspringen und mit dem nächsten Schleifenwert fortzufahren. Hierfür gibt es das Kommando

> **continue**

> *fortführen*

continue – Kommando, um mit der nächsten Schleife fortzufahren

```
#! /bin/sh
# Shell-Prozedur, um alle Dateien des aktuellen Directories zu ueberpruefen
 for datei in *    # * wird in alle Dateien expandiert          Schleifenkopf
# 1. Feststellen, ob es eine normale Datei ist, wenn nicht, naechste Datei
#     bearbeiten
     do  if test ! -f "$datei"          # Beginn der Schleife
          then
       fi  continue
# 2. Ist es eine Datei, dann den wahrscheinlichen Dateiinhalt feststellen
          echo "bei $datei handelt es sich wahrscheinlich um:"
          file "$datei"
# 3. Fragen, ob die Datei angezeigt werden soll
          echo "Soll $datei  angezeigt werden? (ja/nein)"
# 4. Wenn ja, mit pg die Datei ausgeben
          read Antw
          if test "$Antw"   = "ja" -o "$Antw" ="j"
             then pg $datei
          fi
# 5. Fragen, ob die Datei geloescht werden soll
          echo "Soll $datei geloescht werden? (ja/nein)"
# 6. Wird mit ja geantwortet, die Datei loeschen
          read Antw
          if test "$Antw"    = "ja" -o "$Antw" ="j"
             then  rm $datei
          fi
# 7. Die naechste Datei bearbeiten
 done                              # Ende der Schleife
```

*Bild 3-189: Beispiel der Shell-Prozedur – ›pruefe‹, ergänzt mit einer **for in**-Schleife*

Zum Abschluß dieser Shell-Prozeduren, von denen Sie bis jetzt immerhin einen kleinen Vorgeschmack bekommen haben, wollen wir uns die Schleifenverarbeitung von **while** bzw. von **until** ansehen.

Wie wird das Kommando ›while‹ oder ›until‹ verwendet?

Soll eine Schleife ›*fortwährend*‹ durchlaufen werden, bis ein bestimmter Zustand erreicht wird, so wird das Kommando *while* oder *until* verwendet. Sehen wir uns hierzu die beiden Kommandos an:

while	*Kommando*	Solange das Kommando ›wahr‹ ist *(Exit-Status 0 liefert)*,
do	*Kommandoliste ....*	tue ...
done		fertig – gehe zu Beginn der Schleife

while – Kommando, um eine Schleife einzuleiten, die so oft durchlaufen wird, solange das einleitende Kommando erfolgreich ist *(Exit-Status 0)*

Until ist lediglich eine Umkehrung von ***while***.

until	*Kommando*	Solange das Kommando ›unwahr‹ (Exit-Status ungleich 0) liefert – nicht erfolgreich war,
do	*Kommandoliste ....*	tue ...
done		fertig – gehe zu Beginn der Schleife

until – Kommando, um eine Schleife einzuleiten, die so oft durchlaufen wird, solange das einleitende Kommando nicht erfolgreich ist

In der Praxis wird dieses Kommando z. B. verwendet, um immer wieder die gleiche Frage an den Benutzer zu stellen, solange, bis er sie richtig beantwortet hat.

Schreiben wir ein ›*übergeordnetes*‹ Kommando *dirpruef*, das unser gemeinsam erstelltes Kommando *pruefe* als eine Art Unterprogramm aufruft. Wir wollen eine Schleife so oft durchlaufen, wie der Benutzer auf die Frage: ›Soll ein weiteres Directory überprüft werden?‹ mit ›ja‹ antwortet.

Wie könnte diese Prozedur aussehen?
Verwenden wir in diesem Beispiel beide Abfragen mit ***while*** und ***until***. Gibt er ein Directory an, das nicht existiert, wird die Frage solange wiederholt, bis er uns einen Namen nennt, unter dem ein Directory vorhanden ist. Gehen wir am besten wieder systematisch vor und zerlegen die Prozedur in Einzelschritte:

1. Fragen: Welches Directory soll überprüft werden?

2. Lesen der Antwort (Name des Directories).

3. überprüfen, ob es ein Directory ist, wenn nicht

4. solange daraufhinweisen und nach dem richtigen Namen fragen, bis es sich wirklich um ein Directory handelt.

5. Handelt es sich um ein Directory, dann in dieses Directory wechseln und das Kommando *pruefe* aufrufen.

6. Nachdem das Kommando *pruefe* abgelaufen ist, zurückwechseln in das Ausgangs-Directory (Variable *ausg*).

7. Fragen, ob ein weiteres Directory überprüft werden soll, wenn ja, die Schleife ab 1. wieder beginnen (Variable *Antw*).

Wir könnten die Schritte 1 bis 7 in eine while-Schleife packen, die solange durchlaufen wird, bis der Benutzer unter 7. nicht mit ja (bzw. mit nein) antwortet. Dafür müssen wir jedoch, um überhaupt das erstemal nach einem Directory zu fragen, der Variablen *Antw* vorab den Wert ›ja‹ zuweisen (A).

Auch sollte die Ausgangsposition für die Pfadnamen der Directories immer die gleiche sein, nämlich das aktuelle Directory des Benutzers zu dem Zeitpunkt, wenn er das Kommando *dirpruef* aufruft. Um unsere bereits vorhandene Prozedur *pruefe* zu verwenden, wechseln wir während der Verarbeitung in das jeweils zu prüfende Directory und, sobald es überprüft ist, zurück in das Ausgangs-Directory. Um den Namen des Ausgangs-Directories auch zu einem späteren Zeitpunkt noch zu wissen, weisen wir zu Beginn den Namen dieses Directories *(pwd)* der Variablen *ausg* zu (B).

Wenn Sie den Ablauf dieser Prozedur verstanden haben und eine fehlerfreie Verarbeitung des Kommandos *dirpruef* allein zustande bringen, dann haben Sie ein Talent zum Programmieren, und Ihnen wird es nicht schwerfallen, andere kleine Prozeduren unter der Shell zu schreiben. Zögern Sie aber nicht, sich auf der nächsten Seite Anregungen zum Programmieren dieser Prozedur zu holen. Auch wenn Sie unter der Shell nicht ganz so viele Syntax-Regeln wie bei einer Programmiersprache beachten müssen, es bleiben leider genügend Fehlerquellen.

Treten Fehler auf, prüfen Sie Ihre Prozedur mit der Fehlercheckliste, die wir auf Seite 284 angesprochen haben. Inzwischen kennen Sie auch das Kommando ›**set -x**‹, das Ihnen beim Aufspüren von Fehlern hilft.

Nun viel Spaß beim Ausprobieren.

```
#! /bin/sh
# Shell-Prozedur, um Directories zu überprüfen
# A. Feststellen, wie das ›Ausgangs-Directory‹ heißt und der Variablen
#    ›ausg‹ zuordnen
ausg=`pwd`
# B. Der Variablen ›Antw‹ vorab den Wert ›ja‹ zuweisen, damit
#    das 1. Directory   abgefragt wird.
Antw="ja"
#    Beginn der while-Schleife

while test "$Antw"  = "ja"
# 1. Frage, welches Directory überprüft werden soll
    do  echo "Welches Directory soll ueberprueft werden?"
        echo "Bitte mit Pfadnamen angeben"
# 2. Lesen der Antwort    (Name des Directories)
        read dir
# 3. Überprüfen, ob es ein Directory ist, wenn nicht
#    (Abfage auf Vorhandensein des Directories mit until-Schleife)
        until test -d "$dir"
# 4.     solange darauf hinweisen und nach dem richtigen
#        Namen fragen, bis es sich wirklich um ein Directory handelt
            do   echo "$dir ist kein Directory. "
                 echo "Welches Directory soll ueberprueft werden?"
                 echo "Bitte mit Pfadnamen angeben"
                 read dir
            done
# 5. Handelt es sich um ein Directory, dann in dieses Directory wechseln
#    und das Kommando ›pruefe‹ aufrufen.
        cd $dir
        echo "Das Directory $dir wird ueberprueft"
        pruefe
# 6. Nachdem das Kommando ›pruefe‹ beendet ist, soll
#    in das Ausgangsdirectory (Variable ›ausg‹) zurückgewechselt werden
        cd $ausg
# 7. Fragen, ob ein weiteres Directory überprüft werden soll
#    wenn ja, die Schleife ab 1. wieder beginnen.   (Variable ›Antw‹)
        echo" Soll ein weiteres Directory ueberprueft werden?"
        read Antw
    done
```

Bild 3-190: Beispiel der Shell-Prozedur – ›dirpruef‹ mit while- und until-Schleife

Diese Beispiele erheben übrigens nicht den Anspruch, ›ausgereifte‹ Prüfprogramme zu sein, sondern sollen Ihnen in erster Linie die vielfältigen Möglichkeiten der Shell-Programmierung aufzeigen. Gleichzeitig sollen sie Ihnen ein paar Anregungen geben, wie Sie, auf Ihre Belange zugeschnitten, ähnliche Prozeduren erstellen könnten.

3.7.8 Weitere nützliche Kommandos für Shell-Prozeduren

Die Schleifen-Kommandos *while* oder *until* werden auch gerne zu Testzwecken verwendet. Um eine ›Endlosschleife‹ zu starten, können Sie zwei Kommandos mit verwenden, deren Funktion nichts anderes ist, als sich ›**erfolgreich**‹ oder ›**nicht erfolgreich**‹ zurückzumelden.

Das Kommando **true** *(wahr)* liefert immer den Exit-Status 0, ist also immer erfolgreich, das Kommando **false** *(unwahr, falsch)* einen Exit-Status ungleich 0, immer nicht erfolgreich:

wahr – Exit-Status immer 0

true – Kommando, das nur den Exit-Status ›0‹ liefert

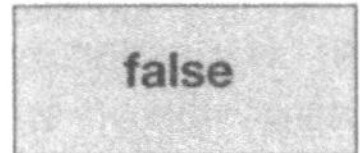

unwahr – Exit-Status immer ungleich 0

false – Kommando, das nur den Exit-Status ›ungleich 0‹ liefert

Wie können Sie eine Schleife abbrechen?

Sie können in der Schleife abfragen, ob ein bestimmer Zustand erreicht ist, ob eine Variable den Wert xy enthält, und mit dem Kommando break die Schleifenverarbeitung abbrechen.

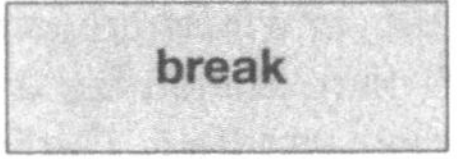

abbrechen

break – Kommando, um Schleifen vorzeitig abzubrechen

Meistens wird bei Endlos-Tests irgendeine Nachricht auf dem Bildschirm ausgegeben, allerdings nicht fortwährend, sondern z.B. in einem Abstand von einer Minute. Zwischenzeitlich soll der Rechner ›schlafen‹.

Das Kommando, um ›Ruhepausen‹ in einer Shell-Prozedur einzulegen, nennt sich:

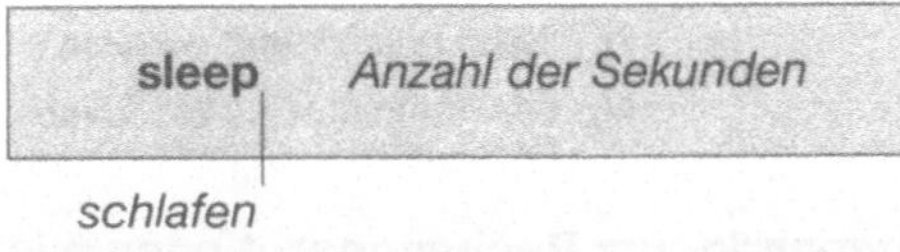

schlafen

sleep – Kommando, um Wartezeiten in Sekunden zu setzen

Ein Kommando, um Terminals zu testen, könnte z. B. lauten:

```
# Kommando, um Terminal zu testen
while true
        do echo "Auf diesem Terminal laeuft ein Dauertest"
        sleep 60
done
```

Bild 3-191: Beispiel einer Endlosschleife

Diese Schleife läuft endlos und kann nur durch einen Kommandoabbruch beendet werden (z. B. <CTRL> + c).

Interessant wäre es herauszufinden, wieviel Schleifen dieses Kommando in einer Nacht von 20.00 Uhr bis morgens um 9.00 durchläuft. Wir wollen hier gar kein Rechenexempel statuieren. Schließlich arbeiten wir mit einem Rechner und sollten diesem auch das Rechnen überlassen. Die einfachste Methode ist daher, den Rechner selbst zählen zu lassen, wie oft er die Schleife bearbeitet hat.

Auch bei unserer Prozedur *dirpruef* sollten wir verhindern, daß wir eine Endlosschleife erhalten, falls ein Benutzer immer wieder eine falsche Antwort eingibt. Hier könnten wir die Geduld des Rechners auf 3 oder maximal 4 falsche Eingaben für den Namen des Directories beschränken.

Wie führen Sie Rechenoperationen durch?

Hierfür gibt es das Kommando **expr** *(expression – Ausdruck),* mit dem Sie alle Grundrechenfunktionen durchführen können. Sie rufen das Kommando auf und geben zwei Zahlenwerte an, die entweder addiert, subtrahiert, multipliziert oder dividiert werden sollen. Außerdem können Sie den Modulo-Wert *(Restwert)* bei der Division von ganzen Zahlen ermitteln. Die Rechenoperationen sind durch ähnliche Zeichen wie in der Mathematik gekennzeichnet. Sehen wir uns die Syntax des Kommandos an:

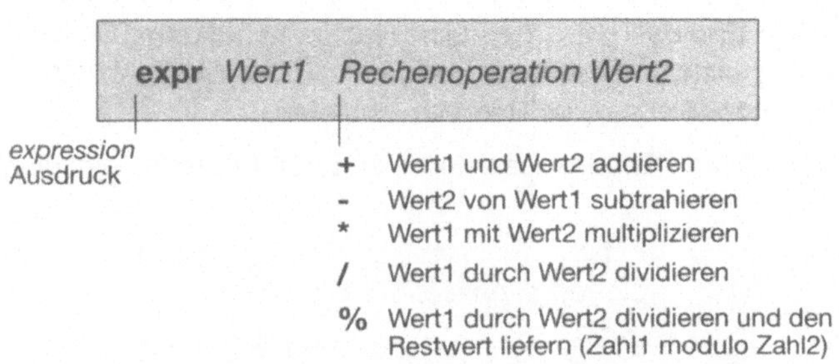

expr – Kommando, um Rechenoperationen auszuführen

Da es sich bei den Zeichen für die Rechenoperationen meist um Sonderzeichen der Shell handelt, müssen Sie grundsätzlich die **Zeichen für die Rechenoperation in Hochkomma** (z. B. `'/'`) setzen oder **das Fluchtsymbol (\)** davorstellen.

Probieren Sie das Kommando *expr* an Ihrem Terminal aus:

expr 12 / 4

Sie erhalten als Ergebnis: *3*

Was passiert wohl, wenn Sie z. B. die Kommandozeile mit

expr 7 * 7

eingeben? Mit dem Kommando *set -x* vorab können Sie sehen, daß das Sternchen ersetzt wird durch alle Dateien, die im aktuellen Directory zu finden sind und Sie erhalten natürlich

syntax error

Mit *expr* können auch Vergleiche, wie kleiner (<), kleiner oder gleich (<=), gleich (=), ungleich (!=), größer (>), und größer oder gleich (=>) durchgeführt werden. Als Wert wird ›0‹ geliefert, falls das Ergebnis den Wert ›**wahr**‹ ergibt.

Ergänzen wir die Endlosschleife mit *while true*. Es soll bei jedem Durchlauf der Schleife angezeigt werden, der wievielte Lauf es ist. Wie können wir dies erreichen? Erinnern Sie sich an die Möglichkeit, einer Variablen einen Zahlenwert zuzuweisen. Bevor wir mit der ersten Schleife beginnen, setzen wir die Variable ›zahl‹ auf den Wert 0. In der Kommandoliste ab *do* wird dann das Kommando

expr $zahl + 1

durchgeführt und der sich neu ergebende Wert der Variablen *$zahl* zugewiesen. Diese Funktion können Sie mit einer Kommandozeile erreichen:

zahl=`expr $zahl + 1`

Sehen wir uns die kleine Shell-Prozedur an, die nun bei jedem Lauf anzeigt, wie oft der Text schon auf den Bildschirm geschrieben wurde:

```
# Kommando, um Terminal zu testen
zahl="0"
while true
        do echo "Auf diesem Terminal laeuft ein Dauertest"
        zahl=`expr $zahl + 1`
        echo "Dies ist der ${zahl}. Durchlauf"
        sleep 60
        done
```

Bild 3-192: Endlosschleife mit Rechenoperation

Jetzt dürfte es Ihnen keine Schwierigkeit mehr bereiten, die Prozedur *dirpruef* so abzuändern, daß nach dem 3. Versuch, den richtigen Namen eines vorhandenen Directories einzugeben, die Prozedur sich höflich, aber bestimmt verabschiedet. Greifen wir uns nur den Teil der *until*-Schleife heraus.

Noch ein paar Tips zur Vorgehensweise.

❏ Setzen Sie, bevor Sie die *until*-Schleife starten, eine Variable entweder auf den Wert ›0‹ und addieren Sie dann bei jedem Schleifendurchlauf jeweils ›1‹ hinzu,

❏ oder setzen Sie vorab den Wert auf ›3‹ und subtrahieren jeweils ›1‹.

Sobald die Zahl ›3‹ (oder bei Subtraktion von 1 die Zahl ›0‹) erreicht ist, beenden Sie die Prozedur.

Hier ein mögliches Ergebnis der geänderten *until*-Schleife

```
Erweiterter Teil aus der Shell-Prozedur  dirpruef
#! /bin/sh
#   Abfrage auf Vorhandensein des Directories mit until-Schleife
zahl=0
until test -d "$dir"
# solange darauf hinweisen und nach dem richtigen
# Namen fragen, bis es sich wirklich um ein Directory handelt
do
   echo "$dir ist kein Directory "
   if test $zahl  -eq 3
   then echo "Hallo, kennen Sie kein richtiges"
        echo "Directory? – Schlafen Sie sich erstmal aus und "
        echo "ueberpruefen Sie ein anderes Mal Ihren Dateibaum"
        exit
   fi
   echo "Welches Directory soll ueberprueft werden?"
   echo "Bitte mit Pfadnamen angeben"
   zahl=`expr $zahl + 1`
   read dir
done
```

Bild 3-193: Beispiel Teil der Shell-Prozedur - ›dirpruef‹, ergänzt um expr

Übrigens werden Sie in der Korn-Shell eine wesentlich einfachere Methode kennenlernen, wie mit Variablen gerechnet werden kann (*integer* - auf Seite 314)

Doch noch ein letztes Kommando, um den Ablauf zu steuern: das Kommando **case.** Mit diesem Kommando können Sie aufgrund von Mustern eine bestimmte Kommandofolge auswählen. Dieses Kommando hat eine verhältnismäßig schwierige Syntax. Da es nicht unbedingt benötigt wird, werden hier nur die wesentlichen Funktionen kurz aufgezeigt.

<table>
<tr><td>

case *Wort* **in**

   Muster1 **)** *Kommandoliste1*;;

   Muster2 | *Muster3* **)** *Kommandoliste2*;;

   ...

   2 Semikolons als Abschluß der Kommandoliste

esac

</td><td>

Falls die Zeichenkette ›Wort‹ mit Muster1 übereinstimmt, dann tue (Kommandoliste1)

stimmt sie mit Muster2 oder Muster3 überein, führe die Kommandoliste aus

Ende der ›case-Bedingung‹

</td></tr>
</table>

case – Kommando, um eine gezielte Weiterverarbeitung zu erreichen, die über Vergleichsmuster angesteuert werden

Bei der Mustervorgabe (Muster1, Muster2, ...) können auch Metazeichen verwendet werden (*, ?, [,]), die sich aber in diesem Fall nur auf die Zeichenkette von *Wort* beziehen, nicht auf die Dateinamen des aktuellen Directories, wie wir die Funktion der Metazeichen bisher kennengelernt haben. Wichtig ist bei diesem Kommando, daß die einzelnen Trennungszeichen zwischen Muster und Kommandoliste, die Klammer ›)‹ und die **zwei Semikolons** ›;;‹ als Abschluß der Kommandoliste je Muster nicht vergessen werden.

Sobald Sie sich daran gewöhnt haben, ist auch dieses Kommando nett einzusetzen. Vorhin haben Sie das Kommando *expr* kennengelernt. Schreiben wir ein kleines Rechenprogramm *rechne*, in dem der Benutzer

> nach der 1. Zahl gefragt wird

> dann, welche Rechenfunktion er wünscht (+, -, *, /, %)

> und nach der 2. Zahl.

Abhängig von der eingegebenen Rechenfunktion wird über das Kommando **case** mit dem **expr**-Kommando das Ergebnis errechnet und angezeigt.

Da bei der Musterabfrage ebenfalls Metazeichen verwendet werden können, muß mit dem Fluchtsymbol ›\‹ bei einem Muster ›*‹ die Metafunktion aufgehoben werden. Das Sternchen ›als Metafunktion‹ wird als letztes Muster angegeben, um eine evtl. falsch angegebene Rechenfunktion abzufangen, die in den vorhergehenden Musterzeilen nicht enthalten war.

```
#! /bin/sh
# Diese Shell-Prozedur ermoeglicht es dem Benutzer, Rechenoperationen in
# einfacher Form einzugeben
antw="ja"
while test $antw = "ja"
  do  echo "Geben Sie bitte die 1. Zahl an:"
      read z1
      echo "Welche Rechenfunktion wuenschen Sie?"
      echo 'addieren          +'
      echo 'subtrahieren      -'
      echo 'multiplizieren    *'
      echo 'dividieren        /'
      echo 'Modulofunktion    %'
      echo "Bitte geben Sie eines der obenstehenden Zeichen an:"
      read operator
      echo "Geben Sie bitte die 2. Zahl an:"
      read z2
      echo "Das Ergebnis von $z1 $operator $z2 lautet:"
      case "$operator" in
           + )     expr "$z1" \+    "$z2"  ;;

           - )     expr "$z1" \-    "$z2"  ;;

           \* )    expr "$z1" \*    "$z2"  ;;

           / )     expr "$z1" \/    "$z2"  ;;
           % )     expr "$z1" \%    "$z2"  ;;
           *)      echo "Der Operator $operator ist ungültig"
      esac
      echo "Wollen Sie weitere Rechenoperationen vornehmen? (ja/nein)"
      read antw
  done
```

Bild 3-194: Beispiel einer Shell-Prozedur ›rechne‹ mit case ... und expr

Zum Abschluß der Bourne-Shell noch eine nützliche Funktion, nämlich
›function‹.

Funktionen - functions

Mit *function* definieren Sie in einer Prozedur wiederkehrende Befehlsfolgen. Innerhalb dieser Shell-Prozedur geben Sie dann nur noch den Funktionsnamen an und alle unter diesem Namen angegebenen Befehle werden ausgeführt.

function *Funktionsname { Kommandofolge ; }*

function – Kommando, um Funktionen zu erstellen

Bei Funktionen wird, entgegen eigenständigen Shell-Prozeduren, kein eigener Prozeß gestartet, sondern sie werden als Programmteil von der Shell abgearbeitet (so, als ob sie anstelle des Funktionsnamens in der Prozedur geschrieben wären).

Sie können Funktionen auch in Ihrem *.profile* definieren und diese dann ähnlich wie ein Kommando benutzen. Hierzu ein kleines Beispiel, das in einfacher Form *function* erklärt:

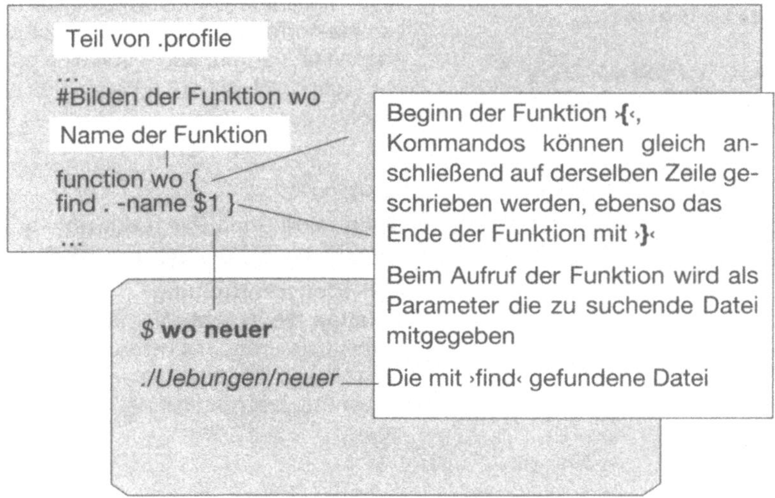

Bild 3-195: Beispiel function

3.7.9 Zusammenfassung

Kommandos/Zeichen zur Ablaufsteuerung

Kommandoeingabe	Funktion
&& *kom1* **&&** *kom2*	**Und-Verknüpfung von Kommandos** *kom2* wird nur dann ausgeführt, wenn *kom1* erfolgreich war
‖ *kom1* **‖** *kom2*	**Oder-Verknüpfung von Kommandos** *kom2* wird nur dann ausgeführt, wenn *kom1* nicht erfolgreich war

if *Befehl1*
   then *Befehlsfolge2*
   [else *Befehlsfolge3* **]**
   oder
   elif *Befehl4*
      then *Befehlsfolge5*
fi
 	
Beispiel:
**if test -f $*Antwort*
 	
   then pr -n $*Antwort* **‖ pg**
   else echo "$*Antwort ist keine Datei*"
fi
	If-Verzweigung
	
	wenn das und das zutrifft
	   dann tue …
	[sonst tue … **]**
	
	sonst wenn
	   dann tue …
	fertig (Ende der if-Verzweigung)
	
	Wenn die Datei ($Antwort) existiert und es eine normale Datei ist, dann soll sie angezeigt werden, sonst soll eine entsprechende Nachricht ausgegeben werden

exit [*Status***]** Unter DOS: **exit**	*Ausgang* **Bricht eine Shell-Prozedur ab bzw. beendet die aktuelle Shell**

for *Name*
 	
   do
   Befehlsfolge
 	
   done
	Schleifenverarbeitung
	Solange die Variable Name einen Wert enthält (sie erhält nacheinander den Wert von $1-$n, also die angegebenen Parameter beim Aufruf des Kommandos)
	tue
	
	…
	fertig - gehe zu Beginn der Schleife

for *Name* **in** *Wert1…Wertn*
 	
   do
   Befehlsfolge
   done
	Solange die Variable *Name* einen Wert enthält (hier wird nacheinander der *Wert1 … Wertn* zugewiesen)
	tue
	
	…
	fertig - gehe zu Beginn der Schleife

Kommandoeingabe	Funktion

while *Kommando*
 	
  do
  Befehlsfolge
  done
	Solange das *Kommando* erfolgreich ist (Exit-Status 0)
	tue
	...
	fertig - gehe zu Beginn der Schleife

until *Kommando*
 	
  do
  Befehlsfolge
  done
	Solange das *Kommando* nicht erfolgreich ist (Exit-Status nicht 0)
	tue
	...
	fertig - gehe zu Beginn der Schleife

continue	*fortfahren* **Überspringt den Rest einer Schleife, um mit dem nächsten Schleifenwert fortzufahren**
break	*brechen / abbrechen* **Beendet vorzeitig eine Schleife**

case *Muster* **in**
  M1) *Befehlsfolge1;;*
 	
  M2|M3) *Befehlsfolge2;;*
  ...
 	
esac
	Case-Verarbeitung (Auswahl)
	Falls die Zeichenkette *Muster* übereinstimmt mit *M1*, dann führe die Befehlsfolge1 aus,
	stimmt das *Muster* mit *M2* **oder** *M3* überein, führe Befehlsfolge2 aus
	Ende der case-Bedingung

trap "*Kommandos*" *Signale* *Beispiel:* **trap** "**rm** *hilfs.dat*; **exit** " 2 **trap** "" 1 2 3	**Behandelt Signale** Wird z.B. das Signal 2 (Ctrl+c) geschickt, wird, bevor der Prozeß abgebrochen wird, die Datei *hilfs.dat* gelöscht. Ohne Angabe, d.h. nur mit Anführungszeichen " ", werden die Signale ignoriert.

Eine Aufstellung vordefinierter Shell-Variablen
finden Sie im   Bild 3-171 auf Seite 266

Eine Übersichtstabelle der Positionsparameter
finden Sie im   Bild 3-172 auf Seite 268

Weitere in diesem Kapitel verwendete Kommandos

Auch hier ist für Umsteiger eine Querverbindung zu DOS unter Kommandoeingabe vermerkt

Kommandoeingabe	Funktion
echo -n	**Gibt Zeichenketten auf den Bildschirm aus**
Beispiele:	**-n** *no newline* Cursor bleibt auf der Zeile.
echo "Soll die Datei gelöscht werden?"	Gibt in einer Shell-Prozedur die Nachricht über Bildschirm aus
echo $PATH	Zeigt den Wert einer Variablen
Steuerzeichen:	
\007	Klingelzeichen
\c	Cursor bleibt in gleicher Zeile
\n	neue Zeile
\t	Tabulator
Unter DOS: echo	
touch *Datei(en)*	*berühren*
	Aktualisiert das Datum einer Datei bzw. legt sie neu an
Beispiel:	
touch *neu1 neu2*	Legt die Dateien neu1 und neu2 an
export *Name*	Um Variable auch für Unterprogramme zur Verfügung zu stellen, werden sie exportiert
set	*setzen*
	Zeigt die gesetzten Variablen der aktuellen Shell an
set [-vxn]	**Setzt Shell-Optionen**
	-n *no execution* die Kommandos werden nur gelesen, nicht ausgeführt
	-x *execute* zeigt alle ausgeführten Befehle an
	-v *verbose* zeigt alle Schritte einer Prozedur an
set -	Hebt gesetzte Optionen (-vxn) wieder auf
Unter DOS: set	
read *var1 [var2 ... varn]*	*lesen*
	Liest von der Standardeingabe und weist die gelesenen Zeichen der/den Variable(n) als Wert zu
	Werden mehrere Variable angegeben, gilt das Leerzeichen als Trennungszeichen, sonst werden alle Zeichen bis Zeilenende als Wert zugewiesen

Kommandoeingabe	Funktion
test -fdrwxs *datei* **[-f** *datei* **]** *Negation:* **test ! -f** *datei*	*testen, prüfen* **Prüft Dateien auf Typ, Inhalt oder Zugriffsrechte** test wird meist in Verbindung mit if … verwendet Modernere Schreibweise: statt *test* nur die eckige Klammer **[ ]**, hierbei muß auf Leerzeichen vor und nach den Klammern geachtet werden! Bei den Optionen wird geprüft, ob die angegebene Datei: **-f** *file* eine normale Datei ist **-d** *directory* ein Directory ist **-r** *read* Leseerlaubnis hat **-w** *write* Schreiberlaubnis hat **-x** *execute* ausführbar ist **-s** *size* nicht leer ist **Negation** wird mit einem **!** gefolgt von einem **Leerzeichen** abgefragt
test -zn *Zeichenkette*	**Prüft Zeichenketten auf leer/nicht leer** Abfrage auf : **-z** *zero* ›ist leer?‹ **-n** *not zero* ›ist nicht leer?‹
test *String-a = String-b* *Negation:* **test** *String-a != String-b*	**Prüft Zeichenketten auf Gleichheit** Zwischen den Argumenten und = müssen Leerzeichen stehen Negation, d.h. test ist erfolgreich, wenn die Zeichenketten nicht gleich sind. != ohne Leerzeichen!

Auszug aus einem Script
read datei
 	
if test -f *$datei* **-a -w** *$datei*
      then …
fi
…
read antw
 	
if test *$antw = ja* **-o** *$antw = Ja*
      then …
fi
	Kombination von test-Kommandos
	
	-a *and*
	logische **und-Verknüpfung**
	
	-o *or*
	logische **oder-Verknüpfung**

Kommandoeingabe	Funktion
test *n1* -.. *n2* **[** *n1* -.. *n2* **]**	**algebraischer Vergleich:** **vergleicht zwei Zahlenwerte**
test *n1* -eq *n2* [n1 -eq n2]	*equal* gleich
test *n1* -ne *n2* [n1 -ne n2]	*not equal* nicht gleich
test *n1* -lt *n2* [n1 -lt n2]	*less than* kleiner als
test *n1* -le *n2* [n1 -le n2]	*less equal* kleiner gleich
test *n1* -gt *n2* [n1 -gt n2]	*greater than* größer als
test *n1* -ge *n2* [n1 -ge n2]	*greater equal* größer gleich
true *Beispiel:* **while true** **do ...** **done**	*wahr* **Gibt immer den Exit-Status 0 aus, ist also immer wahr** Hiermit können z.B. Endlos-Schleifen gestartet werden
false	*falsch, unwahr* **Der Exit-Status dieses Kommandos ist immer unwahr (ungleich 0)**
sleep *Sekunden* *Beispiel:* **sleep 180**	*schlafen* **Leitet eine Wartezustand ein (Anzahl Sekunden)** Wird meist in Shell-Prozeduren verwendet. Der Prozeß wartet 3 Minuten

expr *Wert1 Symbol Wert2*
 	
+
-
*
/
%
	expression
	Rechenoperationen:
	    addieren
	    subtrahieren
	    multiplizieren
	    dividieren
	    modulo (Restwert)

function *name* **{** *Kommandofolge* **}** *Beispiel:* **function** *wo* **{** find . \ -name $1 **}** **wo** *brief1*	*Funktion* **Bildet eine Funktion, die ähnlich eines Shell-internen Kommandos genutzt werden kann** Die Funktion kann ein oder mehrere Kommandos enthalten, wobei auch Positionsparameter ($1, $2 usw.) verwendet werden können Beim Aufruf von *wo* wird der Name der Datei mitgegeben, nach der gesucht wird

3.8 Die Korn-Shell

Hatte ich Ihnen zuviel versprochen? Das Programmieren mit der Shell macht Spaß! Doch ein paar Funktionen der Shell könnten ein bißchen benutzerfreundlicher sein. Seit die Bourne-Shell entstanden ist, ist ja bereits ein Vierteljahrhundert vergangen! Verbesserungen und neue Erkenntnisse sind in der Korn-Shell verwirklicht worden. Sie basiert auf der Bourne-Shell und kann ohne Probleme statt dieser verwendet werden.

Welche Themen gibt es in diesem Kapitel?

3.8.1   Die Vorteile der Korn-Shell

3.8.3   Der History-Mechanismus

3.8.4   Der Befehlszeileneditor

3.8.5   Der Alias-Mechanismus

3.8.6   Variablen der Korn-Shell

3.8.7   Zusätzliche Optionen

3.8.8   Prozeßkontrolle (Jobcontrol)

3.8.9   Zusammenfassung

Die Korn-Shell - nützliche Erweiterungen zur Bourne-Shell

3.8.1 Die Vorteile der Korn-Shell

Aus den Überschriften der Themen gehen die wesentlichen Vorteile eigentlich schon hervor. Die Korn-Shell bietet viele Mechanismen und Funktionen, die das Arbeiten am Rechner vereinfachen, freundlicher gestalten. Im Gegensatz zur C-Shell, die bereits früher viele zusätzliche Funktionen angeboten hat, ist die Korn-Shell **kompatibel zur Bourne-Shell**. Da die Bourne-Shell grundsätzlich auf allen Rechnern zur Verfügung stand, sind viele Prozeduren zur Systemverwaltung in der Bourne-Shell geschrieben worden. Deshalb ist es wichtig, daß auch unter einer anderen Shell diese Prozeduren nach wie vor einwandfrei laufen. Die Kompatibilität ist somit ein Hauptgrund, warum die Korn-Shell nun Bestandteil der meisten UNIX-Derivate geworden ist. Der **Trend** geht eindeutig hin zur **Korn-Shell**.

Entscheiden Sie selbst, was für Sie von Interesse ist. Kurz ein paar Erläuterungen zu den einzelnen Themen:

❏ **Der History-Mechanismus.** Falls Sie UNIX schon *live* eingesetzt haben, werden Sie feststellen, daß Sie oft die gleichen Kommandos benötigen. Es gibt übrigens unter der Bourne-Shell ein Kommando, mit dem Sie sich die ›Hitliste‹ Ihrer Kommandos seit dem letzten Anmelden ansehen können. Rufen Sie doch mal *hash* auf. Wie oft haben Sie z. B. *ls* oder *pwd* aufgerufen?

Der History-Mechanismus erlaubt, daß Sie mit einem Kürzel vorangegangene Kommandos nochmals angezeigt und ausgeführt bekommen. Falls das Kommando hierbei abgeändert werden soll, können Sie dies über den Befehlszeilen-Editor bewirken.

❏ **Der Befehlszeilen-Editor.** Mit ihm können Sie, wie der Name schon sagt, Ihre Eingabe für den Befehl (das Kommando) korrigieren, auch Zeilen, die Sie sich über den History-Mechanismus nochmals zurückgeholt haben. Unter der Bourne-Shell konnten Sie Korrekturen in der Befehlszeile nur mit der Backspace-Taste durchführen oder gleich die gesamte Zeile löschen. Und wie oft verschreibt man sich, gerade dann, wenn es schnell gehen soll! Also, hier wenigstens eine kleine Hilfe, soweit man den Fehler noch entdeckt. Aber unter UNIX gewöhnt man sich sowieso schnell daran, die Kommandozeile lieber erst nochmal zu **kontrollieren** und zu **korrigieren**, bevor man sie abschickt.

❏ **Alias-Funktionen.** Wenn Sie sich Ihre ›Hitliste‹ der Kommandos nochmals ansehen, werden Sie auch feststellen, daß Sie wahrscheinlich mit 20 verschiedenen Kommandos in der Regel auskommen. Hierfür können Sie auch kürzere Bezeichnungen wählen, die gleich die von Ihnen meist genutzten Optionen beinhalten. Das Kommando wird kürzer, und damit die Fehlerquelle geringer. Für DOS-Umsteiger können als *alias* bereits geläufige Kommandos gebildet werden, hinter denen sich dann UNIX-Kommandos verbergen (z. B.

dir als **alias** für ›*ls -l*‹). In dem betreffendem Abschnitt werden Sie noch weitere schöne Beispiele für Aliase kennenlernen.

❏ **Variablen der Korn-Shell.** Im vorigen Abschnitt haben Sie in der Tabelle ›Einige vordefinierte Shell-Variable‹ Seite 266 schon Hinweise auf Variable der Korn-Shell erhalten. Hatte ich vorhin noch erwähnt, daß eines der häufigsten Kommandos *pwd* sei, so wird sich dies in der Korn-Shell ändern. Hier benötigen Sie *pwd* eigentlich nicht mehr, denn Sie können sich das Bereitschaftszeichen der Shell (**PS1**) so setzen, daß es Ihnen immer das aktuelle Verzeichnis/Directory und, falls Sie auf unterschiedlichen Rechnern im Netz arbeiten, zusätzlich noch den Rechnernamen anzeigt.

Eine weitere Vereinfachung ist natürlich dann das *CDE*, wo Sie über den Dateimanager grafisch Ihren Standort (das aktuelle Directory) und gleich die darin enthaltenen Dateien angezeigt bekommen. Doch bleiben wir erstmal bei der Korn-Shell. Was bietet Sie noch?

❏ **Eine Reihe von zusätzlichen Optionen**, mit denen Sie u.a. Ihr UNIX-Leben sicherer gestalten können. Erinnern Sie sich noch an die Umleitung der Standardausgabe? Wehe, wenn Sie auf eine Datei umgeleitet haben (mit >) und in ihr waren wichtige Daten gespeichert, die Sie eigentlich dringend benötigten. Pech gehabt, die Daten waren unwiederbringlich verloren (soweit Sie nicht zuvor eine Sicherung erstellten). Davor können Sie sich in der Korn-Shell schützen. Sie können bestimmte Voreinstellungen für die Korn-Shell in eine spezielle Datei setzen, z.B. um keine Dateien bei Standardumleitungen zu überschreiben: **set -o noclobber**. Darüber und noch über ein paar weitere Optionen erfahren Sie in dem entsprechenden Abschnitt.

❏ **Prozeßkontrolle (Jobcontrol).** Diese Ergänzung ist vielleicht nur für Systemverwalter interessant, die sich über die Optimierung des Gesamtsystems Gedanken machen. Doch sollen in diesem Abschnitt wenigsten die wichtigsten Funktionen kurz erläutert werden, falls Sie Ihre eigenen Prozesse steuern möchten.

Ich selbst arbeite oft an unterschiedlichen Rechnern, auf denen mir meist ein dort übliches Login z.B. mit der C-Shell eingerichtet wurde. Ich muß gestehen, daß ich, seit ich die Korn-Shell kennengelernt habe, immer sofort auf die Korn-Shell umstelle, sobald ich mich angemeldet habe. Wie man die Korn-Shell aufruft und mit ihr arbeitet, beantwortet der nächste Abschnitt.

3.8.2 Wie arbeiten Sie mit der Korn-Shell?

Gut, wäre meine Antwort hierauf. Doch uns geht es natürlich erst einmal darum, wie Sie eine Korn-Shell starten, wie Sie sich anmelden, welche Voraussetzungen erfüllt sein müssen.

Wie starten Sie eine Korn-Shell?

Am besten wäre es, wenn Ihr Systemverwalter Ihren Login-Eintrag in der */etc/passwd* entsprechend ändert. Sie erinnern sich? Als letzter Eintrag je Zeile pro Benutzer ist angegeben, mit welchem Programm gestartet werden soll:

Auszug aus */etc/passwd*:

```
hans::102:100:Hans Mueller, Tel. 440:/usr/kurs/hans: /bin/ksh
```
Start-Programm

Damit wird bei jedem Anmelden z.B. *hans* automatisch die Korn-Shell zur Verfügung gestellt. Die Korn-Shell liest als erstes wie die Bourne-Shell die Datei

.profile

im Home-Directory des Benutzers. In dieser Datei sollte für die Korn-Shell die **Variable ENV** gesetzt sein. Als Wert wird hier der Dateiname zugewiesen, in der weitere Voreinstellungen für die Korn-Shell eingetragen werden (z.B. *alias, set -o noclobber* – im Laufe dieses Kapitels werden wir immer wieder auf diese Datei zurückkommen). Als Name dieser Datei hat sich, angepaßt an andere Shellprogramme, *.kshrc* eingebürgert (für die C-Shell heißt die Voreinstellungsdatei *.cshrc*). Die Datei *.profile* hat dann folgenden Eintrag:

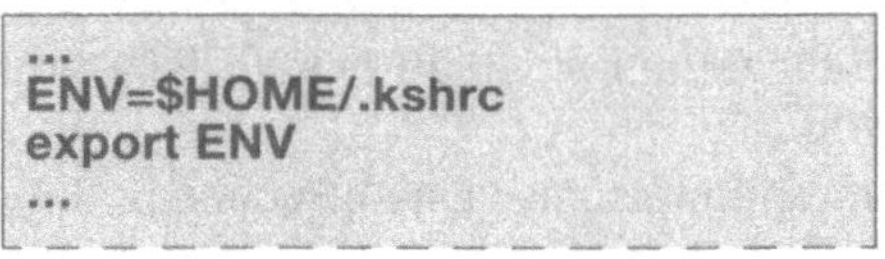
```
...
ENV=$HOME/.kshrc
export ENV
...
```

Bild 3-196: Ergänzungszeile in $HOME/.profile

Die der Variablen *$ENV* zugewiesene Datei wird dann jedesmal gelesen, sobald eine Korn-Shell gestartet wird. Dies ist besonders wichtig, wenn Sie mit einer grafischen Oberfläche arbeiten, denn dann wird für jedes Fenster immer eine eigene Shell (Korn-Shell) gestartet, und alle Ihre Voreinstellungen (*alias* etc.) möchten Sie dann ja ebenfalls nutzen.

Also auch, wenn Sie nicht generell mit der Korn-Shell arbeiten wollen, sollten Sie sowohl die Ergänzungszeile in *.profile* als auch die Voreinstellungsdatei in Ihrem Home-Directory mit *.kshrc* führen. Was in die Datei *.kshrc* eingetragen wird, erfahren wir später.

Sie können die Korn-Shell auch als sog. Sub-Shell (also unter einer bereits gestarteten Shell) aufrufen:

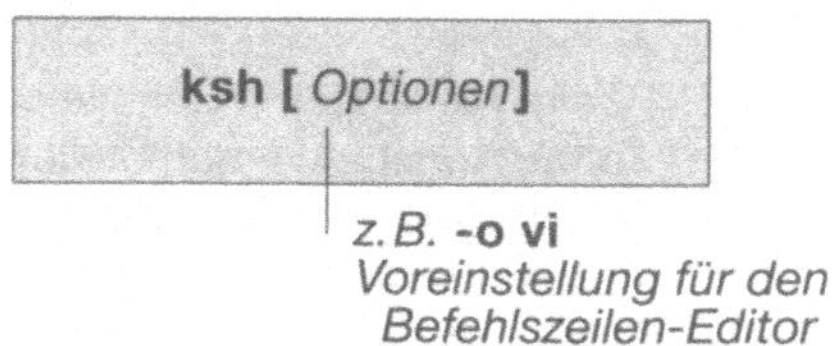

Kommando, um die Korn-Shell als Sub-Shell zu starten

Als Bereitzeichen erhalten Sie, soweit Sie nicht als Voreinstellung in *.kshrc* die Variable **PS1** neu gesetzt haben, wie in der Bourne-Shell ein $-Zeichen.

Alle Möglichkeiten der Eingabe, wie Sie sie unter der Bourne-Shell kennengelernt haben, können Sie genauso in der Korn-Shell eingeben. Sie müssen erst einmal nichts Neues dazu lernen, um mit der Korn-Shell zu arbeiten.

Sie melden sich auch genauso ab, wie in der Bourne-Shell:

3.8.3 Der History-Mechanismus

Um leichter zu arbeiten, weniger Eingaben - und damit auch weniger Fehler zu tippen, rentiert es sich, ein paar neue Kommandos, Variable und Dateien kennenzulernen. Alle aufgerufen Kommandos (also Ihre Eingaben am Terminal) werden in Ihrem Home-Directory unter der Datei

.sh_history

gespeichert. Über die Variable HISTSIZE ist festgelegt, wie viele Kommandos Ihnen hiervon für eine evtl. Wiederverwendung bereitgestellt werden. Meist ist als Voreinstellung 20 zugewiesen. Auf diese letzten Kommandos können Sie mit dem Befehl **fc (fix command)** mit verschiedenen Optionen zurückgreifen. Da für dieses Kommando in der Korn-Shell bereits Aliase, je nach Option, voreingestellt sind, nimmt man stattdessen das Alias. Nur zur Information ist in der nachstehenden Tabelle das eigentliche Kommando *fc*, das zugrunde liegt, mit aufgeführt.

Alias Beispiel	Erläuterung	*eigentl.* *Befehl*
history [-*n, n,n n*] history -6 history 6 8	Zeigt die letzten *n* Befehle an ohne Angabe werden die letzten Befehle angezeigt entspr. der Anzahl in der Variablen *$HISTSIZE* Die Zeilen werden fortlaufend nume- riert angezeigt. Die Nummer ist maß- gebend für eine Direktanwahl (siehe *r n*) zeigt die letzten 6 Befehle an zeigt den 6. und 8. Befehl an	*fc -l -n*
r [-] [*nummer*] r r -3 r 3	*repeat* Nochmaliger Aufruf des Befehls wiederholt den letzten Befehl wiederholt den 3.-letzten Befehl wiederholt den 3. Befehl	*fc -e -n*
r *Buchstabenfolge* r v	wiederholt den letzten Befehl, der mit der Buchstabenfolge beginnt würde z.B. den letzten Befehl mit *vi* wiederholen	*fc -e -xx*

Mit dem Alias *r* kann also auf die Schnelle ein Kommando nochmals aufgerufen werden. Wollen Sie dagegen die Befehlszeile erst verändern, holen Sie sich die Zeile über den sog. Befehlszeilen-Editor zurück.

3.8.4 Der Befehlszeileneditor

Auch er basiert auf der unter History beschriebenen Datei *.sh_history*. Zusätzlich muß eine der nachstehenden Voreinstellungen getroffen sein.

❏ Die Variable *VISUAL* ist mit *vi* oder *emacs*[*] zugewiesen
   VISUAL=vi; export VISUAL oder

❏ als Voreinstellung (*.kshrc*) wurde die Option gesetzt:
   set -o vi (siehe auch Seite 318) oder

❏ die Korn-Shell wurde mit der Option *-o vi* aufgerufen
   ksh -o vi

In der Regel ist die Variable *VISUAL* mit dem Wert *vi* vordefiniert. Dies bedeutet, daß Sie mit den Editierbefehlen vom *vi* auch Ihre Befehlszeile korrigieren kön-

---

[*] **emacs** ist ein weiterer Editor unter UNIX, der ähnlich wie der *vi* arbeitet, aber nicht auf allen Systemen verfügbar ist.

nen. Um in den Befehlszeilen-Editor zu kommen, drücken Sie dann die Taste, die Sie im *vi* am häufigsten benötigten: die

$\boxed{\text{ESC}}$ - Taste

Nun können Sie mit den Befehlen, die Sie im *vi* bereits kennengelernt haben, die aktuelle Zeile oder vorhergehende Zeilen bearbeiten (oder falls Sie als Befehlszeilen-Editor den **emacs** zugewiesen haben, die in der Tabelle angegebenen Befehle).

Hier eine kurze Übersicht jener Funktionen, die für die Korrektur von Befehlszeilen benötigt werden:

Funktion	Taste im vi	Taste im emacs
Positionieren:		
Vorherige Befehlszeile (nach oben)	k	<Ctrl + p> *previous*
Nächste Befehlszeile (nach unten)	j	<Ctrl + n> *next*
Zeichen nach links wandern (zurück)	h	<Ctrl + b> *back*
Zeichen nach rechts wandern (vorwärts)	l (kleines L)	<Ctrl + f> *forward*
Anfang der Zeile	^	<Ctrl + a> *anfang*
Ende der Zeile	$	<Ctrl + e> *ende*
Korrigieren:		
Zeichen löschen	x	<Ctrl + d> *delete*
Zeichen einfügen	i	automatisch voreingestellt
Wort löschen	dw	<ESC + d> *(bis Wortende)*
bis zum Ende der Zeile löschen	d$	<Ctrl + u>
zuletzt Gelöschtes einfügen	p	p *paste*

Bild 3-197: Funktionen für den Befehlszeilen-Editor (vi und emacs)

Wenn Sie also die Escape-Taste gedrückt haben, können Sie bei der Zuordnung von *vi* jeweils mit ›k‹ eine Zeile höher wandern, bis zu jener Befehlszeile, die Sie bearbeiten möchten. Mit dem Buchstaben ›*h*‹ können Sie dann in der Zeile nach links gehen und mit den (Ihnen bereits bekannten?) *vi*-Befehlen korrigieren.

Um das so wiedergeholte und evtl. geänderte Kommando abzuschicken, drük-ken Sie die **Return-Taste**.

Es klingt komplizierter als es ist. Probieren Sie es am besten einmal aus. Der *emacs* ist zwar etwas benutzerfreundlicher als der *vi*, da er jedoch nicht auf al-len Systemen verfügbar ist, wird in diesem Buch nicht tiefer auf seine Funktio-nen eingegangen.

Am besten ist natürlich, wir arbeiten ohne Fehler und müssen nicht im Nachhin-ein Korrigieren. Nach dem Motto, wer viel arbeitet macht viele Fehler - versu-chen wir es doch mal mit weniger Arbeit - weniger Tipparbeit.

Eine Möglichkeit ist, den *File Completion Mechanismus* (Mechanismus, um Pfad- oder Dateinamen zu ergänzen) einzusetzen. Dies erreichen Sie mit:

$$\boxed{\text{ESC}} + \boxed{\ \backslash\ } \quad \text{bzw.} \quad \boxed{\text{ESC}} + \boxed{\ *\ }$$

Der Backslash \ ergänzt alle möglichen Pfadnamen, daß Sternchen * alle mögli-chen Dateinamen.

Die zweite Möglichkeit, Schreibarbeit einzusparen, ist die Alias-Funktionen.

3.8.5 Der Alias-Mechanismus

Bei dem History-Mechanismus haben wir einige Aliase bereits kennengelernt. Für *fc -e -* gab es z. B. das Kürzel *r* (für *repeat*). Wenn Sie das Kommando *alias* aufrufen, werden Ihnen die bereits vorhandenen Aliase angezeigt. Für Kommandos, die Sie oft benötigen, können Sie sich eigene Kürzel schreiben. Die Kommandosyntax hierzu lautet:

```
alias Aliasname="Kommando"
```

alias – Kommando, um eine Aliasfunktion zu bilden

Sehen wir uns hierzu ein Beispiel an:

```
$ alias suche="find . -print -name "
$ suche inhalt
./Uebungen/inhalt
$ alias ll="ls -l"
$ ll

drwxr-x---      2    monika    kurs      32  Oct  19  15:20 Texte
drwxr-x---      2    monika    kurs      32  Oct  19  15:20 Uebungen
```

Bild 3-198: Beispiel Erstellen von einer Alias-Funktion

Die Alias-Funktionen im Beispiel gelten allerdings nur solange, bis man sich wieder abmeldet bzw. nur für das aktuelle Fenster, in dem man gerade arbeitet. Damit Sie statt *ls -l* immer nur *ll* anzugeben brauchen, schreiben Sie diese Befehle mit einem Editor in die Datei *.kshrc* in Ihrem Home-Directory. Zusätzlich müssen Sie Ihre Datei *.profile* ergänzen mit der Zeile **ENV=$HOME/.kshrc;export ENV**.

Wie schon erwähnt, können als Alias-Namen, auch bestehende Kommando-Namen angeben. Wenn Sie

alias rm="rm -i"

eingeben, müssen Sie grundsätzlich bei allen Aufrufen von *rm* erst mit *"y"* die Löschung von Dateien bestätigen. Sollten Sie für eine bestimmte Löschaktion die ursprüngliche Form des Kommandos *rm* benötigen, so wird mit dem **Fluchtsymbol** die Aliasfunktion für dieses eine Mal aufgehoben.

\rm

Soll das Löschkommando für die gesamte Sitzung aufgehoben werden, gibt es hierfür das Kommando

unalias *Aliasname*

unalias – Kommando, um einen Alias wieder aufzuheben

In unserem Beispiel würde mit

unalias rm

das Kommando *rm* wieder seine schlagkräftige Wirkung zurückerhalten. Hier zusammengefaßt die wichtigsten Funktionen von *alias*:

Befehl	Beispiel	Bedeutung
alias *Aliasname*="Befehl"	**alias ll**="ls -l" **alias rm**="rm -i"	Bildung eines Alias
Aliasname	**\rm** *datei*	Aufhebung der Aliasfunktion für den aktuellen Befehl
unalias *Aliasname*	**unalias rm**	Aliasfunktion aufheben
alias -x *Aliasname*	**alias -x ll**="ls -l"	Aliasfunktion auch für Sub-Shells exportieren
alias	**alias** *history=fc -l* *r=fc -e* *integer=typeset -i*	Anzeige der vorhandenen Aliasfunktionen

Bild 3-199: Zusammenfassung Alias-Funktionen

3.8.6 Variablen der Korn-Shell

Variablen haben wir ja schon in der Bourne-Shell kennengelernt. Dort wurde der Wert einer Variablen zugewiesen mit

Name=Wert; **export** *Name*

Damit die Variable auch in Unterprogrammen Gültigkeit hat, wurde sie exportiert. In der Korn-Shell können Sie mit einem Aufruf der Variablen eine Wert zuweisen und sie gleichzeitig exportieren:

export *Name=Wert*

Bei der Korn-Shell kann über ein eigenes Kommando die Variable genauer definiert werden. Der Aufruf hierzu ist

typeset *Option Name[=Wert]*

typeset – Kommando, um in der Korn-Shell Variable zu setzen

Als Option kann voreingestellt werden, was für ein Wert zugewiesen werden darf:

Option	Ableitung von	Auswirkung auf den Wert der Variable
-i	*integer*	Es werden nur ganze Zahlen akzeptiert Mit dieser Variablen kann später direkt gerechnet werden
-u	*uppercase*	Zugewiesene Zeichenfolgen werden in Großbuchstaben umgewandelt
-l	*lowercase*	Zugewiesene Zeichenfolgen werden in Kleinbuchstaben umgewandelt
-x	*export*	Variable wird gleich exportiert

Wurde als Option *-i integer* angegeben, können Grundrechenfunktionen direkt zugewiesen werden:

Operator	Auswirkung	Beispiel – Wert von $erg jew. von Zeile zuvor	Ergebnis **echo $erg**
+	Addition	**typeset -i erg=5+12**	*17*
-	Subtraktion	**erg=$erg-3**	*14*
*	Multiplikation	**erg=$erg*3**	*42*
/	Division	**erg=$erg/3**	*14*
%	Modulo	**erg=$erg%3**	*2*

Für das Kommando **typeset -i** wird meist das voreingestellte Alias **integer** verwendet:

integer *Name*[=*Wert*]

Als Beispiel schreiben wir eine kleine Prozedur ›countdown‹, die uns fragt, wie lange der *Countdown* laufen soll, jeweils zurückzählt und uns den Wert über *banner* am Bildschirm anzeigt:

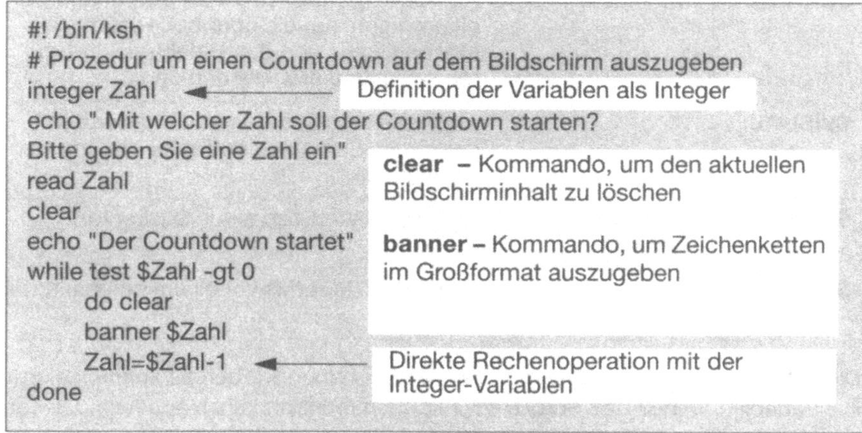

Bild 3-200: Beispiel countdown Rechenoperation mit Integer-Variablen

▷ Bei **Rechenoperationen mit Integer-Variablen dürfen keine Leerzeichen enthalten sein** (dagegen muß bei Rechenoperationen mit dem Kommando *expr* unbedingt auf Leerzeichen geachtet werden, siehe auch Seite 294).

Kurz zusammengefaßt:

Der Wert einer Variablen kann also auf drei Arten zugewiesen werden:

1. wie bisher auch in Bourne-Shell   *Name=Wert* ; **export** *Name*

2. Wertzuweisung und *export*
   in einem Aufruf   **export** *Name=Wert*

3. über ein eigenes Kommando   **typeset [-iuvx]** *Name*[=*Wert*]
   die Optionen bedeuten:

   -i   *integer*   nur ganze Zahlen werden akzeptiert

   -u   *uppercase*   Eingabe wird in Großbuchstaben zugewiesen

   -l   *lowercase*   Eingabe wird in Kleinbuchstaben zugewiesen

   -x   *export*   Variable wird exportiert

   Für *typeset -i* kann Alias *integer*
   verwendet werden: **integer** *Name*[=*Wert*]

Spezielle vordefinierte Variable

Variable	Ableitung von	Bedeutung
$ENV	*Environment*	Als Wert wird der Name der Datei zugeordnet, die ksh-spezifische Voreinstellung enthält z.B. **$HOME/.kshrc** und sollte in .profile gesetzt werden
$HISTSIZE	*Größe der History*	Als Wert wird die Anzahl der Kommandos eingetragen, auf die über den History-Mechanismus und den Befehlszeilen-Editor zurückgegriffen werden darf
$VISUAL		Als Wert wird vi oder emacs zugeordnet, der für als Befehlszeilen-Editor genommen werden soll
$PWD	*print working directory*	Enthält als Wert das aktuelle Directory
$OLDPWD		Enthält als Wert das vor einem cd benutzte Directory

Die Variablen *$ENV, $VISUAL* und *$HISTSIZE* haben wir bereits kennengelernt. Die Variablen **$PWD** und **$OLDPWD** können recht praktisch angewendet werden. Wenn Sie nur mal kurz in ein anderes Directory wechseln, können Sie mit dem Kommando

cd $OLDPWD

wieder in das vorherige Directory zurückspringen und müssen hierfür nicht lange nach dem Pfad suchen. Da die Eingabe trotzdem noch recht lang ist, empfiehlt es sich, hierfür einen Alias zu bilden, z.B.

alias cdo="cd $OLDPWD"

Wenn Sie dieses Alias in Ihre Datei $HOME/.kshrc mit aufnehmen, können Sie mit **cdo** immer in das vorherige Directory zurückkommen.

Mit der Variable **$PWD** können wir nun endlich unser Prompt-Zeichen so setzen, daß wir immer unser aktuelles Directory angezeigt bekommen. Hier müssen wir jedoch die Variable in einfache Hochkommas ' ' setzen, damit die Variable nicht sofort von der Shell bei der Zuweisung ersetzt wird, sondern jeweils erst bei der Anzeige von dem Prompt. Probieren Sie am besten einmal die unterschiedlichen Auswirkungen aus. Sie werden erkennen, daß nur mit folgender Eingabe die gewünschte Wirkung erzielt wird:

export PS1='$PWD'

oder besser, damit Sie eine klare Trennung zu Ihrer Eingabe haben:

export PS1='$PWD >'

Auch diese Zeile ergänzen Sie in Ihrer Datei **$HOME/.kshrc**. So schön die Anzeige des aktuellen Pfadnamens ist, so lästig kann sie auch werden, nämlich dann, wenn Sie Ihr Home-Directory gut strukturiert haben und so recht lange Pfadnamen entstehen. Es bleibt Ihnen dann kaum Platz für Ihre Befehlseingabe. Die Korn-Shell bietet noch eine ganze Menge von Zusatzfunktionen, u.a. eine Zeichenkettensubstitution, die für die Auswertung von Variablen eingesetzt wird. Wir werden hierauf nicht weiter eingehen, übernehmen aber ein Beispiel aus dem Buch UNIX von J. Gulbins/K. Obermayr, das gerade für die Zuweisung des aktuellen Pfades sehr schön ist. Mit folgender Anweisung erhalten Sie nur das letzte Directory Ihres aktuellen Pfadnamens angezeigt:

export PS1='.../${PWD##*/} >'

Würde Monika z.B. in Ihr Unterdirectory /usr/kurs/monika/Texte wechseln, würde der Prompt der Korn-Shell angezeigt werden mit:

.../Texte >

Wenn Sie Ihren Rechnernamen mit in die Promptanzeige übernehmen möchten, können Sie z.B. folgende Ergänzung vornehmen:

export PS1="`hostname`:$PS1"

(Auf einigen Rechnern kann der Rechnername auch über die Variable **$HOST** abgefragt werden.) Würde Monika am Rechner idefix arbeiten, würde als Prompt dann

idefix:.../Texte >

angezeigt werden.

In der Korn- und C-Shell gibt es, um in das jeweilige Home-Directory eines Benutzers zu wechseln, noch ein Sonderzeichen. Bisher hatten wir kennengelernt, daß Sie mit

cd *ohne Angabe*	jeweils in Ihr eigenes Home-Directory wechseln können.
$HOME	konnten Sie angeben, wenn an dieser Stelle Ihr Home-Directory eingesetzt werden soll.
~	Dies können Sie nun kürzer mit dem Tildezeichen erreichen.
~/Benutzer	Geben Sie zu dem Tildezeichen mit Schrägstrich getrennt einen Benutzernamen an, so wird hierfür das jeweilige Home-Directory des angegebenen Benutzers eingesetzt. Z.B. wird für *~/hans* */usr/kurs/hans* ersetzt.

~, Sonderzeichen, um den Namen des Home-Directories zu erhalten

3.8.7 Zusätzliche Optionen

Wie gefallen Ihnen die bisher kennengelernten Verbesserungen der Korn-Shell?
Noch fehlt uns eine Option, auf die in den vorigen Kapiteln schon aufmerksam
gemacht wurde, nämlich, daß Sie verhindern können, daß bei der Umleitung der
Standardausgabe evtl. schon bestehende Dateien überschrieben werden.

Mit dem Kommando set werden die Optionen gesetzt:

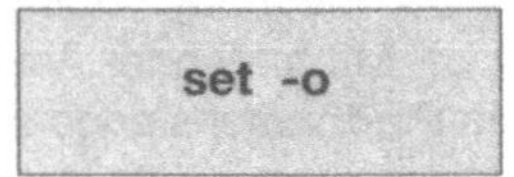

set -o, Kommando, um Optionen in der Korn-Shell zu setzen

Hier eine Auswahl möglicher Optionen::

Option	Bedeutung
allexport	Alle gebildeten Variablen werden grundsätzlich exportiert
bgnice	Hintergrundprozesse laufen mit einer niedrigeren Priorität
emacs *oder* vi	Der angegebene Editor wird zum Editieren der Befehlszeile genommen (Korrektur über ESC-Taste)
ignoreeof	Mit der Tastenkombination <**Ctrl + d**> kann die Shell nicht mehr beendet werden (wird ignoriert)
noclobber	Bereits bestehende Dateien können über Umleitungszeichen **>, >> und 2>** nicht mehr überschrieben werden

Geben Sie ein *set*-Kommando über Terminal ein, so gilt die Voreinstellung nur
solange, bis Sie sich wieder abmelden. Um die Voreinstellung generell zu setzen, werden diese Optionen ebenfalls in die Datei **.kshrc** eingetragen.

Mit dem Kommando ***set** ohne Angaben* erhalten Sie neben den Variablen auch
die gesetzten Optionen angezeigt. Mit **set +o** können gesetzte Optionen wieder
ausgeschaltet werden.

Der Inhalt der Datei */usr/kurs/monika/.kshrc* könnte dann wie folgt aussehen:

```
idefix:.../monika > cat .kshrc
alias ll="ls -l"
alias rm="rm -i"
alias cdo="cd $OLDPWD"
export PS1='.../${PWD##*/} >'
set -o vi
set -o noclobber
idefix:.../monika >
```

Bild 3-201: Beispiel Datei $HOME/.kshrc

3.8.8 Prozeßkontrolle (Jobcontrol)

Im Abschnitt 3.2.7 (Vordergrund- und Hintergrundprozesse, Seite 110) wurde gezeigt, wie Prozesse unter der Bourne-Shell gestartet werden. Sie erinnern sich an die dort vorgestellten Kommandos und Sonderzeichen:

ps   (*process status*) zeigt die aktuellen Prozesse

kill -9 bricht vorzeitig einen Prozeß ab

&   beim Aufruf eines Kommandos als letztes angegeben, bewirkt es, daß dieses Kommando als Hintergrundprozeß gestartet wird.

In der Korn-Shell wird, wenn ein Hintergrundprozeß gestartet wird, eine zusätzliche Nummer in eckigen Klammern ausgegeben. Dies ist die sog. Jobnummer. Hintergrundprozesse werden in der Korn-Shell zusätzlich über eine Jobcontrol gesteuert. Auch Vordergrund-Prozesse können der Jobcontrol übergeben werden. Hierfür wird der Prozeß mit den Tasten

$$\boxed{\text{CTRL}} + \boxed{\text{z}}$$

gestoppt.

Über folgende Kommandos können die *Jobs* dann gesteuert werden.

Kommando	Erläuterung
fg %*Jobnummer*	*foreground* Der Job/Prozeß läuft im Vordergrund weiter.
bg %*Jobnummer*	*background* Der Job/Prozeß läuft im Hintergrund weiter.
stop %*Jobnummer*	Hält einen Job an (entspricht <Ctrl + z>.
kill *Signal* %*Jobnummer* oder **kill** *Symbol* %*Jobnummer* oder **kill** *Signal PID*	Der Prozeß wird abgebrochen. Das *kill*-Kommando kann unter der Korn-Shell sowohl mit der Signalnummer als auch mit einem Signalnamen angegeben werden. Auch die Eingabe mit der Prozeßnummer (*process identification*), wie bisher unter der Bourne-Shell, ist möglich.

Kommandos zur Job-Steuerung

Hierzu ein Beispiel:

```
/usr/kurs/hans > find . -print > liste &
[1] 135
/usr/kurs/hans > stop  %1
[1] stopped
/usr/kurs/hans > fg  %1
```

Bild 3-202: Beispiel Jobcontrol mit stop und fg

Soll der Prozeß abgebrochen werden, so kann das *kill*-Kommando mit der ›sicheren‹ Signalnummer 9 (wie wir schon gelernt haben) abgebrochen werden oder ein anderes Signal mitgegeben werden.

Einige dieser Signale lauten:

Signal	Name/ Symbol	Bedeutung
1	HUP	Die Terminalverbindung wird beendet (z.B. durch das Abmelden eines Benutzers)
2	INT	Interrupt vom Terminal, z.B. wurde das Programm mit <CTRL + c> abgebrochen
3	QUIT	Der Prozeß wird abgebrochen und ein Core-Dump erzeugt
9	KILL	Der Prozeß wird unbedingt abgebrochen
15	TERM	Das Programm wird normal beendet
17	STOP	Prozeß stoppen
18	TSTP	Der Prozeß wird vom Terminal aus gestoppt <CTRL + z>
19	CONT	Der gestoppte Prozeß soll im Hintergrund weiterlaufen (bg)

Bild 3-203: Tabelle mit einigen Signalen

Mit dem Kommando *kill -l* können Sie sich eine Liste aller verfügbaren Signale ausgeben lassen. Mit dem Kommando *jobs* können die aktuellen Jobs angezeigt werden:

Die nachstehende Zeichnung stellt die möglichen Jobsteuerungen dar.

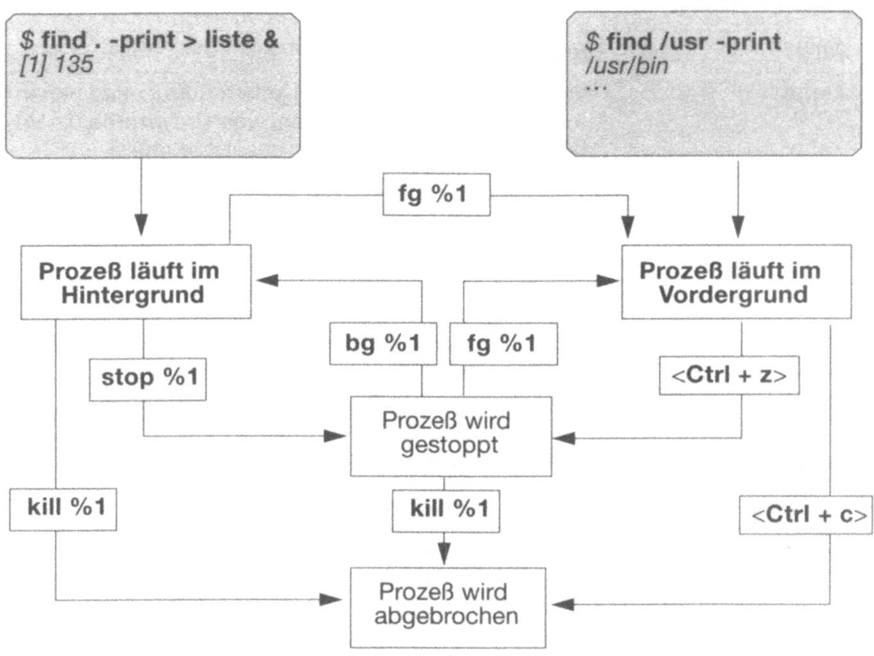

Bild 3-204: Die verschiedenen Jobsteuerungen

3.8.9 Zusammenfassung

Wichtige Dateien:

Datei	Bedeutung
.kshrc*	Wird von der Korn-Shell bei jedem Aufruf einer neuen Korn-Shell (Subshell) gelesen, wenn im **.profile** die **Variable ENV=$HOME/.kshrc** gesetzt wurde. In *.kshrc* werden u.a. Alias-Zuweisungen und Korn-Shell-spezifische Variablen, Funktionen und Optionen gesetzt.
.profile	Wird nach dem Anmelden/Login von der Bourne- oder Korn-Shell gelesen, aber nicht von der C-Shell. In .profile werden u.a. Variable gesetzt, wie $PATH, $ENV und/oder spezielle Anfangsroutinen für den Benutzer gestartet.

In diesem Kapitel behandelte Kommandos

Kommandoeingabe	Funktion
ksh Unter DOS: **command.com**	*Korn-Shell* **Startet eine Korn-Shell** Hierbei wird die Datei **$HOME/.kshrc** gelesen, wenn die Variable **ENV** entsprechend gesetzt ist
history [-*n*]	*Vergangenes* **Zeigt die letzten 10 bzw. n Kommandos an** **(alias zu → fc -l)**
emacs und **vi**	**als Befehlszeilen-Editor** *siehe Bild 3-197 auf Seite 311*
fc [-l *n*] [-e -] statt **fc -l** gibt es ein Alias **history** statt **fc -e -** gibt es ein Alias **r** **r** **r** *-n* **r** *n* **r** *name*	*fix command* **Wiederholt bereits eingegebene Kommandos/Befehle oder zeigt sie an (History-Mechanismus)** **-l** *list - bzw. history* zeigt die letzten 10 bzw. *n* Kommandos **-e** *edit - bzw.* **r** *repeat (unter* **csh** *nur* !) wiederholt den letzten Befehl wiederholt den *n*-tletzten Befehl wiederholt den *n*-ten Befehl wiederholt den letzten Befehl, in dem *"name"* enthalten ist

Kommandoeingabe	Funktion
alias [-x] *kürzel="Befehl "* *Beispiel:* **alias ll="ls -l"**	*Zusatzname* **Setzt Kürzel für Befehle**
unalias *Kürzel* bzw. nur nachfolgender Alias wird aufgehoben: *Kürzel*	**Löst die Bedeutung eines Alias wieder auf** Alias wird nur temporär aufgelöst
typeset [-iulx]	**Setzt Variable** **-i** *integer* alias: **integer** für ganze Zahlen **-u** *upper* case nur für Großbuchstaben **-l** *lower* case nur für Kleinbuchstaben **-x** *export* Die Variable wird gleich exportiert
integer *name[=Rechenoperation]* *Beispiel:* **integer** *zahl=10* **mögliche Operatoren** + - * / %	*ganze Zahl* **Bildet eine Integer-Variable** (alias zu typeset -i) → **typeset** Bei der Zuweisung und innerhalb der Rechenoperation dürfen keine Leerzeichen enthalten sein **Auswirkung** Addition Subtraktion Multiplikation Division Modulo
fg *%Jobnummer*	*foreground* Der Job/Prozeß läuft im Vordergrund weiter.
bg *%Jobnummer*	*background* Der Job/Prozeß läuft im Hintergrund weiter.
stop *%Jobnummer*	Hält einen Job an Von einem Vordergrund-Prozeß auch über direkten Terminalzugriff mit <Ctrl + z>. möglich
kill -9 [PID] [%Jobnr]	*kill (töten)* **Bricht einen Prozeß ab**

Vordefinierte Variable bzw. Sonderzeichen

Shellvariable	Bedeutung
$ENV	Hier wird als Wert der Dateiname angegeben, der Voreinstellungen für die Korn-Shell enthält. In der Regel **$HOME/.kshrc**
$HISTSIZE	Als Wert wird die Anzahl der Kommandos eingetragen, auf die über den History-Mechanismus und den Befehlszeilen-Editor zurückgegriffen werden darf
$PWD	Als Wert wird jeweils das aktuelle Directory zugeordnet
$OLDPWD	Enthält als Wert das vor einem cd benutzte Directory
$VISUAL	Ist diese Variable belegt, kann die Befehlszeile editiert werden
~/*Benutzer* Beispiel ~/*hans*	Das Tildezeichen wird durch das Home-Directory von dem aktuellen Benutzer ersetzt oder mit des durch Schrägstrich getrennten **wird ersetzt** /usr/kurs/hans ersetzt.

Zusätzliche Optionen

Option	Bedeutung
allexport	Alle gebildeten Variablen werden grundsätzlich exportiert
bgnice	Hintergrundprozesse laufen mit einer niedrigeren Priorität
emacs oder **vi**	Wird diese Option gesetzt, kann die Befehlszeile mit dem angegebenen Programm editiert werden. Hierfür muß, um zu korrigieren, die ESC-Taste gedrückt werden. Der Befehlszeilen-Editor kann auch durch Setzen der Variable **VISUAL=vi** eingeschaltet werden
ignoreeof	Mit der Tastenkombination Ctrl + d kann die Shell nicht mehr beendet werden (wird ignoriert)
noclobber	Bereits bestehende Dateien können über Umleitungszeichen > nicht mehr überschrieben werden

3.9 Besonderheiten der C-Shell

Wie in den beiden vorherigen Kapiteln schon daraufhingewiesen, wird in diesem Buch die C-Shell nicht eigens behandelt. Da speziell im Umfeld der Softwareentwicklung die C-Shell oft eingesetzt ist, sollen hier wenigstens die wichtigsten Unterschiede zur Bourne- und Korn-Shell aufgezeigt werden.

Die einzelnen Themen:

3.9.1   Eigenschaften der C-Shell

3.9.2   Wie wird die Fehlerumleitung eingegeben?

3.9.3   Was ist anders bei der Ablaufsteuerung?

3.9.4   Wie wird mit Variablen gearbeitet?

3.9.5   Aliasbildung/-aufhebung

3.9.1 Eigenschaften der C-Shell

Ähnlich wie die Korn-Shell wurde die C-Shell als Alternative zur Bourne-Shell entwickelt, um wesentliche Erweiterungen aufzunehmen.

Hierzu gehören:

- Der History-Mechanismus mit der Möglichkeit, Befehlszeilen zu editieren
- Der Alias-Mechanismus
- Die Job-Kontrolle (Stoppen eines Prozesses, Wiederstarten als Vorder- oder Hintergrund-Prozeß)
- Weitere vordefinierte Variable
- Einfachere Behandlung von Variablen (Integer-Variable mit Rechenoperationen)
- Optionen, mit denen z.B. wie in der Korn-Shell das Überschreiben von Dateien bei Standardausgabe-Umleitungen verhindert wird.

Als Startroutinen liest die C-Shell, wenn sie durch das *login* über die Datei */etc/passwd* gestartet wurde, im jeweiligen Home-Directory des Benutzers statt *.profile* die Datei *.login*.

Die Datei *.cshrc* wird generell bei jedem Aufruf der C-Shell gelesen.

Das Prompt der C-Shell ist das Prozentzeichen **%**.

Es kann mit dem Kommando

set prompt = "neuer Wert"

neu zugewiesen werden.

> Hier auch gleich ein wesentlicher Unterschied zur Bourne- und Korn-Shell, der oft zu Fehlern führt: Variable sind meist in Kleinbuchstaben (*prompt*) geschrieben, und das Gleichheitszeichen muß getrennt durch Leerzeichen eingegeben werden!

Dateinamenexpansion, Ein-/Ausgabeumleitung außer Fehlerausgabe-Umleitung, Aufruf eines Hintergrundprozesses und die Positionsparameter werden genauso wie in der Bourne- oder Korn-Shell behandelt.

Doch während die *ksh* ohne weiteres Shell-Prozeduren (Scripte) von der Bourne-Shell (*sh*) richtig interpretiert und ausführt, führen *sh*-Scripte, die mit *csh* gestartet werden, oft zu fehlerhaftem Abbruch. Deshalb auch an dieser Stelle nochmals der Hinweis, daß, wenn verschiedene Shells genutzt werden, in der ersten Zeile einer Shell-Prozedur der run-Befehl stehen sollte: z.B.

#!/bin/sh oder #!/usr/bin/csh

Nachstehend eine Übersicht der wesentlichen Unterschiede, die, falls nicht explizit die C-Shell aufgerufen wurde, zu Fehlern führen könnten.

3.9.2 Wie wird die Fehlerumleitung eingegeben?

Eingabe unter sh/ksh	Eingabe unter csh
2>	>&

3.9.3 Was ist anders bei der Ablaufsteuerung?

Eingabe unter sh/ksh	Eingabe unter csh

If-Bedingung:
if *Befehl*
    then *Befehlsfolge*
    else *Befehlsfolge*
fi
 	
oder
if *Befehl*
    then *Befehlsfolge*
    elif *Befehl*
    then *Befehlsfolge*
fi
	if (*ausdruck*) Befehl
	oder
	if (*ausdruck*) **then**
	        Befehlsfolge
	endif
	oder
	if (*ausdruck*) **then**
	        Befehlsfolge
	        else if (*ausdruck*) **then**
	        Befehlsfolge
	        else *Befehlsfolge*
	endif

Schleifenverarbeitung:
for *Name* **in** *argumente*
    do *Befehlsfolge*
done
	foreach *Name* (*argumente*)
	        Befehlsfolge
	end

while *Befehl*
    do *Befehlsfolge*
done
	while (*ausdruck*)
	        Befehlsfolge
	end

Case-Verarbeitung
case *Textmuster* **in**
    muster_1) *Befehlsfolge* ;;
    muster_2) *Befehlsfolge* ;;
...
esac
	switch (*textmuster*)
	        case *Muster1*; *Befehlsfolge*;
	breaksw
	
	...
	        case *Mustern*; *Befehlsfolge*;
	breaksw
	        default: *Befehlsfolge* # optional
	endsw

Goto-Anweisung nicht möglich	**goto** *marke* ... *marke*: *Befehlsfolge*
Repeat-Anweisung nicht möglich	**repeat** *n Befehl*

3.9.4 Wie wird mit Variablen gearbeitet?

Eingabe unter sh/ksh	Eingabe unter csh
Positionsparameter $0, $1, ...	$argv[0], $argv[1], ... und $0, $1, ...

Vordefinierte Variable
 	
$HOME
  ksh: zusätzlich
  ~[/benutzer]
 	
$PS1
	Statt Groß- in Kleinbuchstaben
	  (nur einige gleichlautend)
	$home
	
	oder ~[/benutzer]
	
	$prompt

Bereitzeichen mit aktuellen Pfadnamen zuweisen: export PS1="` $PWD` >"	Nur über Trick - Aliasbildung (Quelle: UNIX, J. Gulbins, K. Obermayr) alias *defpr* ` set prompt = "${cwd}%" ` *defpr* alias cd 'chdir \!* && *defpr*'
Setzen von Variablen PATH=$PATH:*/usr/kurs/bin* export PATH	set path = ($path */usr/kurs/bin*)x oder setenv Name Wert
Rechnen mit Variablen *zahl=10* *zahl=`expr $zahl + 1`* ksh zusätzlich: integer *zahl=10* *zahl=$zahl+1*	@ *zahl 10* @ *zahl = ($zahl + 1)*

3.9.5 Aliasbildung/-aufhebung

Eingabe unter ksh	Eingabe unter csh
alias [-x] *kürzel*="Befehl " alias ll="ls –l" unalias *kürzel*	alias *kürzel* Befehl unalias *kürzel*

Mit Bourne- und Korn-Shell können Sie nun Ihre Arbeitsumgebung und Arbeitsabläufe auf einem UNIX-Rechner so gestalten, wie Sie sie benötigen. Hier noch ein paar Befehle mit Beispielen aus der Praxis, die ganz nützlich sein können, um knifflige Aufgaben zu lösen.

Die einzelnen Themen:

3.10.1   Umleitung mit tee

3.10.2   Kommandos, um Dateien und Zeichenketten
zu verändern

- Sortieren von Dateiinhalten oder Zeichenketten

- Separieren (Ausschneiden) von Spalten aus Dateien
oder Zeichenketten

- Vergleichen von Dateien

- Das Kommando read in Verbindung mit dem Pipe-
Mechanismus

- Nur ein kleiner Blick in Dateien

3.10.3   Programme starten, und Sie gehen schlafen

3.10.1 Umleitung mit tee

Hatten wir in der Shell-Einführung gelernt, daß die Ausgabe eines Kommandos durch den Pipe-Mechanismus als Eingabe für das nächste Kommando umgeleitet wird, so können Sie durch das Kommando *tee* die Ausgabe zusätzlich in eine Datei umleiten.

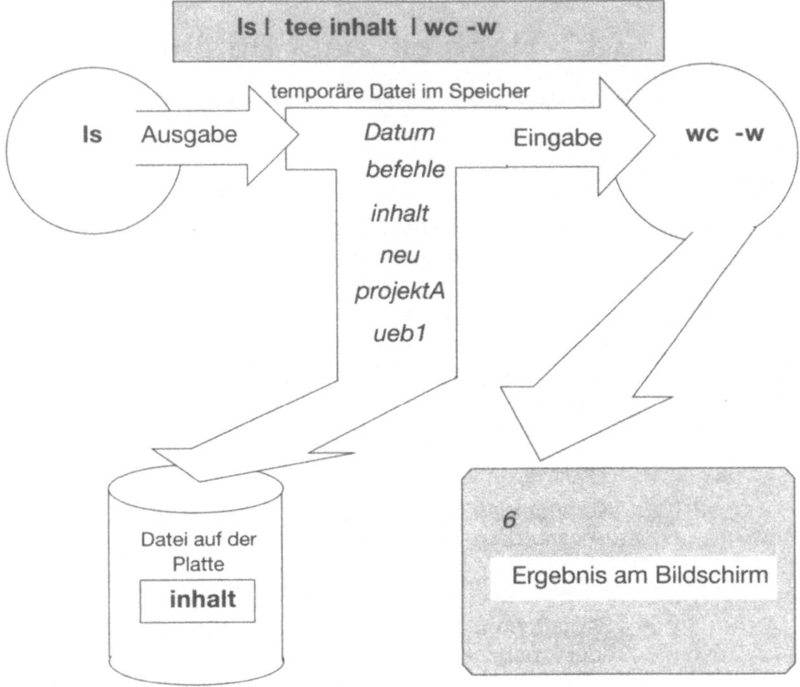

tee – Kommando, um eine Pipe-Ausgabe zusätzlich in eine Datei abzuleiten

Diese parallele Umleitung läßt sich auch gut mit nachfolgenden Kommandos kombinieren, um einen veränderten Dateiinhalt sofort am Bildschirm kontrollieren zu können und zusätzlich in eine neue Datei zu speichen.

3.10.2 Kommandos, um Dateien und Zeichenketten zu verändern

Unter Unix können Sie im großen Stil ›Datei-Manipulationen‹ vornehmen. Das
mächtigste Werkzeug hierfür ist sicher der **awk** (von den Programmierern *Aho*,
Weinberger, *Kernigham* abgeleitet), das aber sicher den Rahmen dieses Einführungsbuches sprengen würde. Der Vollständigkeit halber möchte ich es aber erwähnen. Sie können mit diesem Programm Dateien analysieren, neu aufbereiten, nach unterschiedlichen Kriterien sortieren, neue Dateien damit generieren
und anspruchsvolle Listen ausgeben. Die Eingabe zu diesem Kommando gleicht
aber dementsprechend auch einem eigenen Programm. Der *awk* wird u.a. im
Buch von J.Gulbins/K.Obermayr behandelt. Von den Autoren des *awk* gibt es
auch ein Buch (*The AWK Programming Language*). Im Literaturverzeichnis finden Sie hierzu weitere Angaben. Doch auch ohne den *awk* können Sie mit einer
Reihe von Kommandos Dateiinhalte oder Zeichenketten verändern, z.B.

- ❑   sortieren mit **sort**

- ❑   Zeichen oder Spalten herausschneiden mit **cut**

- ❑   Dateien oder Zeichenketten (Strings) vergleichen mit **diff** (oder *cmp*)

- ❑   bestimmte Zeilen aus Dateien selektieren mit **grep**. Das Kommando haben
  wir bereits im Kapitel 3.4, Seite 188 kennengelernt.

Sehen wir uns zu den genannten Kommandos ein paar Beispiele an:

Sortieren von Dateiinhalten oder Zeichenketten

Auch das *sort*-Kommando hatten wir schon einmal kurz besprochen (Kapitel
3.2, Seite 97), um eine Ausgabe alphabetisch zu sortieren. Doch mit *sort* können
Sie auch nach unterschiedlichen Spalten innerhalb einer Datei oder Zeichenausgabe sortieren.

Oft wird in der Datei */etc/passwd* unter Kommentar der vollständige Name der
Benutzer, evtl. sogar Abteilung und Telefon-Nr. eingetragen. In der Passwort-
Datei sind die Benutzer aber nach der laufenden Benutzernummer sortiert.
Wenn wir aus dieser Datei eine alphabetische Namensdatei unserer Benutzer erstellen wollen, müssen wir dem Kommando mitteilen, an welcher Stelle/Spalte
es die Sortierung durchführen soll. Als Spalte interpretiert das *sort*-Programm
zusammenhängende Zeichen, die durch ein oder mehrere Leerzeichen voneinander getrennt sind. Sehen wir uns die Syntax des Kommandos *sort* an:

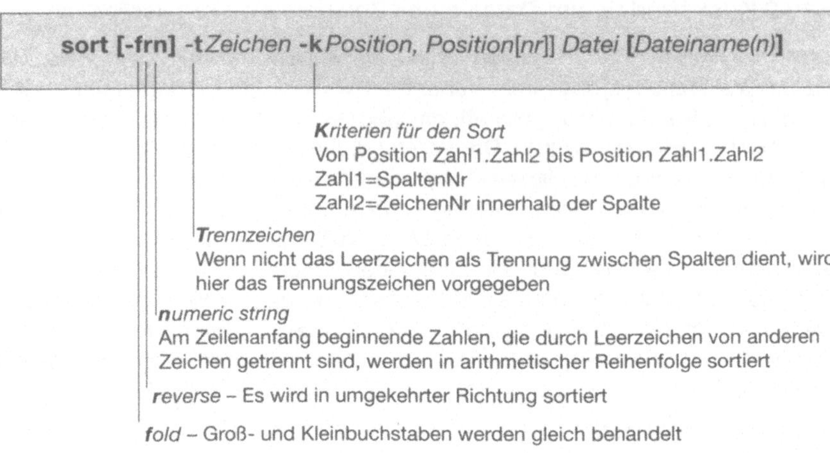

sort – Kommando, um Dateiinhalte oder Zeichenketten zu sortieren

In unserem Beispiel wollen wir den Dateiinhalt nach der Spalte vier sortieren. Uns interessieren aber nur die Benutzer, die mit ›*ben*‹ beginnen. Über eine Pipe können wir vorab mit **grep** diese Zeilen herausfiltern und geben die Ausgabe an das **sort**-Programm weiter. Da wir die Ausgabe sowohl am Bildschirm kontrollieren wollen als auch in einer Datei abspeichern möchten, verwenden wir hier gleich das Kommando **tee**. Um das Kommando *sort* besser kennenzulernen, sortieren wir nur nach den ersten vier Buchstaben des Namens.

Um aus der Datei */etc/passwd* die gewünschten Spalten zu sortieren und in einer anderen Datei abzuspeichern, sehen wir uns kurz nochmal einen Ausschnitt von */etc/passwd* an. Die einzelnen Spalten sind durch einen ›:‹ getrennt, den wir beim Aufruf als Trennungssymbol mit der Option *-t:* angeben.

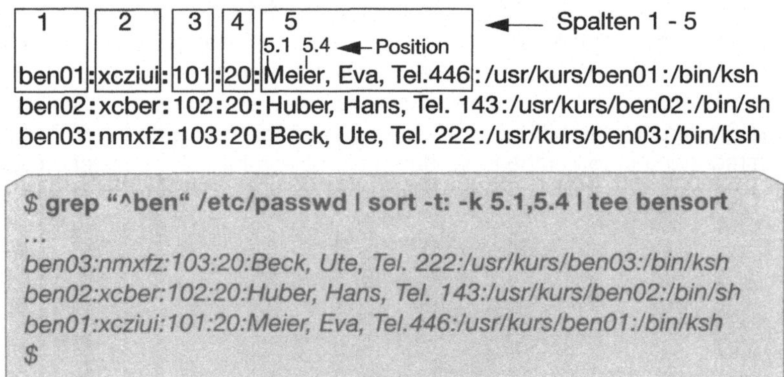

Bild 3-205: Beispiel sort als Filterprogramm (Sortierung nach Spalten)

Separieren (Ausschneiden) von Spalten aus Dateien oder Zeichenketten

Der Inhalt unserer neuen Datei *bensort* entspricht den Zeilen am Bildschirm. Um nun eine Liste nur mit Benutzername (ben01 ...), dem vollständigen Namen mit Telefonnummer und das Home-Directory zu bekommen, benötigen wir nur die Spalten 0,4 und 5. Alle anderen Spalten interessieren uns vorerst nicht. Um Spalten ›herauszuschneiden‹ gibt es das Kommando *cut*:

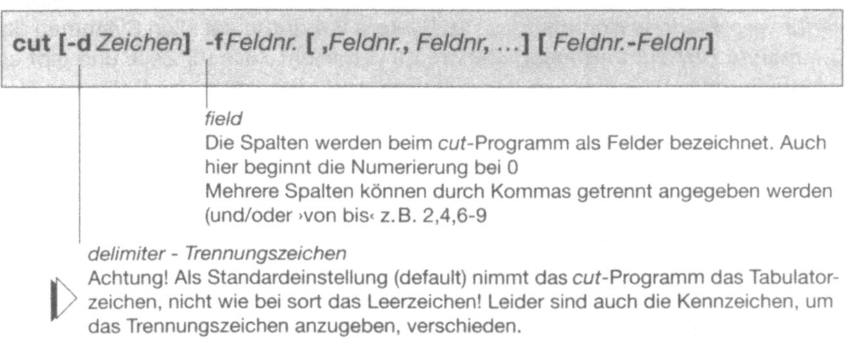

cut – Kommando, um Spalten auszuschneiden

Um die Spalten 0, 4 und 5 zu erhalten, geben wir ein:

```
$ cut -d: -f0,4-5 bensort | tee benutzer
ben03:Beck, Ute, Tel. 222:/usr/kurs/ben03:
ben02:Huber, Hans, Tel. 143:/usr/kurs/ben02:
ben01::Meier, Eva, Tel.446:/usr/kurs/ben01:
$
```

Bild 3-206: Beispiel cut, Separieren der Spalten 0,4 und 5 aus /etc/passwd

Wie müßte die Eingabe lauten, wenn wir mit einem Aufruf nur die drei Spalten von */etc/passwd* herausfiltern, sortieren, am Bildschirm anzeigen und gleichzeitig in eine Datei schreiben? Kein Problem. Wir können ja beliebig lange Pipes schreiben. Versuchen Sie es einmal, benennen Sie die Ausgabedatei vorsichtshalber *benutzer1* und für weitere Versuche *benutzer2* usw. Um herauszufinden, ob die Dateien das gleiche Ergebnis gebracht haben, können Sie dies mit dem nachfolgenden Kommando prüfen.

Vergleichen von Dateien

Wie oft kommt es vor, daß zwei Dateien mit gleichem oder fast gleichem Inhalt vorhanden sind? Mit bloßem Auge ist es oft schwer erkennbar, wo und ob Unterschiede bestehen. Welche der beiden Dateien darf gelöscht werden? Mit *ls -l* können wir vorab Datum und Größe vergleichen, doch wir wissen dann noch nicht, welcher Dateiinhalt der richtige ist, wo die Unterschiede liegen. Da ist es sehr hilfreich, wenn diese Arbeit der Rechner übernimmt. Unter UNIX gibt es hierfür verschiedene Kommandos. Ab System V.4 dürfte auf allen Systemen das Kommando *diff* zur Verfügung stehen. Es vergleicht Zeile für Zeile und gibt ein entsprechendes Protokoll aus. Über Optionen können noch eine Reihe von Voreinstellungen gesteuert werden, doch wir wollen uns hier nur den einfachen Vergleich ansehen.

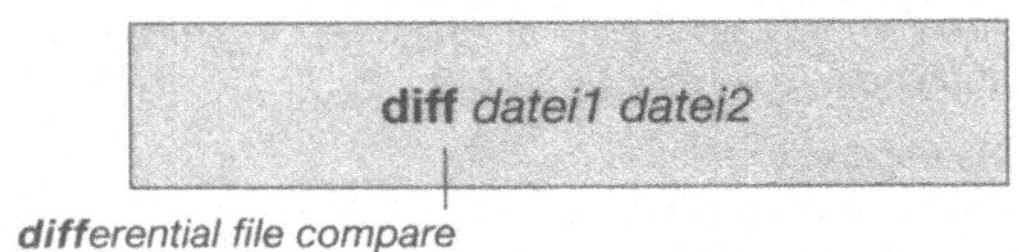

diff – Kommando, um Dateien miteinander zu vergleichen

Nehmen wir als Beispiel zwei kleine Dateien:

Datei1 *h1*:

```
hallo
dies ist die
erste Datei
```

Datei2 *h2*:

```
dies ist die
zweite Datei
```

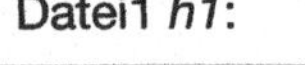

```
$ diff h1 h2
1d0              Zeile 1 delete zu Zeile 0
<hallo           Inhaltsanzeige
3c2              Zeile 3 change zu Zeile 2
<erste Datei     Anzeige h1
---              ---
>zweite Datei    Anzeige h2
```

Die Hinweise im Protokoll basieren auf den Befehlen vom Editor *ed.* Die am häufigsten vorkommenden Hinweise sind:

a   *append*, d.h., die Zeile müßte eingefügt werden,

d   *delete*, d.h., die Zeile müßte gelöscht werden,

c   *change*, d.h., die Zeile müßte geändert werden,

damit die Datei1 gleich der Datei2 wäre.

Ein weiteres Kommando, um Dateien zu vergleichen ist *cmp*. Sind die Dateien gleich, liefert das Kommando den Exit-Status 0. Sind die Dateien nicht gleich, zeigt es standardmäßig nur die erste Position des Unterschiedes an. In unserem obigen Beispiel:

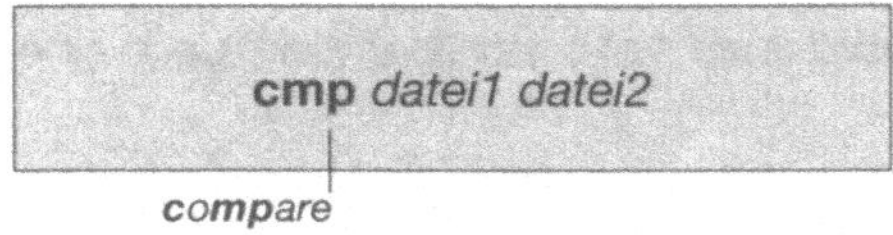

cmp – Kommando, um Dateien zu vergleichen

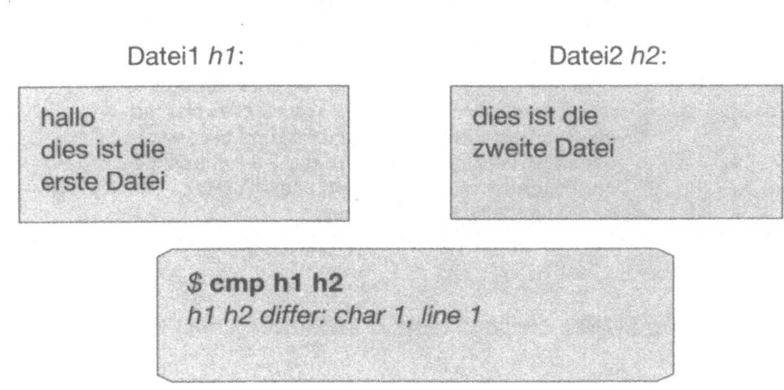

Bild 3-207: Beispiel Vergleich von Dateien mit cmp

Das Kommando read in Verbindung mit dem Pipe-Mechanismus

Ein weiteres Beispiel, das in der Praxis oft benötigt wird, ist, festzustellen, welche Prozesse von einem Benutzer oder einem bestimmten Programm noch laufen und diese Prozesse z.B. gleich abzubrechen.

Hierfür können die einzelnen Abfragen über die Pipe in einem Aufruf abgearbeitet werden:

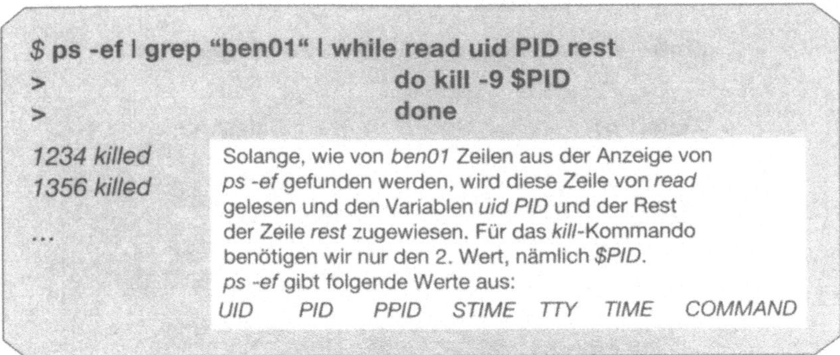

Bild 3-208: Beispiel read in Verbindung mit Pipe

Falls Sie sich nochmal über das Kommando *read* informieren möchten, schlagen Sie nach bei Kapitel 3.7, Seite 271. Über das Kommando *ps* finden Sie im Kapitel 3.2 auf Seite 113 weitere Informationen.

Man kann zwar die Pipe direkt über Terminal eintippen, doch es empfiehlt sich, hier ein kleines Kommando zu schreiben und je nach dem, was gesucht werden soll (z.B. Benutzer- oder Programmname), dies dann als Parameter mitzugeben. In der Prozedur wird dann nach dem Parameter abgefragt:

ps -ef I grep $1 ...

Nur ein kleiner Blick in Dateien

Oft reicht nur ein kleiner Blick in eine Datei oder bei einer Pipe-Ausgabe in die ersten Zeilen, um die nötigten Informationen zu erhalten. Hierfür zwei Kommandos:

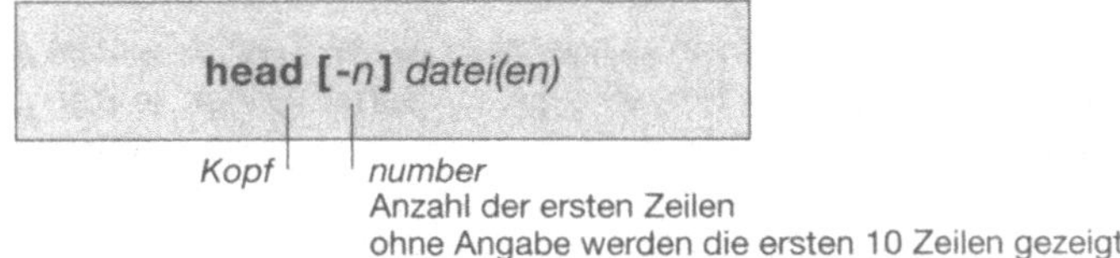

head – Kommando, um die ersten Zeilen einer Datei anzusehen

```
$ head -2 benutzer
ben03:Beck, Ute, Tel. 222:/usr/kurs/ben03:
ben02:Huber, Hans, Tel. 143:/usr/kurs/ben02:
$
```

Bild 3-209: Beispiel head

Das Kommando, um die letzten Zeilen einer Datei angezeigt zu bekommen (also nicht den Kopf, sondern den Schwanz):

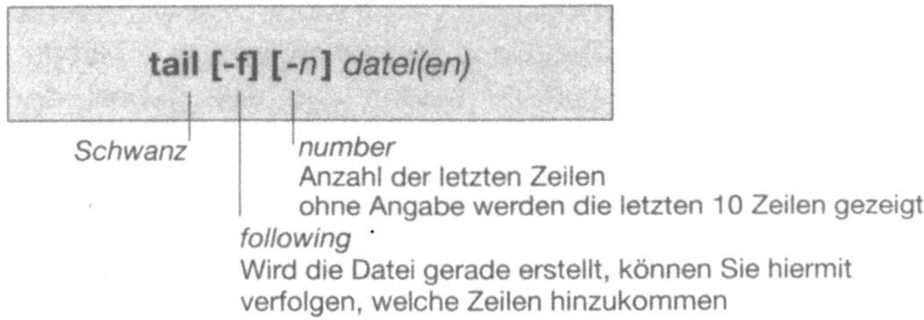

tail – Kommando, um die letzten Zeilen einer Datei anzusehen

```
$ tail -2 benutzer
ben02:Huber, Hans, Tel. 143:/usr/kurs/ben02:
ben01::Meier, Eva, Tel.446:/usr/kurs/ben01:
$
```

Bild 3-210: Beispiel tail

3.10.3 Programme starten, und Sie gehen schlafen

Ja, das wäre toll, nur dem Rechner kurz die Aufgaben übergeben und während wir schlafen – oder den Tag genießen – erledigt der Rechner unsere Arbeit. Gut vorbereitet, ließe sich da sicher einiges bewerkstelligen. Doch ganz so weit wollen wir gar nicht gehen, uns hilft schon eine kleine Verbesserung.

Angenommen, Sie müssen dringend zu einem Termin, wollen aber gerade noch einen zeitaufwendigen Prozeß starten. Damit jedoch in der Zwischenzeit niemand Unfug an Ihrem Rechner treibt, wäre es sicherer, sich vorher abzumelden. Dies bedeutet im Normalfall, daß alle von Ihnen an diesem Terminal gestarteten und noch laufenden Prozesse ebenfalls abgebrochen werden. Um dies zu vermeiden, können Sie einem Kommando beim Aufruf den Status mitgeben, daß es unabhängig von dem Vaterprozeß weiterlaufen soll. Allerdings sollte das Kommando dann im Hintergrund gestartet werden. Dies erfolgt mit:

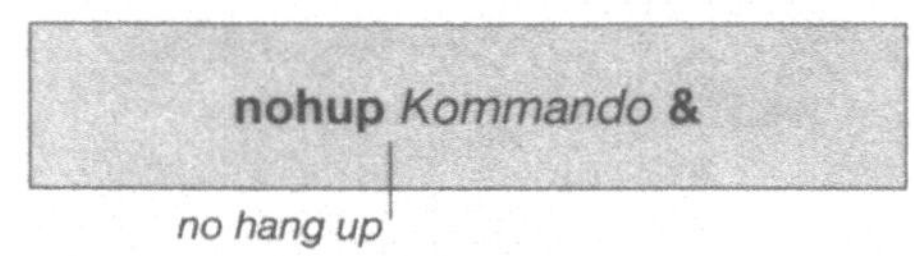

**nohup – Kommando, um Prozesse auch nach einem
logout weiterlaufen zu lassen**

Wenn Sie bereits auf einer grafischen Oberfläche arbeiten, gibt es auch hierfür einfachere Methoden. Sie können softwaremäßig Ihr Terminal einfach abschließen. Die Anzeige am Bildschirm verschwindet (oft werden dann über sog. Bildschirmschoner unterschiedliche Muster angezeigt) - wichtig aber ist, daß niemand, ohne Ihr Paßwort zu wissen und einzugeben, an diesem Terminal arbeiten kann.

Im nächsten Kapitel erfahren Sie mehr über die wesentlichen Erleichterungen durch die grafische Oberfläche CDE (*Common Desktop Environment*). Überschlafen Sie erstmal das bisher über UNIX Gelernte; ganz vergessen sollten Sie es allerdings nicht, denn trotz *Drag and Drop* und *Windowing* läßt sich nicht alles durch Mausklicken erreichen. Auch ist es wichtig, zu wissen, was im Hintergrund abläuft und noch wichtiger, immer direkt mit gezielten Kommandos ins Geschehen eingreifen zu können.

4 CDE – die grafische Benutzeroberfläche unter UNIX

Im Straßenverkehr helfen uns Verkehrszeichen mit Symbolen, wichtige Informationen, Hinweise und Regeln schnell zu erfassen. Genauso schnell und sicher werden wir im CDE über Icons geführt. Statt kryptischer Eingaben klicken wir auf vorgegebene Schaltflächen. Was dahintersteckt, wie Sie bequem mit Bildern arbeiten können und wie Sie die Schreibtischumgebung an Ihre Bedürfnisse anpassen, erfahren Sie in diesem Kapitel.

Die einzelnen Themen:

4.1 Wie melden Sie sich an?

Im Abschnitt 3.1.3 haben Sie erfahren, wie Sie mit einer grafischen Oberfläche arbeiten. Auch wissen Sie bereits, wie Sie sich unter dem CDE an- und abmelden können. Sehen wir uns hierzu kurz nochmal das Anmeldefenster an:

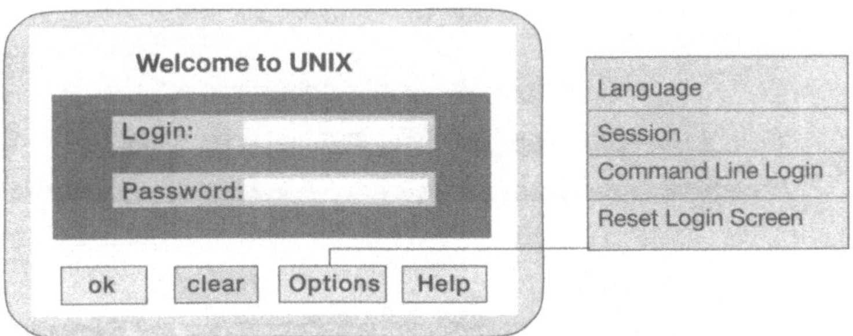

Bild 4-1: Anmeldefenster im CDE

Unter **Options** können Sie auf den meisten Systemen die Sprache vorab einstellen und, falls Sie doch nicht mit CDE arbeiten wollen, können Sie hier auf eine ASCII-Terminal-Einstellung (*Command Line Login*) oder auf eine andere zur Verfügung gestellte X-Window-/Motif-Oberfläche umschalten.

Wenn auf Ihrem System die deutsche Sprache anwählbar ist, erhalten Sie Menüs, Dialogboxen und evtl. Fehlerhinweise in deutsch, auch die Hilfe-Menüs sind zum größten Teil ebenfalls in der ausgewählten Sprache. Leider sind dagegen die UNIX-Manualseiten meistens nach wie vor in englisch. Da auf vielen Systemen englisch voreingestellt ist (bzw. nur verfügbar ist), werden die englischen Menüs beschrieben, die aber im Aufbau identisch mit den deutschen Menüs sind.

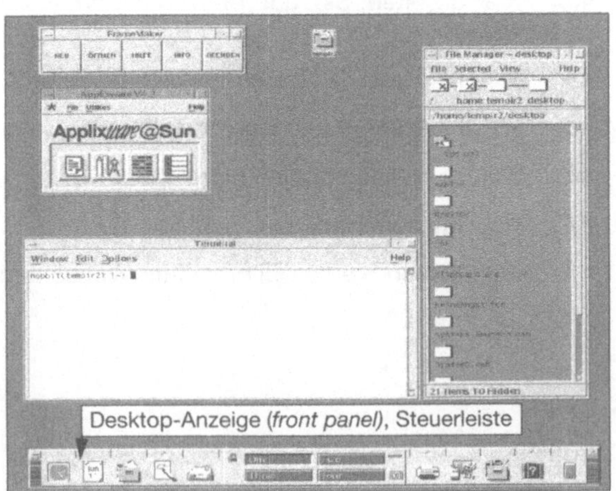

Bild 4-2: Schreibtischumgebung - Arbeitsfläche

4.2 Die Desktop-Anzeige

Sehen wir uns die Anzeige genauer an. Was verbirgt sich hinter den kleinen Bildchen?

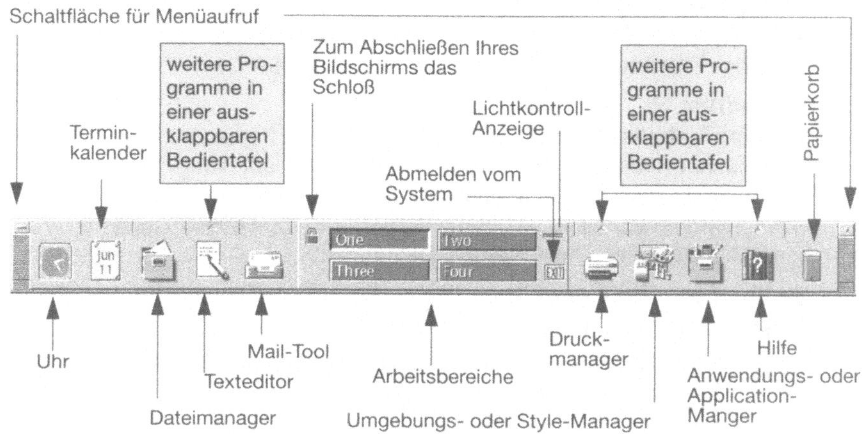

Bild 4-3: Erläuterungen zur Desktop-Anzeige

Zu den einzelnen Punkten von links nach rechts:

❑ **Schaltfläche für Menüaufruf**
Nur an den markierten Stellen können Sie ein Menü aufrufen, um z.B. die Desktop-Anzeige zu verschieben oder zu verkleinern. Die Menüs können Sie mit der linken oder rechten Maustaste aufrufen.

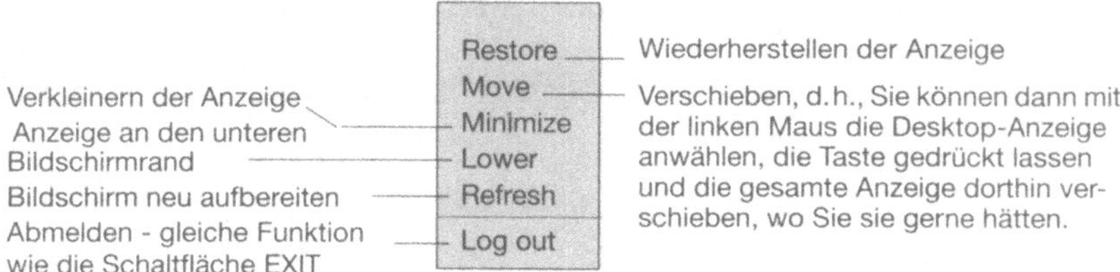

Bild 4-4: Desktop-Anzeige – Menü

❑ **Uhr**
Hier sehen Sie immer die aktuelle Uhrzeit

❑ **Terminkalender mit Datum**
Auf dem ersten Blatt steht jeweils das aktuelle Datum. Mit Doppelklick erhalten Sie einen Terminkalender, in dem Sie Ihre Termine eintragen können. Sie haben hier sogar mehrere Kalender-Darstellungen zur Verfügung, Übersichtskalender für das Jahr, den Monat die Woche und den Tag – und alle werden über einmalige Einträge gesteuert. 

❑ **Dateimanager**
Grafisch werden Directories und Dateien in Ordner und kleinen Kästchen dargestellt. Mit Hilfe von Maus und Dialogboxen werden die Dateien verwaltet. So können Sie z.B. Dateien kopieren, verschieben oder löschen, ohne Kommandos einzugeben. Näheres über den Dateimanager erfahren Sie im Abschnitt 4.7.

❑ **Texteditor**
Mit dem Texteditor haben Sie jederzeit ein ›Blatt Papier‹ zur Hand und müssen nicht erst nach einem Kugelschreiber suchen, sondern können schnell wichtige Gedanken notieren. Aber nicht nur für Notizen, sondern vor allem als Ersatz für den *vi*-Editor ist er einzusetzen. Mehr über den Texteditor im Abschnitt 4.5.

❑ **Bedientafel über dem Texteditor** - auch diese kennen Sie bereits von Abschnitt 3.1, Bild 3-5 (Neues Terminal-Fenster unter CDE) auf Seite 40.

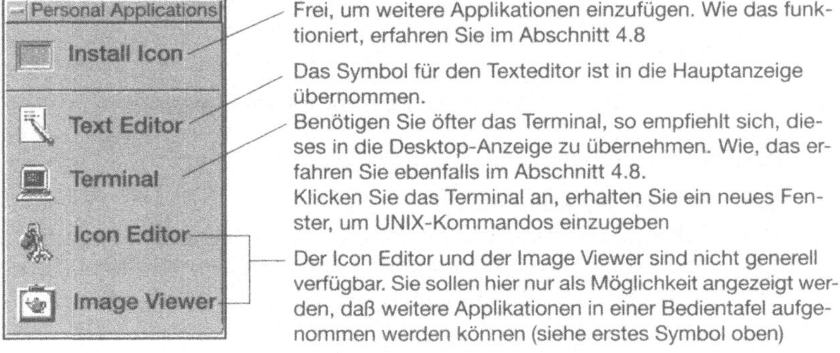

Bild 4-5: Bedientafel über Texteditor

❑ **Mail-Tool**
Abhängig von der Installation Ihres Systems erscheint das voreingestellte Mail-Programm.

❑ **Das Schloß**
Falls Sie bisher schon mit dem CDE gearbeitet haben, kennen Sie bereits, wie Sie den Bildschirm abschließen: Einfach anklicken - doch wehe Sie haben Ihr Paßwort vergessen. Nur mit einem gültigen Paßwort kann der Bildschirm dann wieder benutzt werden. Andernfalls kann Ihnen nur Ihr Systemverwalter weiterhelfen (ein neues Paßwort vergeben). Welches Muster als Schutz auf dem Bildschirm erscheinen soll, wird im Umgebungs- oder Style-Manager eingestellt (siehe Abschnitt 4.8).

❑ **Arbeitsbereiche**
Wußten Sie schon, daß Sie nicht nur einen, sondern mindestens vier Bildschirme zur Verfügung haben? Hinter jedem dieser kleinen Balken (One, Two, Three, Four) verbirgt sich eine neue Schreibtischumgebung. Es ist

eine phantastische Einrichtung für all jene, die gleichzeitig mit mehreren
Programmen arbeiten. Wenn Sie sich das Bild 4-2 ansehen, ist ja jetzt
schon kaum mehr Platz, um z.B. mit FrameMaker ein Dokument zu bearbeiten. Denn sowohl Applixware als auch FrameMaker haben ja wiederum
eine Reihe von Dialogboxen, Menüs usw. Hier macht es Sinn, diese Verar-
beitungen unter einem anderen Arbeitsbereich aufzurufen. Wie, das erfahren Sie im Abschnitt 4.3.

❏ **Lichtkontrollanzeige**
Wenn das Licht blinkt, zeigt es an, daß das System gerade Aktionen durchführt.

❏ **Exit**
Auch diese Schaltfläche haben Sie bereits kennengelernt. Einmal anklicken,
und Sie erhalten ein Menü, ob Sie wirklich schon aufhören wollen zu arbeiten
bzw. Ihre Sitzung am Bildschirm beenden möchten.

❏ **Druckmanager**
Der Pfeil darüber zeigt an, daß sich noch weitere Anwendungen dahinter verbergen. Je nachdem welche Drucker vom Systemverwalter für Ihren Rechner installiert wurden, erscheinen
hier die möglichen Drucker. Im Dateimanager werden Sie kennenlernen, daß Sie lediglich eine Datei mit der Maus anzuwählen und auf das Drucksymbol zu ziehen brauchen, damit sie
ausgedruckt wird. Klicken Sie den *Printmanager* an, erhalten
Sie eine Übersicht der noch abzuarbeiteten Druckaufträge.

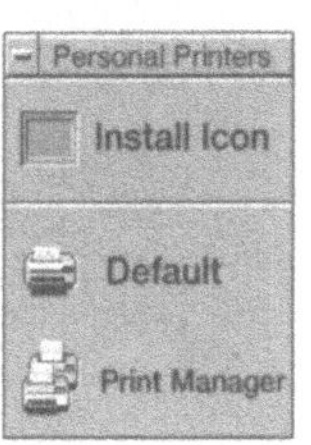

Bild 4-6: Bedientafel für Drucker

❏ **Umgebungs- oder Style-Manager**
Mit diesem Tool passen Sie Ihre Schreibtischumgebung so an, wie
Sie es gerne hätten. Aus dem Icon erkennen Sie schon, was Sie
z.B. verändern können: die Mausfunktionen (ob schnell oder lang-
sam), die Farben, Schriftarten oder den Bildschirmhintergrund. Außerdem
wird hier eingestellt, ob und welcher Bildschirmschoner eingesetzt werden
soll. Einige Tastaturfunktionen und noch einiges mehr kann geändert werden.
Im Abschnitt 4.8 werden die wesentlichen Anpassungen gezeigt.

❏ **Anwendungs- oder Application-Manager**
Unter diesem Menü werden Ihnen u.a. mögliche Programme angeboten, die Sie mit *drag and drop* in Ihre Bedientafeln übernehmen könnten. Auch hierüber mehr im Abschnitt 4.8.

❏ **Hilfe-Menü**
Unter dem Symbol ›Bücher‹ finden Sie die für die CDE-Umgebung
nötigen Informationen. Unter der Bedientafel sind oft noch komfortable Suchprogramme installiert, mit denen Sie Informationen über
Ihr System und über UNIX-Kommandos abrufen können. Auch hier
hängt es von der Installation des System ab, welche Hilfe-Kataloge Ihnen hier
angeboten werden.

❑ **Papierkorb**

Wie Sie später beim Dateimanager erfahren, können Sie mit der Maus Dateien anklicken, ›festhalten‹ und in den Papierkorb ziehen (wegwerfen – und achten Sie dabei darauf, wie das kleine Bildchen darauf reagiert). Der große Vorteil, gegenüber dem *rm*-Kommando ist, daß notfalls die Dateien auch wieder aus dem Papierkorb herausgeholt werden können, solange Sie ihn nicht ausdrücklich ›geleert‹ haben. Wie die ›Müllabfuhr‹ funktioniert, erfahren Sie im Abschnitt 4.7.

Doch bevor wir Dateien erstellen und wegwerfen, sehen wir uns kurz eine nette CDE-Anwendung an, die nützlich sein kann, wenn Sie immer Zugang zu Ihrem Rechner haben:

4.2.1 Der Terminkalender

Klicken Sie das Symbol einfach mal an. Die Eingaben sind selbsterklärend *(CDE-like)*, so daß es reicht, hier nur kurz die Darstellung einer Kalenderart und die Dialogbox zum Editieren der Termine zu zeigen:

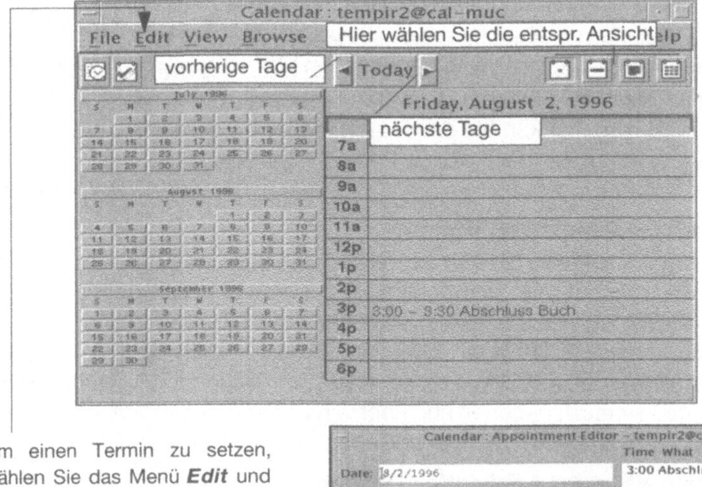

Um einen Termin zu setzen, wählen Sie das Menü ***Edit*** und erhalten nebenstehende Dialogbox, in der Sie die Termine editieren wobei Sie gleichzeitig einen ›Weckdienst‹ einrichten können

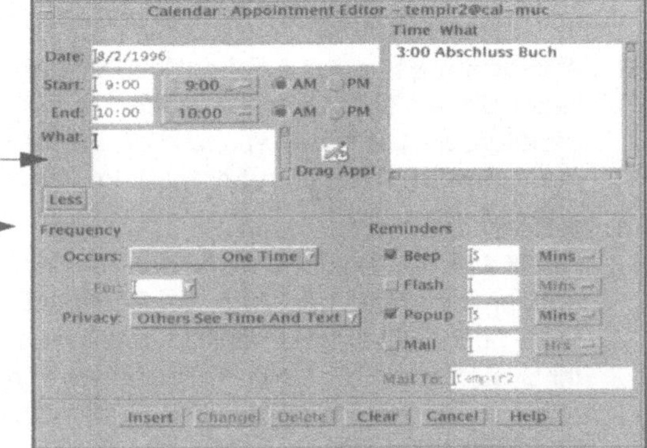

Bild 4-7: Beispiel Terminkalender

4.3 Wie arbeiten Sie auf dem Desktop – der Arbeitsfläche?

So wie bei der ersten kleinen Anwendung, die wir uns angesehen haben, sind die meisten Programme unter CDE aufgebaut - selbsterklärend. Doch ein paar Hinweise sind recht hilfreich, um nicht zu lange Zeit beim Probieren (oder sollte man sagen Spielen) zu verlieren. Bei der Einführung in die grafische Oberfläche (Abschnitt 3.1.3) haben Sie die wichtigsten Schritte bereits kennengelernt und wissen, wie Sie ein Terminalfenster erhalten und sich auf der Schreibtischoberfläche bewegen, wie Sie Fenster vergrößern, verkleinern, verschieben und wie Sie Texte von einem Fenster zum anderen kopieren. Dies hatte bisher ausgereicht, um UNIX-Kommandos zu starten und Texte zu erstellen. Viele von Ihnen werden auf Ihrem Rechner Software einsetzen, die speziell für Ihren Arbeitsbereich die nötigen Werkzeuge bereitstellt. Wie werden diese Programme unter dem CDE gestartet? Hier gibt es mehrere Möglichkeiten:

1. So wie wir bisher unsere Kommandos aufgerufen haben, geben Sie über ein Terminalfenster den Programm- oder Kommandonamen ein. (Wie Sie ein Terminalfenster erhalten, ist auf Seite 40 beschrieben.) In der Regel hat Ihr Systemverwalter die Variable *PATH* für alle Benutzer um jene Directories ergänzt, unter denen die in Ihrem Betrieb benötigte Software aufgerufen wird. Wenn nicht, könnten Sie über *find* herausfinden, unter welchem Directory die Software gespeichert ist und Ihre Variable *PATH* selbst ergänzen.

2. Auf der freien Arbeitsfläche drücken Sie die rechte Maustaste. Über ein Menü, das vom Systemverwalter zusammengestellt wird, können Sie die für Sie wichtigen Programme auswählen. Beispiel eines Menüs:

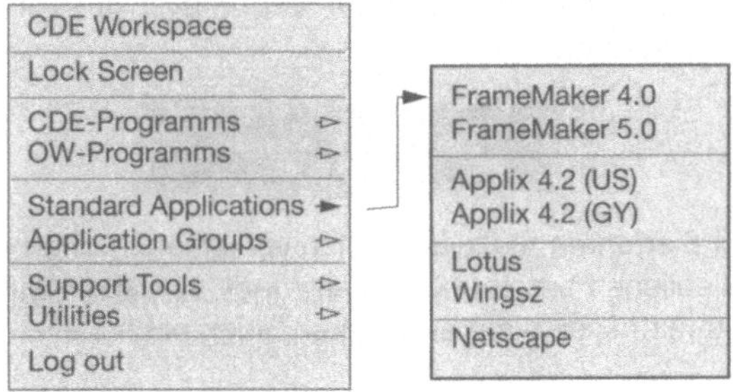

Bild 4-8: Arbeitsfläche – Beispiel eines Menüs

3. Über den Dateimanager wählen Sie die Programmdatei in dem entsprechenden Ordner und starten dieses durch Doppelklick.

4. Dateien, die von bestimmten Programmen erzeugt wurden (z.B. FrameMaker-, Applix- oder *tiff*-Dateien, wie wir sie später in unserem Muster sehen) können durch Doppelklick das dazugehörige Programm starten. Hierzu ist ebenfalls eine Voreinstellung durch den Systemverwalter notwendig.

Arbeiten Sie mit mehreren Programmen gleichzeitig, könnte es eng auf Ihrem virtuellem Schreibtisch werden. Durch Ikonisieren von gerade nicht benötigten

Fenstern (Sie erinnern sich, die kleine Schaltfläche mit dem Punkt auf der rechten oberen Ecke eines Fensters) bleibt Ihre Arbeitsfläche zwar einigermaßen übersichtlich, doch einfacher ist es, auf weitere Schreibtische auszuweichen.

4.4 Wie aktivieren Sie weitere Arbeitsbereiche?

Um auf einen zweiten, dritten oder vierten virtuellen Schreibtisch zu arbeiten, brauchen Sie nichts weiter zu tun, als auf den Balken mit *Two*, *Three* oder *Four* zu klicken. Ein leere Arbeitsfläche erscheint auf dem Bildschirm mit der Desktop-Anzeige.

Bild 4-9: Neuer Arbeitsbereich

Hier können Sie weitere Terminalfenster, Dateimanager oder entsprechende Programme starten. Um wieder zu Ihrem ursprünglichen Desktop zurückzukehren, klicken Sie den Balken mit *One*.

Im Abschnitt 4.8 erfahren Sie, wie Sie den verschiedenen Arbeitsbereichen Namen, unterschiedliche Farben und Hintergründe vergeben können und, falls Ihnen die vier Schreibtische nicht ausreichen, auch noch weitere hinzufügen können.

Unter dem CDE sind Ihrem Arbeitsdrang keine Grenzen gesetzt - es sei denn, der Rechner ist nicht mit ausreichendem Speicher ausgerüstet, denn gleichzeitig mehrere Programme zu starten und verschiedene farbige Schreibtische zu steuern, kostet entsprechenden Speicherplatz. Sie merken es spätestens daran, daß dann neue Aktionen langsamer werden. Es kann dann auch mal unter UNIX passieren, daß Ihr Rechner streikt. Doch meistens läßt sich noch ein Terminal öffnen und über *ps -ef* sehen Sie, welche Prozesse u. U. den Rechner blockieren. Diese können Sie dann über *kill* abbrechen.

Sie sehen, das bisher Gelernte ist auch bei der grafischen Oberfläche gut anzuwenden und war nicht vergebens.

4.5 Wie arbeiten Sie mit dem Texteditor?

Kein Vergleich zum vi - wie schön! Sie benötigen keine Befehle, Sie starten den Texteditor und können sofort intuitiv damit arbeiten (*look and feel*). Über Menüs wird Ihnen angezeigt, wie Sie korrigieren, sichern und neue Dateien öffnen können.

4.5.1 Wie starten Sie den Texteditor?

❑ Die einfachste Art ist, das Bildchen mit dem Notizzettel anzuklicken. Es wird ein neues Fenster geöffnet, und Sie können in dieser neuen Datei bereits munter darauf losschreiben.

❑ Wenn Sie eine bestehende Datei verändern wollen, können Sie im Dateimanager die entsprechende Datei mit einem Doppelklick öffnen. Bei ASCII-Dateien wird der Texteditor automatisch gestartet.

❑ Eine andere Möglichkeit ist, im bereits gestarteten Texteditor aus der Menüzeile *File* → *Open* zu wählen. Es öffnet sich dann eine Dialogbox, über die Sie die gewünschte Datei suchen und auswählen können.

❑ Mit *Include* könnten Sie eine weitere Datei in die bestehende Datei an der Stelle einfügen, wo der Text-Cursor (siehe hierzu Seite 37) steht. Es erscheint die gleiche Dialogbox wie bei *Open*, um die Datei auszuwählen.

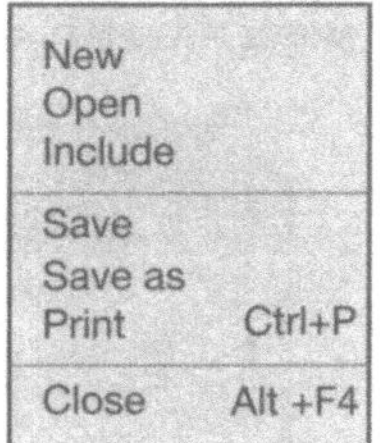

Bild 4-10: Texteditor – Menü File

Sehen wir uns die Dialogbox, um Dateien auszuwählen, an:

Das aktuelle Directory wird angezeigt, bzw. jenes, das sie unter Folder mit Doppelklick auswählen. Sie können jedoch auch direkt das gewünschte Directory eintippen

Hier wählen Sie das Directory aus (im CDE als Ordner bezeichnet). Klicken Sie die zwei Punkte an, wechseln Sie in das nächsthöhere Directory

Über einen Filter (dahinter verbirgt sich die uns bekannte Dateinamenexpansion) können Sie die Auswahl der Dateien einschränken

Die der Auswahl entsprechenden Dateien werden hier angezeigt. Mit der Maus wählen Sie hieraus eine Datei, und diese wird dann in dem unteren Feld eingesetzt. Sie können natürlich auch die Datei direkt angeben

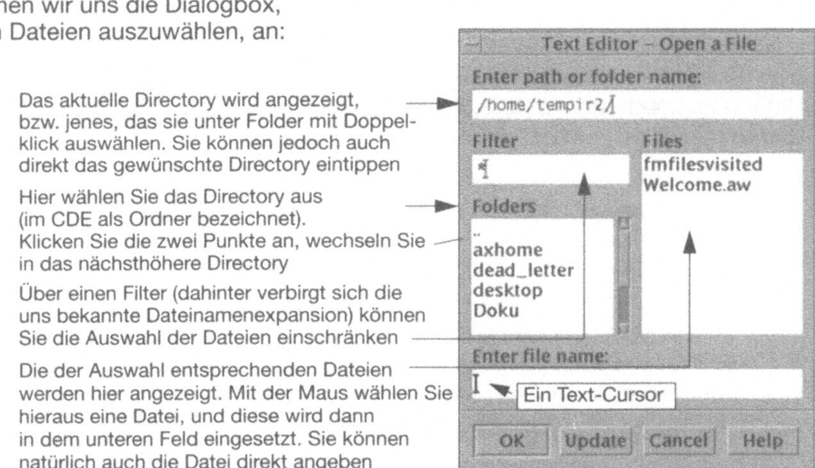

Bild 4-11: Texteditor – Dialogbox, um Dateien auszuwählen

Wie Sie im obigen Beispiel sehen, ist es nicht einmal nötig, den Pfad- und Dateinamen einzugeben, sondern diese nur mit der Maus anzuklicken.

4.5.2 Wie können Sie Texte verändern?

Ganz einfach. Sie gehen mit dem Maus-Cursor an die Stelle, an der Sie etwas einfügen wollen, und geben den Text ein. Um zu löschen, markieren Sie den Text (wie, wurde im Kapitel 3.1 auf Seite 41 beschrieben) und wählen aus der Menüzeile *Edit* → *Cut*. Hier sehen Sie dann auch, daß Sie mit der Tastenkombination <Ctrl+x > (also die Ctrl-Taste gedrückt lassen und x eingeben) ebenfalls markierte Texte löschen können. Dies geht in der Regel schneller, als mit der Maus über verschiedene Menüs die gewünschte Funktion auszuwählen. Durch die Anzeige der möglichen Tastatureingaben im Menü können Sie sich die von Ihnen häufig genutzten Funktionen so nach und nach aneignen.

Sehen wir uns einen Ausschnitt einer Textseite an. Mit Doppelklick wurde die Datei Gestalten.html mit dem Texteditor geöffnet. Es ist ganz interessant, was sich hinter HTML-Dateien für schreckliche Formatieranweisungen[*] verbergen (besonders für Umlaute) – doch uns interessiert hier nur, wie Sie mit dem Texteditor arbeiten können.

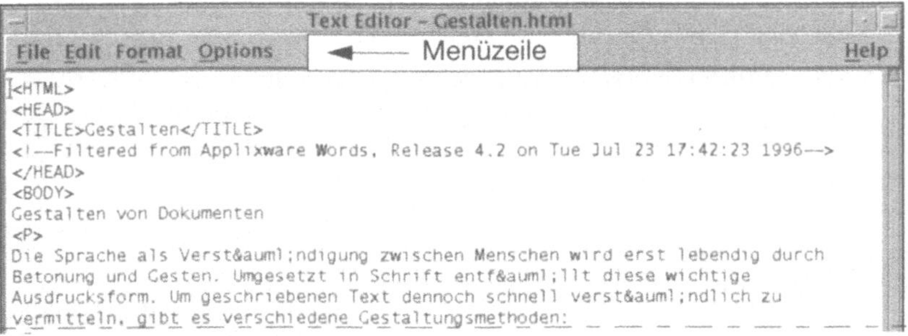

Unter dem Menüpunkt *Edit* finden Sie alle Befehle, die Sie zum Verändern von Dateien benötigen. Hierzu ein paar Erläuterungen:

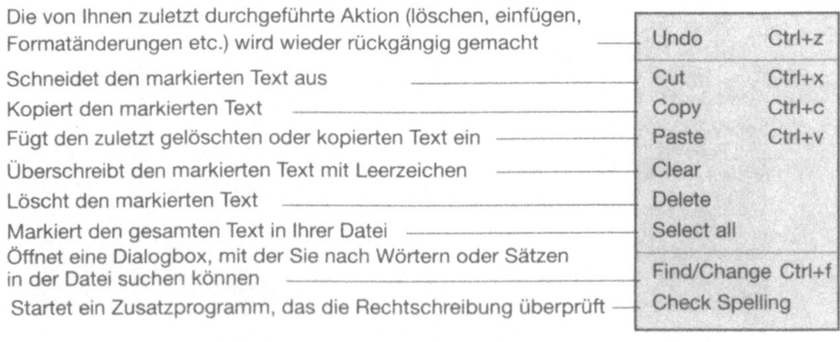

Bild 4-12: Texteditor – Menü Edit

---

[*] HTML-Dateien lassen sich natürlich mit hierfür eigens entwickelten Textprogrammen generieren, können aber auch über den Texteditor verändert werden.

Wählen Sie **Edit** → **Find/Change** aus, öffnet sich die nachfolgende Dialogbox, in der Sie die Zeichen angeben, nach denen gesucht werden soll. Hierbei werden Groß- und Kleinbuchstaben beachtet. Unter **Change to** können Sie angeben, daß für den gefundenen Wert der hier eingegebene Text eingesetzt werden soll.

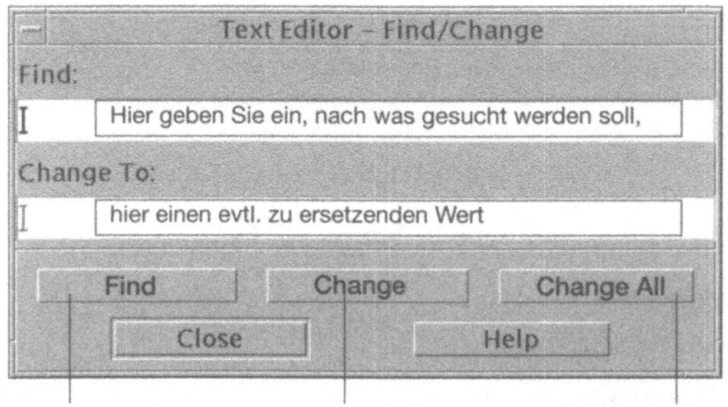

sucht bis zum nächsten Vorkommen des Suchbegriffs   ändert den gefundenen Wert mit dem zu Ersetzenden   ändert alle gefundenen Werte mit dem zu Ersetzenden

Bild 4-13: Texteditor – Find/Change-Dialogbox

4.5.3 Wie können Sie Texte formatieren?

Der Texteditor bietet mehr als nur ein reiner Editor. Er erlaubt, daß einfache Textformatierungen durchgeführt werden können. Der Menüpunkt **Format** enthält folgende Unterpunkte:

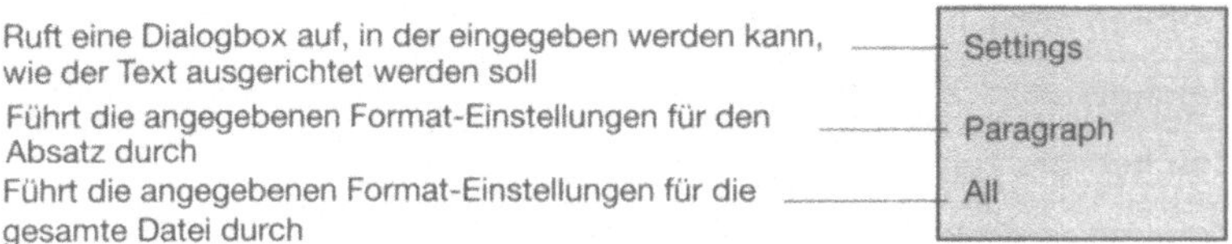

Ruft eine Dialogbox auf, in der eingegeben werden kann, wie der Text ausgerichtet werden soll — Settings

Führt die angegebenen Format-Einstellungen für den Absatz durch — Paragraph

Führt die angegebenen Format-Einstellungen für die gesamte Datei durch — All

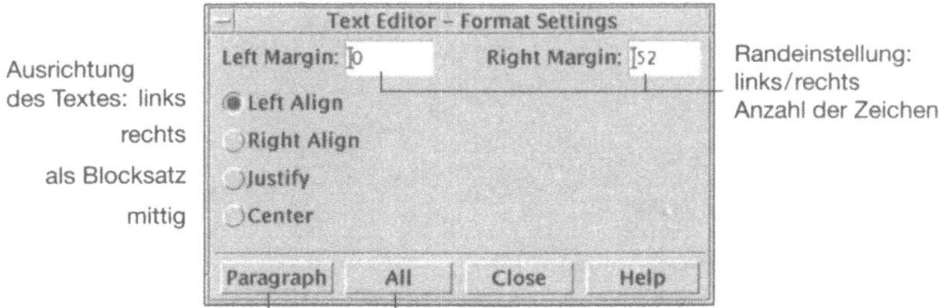

Ausrichtung des Textes: links / rechts / als Blocksatz / mittig

Randeinstellung: links/rechts Anzahl der Zeichen

Durchführung nur für den Absatz   Durchführung für die gesamte Datei

Bild 4-14: Texteditor – Format

Unter dem Menü *Options* können einige Voreinstellungen gesetzt werden:

Als Standard ist der Einfügemodus eingestellt. Mit *Overstrike* können Sie in den Überschreibmodus umstellen ———

Ist *Wrap to Fit* eingestellt, wird automatisch, entsprechend der Fenstergröße die Zeile umgebrochen. Sonst müßte jeweils mit Return in die nächste Zeile geschaltet werden ———

Wird *Statuslinie* angeklickt, erscheint in der Datei am ——— unteren Rand eine Statuszeile, in der Informationen über die Datei enthalten sind (Anzahl der Zeilen, welcher Modus eingestellt ist, Einfüge- oder Überschreibmodus u. ä.)

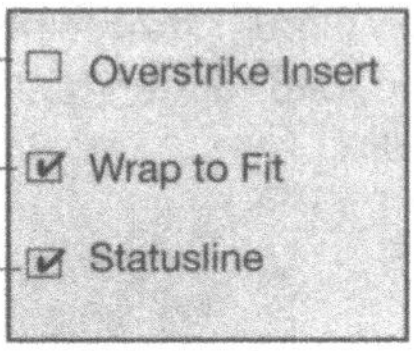

☐ Overstrike Insert

☑ Wrap to Fit

☑ Statusline

Bild 4-15: Texteditor – Menü Options

Abschließend noch einige Tastatur-Befehle im Überblick:

Texteditor **beenden**	Alt + F4
Markierten Text **kopieren**	Ctrl + c
Markierten Text **ausschneiden**	Ctrl + x
Markierten Text **löschen**	BS (Back-space)
Suchen und **Ersetzen**	Ctrl + f
Einfügen der letzen Löschung/Speicherung	Ctrl + v
Ausdrucken der Datei	Ctrl + p
Gesamten Text **auswählen**	Ctrl + /
Undo - Ungeschehen machen	Ctrl + z
Zeichen nach **links löschen**	BS (Back-space)
Zeichen nach **rechts löschen**	Del (Entfer-nen)
Zeichen bis zum Ende der Zeile löschen	Ctrl + Del
Zeichen zurück bis zum Anfang der Zeile löschen	(Return) ↵ + Del
Umstellen auf **Überschreib-/Einfügemodus**	Ins
Den Text-Cursor nach oben, unten, rechts und links	↑ ↓ → ←
Zum nächsten Absatz	Ctrl + ↓
Zum vorherigen Absatz	Ctrl + ↑
Zum Beginn der Zeile	Home
Zum Ende der Zeile	End
Zum Beginn der Datei	Ctrl + Home
Zum Ende der Datei	Ctrl + End

    Bild 4-16: Texteditor - Tastatur-Befehle

Falls auf Ihrem System die Tasten nicht so belegt sind wie angegeben, fragen Sie am besten Ihren Systemverwalter.

Um vorwärts und rückwärts in einer Datei zu blättern, nutzen Sie am besten den Rollbalken am rechten Rand des Fensters.

Ja, was soll man noch erklären? Im Grunde ist, wie eingangs erwähnt, der Texteditor so einfach zu bedienen, daß Sie alles selbst herausfinden werden. Falls dennoch eine Frage offen bleibt, rufen Sie am besten das Hilfemenü auf.

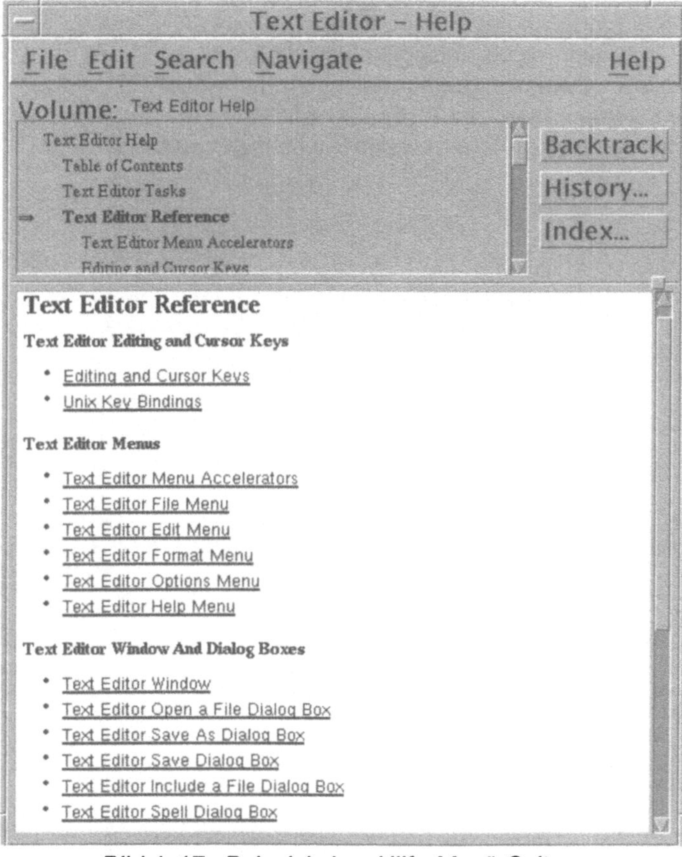

Bild 4-17: Beispiel einer Hilfe-Menü-Seite

4.6 Welche Hilfsfunktionen bietet das CDE?

Sie haben sicher schon bemerkt, daß in den meisten Menüs und Dialogboxen immer ein kleine Schaltfläche mit *Help* zu sehen war. Klicken Sie diese Schaltfläche an, erhalten Sie über das gerade angewählte Menü die entsprechenden Informationen.

Außerdem haben Sie über die Desktop-Anzeige immer den Zugriff auf sämtliche Hilfemenüs. In der Bedientafel oberhalb des *Helpmanagers* sind meist noch detaillierte Beschreibungen anzuwählen, wie in diesem Beispiel für Desktop Introduction und Front Panel (Desktop-Anzeige). Doch auch diese Bedientafel ist abhängig von der jeweiligen Systeminstallation und kann individuell verändert werden. Rufen wir als Beispiel den Help-Manager für unser nächstes Thema, den File Manager, auf:

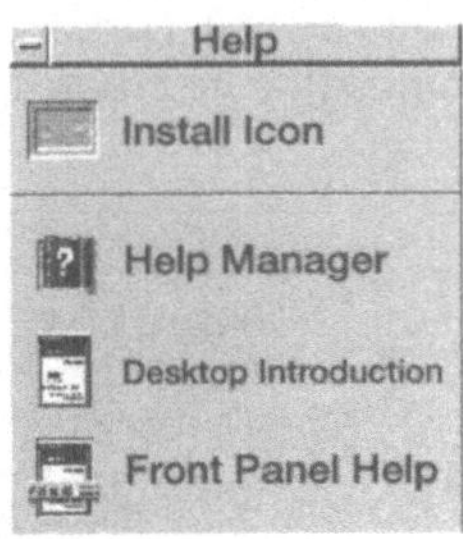

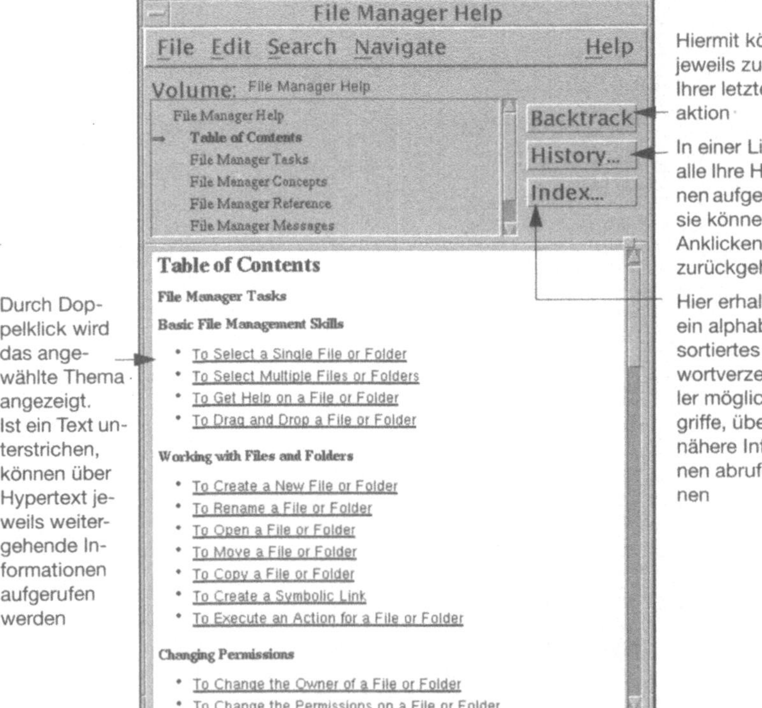

Hiermit können Sie jeweils zurück zu Ihrer letzten Hilfeaktion

In einer Liste sind alle Ihre Hilfe-Aktionen aufgeführt, und sie können durch Anklicken darauf zurückgehen

Hier erhalten Sie ein alphabetisch sortiertes Stichwortverzeichnis aller möglichen Begriffe, über die Sie nähere Informationen abrufen können

Durch Doppelklick wird das angewählte Thema angezeigt. Ist ein Text unterstrichen, können über Hypertext jeweils weitergehende Informationen aufgerufen werden

Bild 4-18: Das Hilfe-Menü

Über den Menüpunkt **Search** erhalten Sie eine Dialogbox, über die Sie nach bestimmten Begriffen suchen können. Sie erhalten dann eine Liste mit der Anzahl der gefunden Textstellen, unterteilt nach den Bereichen:

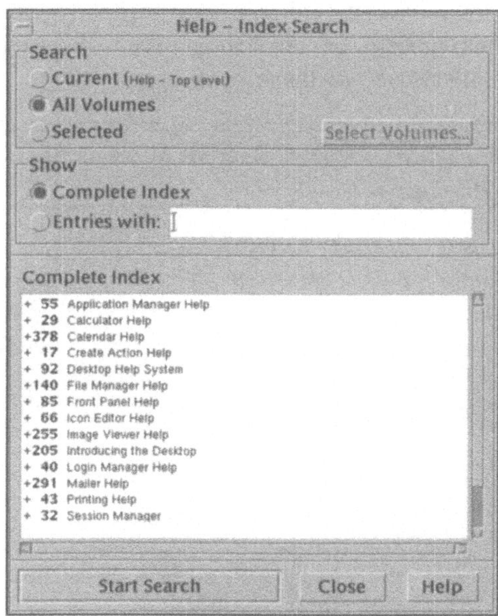

Bild 4-19: Help – Index Search

Klicken Sie einen der Bereiche an, erhalten Sie die darin gefundenen Begriffe – und wiederum mit weiterem Klicken die entsprechenden Beschreibungen hierzu.

Sie können die Suche auf das aktuelle Kapitel (*Current Help – Top Level*), auf sämtliche Hilfemenüs oder auf das gerade Angewählte einschränken.

4.7 Der Dateimanager

Um Dateien zu verwalten, werden diese, wie wir in Kapitel 3.1 erfuhren, in Directories strukturiert. Wie eine Ablage mit lauter Schubladen und Ordnern. Und dies ist auch das Symbol für den Dateimanager. In Kapitel 3.1 hatten Sie nachfolgendes Bild schon einmal gesehen. Dort wurde es hauptsächlich deshalb gezeigt, um die Baumstruktur zu verdeutlichen. Sehen wir uns nun das Bild etwas genauer an:

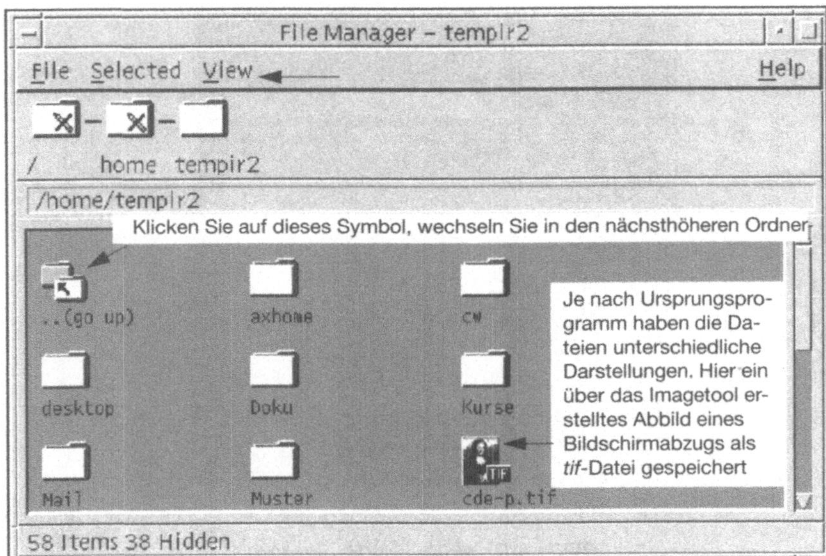

Hier ein paar weitere Symbole, die bestimmte Dateitypen darstellen:

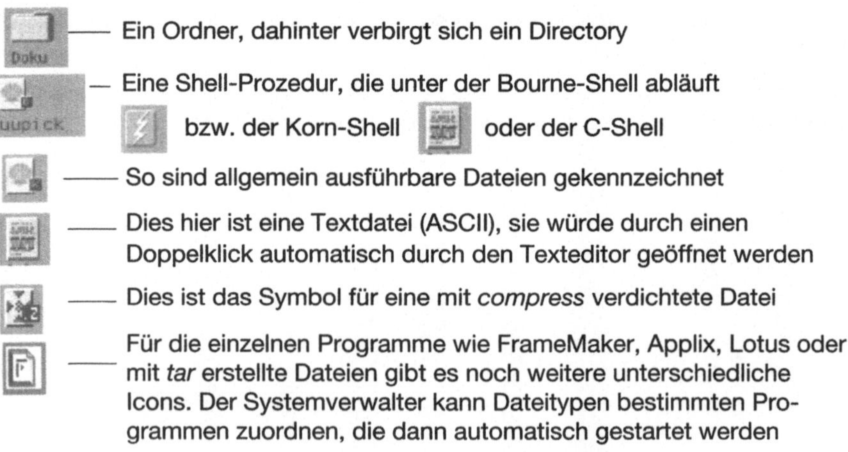

—— Ein Ordner, dahinter verbirgt sich ein Directory

—— Eine Shell-Prozedur, die unter der Bourne-Shell abläuft
      bzw. der Korn-Shell   oder der C-Shell

—— So sind allgemein ausführbare Dateien gekennzeichnet

—— Dies hier ist eine Textdatei (ASCII), sie würde durch einen
      Doppelklick automatisch durch den Texteditor geöffnet werden

—— Dies ist das Symbol für eine mit *compress* verdichtete Datei

Für die einzelnen Programme wie FrameMaker, Applix, Lotus oder
mit *tar* erstellte Dateien gibt es noch weitere unterschiedliche
Icons. Der Systemverwalter kann Dateitypen bestimmten Programmen zuordnen, die dann automatisch gestartet werden

                    Bild 4-20: Dateimanager – einige Dateitypen

Viele Kommandos, die wir im Kapitel 3.4 kennengelernt haben, können wir unter dem Dateimanager mit links (falls Sie die Maus mit der linken Hand führen) bzw. rechts erledigen. Hier eine kleine Übersicht:

UNIX-Kommando	Aktionen im Dateimanager
cd	Durch Anklicken des entsprechenden Ordners oder über das Menü *File → Go Home* oder *GoUp* oder *Go To*
ls	Entfällt eigentlich – Sie sehen generell die Dateien, Sie können allerdings über ein Auswahlmenü steuern, was und in welcher Sortierung es angezeigt werden soll (dies entspricht dann den verschiedenen Optionen von *ls*). Die Dialogbox hierfür erhalten Sie über das Menü *View → Set View Options* (Bild 4-25 auf Seite 358)
mkdir	Einen neuen Ordner erstellen Sie über das Menü *File → New Folder* (Bild 4-23 auf Seite 357)
cp	Um Dateien zu kopieren, wählen Sie diese per Maus an (für die erste mit linker Maustaste), drücken dann die *Ctrl*-Taste und lassen sie solange gedrückt, bis Sie alle weiteren Dateien mit der Maus angeklickt haben. Eine noch schnellere Methode ist, falls die Dateien zusammenhängend liegen, die linke Maustaste zu drücken, gedrückt zu lassen und sie über alle Dateien zu ziehen, die Sie auswählen möchten. Sind die Dateien ausgewählt, können Sie das Menü *Selected → Copy* (Bild 4-23 auf Seite 357) aufrufen und geben den Namen der neuen Datei an oder das Ziel-Directory. Schneller geht es, wenn Sie nach dem Auswählen der Datei(en) die **Ctrl-Taste drücken und gedrückt lassen** und mit der Maus dorthin ziehen, wohin sie kopiert werden soll(en). Auf diese Art können Sie auch ganze Dateibäume kopieren.
mv (umbenennen)	Um Dateien umzubenennen, wählen Sie die Datei an, gehen in das Textfeld und korrigieren einfach. Mit der Return-Taste wird die neue Beschriftung übernommen.
mv (verschieben)	Um Dateien in einen anderen Ordner zu legen, müssen beide Ordner sichtbar sein. Am einfachsten, Sie starten ein zweites Fenster mit dem Ordner, in den Sie kopieren wollen. Wählen Sie dann die Datei, Dateien oder einen Ordner aus (Auswahl mehrerer Dateien siehe bei *cp*) und ziehen Sie sie in den gewünschten Zielordner.

UNIX-Kommando	Aktionen im Dateimanager
chmod	Das Kommando unter UNIX ist ja etwas aufwendig. Unter CDE brauchen Sie nur noch in einer Dialogbox anzuklicken, welche Rechte für wen gesetzt werden sollen. Das Menü hierzu kann mit der rechten Maustaste aufgerufen werden, sobald eine Datei oder ein Ordner angewählt ist. Darin klicken Sie **Change Permission** an. Es öffnet sich dann die Dialogbox (Bild 4-27). *Dateiname* Change Permission Put in Workspace Put in Trash *Bild 4-21: Pop-up-Menü Datei*
rm	Sie wählen die Datei oder Dateien aus und ziehen sie einfach in den Papierkorb oder wählen mit der rechten Taste das Menü (siehe bei *chmod*) und klikken **Put in Trash** an. Ein Beispiel hierfür sehen Sie im Bild 4-29.
find find ...-exec\ grep	Auch dieses Kommando ist unter UNIX ja wirklich nicht einfach einzugeben – doch mit CDE kein Problem. Über das Menü **Find** erhalten Sie eine Dialogbox, in der Sie die entsprechenden Suchkriterien angeben, ja in der Sie sogar innerhalb der gefundenen Dateien noch nach Mustern suchen können (Bild 4-28).
lp lpstat cancel	Dateien können einfach auf das Druckersymbol gezogen werden, um ausgedruckt zu werden (z.B. unsere Shell-Prozeduren). Für umfangreichere Texte verwenden Sie sicher spezielle Programme (wie z.B. Applix oder FrameMaker). Diese Dateien müssen durch eigene Druckmenüs erst aufbereitet werden, bevor sie gedruckt werden können. Hier verwenden Sie die internen Druckmenüs der Programme.

Bild 4-22: Vereinfachung von UNIX-Kommandos unter CDE

Sehen wir uns nun die Menüs und Dialogboxen zu den oben aufgeführten Aktionen an.

Die Menüs des Dateimanagers:

Menü *File*

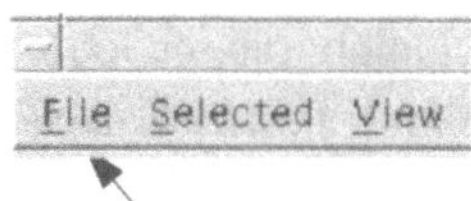

New Folder / New File — Hier öffnet sich eine Dialogbox, und Sie geben den Namen und die Zugriffsrechte an

Go Home — Wechselt in den Ordner Ihres Home-Directories

Go Up — Zeigt den Inhalt des nächsthöheren Ordners

Go to — Über eine Dialogbox geben Sie das gewünschte Directory an

Find — Hier öffnet sich eine Dialogbox, siehe Bild 4-28

Open Terminal — Öffnet ein Terminal-Fenster

Close — Schließt das Fenster mit dem Dateimanager

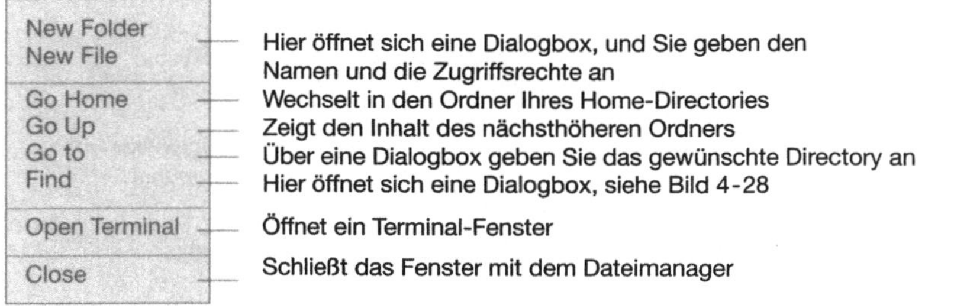

Menü *Selected*

nur aufzurufen, wenn Objekte ausgewählt wurden

Move to / Copy to Ctrl+c — Öffnet eine Dialogbox, in der angegeben wird, wohin die Datei verschoben oder kopiert werden soll.

Copy as Link — Mit *Copy as Link* kann ein symbolischer Link erstellt werden

Put in Workspace* — Die Datei kann als Link mit einem Icon auf die Arbeitsfläche gelegt werden, um sie z.B. schnell im Zugriff zu haben

Put in Trash* — Die ausgewählten Objekte werden in den Papierkorb gelegt

Rename — Über eine Dialogbox kann ein neuer Name vergeben werden

Change Permissions Ctrl+Backspace — Öffnet eine Dialogbox, in der Sie die Zugriffsrechte ändern können (Bild 4-27)

Select all Ctrl+/ — Wählt alle Objekte in dem geöffnetem Ordner aus

Deselect all Ctrl+\ — Hebt eine vorgenommene Auswahl wieder auf

* Diese Menüpunkte bekommen Sie auch über das Pop-Up-Menü (Bild 4-21), das Sie erhalten, wenn Sie eine Datei anklicken und die rechte Maustaste drücken. Um das Icon auf der Arbeitsfläche wieder zu entfernen, müssen Sie das Pop-Up-Menü aufrufen, das Sie im Icon selbst erhalten, und *Remove Workspace* wählen (Bild 4-24)

Menü *View:*

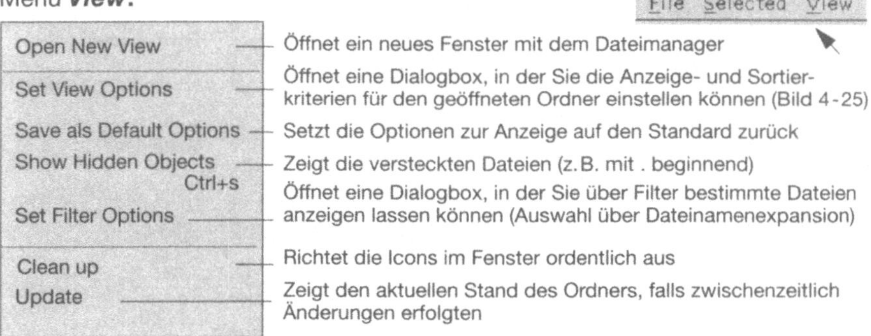

Open New View — Öffnet ein neues Fenster mit dem Dateimanager

Set View Options — Öffnet eine Dialogbox, in der Sie die Anzeige- und Sortierkriterien für den geöffneten Ordner einstellen können (Bild 4-25)

Save als Default Options — Setzt die Optionen zur Anzeige auf den Standard zurück

Show Hidden Objects Ctrl+s — Zeigt die versteckten Dateien (z.B. mit . beginnend)

Set Filter Options — Öffnet eine Dialogbox, in der Sie über Filter bestimmte Dateien anzeigen lassen können (Auswahl über Dateinamenexpansion)

Clean up — Richtet die Icons im Fenster ordentlich aus

Update — Zeigt den aktuellen Stand des Ordners, falls zwischenzeitlich Änderungen erfolgten

Bild 4-23: Dateimanager – Menüs File, Selected und View

Dateien, die als Icon auf die Arbeitsfläche gelegt wurden, können nur über das Menü *Remove from Workspace* zurückgelegt werden. Das Menü erscheint, wenn Sie das Icon angewählt haben und die rechte Taste drücken.

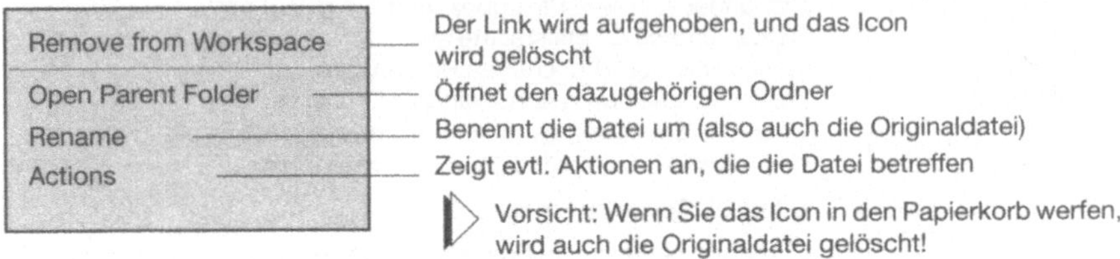

Bild 4-24: Pop-up-Menü für auf die Arbeitsfläche gelegte Dateien

4.7.1 Wie führen Sie die einzelnen Aktionen durch?

Um die **Darstellung des Ordners** und die Sortierung der Dateien zu verändern, rufen Sie das Menü *View → Set View Options* auf. Hier können Sie auswählen, was und wie angezeigt werden soll:

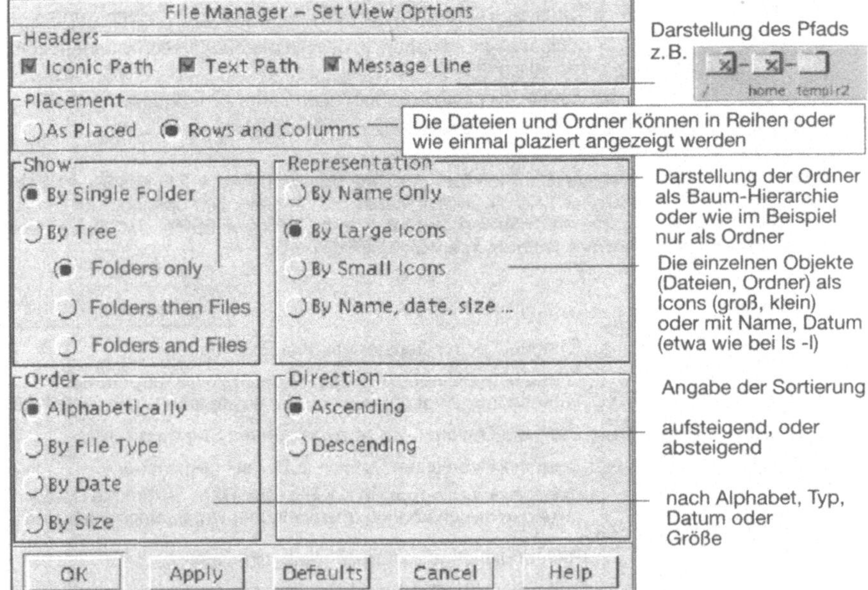

Bild 4-25: Dialogbox Set View Options

Zusätzlich können über das Menü **View** → **Set Filter Options** bestimmte Dateien oder Dateiarten ausgewählt werden, die im Ordner angezeigt oder nicht angezeigt werden sollen.

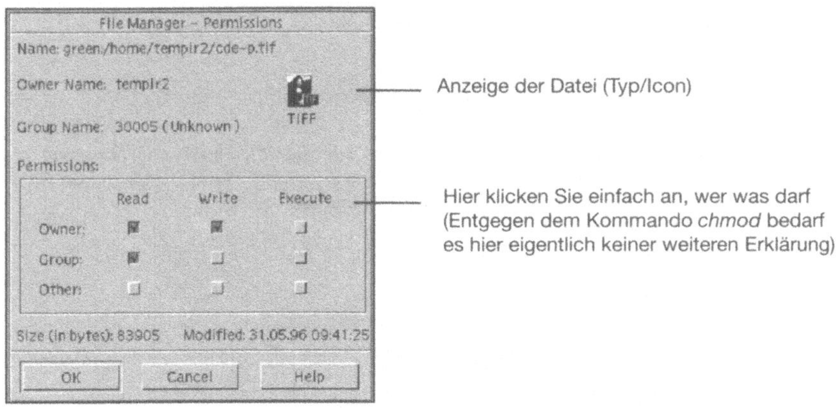

Bild 4-26: Dialogbox Set Filter Options

Ändern der Zugriffsrechte

Um die Zugriffsrechte zu ändern, können Sie **Change Permissions** im Menü **Select** oder im Pop-up-Menü der entsprechenden Datei (siehe Bild 4-21) anwählen. Sie erhalten dann nachfolgende Dialogbox:

Bild 4-27: Dialogbox Permission - Ändern von Zugriffsrechten

Finden von Dateien oder Dateiinhalten

Um Dateien zu finden, kennen Sie unter UNIX das Kommando find. Einfacher geht es natürlich im CDE. Hier wählen Sie unter der Menüzeile *File* → *Find* und erhalten nachstehende Dialogbox.

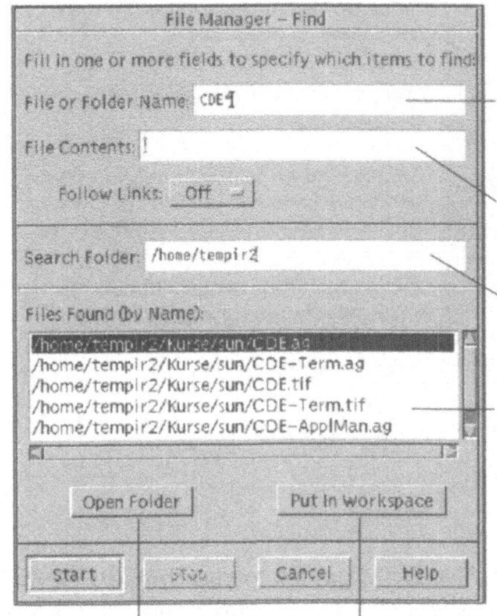

Tragen Sie hier den Dateinamen ein, wobei Sie Dateinamenexpansionen verwenden können (im Kapitel 3.2 im Bild Bild 3-53 auf Seite 99 zusammengefaßt)

Statt mit *-exec* und *grep* geben Sie hier einfach ein, nach welchen Inhalten in den gefundenen Dateien gesucht werden soll

Diese Eingabe entspricht dem Start-Directory unter *find*. Geben Sie nichts ein, wird das aktuelle Directory genommen

Alle gefundenen Dateien/Directories werden hier angezeigt.

Um weitere Informationen über die Datei zu erhalten, öffnen Sie den Ordner, in dem sie gefunden wurde,

oder Sie legen sie als Link-Icon* auf Ihren Arbeitsbereich und können sie z.B. durch Doppelklick öffnen.

Bild 4-28: Dialogbox Find

* Link-Icons auf dem Arbeitsbereich sollten nur über das Pop-up-Menü **Remove from Workspace** (siehe Bild 4-24 auf Seite 358) zurückgelegt werden. Wenn Sie sie in den Papierkorb werfen, würde auch die Originaldatei mitgelöscht werden.

4.7.2 Löschen von Dateien - Entleeren des Papierkorbs

Sie haben schon gehört, daß Dateien unter dem CDE nicht sofort gelöscht werden wie beim *rm*-Kommando, sondern erstmal in den Papierkorb gelegt werden. Dies geschieht entweder dadurch, daß Sie ein Datei-Icon in den Papierkorb ziehen oder über das Pop-up-Menü der Datei (Bild 4-21) *Put in Trash* anwählen (dies können Sie auch, wenn Sie z.B. mehrere Dateien markiert haben, über das Menü *Select* → *Put in Trash* erreichen). Die Dateien sind zwar dann aus dem Ordner entfernt, nehmen aber nach wie vor Platz auf der Platte ein. Um sie nun endgültig zu löschen, müssen Sie den Papierkorb ausleeren. Vorab sollten Sie vorsichtshalber einen Blick hineinwerfen.

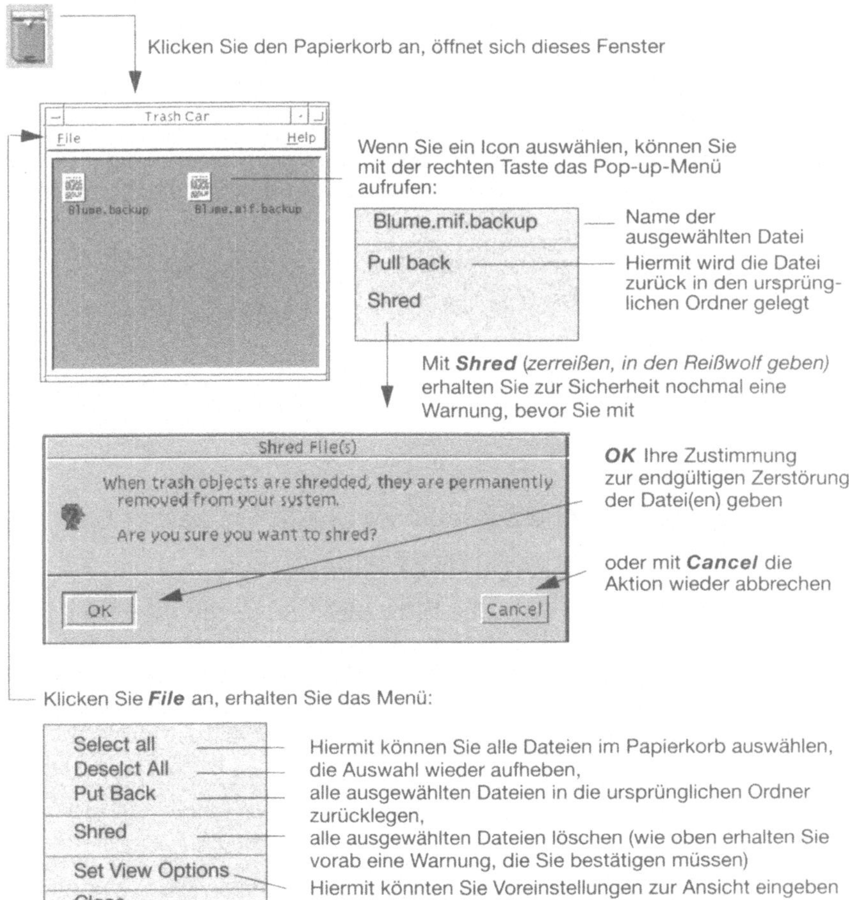

Bild 4-29: Wie entleeren Sie den Papierkorb

4.7.3 Automatisches Starten von Kommandos

Wenn Sie eine Textdatei doppelt anklicken, wird, wie wir schon hörten, automatisch der Texteditor aufgerufen. Je nach Systeminstallation können durch Doppelklick auf andere Dateien ebenfalls entsprechende Programme gestartet werden (wird z.B. bei einer Datei erkannt, daß sie von FrameMaker erstellt wurde, wird das Programm FrameMaker auch gleich gestartet).

Sehen Sie eine Datei mit diesem Symbol , handelt es sich um eine ausführbare Datei (*chmod* +*x*, bzw. bei den Zugriffsrechten wurde *executable* angewählt). Hierbei sollte es sich dann auch um ausführbare Programme bzw. Shell-Prozeduren handeln. Wenn in der ersten Zeile einer Shell-Prozedur ein Run-Kommando (z.B. #!/bin/ksh) eingegeben wurde, erscheint stattdessen das entsprechende Shell-Symbol .

Klicken Sie das Symbol kurz zweimal an (Doppelklick), erscheint die Dialogbox, in der Sie evtl. Optionen und Argumente zu diesem Kommando ergänzen können.

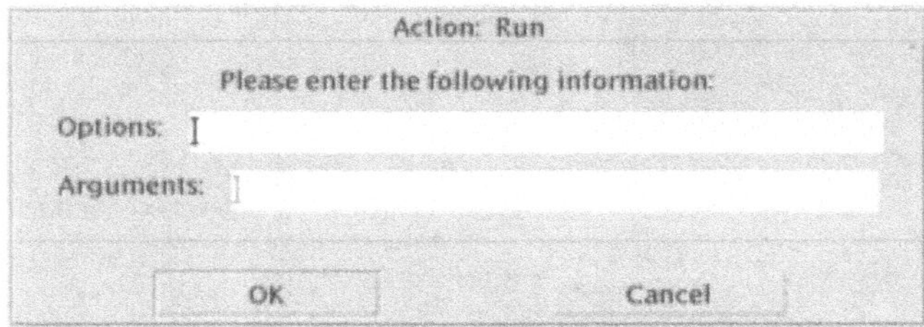

Bild 4-30: Dialogbox für Kommandoaufrufe

Sie starten das Kommando, in dem Sie **OK** drücken.

Es ist tatsächlich eine neue Ära unter UNIX angebrochen, die verspricht, doch wesentlich benutzerfreundlicher zu sein, als wir sie im Kapitel 3 kennengelernt haben. Damit Sie sich auch wirklich in einer ›freundlichen‹ Umgebung befinden, können Sie Ihren Arbeitsbereich so gestalten, wie Sie sich darin wohlfühlen, Ihre Lieblingsfarben wählen und noch einiges mehr. Wie, erfahren Sie im nächsten Kapitel.

4.8 Wie passen Sie das CDE an Ihre Wünsche an?

Kochen Sie gerne? Wenn ja, wissen Sie, daß es wichtig ist, sich alle Zutaten und möglichen Geräte bereitzulegen, um sich ganz dem Gelingen eines Gerichtes zu widmen. Dies gilt sicher nicht nur fürs Kochen. Auch auf unserem Schreibtisch sollten wir die Dinge, die wir oft benötigen, schnell im Zugriff haben. Im CDE bietet sich hierfür die Desktop-Anzeige an.

4.8.1 Ändern der Desktop-Anzeige

Wenn Sie z.B. ein neues Terminal-Fenster öfter benötigen als den Texteditor, können Sie die Anzeige entsprechend ändern. Öffnen Sie hierfür die Bedientafel (*subpanel*) oberhalb des Notizblocks.

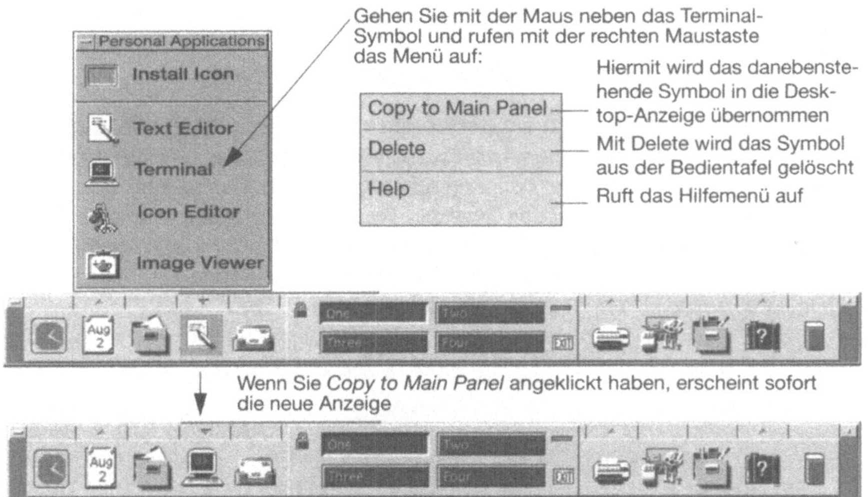

*Bild 4-31: Übernahme von Symbolen aus der Bedientafel
in die Desktop-Anzeige*

Sollten Sie die angebotenen Programme in der Bedientafel nicht benötigen, können Sie diese mit **Delete** löschen. Wie Sie neue Programme hinzuzufügen, sehen Sie im nächsten Beispiel.

Hinzufügen einer Bedientafel und Ergänzen der Programmauswahl

Bei Symbolen, über denen bisher kein Pfeil ist, können Sie eine Bedientafel (sog. *subpanel*) hinzufügen. Hierfür klicken Sie mit der rechten Maustaste neben oder auf das Symbol, z.B. die Uhr und wählen aus dem dann angezeigten Menü *Add Subpanel*

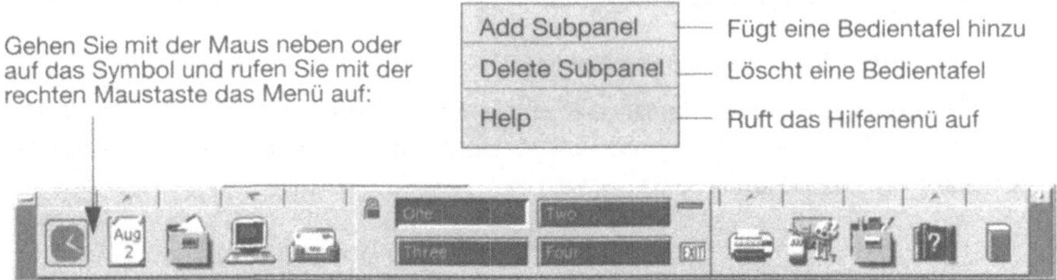

Bild 4-32: Hinzufügen einer Bedientafel

Um ein weiteres Programm in ein Bedienfeld einzubinden, öffnen Sie die Schublade mit den Werkzeugen, den *Application Manager*. Sie erhalten ein Menü, in dem mögliche Programme nach verschiedenen Rubriken sortiert sind. In unserem Beispiel wählen wir unter Desktop-Tools das Programm für eine Digital-Uhr. Das Programmsymbol ziehen wir einfach auf den hierfür vorgesehenen freien Rahmen zum Installieren von weiteren Programmen, und schon können Sie zwischen einer Analog- oder Digital-Zeitanzeige wählen.

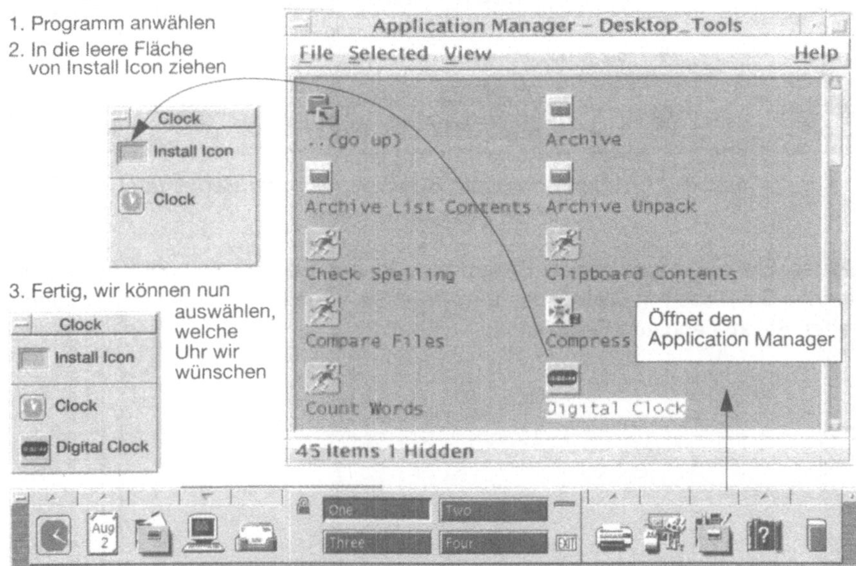

Bild 4-33: Hinzufügen von Programmen

Auf diese Art und Weise können Sie natürlich auch weitere Programme in die anderen Bedientafeln übernehmen oder vorhandene löschen und Ihre Desktop-Anzeige so mit den von Ihnen benötigten Werkzeugen ergänzen.

Im Bild 4-9 auf Seite 346 hatten wir gesehen, wie Sie in verschiedene Arbeitsbereiche wechseln können. Wollen wir uns nun ansehen, wie Sie weitere Arbeitsbereiche anlegen und umbenennen können.

Anlegen von weiteren Arbeitsbereichen

Sollten Ihnen die vier Arbeitsbereiche (*workspace, desktop*) nicht mehr ausreichen, können Sie über das Workspace-Menü mit *Add Workspace* weitere hinzufügen:

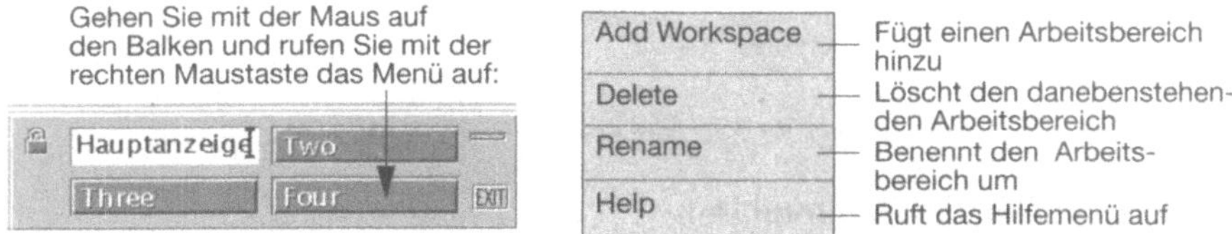

Bild 4-34: Hinzufügen eines Arbeitsbereichs

Damit Sie wissen, welche Verarbeitung Sie in welchem Arbeitsbereich gestartet haben, gehen Sie mit der Maus einfach in die Textzeile des Balkens und geben einen neuen Namen ein, oder Sie können im oben gezeigten Menü *Rename* anklicken.

Was fehlt Ihnen noch, um sich wohlzufühlen? Richtig, das Ambiente. Wie wir das Äußere unserer Arbeitsumgebung verändern können, erfahren Sie im folgenden Abschnitt.

4.8.2 Der Style-Manager

Hiermit können wir alles *stylen,* nicht nur den Arbeitsbereich. Wenn Sie das Symbol für den Style-Manager anklicken, erhalten Sie folgende Menüauswahl:

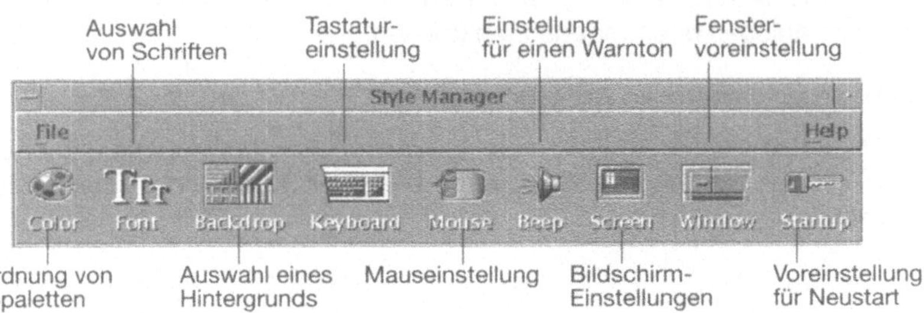

Bild 4-35: Menü Style-Manager

Zu den einzelnen Menüpunkten:

❏   **Color – Zuordnung der Farbpaletten**

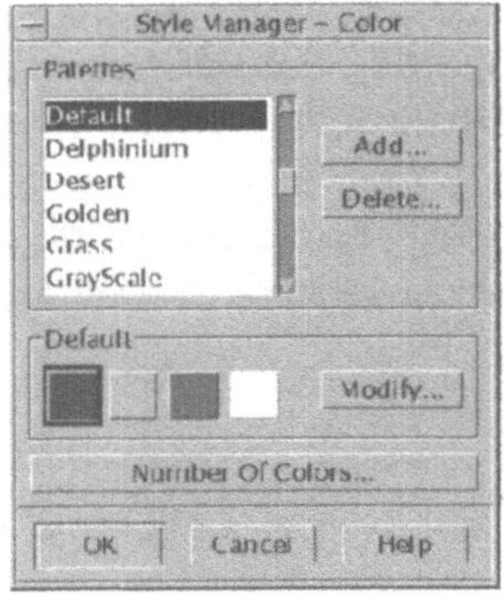

Bild 4-36: Color – Auswahl der Farben

Wenn auf Ihrem System mehrere Farbpaletten gespeichert sind, können Sie hier eine Zuordnung treffen. In den Farbpaletten sind bereits unterschiedliche Farben für den Schreibtischhintergrund, für Fensterumrandungen etc. zugewiesen.

Empfehlung: Lassen Sie die detaillierte Farbzuordnung (*Number of Colors ...* und *Modify*) durch den Systemverwalter vornehmen – damit die System-Ressourcen nicht zu schnell aufgebraucht sind (*Farben kosten Speicher!*) und damit in Folgeprogrammen keine unerwünschten Effekte auftreten.

Es ist sicher einmal interessant, die Möglichkeiten durchzutesten, doch gerade bei Farben sollten Sie es nicht zu bunt treiben. Die voreingestellten Paletten sind meist schon auf harmonische und nicht zu grelle Farben abgestimmt. Wählen Sie also eine der so schön klingenden Palettennamen wie *Delphinum.* Aber auch hinter *Grass* oder *Desert* verbergen sich nette Farbspiele. Viel Spaß – aber vielleicht sollten Sie sich zuvor einen Termin setzen, damit Ihnen die Zeit nicht davonläuft.

❏ **Font – Auswahl der Schriften**

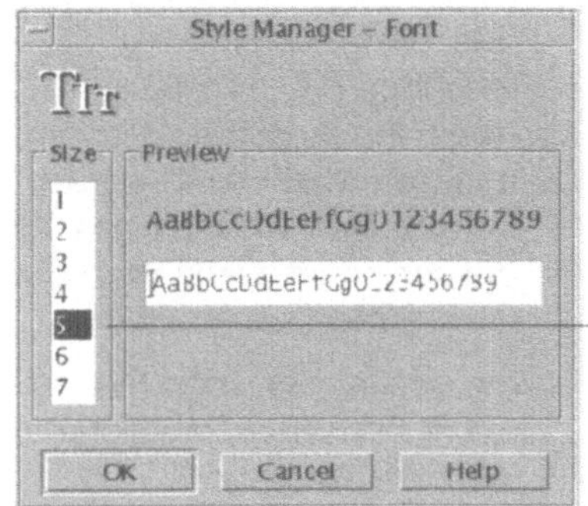

Hier können Sie die Größe der Schrift voreinstellen. Beim nächsten Aufruf, z. B. eines Terminalfensters, wird die voreingestellte Schriftgröße verwendet.

*Bild 4-37: Font –
Auswahl der Schriften*

❏ **Backdrop – Auswahl eines Hintergrunds**

Auch hier gibt es viele nette Muster, wählen Sie sich eines für den Hintergrund des Arbeitsbereichs aus. Es empfiehlt sich, den Arbeitsbereichen unterschiedliche Hintergrundmuster und Farben zuzuweisen. Wechseln Sie hierfür jeweils zuvor in den betreffenden Arbeitsbereich.
Probieren Sie einfach mal ein paar Muster aus.

*Bild 4-38: Backdrop –
Auswahl eines Hintergrunds*

Was verbirgt sich z. B. hinter *Southwest* oder *PinStripe*? (Es könnte natürlich sein, daß auf Ihrem System andere Muster vorgegeben sind – doch sicher ebenso schöne).

❏ Keyboard – Tastatureinstellung

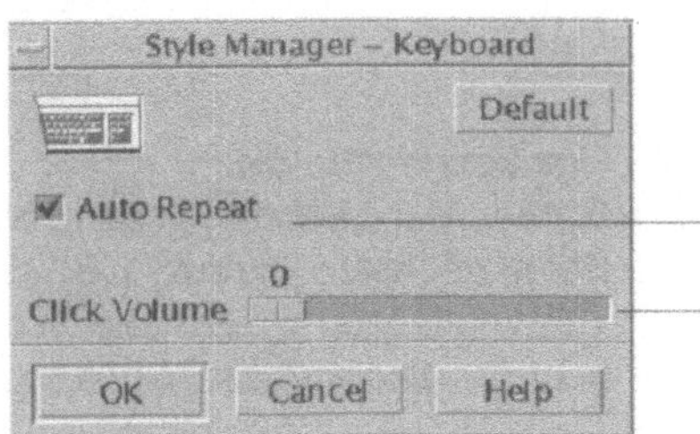

Bild 4-39: Keyboard –
Tastatureinstellung

Die Defaulteinstellung erlaubt, daß Tasten, wenn Sie sie gedrückt lassen, automatisch wiederholt werden (*auto repeat*) und kein lästiges Klickgeräusch ertönt, wenn Sie auf den Tasten klimpern (*click volume*).

Je weiter Sie den Regler nach rechts schieben, um so lauter klikken Ihre Tasten.

❏ Mouse – Mauseinstellung

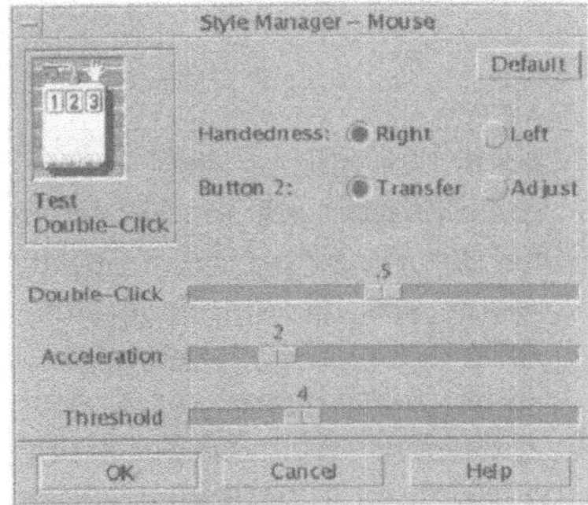

Bild 4-40: Mouse –
Mauseinstellung

Bei *Handedness* können für Linkshänder die Tasten links und rechts vertauscht werden. Außerdem können die Maustastenfunktionen umgestellt werden:

Transfer bedeutet, daß markierte Daten mit der 2. Maustaste (mitte) an der Cursor-Position eingefügt werden.

Adjust bedeutet, daß stattdessen bei einer Auswahl von Texten weitere mit dieser Taste hinzugefügt werden.

Bei *Double-Click* wird mit dem Regler die Geschwindigkeit eingestellt, mit der die Funktion Doppelklick erkannt werden soll.

Mit *Acceleration* stellen Sie die Geschwindigkeit ein, mit der der Maus-Cursor über den Bildschirm flitzt.

Mit *Threshold* kann das Minimum an Pixeln eingestellt werden, um die sich eine Maus bewegt. Mit beiden *Acceleration* und *Threshold* kann die Maus so eingestellt werden, daß sie ganz präzise bewegt werden kann, was bei einigen Zeichenprogrammen wichtig sein könnte.

❑ Beep – Einstellung für den Warnton

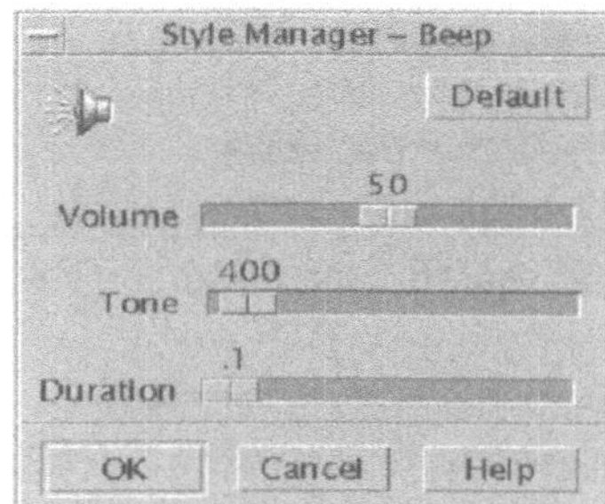

*Bild 4-41: Beep –
Einstellung für den Warnton*

Wenn Sie bei manchen Feh-
lerhinweisen nur sanft vom
System darauf aufmerksam
gemacht werden wollen, sollten Sie
den Regler für Ton und *Duration*
(Dauer des Tons in Sekunden) weit
links lassen.

Mit *Volume* = 0% wird der Ton ganz
ausgestellt.

Unter Ton ist die Frequenz von 82
bis 9000 Hertz einzustellen.

❑ Screen – Bildschirmeinstellungen

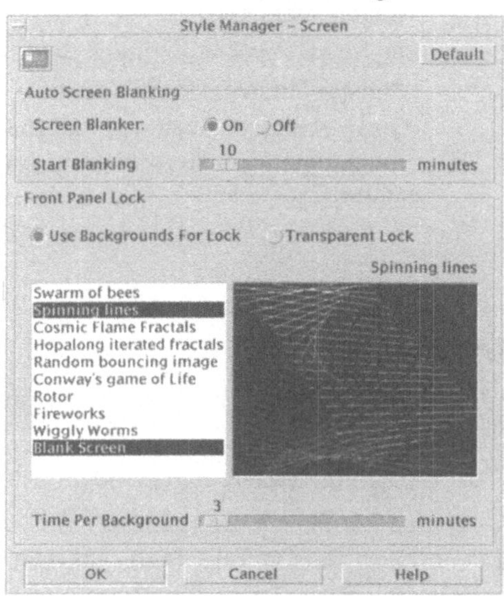

Bild 4-42: Screen – Bildschirmeinstellungen

Bei *Auto Screen Blanking **on***, wird der Bildschirmschoner (Screen Blanker) eingestellt. Unter *Start Blanking* werden die Minuten eingestellt, nach denen automatisch der Bildschirm auf den Bildschirmschoner umgestellt wird.
Klicken Sie *Use Backgrounds for Lock* an, können Sie in der Auswahlliste ein
oder mehrere Muster für den Bildschirmschoner anklicken, die gleich im Ausschnitt daneben angezeigt werden. Geben Sie mehrere Muster an, müssen Sie
zusätzlich die Zeit, nach wieviel Minuten gewechselt werden soll, angeben (*Time
Per Background*).

❏ **Window – Fenstervoreinstellung**

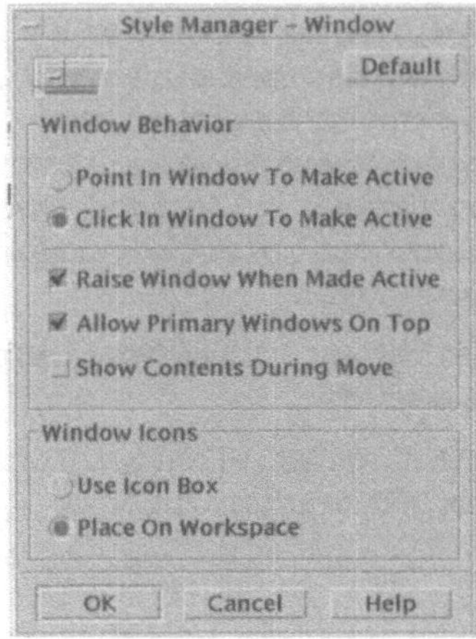

Bild 4-43: Window –
Fenstervoreinstellung

In dieser Dialogbox wird eingetragen, wie Ihre Fenster behandelt werden sollen.

Die wichtigste Einstellung ist, wie das Fenster auf den Maus-Cursor reagieren soll:

Wählen Sie *Point in Window ...,* wird das Fenster sofort aktiv, sobald der Maus-Cursor in dem Fenster ist.

Mit *Click in ...* wird es dagegen erst aktiv, wenn Sie das Fenster bewußt anklikken (was ich empfehlen würde, da die andere Methode zu leicht zu Fehlern führen kann).

Mit *Raise Window ...* steht das aktive Fenster immer im Vordergrund.

Allow Primary ... stellt ein, daß das zuerst geöffnete Fenster immer vollständig sichtbar ist.

❏ **Startup – Voreinstellung für einen Neustart**

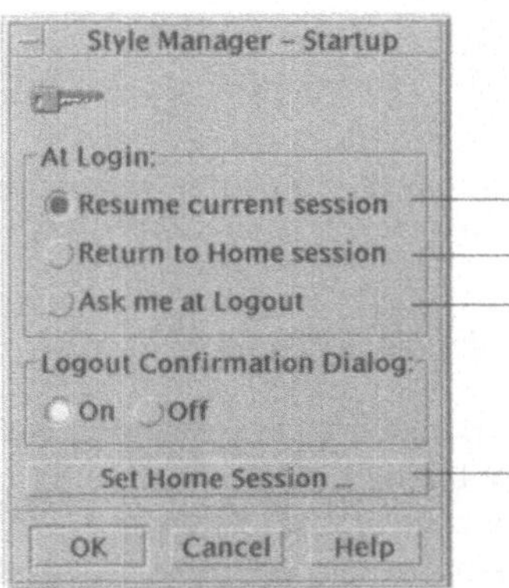

Bild 4-44: Startup –
Voreinstellung für einen Neustart

Hier geben Sie ein, wie Ihr Arbeitsbereich nach dem Login dargestellt werden soll:

so wie Sie ihn verlassen haben,

in die Default- oder Home-Session,

sie wollen sich erst beim Abmelden entscheiden.

Hier können Sie ein zusätzliches Menü aufrufen, um die Home-Session zu definieren.

Nun, die Voreinstellungen sind zwar etwas zeitaufwendig, aber sie sollten ja auch nur einmal eingetragen werden. Es ist ja auch ganz nett, ab und zu einen neuen Tapetenwechsel für die Schreibtisch-Umgebung vorzunehmen, aber wichtig ist es nicht unbedingt.

Und überlassen Sie knifflige Einstellungen am besten Ihrem Systemverwalter.

4.9 Zum Abschluß noch ein paar Tips zum CDE aus der Praxis

❑ Vermeiden Sie, zu viele Fenster geöffnet zu haben. Hier sollten Sie die Möglichkeit nutzen, sie als Icon an den Rand des Bildschirms zu legen oder

❑ auf die verschiedenen Arbeitsbereiche auszuweichen.

❑ Um schnell mit UNIX-Kommandos etwas überprüfen zu können, ist es sinnvoll, immer ein Terminalfenster geöffnet zu halten - bzw. den Dateimanger mit einem Ordner, in dem die von Ihnen am häufigsten genutzten Befehle abgelegt sind. Bei Platzmangel legen Sie diesen Ordner am besten als Icon an den Rand des Bildschirms.

❑ Da, wie Sie gesehen haben, zwar UNIX-Kommandos durch Doppelklick gestartet werden können, ist es nun noch effektiver, sich eigene Kommandos zu schreiben, die gleich die von Ihnen benötigten Optionen beinhalten oder sie anzeigen und über Menü abfragen, da Sie sonst doch die Optionen auswendig wissen müßten. Diese Kommandos können dann in einem speziellen Ordner jederzeit abrufbereit sein.

❑ Durch das kleine Schloß am Bildschirm ist es leicht, Ihr System zu schützen, wenn Sie – auch nur für kurze Zeit – Ihren Arbeitsplatz verlassen.

❑ Zur Sicherheit und um den Bildschirm zu schonen, sollten Sie die Screen-Lock-Möglichkeiten nutzen.

War UNIX bisher eher etwas für Tüftler, macht es jetzt mit dem CDE richtig Spaß, mit UNIX zu arbeiten. In diesem Sinne:

Viel Freude und Erfolg bei Ihrer täglichen Arbeit!

5 Übersichten

Dieses Kapitel soll Ihnen helfen, das Gelernte aufzufrischen oder sich kurz und schnell zu informieren. Als zusätzliche Hilfe ist diesem Buch eine Kurzreferenzkarte beigefügt, in der die häufig verwendeten Kommandos und Sonderzeichen zusammengestellt sind. Die Karte enthält zusätzlich noch Wissenswertes über UNIX (Editoren, wichtige Dateien für den Benutzer und Zusammenfassungen der Bourne-, Korn- und C-Shell).

Die einzelnen Themen:

5.1   Alphabetische der Kommandos

5.2   Verzeichnis der Bilder

5.3   Glossar

5.1 Alphabetische Übersicht der Kommandos

In dieser Übersicht sind nur kurz die Funktionen der Kommandos aufgeführt, nicht die einzelnen Optionen. Unter der angegebenen Seitenzahl finden Sie die ausführliche Beschreibung des Kommandos und entsprechende Beispiele.

In der beigelegten Kurzreferenzkarte finden Sie außerdem die häufig benötigten Kommandos als Übersicht nach Funktionen geordnet und alphabetisch sortiert mit Angabe der wichtigen Optionen.

F

false	liefert nur den Exitstatus ›ungleich 0‹	293
fc	wiederholt bereits eingegebene Komman-dos/Befehle oder zeigt sie an (History-Mechanis-mus)	312,313
fg	um einen Job/Prozeß im Vordergrund weiterlaufen zu lassen	319,323
file	um den Inhalt einer Datei zu klassifizieren	189
find	um Dateien zu suchen und zu finden	183
find ... I cpio ...	um einen Dateibaum zu kopieren	207
finger	um Benutzerinformation zu erhalten	70
for	um eine Schleife einzuleiten	286
for in do done	um eine Schleife einzuleiten	288
ftp	um mit Dateien eines entfernten Rechners zu arbeiten (kopieren, ansehen)	245
function functions	um Funktionen zu erstellen um bereits vorhandene Funktionen anzuzeigen	299

G

grep	um nach Mustern in Dateiinhalten zu suchen	98, 188

H

head	um die ersten Zeilen einer Datei anzusehen	337
history (alias zu fc -l)	um die zuletzt eingegebenen Befehle anzuzeigen	
hostname	um den eigenen Rechnername zu erfragen	239

I

if then else fi	um den Ablauf zu steuern	274
integer (alias zu type-set -i)	um eine Variable als Integer-Typ zu kennzeichnen (nur ganze Zahlen dürfen zugewiesen werden (gilt nur für ksh)	315

| **until** | um eine Schleife einzuleiten, die so oft durchlau-
fen wird, wie die nachfolgende Kommandofolge
nicht erfolgreich ist | 290 |

V

| **vi** | um bildschirmorientiert Dateien zu editieren | 139 |

W

wc	um Zeilen, Wörter und Zeichen zu zählen	95
whatis	um eine Kurzinformation über ein Kommando zu erhalten	65
whereis	um den Pfad von Befehlen zu erhalten nur in der Kurzreferenzkarte	-
while	um eine Schleife einzuleiten, die so oft durchlau- fen wird, wie die nachfolgende Kommandofolge erfolgreich ist (Exitstatus 0)	290
who	um zu sehen, wer noch am System arbeitet	69
write	um Benutzern, die am System angemeldet sind, eine Nachricht zu senden	71

Z

| **zcat** | um mit compress komprimierte Text-Dateien
anzusehen | 248 |

Diese Aufstellung soll Ihnen helfen, bestimmte Beispiele oder ein bestimmtes Bild schnell wiederzufinden. Die Bilder sind nach der laufenden Bildnummer sortiert und nach den Hauptabschnitten unterteilt. Die Seitennumer ist jeweils als letztes in der Zeile angegeben.

Bilder in Kapitel 1 Allgemeine Einführung

Bilder in Kapitel 2 Konventionen und Begriffe zu diesem Buch

Bilder in Kapitel 3 UNIX - praktisch angewandt

Abschnitt 3.1   Auf los geht's los ...

Abschnitt 3.3   Editoren unter UNIX

Abschnitt 3.4 Dateiverwaltung und Pflege

Abschnitt 3.6   Wissenswertes über Netze

Abschnitt 3.7   Shell-Prozeduren

Abschnitt 3.8 Die Korn-Shell

Abschnitt 3.10 Noch ein paar Befehle

Bilder in Kapitel 4 CDE – die grafische Benutzeroberfläche unter UNIX

5.3 Glossar

In diesem Kapitel sind die in diesem Buch verwendeten Begriffe erläutert und die verwendeten englischen Fachausdrücke in die deutsche Sprache übersetzt. Die Begriffe sind kursiv dargestellt und alphabetisch sortiert.

A

Ablaufdiagramm oder Flußdiagramm – Grafische Darstellung eines Programmablaufs. Ein Ablauf- oder Flußdiagramm wird verwendet, um die Einzelschritte von komplexen Aufgaben für die Erstellung eines Programms übersichtlich darzustellen

Ablaufsteuerung – In einer Shellprozedur können durch Abfragen wie ›if .. then‹ ›for .. do‹ ›case .. in .. ‹ usw., unterschiedliche Kommandofolgen je nach Ergebnis der Abfrage durchgeführt werden

Absoluter Pfadname – Er beginnt immer mit der root (Wurzel des Dateibaumes ›/‹) und enthält alle Directories bis zu dem gewünschten Dateinamen (z.B. /usr/kurs/monika/.profile)

append – anhängen

Arbeitsfläche – Im *CDE* wird die Bildschirmfläche so benannt, auf der Objekte wie Ordner, Notizblätter oder ein symbolisierter Bildschirm (Terminal) abgelegt werden können. Man spricht deshalb auch von einer Schreibtischumgebung.

Arithmetische Anweisung – Dies sind Anweisungen um in einem Programm Rechenoperationen durchzuführen, hierzu gehören u.a. die Grundrechen arten (addieren, subtrahieren, multiplizieren, dividieren)

ASCII-Code – (*A*merican *S*tandard *C*ode for *I*nformation *I*nterchange /Amerikanischer Standard Code für Informationsaustausch) Eine allgemeine Regel für die rechnerinterne Darstellung von Zahlen und Zeichen

AT&T – *A*merican *T*elephone and *T*elegraph

B

backup – Sicherung

Bandmarke – Zeichen, das zur Trennung von Dateien auf ein Band geschrieben wird (z.B. um das Ende einer Datensicherung auf Band zu markieren)

BASIC – (*B*eginner´s *A*ll purpose *S*ymbolic *I*nstruction *C*ode) einfache höhere Programmiersprache

Bedientafel – siehe → *subpanel*

Befehl – Eine (oder mehrere) verständliche Anweisung an den Rechner, etwas zu tun (*Kommando*)

Bell Laboratories – Ein riesiges Zentrum für Forschung und Entwicklung der AT&T

Benutzerkennung – Namen, mit dem sich der Benutzer anmeldet. Er ist in der Datei /etc/passwd eingetragen

Bereitzeichen oder Prompt – Die Shell zeigt durch folgende Symbole am Bildschirm an, ob sie weitere Aufträge annehmen kann:
$ Prompt für normale Benutzer in der Bourne- und Korn-Shell
% Prompt für normale Benutzer in der C-Shell
# Bereitzeichen für Systemverwalter
> Hinweiszeichen, daß die Shell weitere Angaben erwartet

Betriebssystem – Das Steuerungs- und Verwaltungsprogramm des Rechners, der
damit alle Fähigkeiten und Möglichkeiten den Anwendungsprogrammen zur
Verfügung stellt

Bildschirmorientierter Editor – Der gesamte Bildschirm steht für Eingabe und Änderung zur Verfügung. Meist wird mit Cursortasten gearbeitet, um an eine
bestimmte Stelle des Bildschirms zu gelangen

Binär – Binär bedeutet aus 2 Einheiten bestehend. Zahlen werden nur aus den
Werten 1 und 0 dargestellt: 1=00001, 2=00010, 3=00011, 4=00100

Bugs – *(direkte Übersetzung: Käfer)* Es handelt sich hierbei um Schwächen oder
Fehler in einem Programm

Byte – Eine adressierter physikalische Einheit, die Zusammenfassung von 8 bit,
in der ein Zeichen oder eine Ziffer (nicht Zahl) im ASCII-Code binär dargestellt werden kann

C

C – Programmiersprache unter UNIX

CAD – *(Computer Aided Design)* rechnerunterstütztes Konstruieren, gemeinhin
die Übertragung aller Arbeiten vom Zeichenbrett auf den grafischen Bildschirm eines CAD-Systems

CAM – *(Computer Aided Manufacturing)* die rechnergestützte Produktion

Carriage Return (CR) – Wagenrücklauf

CDE – *(**C**ommon **D**esktop **E**nvironment)* eine grafische Oberfläche, das die bisher
unterschiedlichen Desktop-Programme ablöst bzw. erweitert. Es wurde gemeinsam von den Firmen Hewlett-Packard Company, IBM, Novell und Sun
Microsystems entwickelt

Chip – Mikrobaustein der integrierten Schaltungstechnik, in dem elektronische
Komponenten dicht gepackt sind (meist in Kunststoff oder Keramik verpackt)

CIM – *(Computer integrated manufacturing)* Gesamtunterstützung der Fertigung
von Bestellung über Entwicklung und Konstruktion bis hin zur Auftragsab-
wicklung

COBOL – *(**CO**mmercial **B**usiness **O**riented **L**anguage)* Programmiersprache, für
kommerzielle Problemlösungen

Compiler – Übersetzungsprogramm, um Quelldateien einer Programmiersprache in ein ausführbares Programm zu übersetzen (Binärcode oder Maschinencode)

concatenate – zusammenhängen

CPU – (Central Processing Unit) Prozessor. Ein Prozessor erkennt die Befehle (Anweisungen) eines Programmes und setzt sie um

Cursor – Positionsanzeigesymbol (Schreibmarke) am Bildschirm, meist ein kleines blinkendes Rechteck

D

Datei – logische Einheit auf der Platte, die aus einer Folge von Zeichen, Wörtern und Sätzen besteht

Dateinamenexpansion – Ersetzung von ›Metazeichen' durch alle vorhandenen Dateinamen, die den vorgegebenen Auswahlkriterien der Metazeichen entsprechen

Dateitypen – Unter Unix gibt es folgende Dateitypen, die durch ein bestimmtes Zeichen in den Dateimerkmalen (anzusehen mit dem Kommando ls -l) gekennzeichnet sind

delete – löschen

Delete-Taste – Löschtaste

device – Zuordnung, unter UNIX sind im Directory /dev die *devices* (Gerätedateien wie Drucker, Terminal, Platte usw.) eingetragen

Desktop – Im CDE die Schreibtischumgebung oder Arbeitsfläche

Desktop-Anzeige – Die Steuerleiste im CDE, mit der CDE-Programme und -Menüs aufgerufen werden

Dialogbox – Ein Menü-Fenster in dem verschiedene Programmaktionen ausgewählt oder zusätzliche Angaben hierzu eingegeben werden können

Directory – Unter UNIX ein Knotenpunkt im Dateisystem (ähnlich einer Astverzweigung) die lediglich ein Inhaltsverzeichnis der unter diesem ›Zweig‹ enthaltenen Dateien und Unterdirectories enthält

disk – Platte

Doppelklick – Wenn mit der linken Maustaste (1) kurz hintereinander zweimal geklickt wird (→ *Klicken*)

drag and drop – Auf der grafischen Oberfläche ein Objekt anwählen, die Maustaste gedrückt lassen und auf oder in ein anderes Objekt (z. B. in ein anderes Fenster) ziehen und dort loslassen. Hiermit können z. B. Dateien in ein anderes Fenster verschoben werden

E

Editor – (abgeleitet von Herausgeber) Programm zum Erstellen und Ändern von
Dateien

Eingabemodus – In den Editoren ed und vi wird zwischen Eingabe- und Kommandomodus unterschieden. Im Eingabemodus kann Text eingegeben werden

Elektronikkarten – boards (Speicher, Prozessor, Steuereinheiten)

EOF – (End of file) Zeichen für Dateiende *Ersetzungsmechanismus –* Hierzu gehört
die Dateinamenexpansion durch Metazeichen und die Einschränkung dieser
Expansion durch doppelte und einfache Anführungszeichen; Variable werden mit dem ihr zugewiesenen Wert ersetzt ($); Ergebnisse von Kommandos
als Parameter eingesetzt, wenn sie in accent graves gesetzt sind (` `)

EUNET – European User Network

EUUG – European UNIX User Group

Example – Beispiel

execute – ausführen

Exitstatus – Jedes Kommando meldet der Shell zurück, ob es ›erfolgreich‹ (0) oder
›nicht erfolgreich‹ (ungleich 0) war

expression – Ausdruck

F

Fenster – (window) Auf einer grafischen Oberfläche werden Fenster für unterschiedliche Arbeiten geöffnet. Fenster sind durch Rahmen begrenzt. Es können mehrere Fenster gleichzeitig geöffnet sein, die sich überlappen können

FIFO-Datei – (first in first out) Eine Datei, die als Puffer wirkt, wobei das, was zuerst
in die Datei geschrieben wurde, zuerst wieder weitergeleitet wird, z.B. die
named pipe, Kennzeichen ›p‹

File Manager – (Dateimanager) Im *CDE* wird hiermit die Dateiverwaltung über
grafische Symbole und Menüs abgewickelt. Directories werden als Ordner
(folder), Dateien, je nach Inhalt, als Notizblatt oder entsprechende Icons
dargestellt

Files – Dateien

Floppy Disk – (Diskette) Ähnlich einer kleinen Schallplatte. Geeignet für die Speicherung kleinerer Datenmengen

Fluchtsymbol – (Aufhebungszeichen) Unter der Shell wird mit dem nach hinten
weisenden Schrägstrich *(backslash)* z.B. die Bedeutung der Sonderzeichen
(wie *,?) aufgehoben

Font – Damit wird ein kompletter Satz einer Schrift (mit Buchstaben, Zahlen und Zeichen) in einer Größe und Art (kursiv, fett) bezeichnet, wie z.B. Helvetica, 10 Punkt, Fettschrift

formale Fehler – (Syntaxfehler) Jede Programmiersprache hat bestimmte Regeln. Werden diese nicht eingehalten, spricht man von Syntaxfehlern oder formalen Fehlern

Formatieren – (Textformatierung) Eine Textdatei wird für den Druck aufbereitet, wobei z.B. ein Randausgleich erfolgt, Kopfzeilen erstellt werden, Seiten automatisch umbrochen und Seitenzahlen vergeben werden. Über entsprechende Makros gesteuert, kann der Text eingerückt, zentriert oder in einer anderen Schriftart dargestellt werden

Formatierung einer Platte – Eine Platte wird in Blöcke unterteilt und diese mit Prüfsummen und Blocknummern versehen

FORTRAN – (FORmula TRANslation) Eine Programmiersprache für technisch wissenschaftliche Anwendungen

front panel – Im *CDE* die Steuerleiste oder → *Desktop-Anzeige.*

Funktionstasten – Tasten, denen bestimme Funktionen zugeordnet sind

G

group – Benutzergruppen. Jede Gruppe erhält in der Datei */etc/passwd* eine Nummer. Zusätzlich wird unter dieser Nummer in der Datei */etc/group* eingetragen, welche Benutzer dieser Gruppe angehören

GUI (Graphical User Interface) – Grafische Benutzeroberfläche

GUUG – German UNIX User Group

H

Hardware – (harte Ware) Hardware sieht man und kann man anfassen. Zu ihr gehören z.B. Kabel, Platten, Gehäuse, Elektronikkarten

Hierarchisches Dateisystem – Unter UNIX ist das Dateisystem hierarchisch angelegt, d.h. es beginnt bei einer Wurzel (root = /), die sich über ›Directories‹ in die Tiefe und Breite verzweigt (auch Baumstruktur genannt)

Home-Directory – Für jeden Benutzer ist in der Datei /etc/passwd das Directory eingetragen, in dem er nach dem Anmelden arbeitet

HTML-Dateien (Hypertext Markup Language) – Sie werden benötigt, um die WWW-Seiten aufzubereiten, die dann z.B. mit dem Programm Netscape dargestellt werden

Hyperlink – Verbindungen von einer Markierung zu einer anderen. Im Hilfe-Menü vom CDE sind Hyperlinks unterstrichen. Wenn Sie mit der Maus auf Hyperlinks doppelt klicken, wird automatisch die Seite mit den weitergehenden Informationen aufgerufen

I

Icon – *(Kleines Bildchen)*

I-node – Die Inode ist der Dateikopf einer Datei.

INIT-Taste – von initialisieren, beginnen. Meist eine Taste oder ein Schalter, um einen Rechner zu starten

input – Eingabe

Interface, Controller – Steuereinheit die dafür sorgt, daß die jeweiligen Geräte richtig betrieben und gesteuert werden. Für jeden Gerätetyp gibt es einen eigenen Controller

K

Kabel – Neben Stromkabel sind verschiedene Kabel (abhängig von Leitungen/Pinbelegung) zur Übertragung von Dateninformationen und Steuersignalen in einem Rechner vorhanden

Klassifizierung – Zuordnung zu einer bestimmten Gruppe

Klicken – Wenn die linke (1.) Maustaste gedrückt und gleich wieder losgelassen wird

Kommandomodus – Bei den Editoren *ed* und *vi* wird nach Eingabe- und Kommandomodus unterschieden. Im Kommandomodus können Befehle wie z.B. ›lösche Zeile‹ oder ›drucke von bis‹ erteilt werden

Kommandos – Programmaufrufe. Kommandos können ausführbare Programme (ursprünglich in einer Programmiersprache geschrieben und in die Maschinensprache übersetzt), eigene Shellprozeduren (ausführbare Dateien mit Kommandos) oder shell-interne Programme (Teil des Shellprogramms selbst) sein

Kommentarzeichen – In Shellprozeduren können Zeilen oder der Rest einer Zeile durch die Zeichen : und # als Kommentar ›entwertet‹ werden

Konventionen – Vereinbarungen, Regeln

L

LAN – *(Local Area Network)* Verbindung von Rechnersystemen an einem Standort

length – Länge

login – *(log – Protokoll)* eine Terminal-›Sitzung‹ beginnen, sich anmelden

Logischer Vergleich – Abfrage auf größer, kleiner und Verknüpfungen mit ›und‹ und ›oder‹

logische Verknüpfung – Verbindungen von Abfragen mit ›oder‹ und ›und‹

M

Magnetplatten – Vergleichbar mit einem Plattenstapel. Platten müssen formatiert werden, bevor sie benutzt werden können, dann erst kann ein Dateisystem eingerichtet werden. Sie sind zur Speicherung von größeren Datenmengen geeignet

Main Memory – Hauptspeicher

major device number – Eine Zuordnungsnummer (Treiber-Nummer) für Gerätedateien, um die entsprechende Software (driver) zuzuordnen, damit das Gerät richtig gesteuert wird

Makros – Kurzzeichen für besondere Verarbeitung (Anweisungen an das Programm) z.B. .TH (Title Header) bewirkt, daß der nachfolgende Text als Kopfzeile aufbereitet wird

Maus-Cursor – Ein kleines Symbol (meistens ein Pfeil), das sich am Bildschirm bewegt, wenn die Maus verschoben wird

memory – Speicher

message – Nachricht

mail – Briefpost

maximize – Ein Menüpunkt unter dem CDE, der ein Fenster auf die volle Größe der Bildschirmfläche vergrößert. Dies kann auch über eine Schaltfläche(Viereck) an der rechten oberen Ecke erfolgen (→ *minimize*)

Metazeichen – Zeichen mit einer erweiterten Bedeutung. Die Zeichen können durch ein oder eine Auswahl verschiedener Zeichen oder Zeichenfolgen ersetzt werden. Unter der Shell wird z.B. das ›?‹ ersetzt durch ein beliebiges Zeichen, das ›*‹ ersetzt durch eine beliebige Zeichenfolge, oder es wird ein Zeichen der in eckige Klammer ›[..]‹ gesetzten Auswahl bestimmter Zeichen übernommen

minimize – Ein Menüpunkt unter dem CDE, der ein Fenster als Icon auf der Arbeitsfläche ablegt. Dies kann auch über eine Schaltfläche (Punkt) an der rechten oberen Ecke erfolgen (→ *maximize*)

minor device number – Zuordnungsnummer für Gerätedateien, wo sich das Gerät im Rechner befindet (z.B. 1. oder 2. Stecker der Terminal anschlüsse)

modification date – Modifikationsdatum. Datum an dem eine Datei zuletzt verändert (bzw. das erste Mal erstellt) wurde

Modem – *(Modulator Demodulator*) Umwandlung von digital auf analog und umgekehrt

Modulo – Restwert einer Division von ganzen Zahlen

mount – montieren, einhängen

Multi-Tasking – Mehrere Programme können parallel ablaufen

Multi-User-Betrieb – Mehrbenutzerbetrieb. Mehrere Benutzer können gleichzeitig am System arbeiten

N

New Line (NL) – Neue Zeile

no space – kein Platz mehr. Systemmeldung, wenn auf einer Platte oder Floppy kein Platz mehr zum Anlegen oder Erweitern von Dateien vorhanden ist

Noscroll/Scroll – Taste, um einen ›abrollenden Text‹ am Bildschirm zu stoppen und wieder weiterlaufen zu lassen

O

Objectcode – Ein übersetztes Quellcodeprogramm in dem für den betreffenden Prozessor lesbaren Code (Maschinensprache binär-Format)

offset – bei Druckangaben linke Randeinstellung

Oktalzahl – Eine Ziffer (Zahl) wird mit 8 Zeichen dargestellt, wobei die Zahlenwerte ganzen Zahlen (0,1,2...) eindeutig zugeordnet sind

Optionen – wahlweises Angeben z.B. von bestimmten Parametern (zusätzliche Angaben), die eine unterschiedliche Ausführung des Programmes bewirken

other – (andere) Ist bei den Zugriffsrechten als der Rest der Benutzer (weder Besitzer noch Gruppe) definiert

output – Ausgabe

P

Parameter – zusätzliche Angaben bei einem Programmaufruf

PATH – (Suchpfad) Die Shell sucht der Reihe nach in all jenen Directories nach einem Kommando, die als Wert der Variablen PATH zugewiesen wurden

Paßwort – (Codewort, Geheimwort). Es wird beim Anmelden verlangt und ist beim Eintippen nicht sichtbar

PID – (*Process IDentification Number*) Nummer des Prozesses

Pipe – (*Rohr*) Mehrere Kommandos können über den Pipe-Mechanismus zusammen verarbeitet werden, wobei jeweils die Ausgabe des vorhergehenden Kommandos die Eingabe des nachfolgenden Kommandos wird. Das Pipe-Zeichen ist ›|‹

Plattenkapazität – Der zur Verfügung stehende Platz zum Anlegen von Dateien (meist in Megabytes berechnet)

Pop-up-Menü – siehe Pull-Down-Menü

Positionsparameter – Beim Aufruf eines Kommandos werden die einzelnen Parameter den Variablen \$1, \$2 ..\$9 je nach Position (1.Parameter, 2.Parameter usw.) zugewiesen. \$0 gibt den Namen des Kommandos wieder

PPID – (*Parent Process IDentification Number*) Nummer des ›Eltern‹-Prozesses

print – drucken

Programmiersprachen – Unter UNIX u.a. verfügbar: COBOL, BASIC, FORTRAN, C, PASCAL, MODULA-2, LISP, ADA, APL, PROLOG

Programmverzweigungen – Unterschiedliche Fortführung eines Programmes, je nach erfüllter Bedingung (*if* … wenn …)

Provider – Dies sind Firmen, die Dienste im Internet oder anderen Netzen anbieten

Pull-Down-Menü – Auf der grafischen Oberfläche werden Menüs so benannt, die aufgrund von einer Schaltfläche herausklappen. In den Menüs kann dann eine Funktion ausgewählt werden

Q

Quellcode – In einer Programmiersprache erstelltes Programm. Bei höheren Programmiersprachen meist der englischen Sprache angeglichen. Der Quellcode wird in ein Maschinenprogramm übersetzt (kompiliert) und ergibt dann den Objektcode

R

read – lesen

Realzeitsystem – Die Programme erhalten eine Priorität zugewiesen. Wichtige Aufgaben können somit vorrangig durchgeführt werden

Relativer Pfadname – Die Datei wird vom jeweiligen Standpunkt (Arbeitsdirectory) relativ angesprochen. Liegt die Datei in einem Directory über dem aktuellen Directory, wird das ›Hinaufgehen‹ mit zwei Punkten (./) gekennzeichnet. Die einzelnen Directories werden jeweils durch einen Schrägstrich von einander getrennt. (z.B. wird die Datei /usr/kurs/monika/Uebungen/loesche relativ vom Directory /usr/kurs/monika angesprochen mit: Uebungen/loesche)

S

Schaltfläche – *(push button)* Auf einer grafischen Oberfläche eine Markierung (oft der Name in einer Menüzeile oder ein Icon in Form eines Schalters oder eines Knopfes. Wird mit der Maus die Schaltfläche angeklickt (→ Klicken), wird eine Aktion gestartet (z.B. ein Menü ausgeklappt)

Schleifen – eine oder mehrere Anweisungen sollen mehrmals wiederholt werden. Unter der Shell werden Schleifen eingeleitet durch die Kommandos: for, *while* oder *until*

sequentielle Verarbeitung – Daten können nur nacheinander gelesen oder geschrieben werden (z.B. bei einem Magnetband), im Gegensatz zu einer direkten Verarbeitung (*direct access* – z.B. beim Zugriff auf die Platte)

Shell-Prozedur – Datei mit einem oder mehreren Kommandos bzw. Kommandofolgen. Um eine Shellprozedur selbständig ablaufen zu lassen, muß die Datei ausführbar sein (*chmod +x*)

Shell-Variable – Unter einem Namen wird ein Wert zugewiesen, den Sie später mit $ und dem angegebenen Namen wieder abrufen können

shutdown – Das System herunterfahren

Single-User-Modus – Ein-Benutzer-Betrieb

Software – (weiche Ware) Die Software kann weder gesehen noch angefaßt werden. Zur Software zählen Programme, die zum Betrieb eines Rechners und zur Ausführung der ihm übertragenen Aufgaben notwendig sind

Speichermedien – Dies sind ›Datenträger‹, auf denen Daten geschrieben werden können. Hierzu gehören Platten, Floppies, Magnetbänder usw.

Spooler – (Spool simultaneous peripheral operation online) Ein Programm, das Druckaufträge sammelt und sie der Reihe nach abarbeitet

Sprunganweisung – In Übereinstimmung mit einem vorgegebenen Muster wird ein Programm unterschiedlich fortgesetzt

standalone – Als ›*standalone*‹ werden Programme bezeichnet, die ohne Hilfe des Betriebssystems auf der nackten Hardware ablaufen können, z.B. das Betriebssystem UNIX beim Laden von einem Magnetband. (Es bleibt speicherresident – andauernd geladen)

Standardeingabe, Standardausgabe – Unter der Shell ist die Standardeingabe und die Standardausgabe das Terminal. Die Ein- und Ausgabe kann durch entsprechende Zeichen (<, >, >>, 2>) umgeleitet werden

Statement – (Aussage) Anweisung

Steuereinheiten – (Controller) Sie sorgen dafür, daß die einzelnen Geräte (Terminal, Drucker usw.) richtig betrieben, gesteuert werden

stream-oriented – (Datenstrom) zeichenweises Abarbeiten von Dateien

Streamer oder Streamer-Kassette – Ähnlich einer Musikkassette ein kleineres Magnetband in einer Kassette. Es wird verwendet, um kleinere Datenmengen zu sichern

Strings – Zeichenketten, wie sie z.B. bei einer Pipe von dem vorherigen Kommando an das nachfolgende Kommando übergeben werden

Stromversorgung – Rechner werden intern nicht mit 220 Volt betrieben und benötigen deshalb eine eigene Stromversorgung (Akku)

substitute – ersetzen

Superuser Systemverwalter – Ein mit besonderen Rechten (keine Einschränkung der Zugriffsrechte) versehener Benutzer (root – Benutzernummer in /etc/passwd = 0)

Style Manager – Ein Menü unter dem CDE, mit dem das Äußere der grafischen Oberfläche verändert werden kann (Farben, Hintergrund, Fonts etc.)

subpanel – Zusätzliche Bedientafel, die von der Desktop-Anzeige (*front panel, main panel*) ausgeklappt werden kann. Aus dieser Bedienfläche heraus können weitere Programme/Funktionen gestartet werden

Synopsis – knappe Zusammenfassung

Syntax error – Regelfehler (z.B. formaler Fehler in einem Programm)

T

TCP/IP (Transmission Control Protocol / Internet Protocol), die bedeutendste Protokollfamilie, mit der die meisten Anbindungen zwischen UNIX-Rechnern und zahlreichen anderen Systemen in einem LAN oder z.B. über Internet verbunden sind.

temporärer Puffer – Viele Editoren, wie z.B. der *ed* und der *vi*, arbeiten nicht auf der Originaldatei, sondern legen während des Editierens einen temporären Puffer an (Bereich im Speicher), der durch ein Schreib-Kommando erst in die Originaldatei auf der Platte zurückgeschrieben wird

Terminal – Dialogstation (Bildschirm + Tastatur)

test – *(prüfen)* Ein shell-internes Kommando, das nicht als Dateiname benutzt werden sollte

Text-Cursor – Sobald ein Maus-Cursor in ein Feld für Texteingabe kommt, verändert er sich zu einem anderem Symbol meistens zu einem kleinen Strich

Textverarbeitungsprogramm – Ein Programm, mit dem Texte erstellt und gleichzeitig ›druckgerecht‹ (Seitenumbruch, Seitenzahl, Randeinstellung, Tabellen, verschiedene Schriftarten etc.) aufbereitet werden

Time Sharing – Mehrere Programme erhalten quasi gleichzeitig Rechnerzeit. In Wirklichkeit wird die Rechnerzeit in etwa gerecht aufgeteilt, und jeder Prozeß erhält immer wieder kurzfristig Rechnerzeit zugeteilt. (siehe auch Realzeitsystem)

Tools – *(Werkzeuge)* Als Werkzeuge werden Kommandos bezeichnet, die bestimmte Aufgaben erledigen. z.B. gehören zu Software-Tools Programme, die die Softwareentwicklung unterstützen, wie Programme zur Versionspflege, Programmgenerierung etc.

U

Umleitungszeichen – Unter der Shell können Standardausgabe (> und >>), Standardeingabe (<), und Fehler (2>) mit den in Klammern angegebenen Zeichen umgeleitet werden

unconditional – ohne Konditionen (Bedingungen)

undo – rückgängig machen

unmount – demontieren, aushängen

user – Benutzer

V

verbose - (*geschwätzig, weitschweifend, wortreich*) Wird unter UNIX die Option -v angegeben, bedeutet dies, daß alles, was in dem Kommando vor sich geht, ausführlich angezeigt wird

Verschachtelung – Werden mehrere *if*-Bedingungen ineinander aufgerufen, oder Kommandos rufen weitere Kommandos auf, spricht man von Verschachtelung, etwa vergleichbar mit Kinderspielzeugschachteln, die ineinandergesteckt werden

Vordefinierte Variable – In der Shell sind für jeden Benutzer bestimmte Werte von Variablen vordefiniert (z.B. $HOME mit dem Directory, das in der Datei /etc/passwd als ›Home-Directory‹ eingetragen wurde)

W

WAN – (*Wide Area Network*) Verbindung von Rechnersystemen über ein überregionales Netzwerk

width – Breite

working directory – Arbeitsdirectory. Hierbei handelt es sich jeweils um jenes Directory, unter dem gerade gearbeitet wird. Mit dem Kommando pwd (print working directory) wird es angezeigt

workspace – siehe → *Arbeitsfläche*

write – schreiben

Wurzel – (*root*, Kennzeichen ›/‹) Beginn des Dateisystems

WWW – (*World Wide Web*) Weltweite Vernetzung von Informationen über das Internet. Hierfür werden Informationen über HTML-Seiten aufbereitet, die es erlauben, weitere Anfragen über Hyperlink zu verknüpfen. Mit Hyperlinks können wiederum weltweit Rechner angesprochen werden. Alle größere Firmen bieten über das Internet einen Informations- oder Servicedienst an. Sogar die ARD und ZDF erreichen Sie seit Mitte 1996 unter *http://www.ard.de* und *http://www.zdf.de*

Wysiwyg – (*What you see is what you get*) Damit werden Programme (in der Regel Textverarbeitungsprogramme) bezeichnet, die am Bildschirm die Ausgabe so anzeigen, wie sie später auch ausgedruckt werden

Z

zeilenorientierter Editor – Änderungen können nur auf die Zeile bezogen erfolgen

Zugriffsrechte – Für jede Datei sind Lese-, Schreib- und Ausführerlaubnis (*read, write, execute*) für den Besitzer einer Datei, Benutzer der gleichen Gruppe und die restlichen Benutzer (*user, group, others*) als Dateimerkmal eingetragen. Mit dem Kommando ls -l werden sie angezeigt, mit dem Kommando *chmod* (*change mode*) können sie verändert werden

6 Literaturverzeichnis

Es gibt zwischenzeitlich eine ganze Reihe guter UNIX-Bücher. Viele davon sind in englischer Sprache geschrieben. In diesem Kapitel sind nur einige Bücher aus dem reichhaltigen Angebot herausgesucht, die Ihnen, aufbauend auf diesem Lehrbuch, einen tieferen Einstieg in UNIX ermöglichen.

Hierzu gehört auch die UNIX System V Standard-Dokumentation, herausgegeben von Prentice Hall, die aus verschiedenen Manuals besteht.

Die einzelnen Themen:

5.1 Standarddokumentation UNIX SYSTEM V.4.2

5.2 Weiterführende Literatur und Literaturangaben

6.1 Standarddokumentation UNIX V.4.2

Die Dokumentation ist so umfangreich, daß Sie ein eigenes Regal dafür benötigen würden. Hier nur ein kurzer Überblick mit den jeweiligen Inhalten.

UNIX SVR4.2
UNIX V.4.2 Referenz-Manuale

In der nachstehenden Aufzählung sind jene Manuale in Fettdruck hervorgehoben, die für Sie interessant werden könnten, wenn Sie sich tiefer in UNIX einarbeiten möchten.

ADMIN-A	**Basic System Administration** Handbuch für den Systemverwalter
ADMIN-B	Advanced System Administration Weiterführende Bedienungsanleitung
API	Operating System API
APLI	Application Builder Users's Guide & Reference
AUDIT	Audit Trail Administration
CHAR	Character User Interface Programming
COM	**Command Reference** Handbuch für den Anwender zweiteilig: Kommandos von a bis l und Kommandos von m bis z
C-TOOLS	Tools Programming in Standard C
DESK-GUIDE	Guide to UNIX Desktop
DESK-HAND	Desktop Handbook
DESK-Quick	Desktop Quick Start
DRIVER	Device Driver Reference
DRIVER-P	Portable Device Interface
FILES	System Files und Device Reference
GRAPHIC	Graphical User Interface Programming
INST	Installation Guide
NET-AD	Network Administration
NET-PR	Network Programming Interface
PC	PC Interface Administration
PROGREF	**Programmer's Reference Manual** Handbuch für den Programmierer
SOFT	UNIX Software Development Tools
STREAMS	Streams Modules and Drivers
SYS	Programming with System Calls
USERS	User's Guide
WINDOW	Windowing System API Reference

Inhalt der Referenzbücher

Die in den Referenzbüchern beschriebenen Kommandos sind unterteilt in Sektionen (Sections), die von 1 bis 7 und D (für Device Drivers) numeriert sind (z.T. noch unternumeriert mit Buchstaben).

Command Reference *(Commands a-l)*
Command Reference *(Commands m-z)*

Diese Handbücher sind als Nachschlagewerk zu verstehen. Sie finden in diesen Büchern alle Kommandos alphabetisch sortiert, die Sie als "normaler Benutzer" verwenden. Diese Kommandos sind im Dateisystem unter den Directories /bin und /usr/bin *(für binary programs)* abgelegt.

1	**General-Purpose User Commands** Kommandos für den "normalen" Anwender, wie z.B. *date, ls*
1C	Basic Networking Commands
1F	Form and Menu Language Interpreter
Operating Systems API	
2	System calls
3	BSD System Compatibility Library
3C	Standard C Library
3curses	ETI-curses Library
3E	Executable and Linking Format Library
3G	General-Purpose Library
3I	Identification an Authentication Library
3M	Math Library
3N	Networking Library
3S	Standard I/O Library
3W	Multibyte/Wide Character Conversion Library
3X	Specialized Libraries
Windowing System API	
3Dt	Desktop Metaphor
3DnD	Drag and Drop
3 OLIT	MoOLIT
3curses	ETI-curses Library
System Files and Devices	
4	System File Format
5	Miscellaneous Facilities
7	Special Files
D1-D5	Device Driver

6.2 Weiterführende Literatur

Diese Auswahl soll kein Urteil über andere auf dem Markt erschienenen UNIX-Bücher sein. Im deutschen Handel sind zwischenzeitlich viele UNIX-Bücher erhältlich, wobei viele nur in englischer Sprache verfügbar sind. Einige sind spezialisiert auf bestimmte Themen wie z.B. Wordprocessing (Textverarbeitung), Editor vi, Systemverwaltung, fortgeschrittene Programmierung, andere auf bestimmte UNIX-Portierungen (SINIX, bsd u.a.). Wie der Name dieses Kapitels schon sagt, handelt es sich um weiterführende Literatur, die Ihnen einen tieferen Einstieg in UNIX ermöglicht.

Viele Buchhandlungen führen Informationslisten über DV-Literatur, so auch JF Lehmanns, Fachbuchhandlung, 50937 Köln mit Bestellservice zum Nulltarif über 0130-4372 oder E-mail: bestellung@jf-lehmanns.de.

Auswahl einiger im deutschen Handel erhältlichen UNIX-Bücher:

J. Gulbins, K. Obermayr	UNIX V.4. Begriffe, Konzepte, Kommandos Schnittstellen *Springer Verlag*
Kernighan/Ritchie	Programmieren in C *Carl Hanser-Verlag München*
Bolsky/Korn	The Korn-Shell Command and Programming Language *Prentice Hall*
OSF	OSF/1 Operating Systems mit folgenden Bänden: OSF/1 User's Guide OSF/1 Command Reference OSF/1 Programmer's Reference OSF/1 System and Network Administrator's Reference Application Environment Specification (AES) Operating System Programming Interface Volume *Prentice Hall*
I. Trommer	Bourne- und Korn-Shell *Oldenbourg Verlag*
I. Trommer, S. Schmitz	Systemadministration unter UNIX *Oldenbourg Verlag*
X/OPEN	Portability Guide Version 4 (XPG4) Er besteht aus einem Satz aus 5 Büchern *X/OPEN Comp. Ltd*

Auswahl einiger LNIX-Bücher:

Hetze,Hohndel/Müller/Kirch	Anwender LINUX Handbuch *LunetIX Müller Hetze GbR*
Michael Kofler	LINUX - Installation, Konfiguration, Anwendung *Addison-Wesley*
Marc André Selig	LINUX *Markt & Technik*
Stefanie Teufel	Jetzt lerne ich Linux *Markt & Technik*

Zusätzliche Literaturangaben:

F. Vester	Denken, Lernen, Vergessen *Deutsche Verlags-Anstalt DVA*

7 Stichwortverzeichnis

Dieses Stichwortverzeichnis soll Ihnen helfen, schnell nach einem Begriff zu suchen. Findet sich ein Begriff auf mehreren Seiten, sind die Seitenzahlen durch Kommas getrennt angegeben. Handelt es sich bei dem Stichwort um die Syntaxbeschreibung eines Befehls, ist das Wort ›Kommando‹ mit angegeben.

Kommandos sind zusätzlich noch alphabetisch unter dem Kapitel 5.1 aufgeführt.

In der beigelegten Kurzreferenzkarte finden Sie außerdem die häufig benötigten Kommandos als Übersicht nach Funktionen und alphabetisch sortiert sowie Wissenswertes über UNIX.

Nachwort

Dieses Nachwort ist an all jene gerichtet, denen dieses Buch ein Begleiter war, UNIX im Selbststudium zu erlernen. In einem Seminar würden Sie, dessen bin ich sicher, ein Zertifikat erhalten, daß Sie erfolgreich teilgenommen haben.

Zu Beginn wünschte ich Ihnen ›guten Appetit!‹; sind Sie auf den Geschmack von UNIX gekommen? Nun, ich hoffe, Ihnen hat es Spaß gemacht, mit UNIX zu experimentieren.

Ich habe mich bemüht, die einzelnen Themen ausführlich zu behandeln. Alle Übungen sind ›live‹ nachvollzogen, doch trotzdem könnte es vorkommen, daß eventuelle Unstimmigkeiten auf anderen UNIX-Rechnern aufgetreten sind. Sollten Sie beim Lernen oder Nachvollziehen der Übungen auf Unklarheiten oder Unvollständigkeiten gestoßen sein, wäre es schön, wenn Sie mir diese mitteilen. Auch wenn Sie Anregungen, Verbesserungsvorschläge oder selbst interessante Beispiele zu den Themen dieses Buches haben, würde ich mich freuen, diese in einer der nächsten Auflagen mit zu berücksichtigen. Schreiben Sie bitte an den VDI-Verlag, Kennwort ›UNIX‹, Abt. VBR, Postfach 101054, 40001 Düsseldorf oder schicken Sie mir eine e-mail unter 100712.1411@CompuServe.com.

Vielen Dank im voraus für Ihre Mühe.

August 1996   Christine Wolfinger